移动 UI 设计三大利器：Photoshop+Illustrator+Sketch

优逸客科技有限公司　编著

机 械 工 业 出 版 社

本书主要阐述了UI设计必备的三大软件：众所周知的绘图软件Photoshop、矢量图形绘制软件Illustrator、苹果系统专用的绘图软件Sketch。本书立足于互联网行业，对三大UI设计软件进行了全面的讲解。本书内容结合UI设计制作中常用的绘图工具及绘图手法，并将其落实到每一个工具中，一一分析讲解，从而引出UI设计方法论。

本书适合UI界面视觉设计师，以及想从事这个方向的读者学习使用。

图书在版编目（CIP）数据

移动UI设计三大利器：Photoshop+Illustrator+Sketch／优逸客科技有限公司编著．—北京：机械工业出版社，2018.12
ISBN 978-7-111-61524-8

Ⅰ.①移…　Ⅱ.①优…　Ⅲ.①人机界面-程序设计-教材　Ⅳ.①TN929.53

中国版本图书馆CIP数据核字（2018）第277462号

机械工业出版社（北京市百万庄大街22号　邮政编码100037）
策划编辑：丁　诚　　责任编辑：丁　诚
责任校对：张艳霞　　责任印制：孙　炜
保定市中画美凯印刷有限公司印刷

2019年1月第1版·第1次印刷
184mm×260mm·20.75印张·507千字
0001-3000册
标准书号：ISBN 978-7-111-61524-8
定价：79.00元

凡购本书，如有缺页、倒页、脱页，由本社发行部调换

电话服务
服务咨询热线：（010）88361066
读者购书热线：（010）68326294
（010）88379203

网络服务
机 工 官 网：www.cmpbook.com
机 工 官 博：weibo.com/cmp1952
金 书 网：www.golden-book.com
教育服务网：www.cmpedu.com

序

随着互联网技术的飞速发展，各种与互联网相关的设计公司纷纷出现，而UI设计师已成为了设计行业中必不可少的一部分。作为一名专业的UI设计师，必须熟练掌握设计软件。而在当今众多的设计软件中，Photoshop、Illustrator、Sketch这三款软件是最受设计师欢迎的主流设计软件。

本书站在UI设计的角度，对Photoshop、Illustrator、Sketch这三款软件的基本功能进行讲解，与此同时配合大量的实践案例方便各位读者练习。其中会穿插一些App界面设计、网页设计、排版设计等设计方式及流程的讲解，给读者提供借鉴。

本书作为“优逸客实战宝典系列丛书”中的一本，主要是介绍Photoshop、Illustrator、Sketch这三款软件在UI设计方面的应用，与丛书其他图书形成内容上的衔接。

本书是为即将进入移动互联设计行业的从业者及投身在移动互联行业的初级互联网设计者量身定制的关于UI设计中三款主流软件的图书。我们希望能通过这样一个平台为广大互联网从业者带来更多的帮助；同时，在UI设计方面给各位读者一些参考。

“我们的团队”

优逸客科技有限公司（以下简称“优逸客”）成立于2013年，总部位于山西太原。公司是由国内顶尖的互联网技术专家共同发起成立的。优逸客是国内互联网前端开发实训行业的“拓荒者”，是企业级产品设计“方案提供商”，是中国UI职业教育的“知名品牌”。公司的互联网技术实训体系是经过历时一年的深度调研，结合企业对人才的实际需求研发而成的。在此基础上，实训体系还配以完善的职业规划体系，规范的人才培养流程和标准，以期培养出高端互联网技术人才。

经过多年发展，公司已先后在北京、山西、陕西等地区建立了互联网人才实训基地，已为我国培养出5000余名高端互联网技术人才。在未来，我们将继续秉承“专注、极致、口碑”的文化理念，成长为我国顶尖的互联网人才培养公司。

前　言

关于本书

本书作为优逸客第二本正式出版的图书，主要阐述了 UI 设计必备的三大软件——众所周知的绘图软件 Photoshop，矢量图形绘制软件 Illustrator，苹果系统专用的绘图软件 Sketch。本书立足于互联网行业，对三大 UI 设计软件进行了全面的讲解。本书内容结合 UI 设计制作中常用的绘图工具及绘图手法，并将其落实到每一个工具中，一一分析讲解，从而引出 UI 界面设计方法论。本书分别从三大软件着手，对不同的绘图工具及不同的表现手法进行案例剖析，力求达到前后内容紧密衔接，知识体系之间融会贯通的目的。

对于初入互联网行业的 UI 界面视觉设计师而言，Photoshop、Illustrator 与 Skecth 是 UI 设计的必备利器，本书采用从“小白”到“大牛”的进阶式撰写，针对设计“小白”常遇到的软件使用与 UI 设计困惑提出了通俗易懂的解决方案，使 UI 设计技术能够被更多人掌握，能够真正解决设计师在进行 UI 设计过程中遇到的疑难杂症。

致谢

在此，我们要感谢优逸客科技有限公司总经理张宏帅及创始人兼实训总监严武军（Kevin）老师，张老师和严老师从事互联网培训行业近 30 年，他们站在宏观的视角及互联网行业的高度给予了我们多方面的宝贵意见和建议，他们还为本书的内容框架调整给出了非常有益的指导和鞭策，并为整个编撰团队提供了宝贵与充足的支持以及极大的信任。

除此之外，还要感谢优逸客公司实训部的全体人员，在本书的编撰过程中，我们采集了包括界面设计、平面设计乃至交互设计组的建议，为本书的撰写提供了正确的引导方向，没有你们的支持，我们的丛书也不会如此快速地完成。

最后，还要感谢优逸客实训与实施发展部 UI 设计组中其他参与编写的小伙伴们。

他们分别是：优逸客实训部设计总监刘钊，优逸客软件组组长岳飞飞，优逸客星级布道师杨晨星，优逸客星级布道师程丹，优逸客星级布道师尚晋旭，优逸客星级布道师荣蕾蕾，优逸客星级布道师朱云杰，优逸客星级布道师郝琴琴。

鉴于作者水平所限，纰漏之处在所难免，恳请广大读者批评指正，同时也致敬和感谢广大互联网 UI 设计的前辈和先驱们，他们对于互联网设计的贡献和传播工作给予了我们正确的方向及正确的引导。最后，还要感谢本书的技术编排与审稿人，他们也在完善本书过程中付出了不懈的努力。

目 录

第 1 章

移动互联网 UI 设计

随着“互联网+”新经济形态的发展和移动互联网的普及，屏幕终端分辨率和人机操作也发生了重大变化，PC 端网页设计流行趋势随之向移动端 App 转移，也造就了移动互联网产品 UI 设计师和 UI 工程师等相关职位。UI 即 User Interface（用户界面）的简称，UI 设计是指对移动互联网产品的人机交互、操作逻辑、界面美观的整体设计。好的 UI 设计不仅会让移动互联网产品变得有个性、有品位，还会让操作变得简单舒适、自由，充分体现产品的定位和特点。㊀

1.1 移动端 UI 设计概念

移动端 UI 设计是指对手机软件进行人机交互、操作逻辑、界面美观的整体设计。它站在服务设计的高度，利用敏捷设计的方法来做产品设计、交互设计、UI 设计，采用用户体验设计来进行检测和评估。

在智能手机操作系统中，人机交互的窗口与界面的设计必须结合手机的物理特性和软件的应用特性进行合理的设计，这就要求 UI 设计师必须对手机的系统性能了如指掌。

1.2 移动 UI 的特性

我们根据移动终端的特点总结出 8 条移动端 UI 设计的特性。㊁

1. 内容优先

界面布局应以内容为核心，提供符合用户期望的内容。

进行 UI 设计时，首先展现在用户眼前的是不同的信息内容，在对信息内容进行排布时，运用到的布局一般有宫格式布局、列表式布局、大平移式布局、标签式布局、侧滑式布局、混合式布局及一些不规则式布局。通过以上的布局方式，将内容展现出来，此时，我们需要结合不同的内容特点、用户阅读习惯，以及交互设计等方面进行内容的延展化布局，以此来提供符合用户期望的内容（图 1-1）。

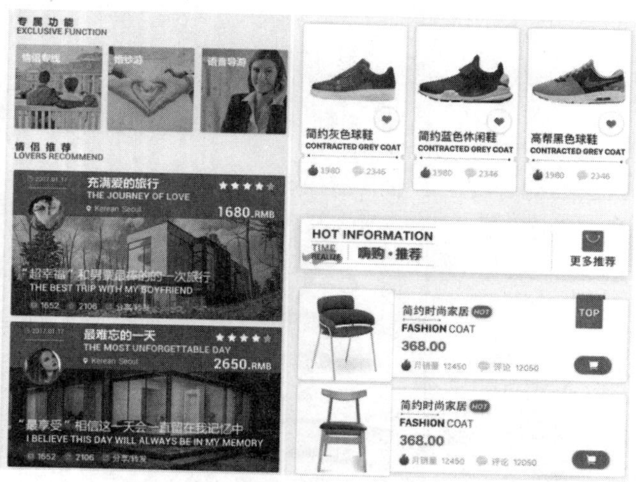

图 1-1　不同布局方式下的内容展示

㊀ 源自 http://ui.baike.com/，界面设计百科。
㊁ 杨乐．交互设计在移动终端应用中的实施原则[J]．神州，2012。

2. 为触摸而设计

界面的交互系统应以自然手势为基础建构，符合人体工学且保持一致性。

在进行手机操作时，一般都是利用手势操作完成人机交互。因此，在对手机进行UI设计时，一定要遵循单手操作的原则，结合费兹法则进行合理的界面布局，使界面更加符合人体工学，并在此基础上保持界面风格的一致性。

3. 转换输入方式

使用各种手机的设备特性和设计手段，减少在应用内的文字输入。

在进行文字输入时，可以利用语音输入的方式来节省时间，从而高效地完成文字输入（图1-2），我们可以通过利用语音输入识别来完成用户的需求。

图1-2　语音输入

4. 流畅性

保持应用交互的手指及手势的操作流、用户的注意流和界面反馈转场的流畅性。

在对手机进行触摸操作时，需要通过手势进行触摸交互，这时就要求手势操作能够被快速识别，以使用户能够快速地对界面进行操作，提升操作效率，这就要求UI设计要保证手势操作的流畅性。

5. 多通道设计

发挥设备的多通道特性、协同的多通道界面和交互，让用户更有真实感和沉浸感。

用户在使用手机设备进行游戏、观影等体验时，需要让用户界面更加真实，以使沉浸感更为强烈，把用户带入情境当中，此时在进行UI设计时，就需要考虑到不同硬件设备下的界面风格，针对不同的硬件设备制作相应的页面设计，如VR设备、AR效果等（图1-3）。

图1-3　VR设备下的界面操作

6. 易学性

保持界面架构简单、明了，导航设计清晰易理解，操作简单可见，通过界面元素的表意和界面提供的线索就能让用户清楚地知道其操作方式。

在进行 UI 设计时要考虑到用户的学习成本，尽量减少用户的学习成本，设计相应的操作引导，提升产品的学习转化率，减少用户对产品的困扰（图 1-4）。

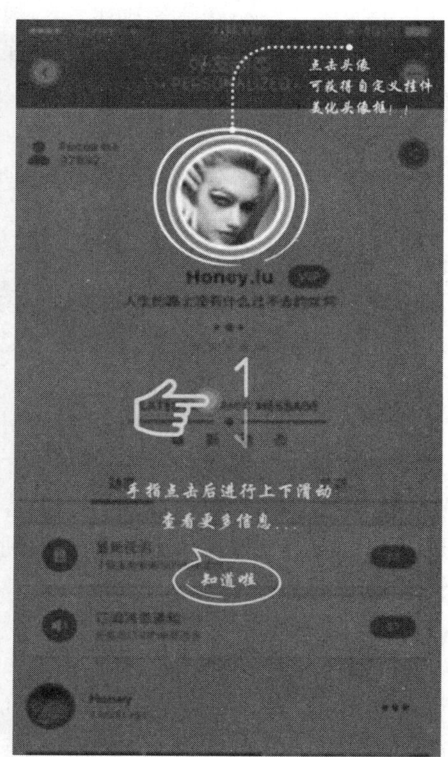

图 1-4　学习引导式界面

7. 为中断而设计

考虑应用的使用情境，确保在各个产出中断的情境下，可以使用户恢复之前的操作，保持用户的劳动付出。

在进行手机 App 操作时，时常会遇到对多款 App 同时操作的情景，中断后恢复到之前 App 操作时，我们希望能够继续之前的操作，如观影时，对微信信息进行短时间处理，再次返回视频 App 时能够延续之前的操作，进行断点观看，这样的设计称为中断设计，可减少用户的操作负担。

8. 智能有爱

给用户提供让他感到惊喜有趣的、智能高效的、贴心的设计。

在对手机设备进行 UI 设计时，要考虑减少用户的使用负担，减少用户的焦虑感。这就需要产品能够具备智能有爱的特性，切身为用户的体验进行全方位的考虑，从而设计出相应的界面。如图 1-5 所示，通过手势拖动，可查看不同方位下的服装效果。

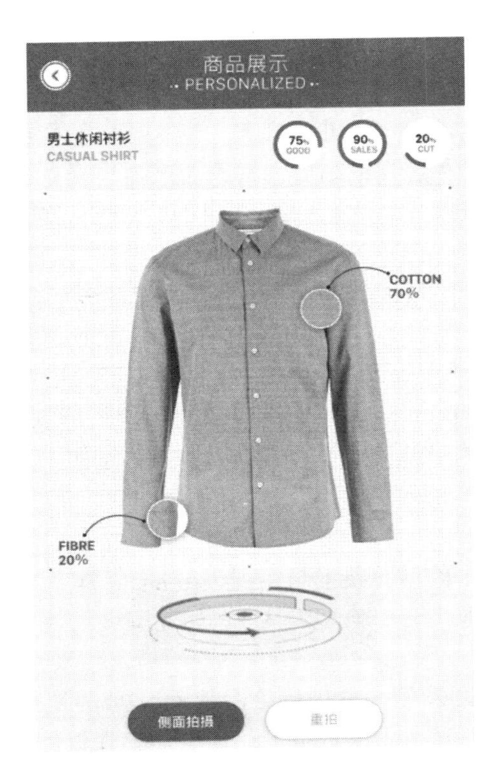

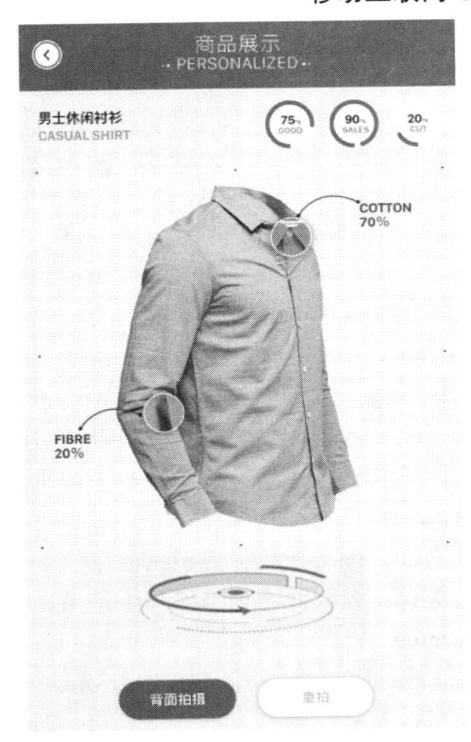

图1-5　不同方位下的服装效果

1.3　移动产品界面设计的常用工具

学习UI设计用到的设计软件很多，但是常用的几个软件分别是Photoshop、Illustrator、CorelDRAW、Animate、Sketch。

1. Photoshop

Adobe Photoshop，也就是我们常说的“PS”，是由Adobe公司自主研发的图像编辑软件。Photoshop不单单是一个图像编辑软件，它还被广泛应用于图像图形、文字排版、视频剪辑、图书出版等方面。常见的应用主要有：专业测评、平面设计、视觉创意、照片处理、广告摄影、影像创意、艺术设计、网页制作、后期修复、UI设计等功能。

以PS功能看，该软件分为图像编辑、图像合成、校色调色及功能色效制作等。图像的编辑需要建立在图像处理的基础之上，我们可以对图像做出各种变换，如扭曲、斜切、缩放、旋转、透视等操作；也可以对图形图像进行复制、除斑、修补、修饰图像等。图像合成则是将几幅图像通过对图像图层的操作及使用工具将不同的图形图像组合成新的图像，这是进行组合设计的必经之路，Photoshop提供的绘图工具可以很好地将固有图像与创意进行融合，而且通过调色，我们可调整图像颜色的明暗、色偏，也可切换不同的颜色以满足图像在不同领域的应用，如网页设计、排版布局、图像设计等。而特效制作在该软件中主要通过滤镜、通道及工具的不同组合应用完成，其中包括对图像进行特效创意及对文字进行特效制作，很多传统美术技巧，如抽象派、石膏画、浮雕、油画、素描等都可以通过Photoshop的特效完成。

2. Illustrator

AI（Illustrator 软件简称）和 Photoshop 同属 Adobe 公司。AI 与 PS 不同，它主要用于制作矢量图形图像文件，其优点在于无论对图像进行怎样的缩放，都不会产生马赛克现象，即不会发虚和模糊，这是因为 AI 是利用数学矢量进行图像绘制的。基于 AI 矢量，将图形图像文件导出时，常使用的输出格式还有 EPS、WMF、CDR、PLT、PDF 等。

PS 和 AI 的区别主要是在于 PS 是修图软件，AI 主要是做图软件，两者经常配合使用。

3. CorelDRAW

CorelDRAW GraphicsSuite 源于 Corel 公司的平面设计软件，Corel 公司旗下的很多产品也是我们所熟知的，如我们常用到的会声会影等。CorelDRAW 作为公司的矢量图形制作软件，虽不能与 Adobe 旗下的 AI 相媲美，但它提供的位图编辑、网站制作、矢量动画、页面设计和网页动画等功能，也给设计师提供了便利。

4. Animate

动画制作原理与技巧，典型 WUI 商业广告中的动画技术与实现。Animate 是一款动画制作工具，包含动画制作原理与技巧，是 WUI 商业广告中典型的 Animate 动画展示效果。

5. Sketch

Sketch 这款软件是由 Bomemian Coding 公司开发的一款矢量绘图软件。Bomemian Coding 公司是专注做 Mac 软件开发的一个公司。2008 年打造了第一批产品：字体管理软件 Fontcase 和注重设计的 DrawIt，2009 年正式发布。

1.4 UI 设计尺寸

在 UI 设计中，界面尺寸要根据各个终端的界面尺寸进行设计。

尺寸：建议选择 240×320 的屏幕尺寸进行设计，自由度和发挥空间会更大。

概念：尺寸的概念在设计中尤为重要，它定义了 UI 设计过程中，图形图像所放置的区域。

第 2 章

什么是 Photoshop

2.1　初识 UI 设计软件之 Photoshop

2.2　Photoshop 应用领域

2.3　色彩模式的认识

2.4　基本单位的认识

2.5　储存格式的应用

Adobe Photoshop，也就是常说的“PS”，是由 Adobe 公司自主研发的图像编辑软件。Photoshop 中“Photo”是照片的意思，“Shop”是商店的意思，Photoshop 可以译为图片商店，那么足以证明 Photoshop 的图片处理功能的强大。大多数人对于 Photoshop 的认知仅限于它是一个功能强大的图形图像编辑软件，鲜为人知的是 Photoshop 的应用领域不仅只在图像的处理上，更对图形、文字、视频、出版等方面都有很广泛的涉猎。

2.1 初识 UI 设计软件之 Photoshop

Photoshop 是 UI 设计过程中必备的技能软件之一，它主要是用来处理一些以像素为单位构成的图形图像。除了 Photoshop 之外，Adobe 旗下还有很多绘图工具，它们都可以对图片进行有效的编辑。2003 年，Adobe Photoshop 8 不再沿用旧版本的名字，而是更名为 Adobe Photoshop CS，这里的 CS 是指 Creative Suite（创意组件），它将 Adobe 旗下所有的软件进行了组合应用。2013 年 7 月，Adobe 重磅推出最新版本的 Photoshop CC，至此 Photoshop CS6 成为 CS 系列的终结版本。2016 年 12 月，最新版本 Adobe Photoshop CC 2017 迅速抢占市场。

对于 UI 设计来说，Photoshop 作为界面的实现与编辑工具，熟练掌握 Photoshop 这一软件是成为设计师必备的条件之一。

2.2 Photoshop 应用领域

Photoshop 涉及的领域非常广泛，在图像、图形、文字、视频、出版等各方面都有涉及。那么接下来我们就各个领域给大家进行解析。

2.2.1 在 UI 设计领域上的一把手

UI 设计是站在用户的角度及交互与服务的设计思维，对移动端、PC 端及各个端口进行的界面设计。Photoshop 在这一方面体现得很突出，通过图层样式、文字及图层面板可以将用户界面处理得非常微妙。常用的 Photoshop、Illustrator 和 Sketch 软件是 UI 设计的常用工具。

所谓 UI，就是软件面对操作者的交互载体，用户界面的美观程度直接影响着软件操作的效率及便捷程度。现在越来越多的操作都是通过屏幕显示进行的，UI 就是对屏幕上的内容进行一种图形化的用户界面设计，这种设计统称为 UI。

在后面的章节中，我们会有详细的讲解，通过一些图标的设计及合成设计（包括完成 App 及网页的界面设计等）向大家所展示 Photoshop 在 UI 设计领域的强大功能。

2.2.2 在数码图像处理上的佼佼者

随着生活质量的提高及数码摄影的普及，很多人开始追求高质量的照片后期处理，这是用户接触并开始学习 Photoshop 的一个初衷。后面会给大家讲解图像调色、色彩平衡、去色及亮度的调整。

Photoshop 还可以对影像进行创意设计，能够通过 Photoshop 的处理把带有明显差别的图形进行重组，从而使图像产生变化。

2.2.3 在动画与图像后期制作上的认可

大家所认识的 Photoshop 可能只是局限于制作一些非常简单的静态图形或图像，其实不然，它也包含一些适用于制作视频的工具，它可以对已经制作好的视频进行再次剪辑，也可以制作一些原声的 3D 动画。虽然从性能上与专业程度上来说，与专业的视频制作软件会有很大差距，但还是可以从中学习到一些制作视频的简单方法。

2.3 色彩模式的认识

在认识 Photoshop 之前先要对计算机的色彩相关知识进行必要的了解。Photoshop 中有五种色彩模式可供选择，针对图像需求需要更改色彩模式，UI 设计中常用的就是 RGB 色彩模式，印刷等可选择 CMYK 色彩模式。下面对色彩模式中所包含的几种模式类型进行分析。

2.3.1 RGB 色彩模式

RGB 色彩模式代表的是红、绿、蓝三个通道的颜色，这三个通道所包含的颜色是人类视力所能感知到的所有颜色。用放大镜观察计算机或者电视显示屏时会看到一排排红、绿、蓝三种颜色的小点（图 2-1），其实这些小点称为像素，它是构成图像的基本要素。

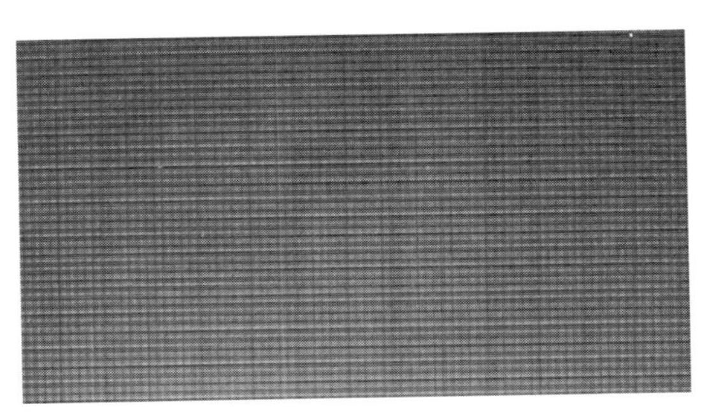

图 2-1　显示器的像素点

RGB 色彩模式是通常所说的红、绿、蓝三原色下的色彩模式，RGB 色彩模式是设计师的常用色彩模式。显示器是通过光的三原色进行图像的呈现，因此显示器上显示的图像，一定是基于 RGB 的色彩模式。而我们制作的 UI 设计正是用于屏幕显示的，所以用于屏幕显示时，应选择 RGB 色彩模式。

用 Photoshop 打开一张图片（图 2-2），可以单击菜单中的“文件”>“打开”或使用快捷键〈Ctrl+O〉，也可以通过拖拽对图片进行编辑处理。

打开图片后，单击〈F8〉或单击菜单栏中的窗口信息面板（图 2-3）。移动鼠标会看到

RGB 数值不断变化，当鼠标移入蓝色区域时，会看到 B 的数值会高一些；移入红色区域时，R 的数值会高一些。

图 2-2　带有三原色的图片

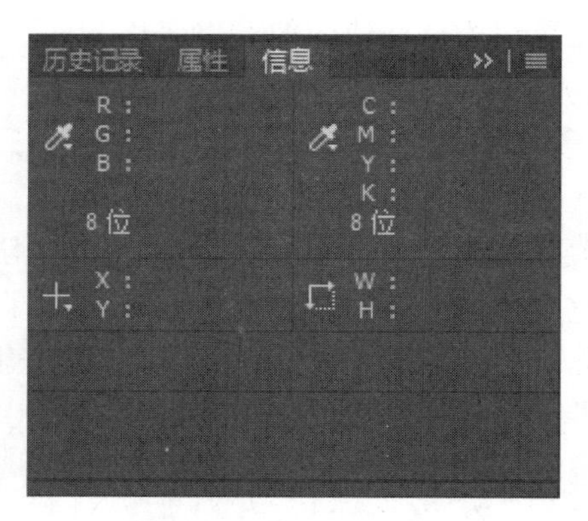

图 2-3　RGB 面板

计算机屏幕是由红、绿、蓝三种色光按照一定比例混合而成的，Photoshop 中所展示的图像也是由红、绿、蓝三种色光组成的（图 2-4）。

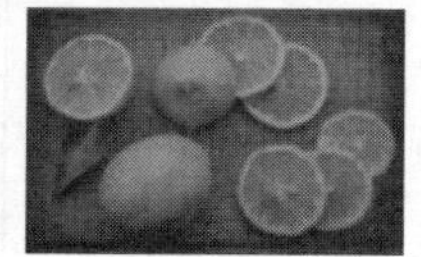

图 2-4　图片的三原色

红色、绿色、蓝色称为三原色光，在不同的图像中，RGB 的比例是不同的。RGB 的“多少”是指“亮度的多少”，表示 RGB 的数值一般为整数。在一般情况下，RGB 有 256 级亮度，用数字表示为 0. 255。数值显示为 255，但是 0 也是数值，因此有 256 级。

在美术的色彩构成中，256 级的 RGB 也称为 24 位色（2 的 24 次方）。24 位色还称为 8 位通道色，因为通道中也是由红、绿、蓝三种颜色组成的，每一种颜色都是一个组成颜色的通道，将 24 位色平均分配到三个通道，每个通道 8 位。

对于这里的位数，给大家解释一下，计算机采用二进制，也就是以 2 为单位所进行的运算，如 8 位就是 2 的 8 次方。

单独就 R、G、B 这三个颜色而言，当某一数值为 0 时表示这个颜色是不发光的，当数值为 255 时，表示这个颜色为最高亮度。像台灯一样，数值为 0 相当于把灯关掉，数值为 255 相当于将调光按钮开到最大，台灯达到最亮。纯黑色的 R、G、B 值都为 0，即没有光；纯白色的 R、G、B 值都为 255，即最亮；纯红色的 R 值为 255，G 值为 0，B 值为 0；纯绿色的 R 值为 0，G 值为 255，B 值为 0；纯蓝色的 R 值为 0，G 值为 0，B 值为 255；纯黄色的 R 值为 255，G 值为 255，B 值为 0。

2.3.2　CMYK 色彩模式

CMYK 色彩模式是打印全彩图像的颜色系统，青色 Cyan、品红 Magenta、黄色 Yellow 和黑色 Black 是平版印刷机和喷墨打印机使用的油墨颜色，主要用于印刷。

CMYK 色彩模式也称为印刷色彩模式，它与 RGB 色彩模式的不同之处在于 RGB 色彩模式是一种在屏幕上显示发光的色彩模式；而 CMYK 色彩模式是一种需要依靠外界光源反射的色彩模式，它是通过阳光或灯光等再次反射入眼的。

打开 Photoshop 中的拾色器，再将色彩模式切换为 CMYK，可以看到 CMYK 是以百分比的形式展示的，这个百分比相当于油墨的浓度（图 2-5）。

图 2-5　CMYK 下的色彩

查看色彩模式的方式有两种，可以直接查看窗口显示（图 2-6），还可以通过菜单栏的命令“图像” > “模式”查看（图 2-7）。

图 2-6　通过窗口查看 CMYK

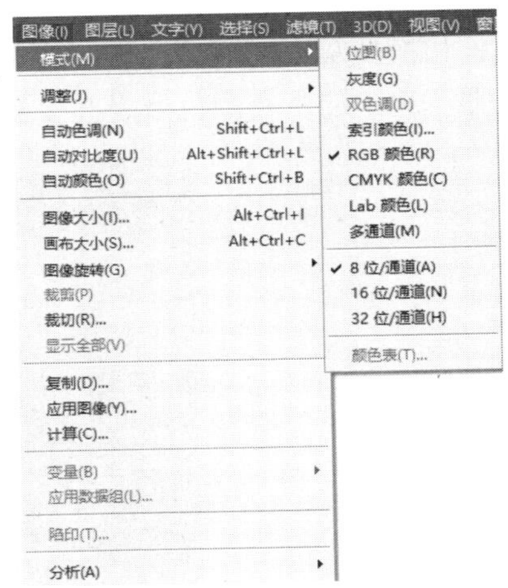

图 2-7　通过菜单栏查看色彩模式

在 RGB 色彩模式下，我们看到的通道是 RGB 通道；在 CMYK 的色彩模式下，我们看到 CMYK 通道。色彩模式的转换可以通过单击菜单栏“图像” > “模式” > “CMYK”进行，在切换色彩模式时会出现一个提示框（图 2-8），单击“确定”按钮完成切换，就会看到色彩上发生的一些变化。

图 2-8　提示框

打开通道面板可以看到，在 CMYK 通道中，其灰度图含义与 RGB 通道中的含义类似，都是指含量的多少，RGB 灰度指的是色光亮度，而 CMYK 灰度指的是油墨的浓度。但是这两种模式在灰度图中的明暗程度是不同的（图 2-9），图片用于印刷时，这 4 个通道是属于单独印刷的，分别为青色、洋红色、黄色及黑色，即印刷时需要印 4 次。

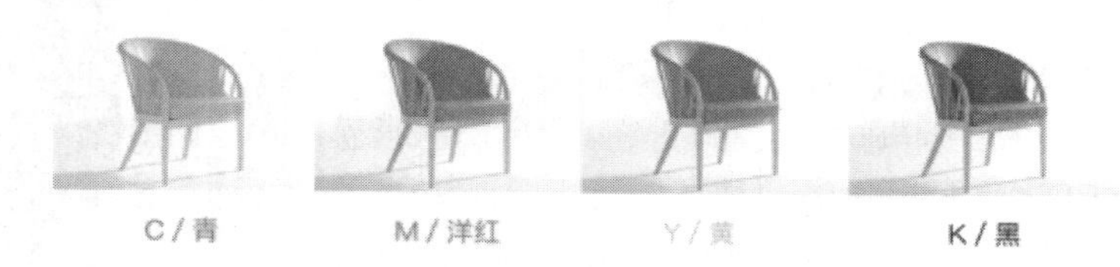

图 2-9　CMYK 的单种颜色

2.3.3　灰度色彩模式

灰度色彩模式是指显示一般意义上的黑白图像，灰度图像由一个通道组成，像素 0 为黑色，像素 255 为白色。在前面的章节中讲过，RGB 色彩在拾色器中进行选择，在 RGB 数值都一样的情况下，会显示出什么样的颜色呢？可以看到色标呈现的是灰色（图 2-10）。将色彩模式切换到灰度时，会出现一个提示框（图 2-11），单击“确定”完成切换，这时打开拾色器，选中的所有颜色最终都会显示为灰色。

图 2-10　RGB 数值相同的颜色

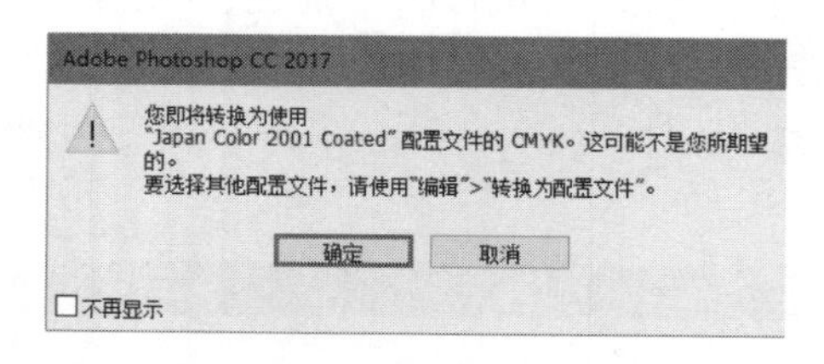

图 2-11　颜色模式提示框

灰度色指的就是由黑到白之间的过渡色，是不包含所有的彩色色相的。例如，红色、黄色、蓝色等颜色，灰度虽然不包含色相，但是它隶属于 RGB 的色彩范围内。将颜色面板打开，并且将右侧按钮切换至灰度滑块面板，则会以百分比的形式显示灰度，0%表示纯白，100%表示纯黑。

在 RGB 的色彩模式中，将通道设置为 8 位，包含 256 个级别，灰度属于 RGB 色域，所以灰度的数量就是 256 级，除了纯白色与纯黑色之外，还有 254 个过渡色。

2.3.4 通道色彩模式

一张带有颜色的图片是由红、绿、蓝三个通道组成的，它们共同组成了这张完整的图片，如果用肉眼观察一张图片，它只显示了红色和绿色，是不是代表没有蓝色的通道？这种想法是错误的。图像虽然看起来没有蓝色，但是不代表没有蓝色通道，只能说蓝色的色光亮度显示为 0。

将通道面板打开，在一般情况下，通道面板与图层面板是在一起的，可以调出图层面板再切换至通道面板，或者打开菜单栏“窗口”>“通道”。现在打开一张图片，查看其通道显示（图 2-12）。

图 2-12　图层面板的通道

通道中的缩览图都是以灰度来显示的，单击通道名称切换到单独的色彩通道，图片也切换成灰度图像，通道 RGB、红、绿、蓝快捷操作分别是〈Ctrl+2〉〈Ctrl+3〉〈Ctrl+4〉〈Ctrl+5〉，通道图层前面的眼睛按钮是显示与隐藏的效果。通道 RGB 显示的是三个通道的组合效果（图 2-13），如果将蓝色通道关闭，图像就会呈现偏黄效果；如果将红色通道关闭，图像就会呈现偏青色效果；如果将绿色通道关闭，图像就会呈现偏洋红色效果。

图 2-13　不同颜色通道下的图片

单击显示单个通道时，可以看到每个通道都是一张灰度图像，乍一看每个通道没有什么大的不同，其实不然，通道显示灰度的深浅是明显不同的（图 2-14）。在通道面板中，需要掌握几点：纯白色表示色光为最亮，亮度到达最大，级别为 255；纯黑色表示不发光，亮度为最小，级别为 0。

图 2-14　灰度模式下的图片

2.3.5　色彩模式的选择

在制作图像之前，首先要确定图像的用途。如果应用在屏幕显示的设备上，应将模式调整为 RGB 色彩模式；如果应用于印刷或打印，则应将模式调整为 CMYK 色彩模式。

2.3.6　色彩模式的切换

在设计过程中，设置画布属性时可能没有设置正确，需要进行色彩模式的切换。在切换时，可以直接打开图像中的选择模式调整色彩模式（图 2-15）。

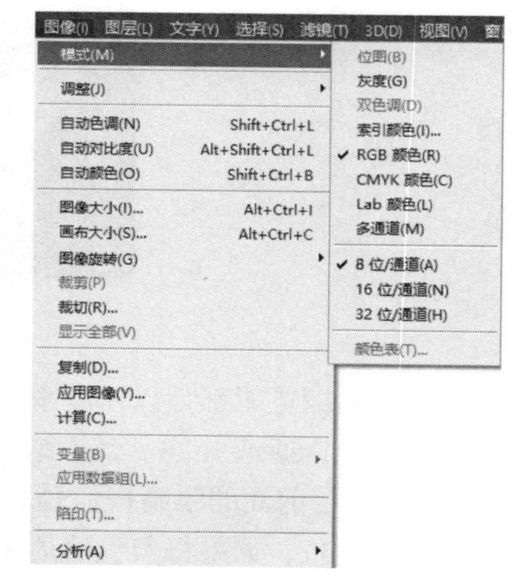

图 2-15　菜单栏中的色彩模式

现在我们对比 RGB 与 CMYK 两种色彩模式。

1）RGB 色彩模式是由光学的红、绿、蓝三原色组成的，是一种发光的色彩模式，主要运用于屏幕显示设备。而 CMYK 是由颜料青、洋红、黄、黑组成的，是不发光的，需要借助光源才能看到，主要用于印刷。

2）RGB 的色彩数量要比 CMYK 多出很多。

3）在通道色彩上，RGB 的灰度中偏白是指发光最亮，而在 CMYK 中是指油墨含量低。

针对色彩模式转换需要注意的是：由 RGB 色彩模式转换为 CMYK 色彩模式时，会破坏颜色模式，丢失一部分色彩，所以不要轻易转换，如果不小心转换，就不要再转换回来，因为每次转换都会造成色彩丢失，可以使用〈Ctrl+Z〉进行撤回。

2.4　基本单位的认识

图像在制作初期需要进行单位设置，单位决定了画布的大小，下面给大家介绍一下 Photoshop 的基本单位。

2.4.1 像素

Photoshop 是一款用来处理位图图形的软件，位图的基本单位是像素。

位图是指由若干个不连续的像素点相连接而成的图像，放大图像后，可以清晰地看到一个个小方块，这些小方块就是所说的像素。图像的像素有它独特的计算公式，即图像高宽两条边上的像素之积，如高为 1024 像素、宽为 768 像素的图像，其像素为 1024×768＝786432。

绘制屏幕图形图像时，像素是图像的最小单位。在正常情况下，我们看到的图片都是清晰度比较高的，但当对图像进行放大到无限大时，图像就成为一个又一个小色块了，一个小色块就是一个像素，也就是俗称的马赛克，每个像素只包含一种颜色信息。

2.4.2 分辨率

说到像素，自然就会联想到分辨率。分辨率通常是指每英寸上所能包含的像素数量，也就是说一个单位区间内，所能包含的像素数量。在一般情况下，包含的像素越多，分辨率越高，图像也就越清楚；相反，如果包含的像素越少，分辨率越低，图像质量越差。

分辨率与文件尺寸不同，在一个固定的位图图片中，尺寸越小，所对应的像素就会越大，用户看起来也就越清晰。而尺寸调整得越大，像素反而会越小，用户看到的图像也就越模糊。由此可以看出，像素越大，图片的精度就越大。UI 设计主要用于屏幕显示，所以将分辨率调整为 72 像素/英寸就可以，而用于印刷时，将分辨率调整为 300 像素/英寸即可。

设置 Windows 系统的分辨率，可单击右键调整屏幕的分辨率（图 2-16）。屏幕内容的大小本身不会发生变化，只是屏幕的像素总量发生变化之后，使得内容变大或者变小。

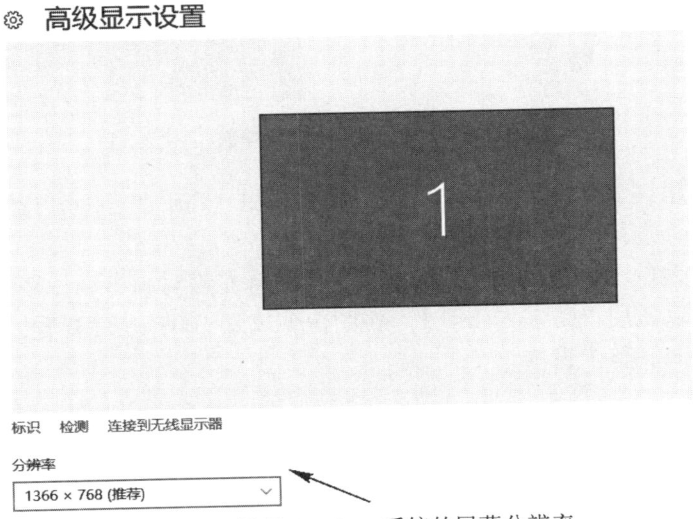

图 2-16　设置 Windows 系统的屏幕分辨率

2.4.3 位图图像

位图是和矢量图相对的，用点阵表现图形。点阵图是由点构成的，就像是运用马赛克来进行拼图一样，每个马赛克都是一个点，拼凑起来构成一张图片，放大时图形质量会变化。图 2-17 就是一张点阵图，我们将它拖拽至 Photoshop 中，单击菜单栏中的“图像” > “图像大小”，可以看到图像的尺寸、宽度与高度的像素，如图 2-18 所示。

图 2-17　点阵图

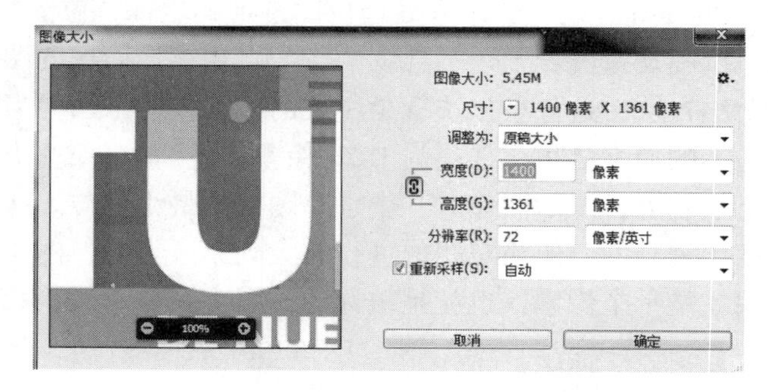

图 2-18　图像的尺寸

位图只能缩小，不能放大，放大之后会出现边缘像素失真与模糊（图 2-19）。缩小或放大画布显示可以使用放大镜工具〈Z〉，单击即可对选中部分进行放大，结合〈Alt〉键对选中部分进行缩小显示。

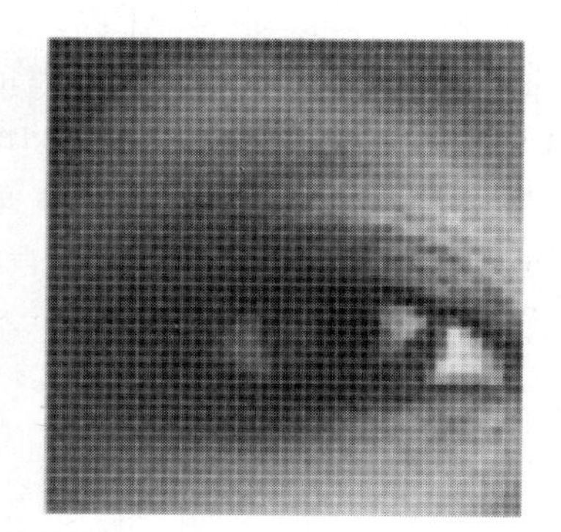

图 2-19　位图图像的缩放

当然也可以使用快捷键〈Ctrl+“+”〉进行放大，用〈Ctrl+“.”〉进行缩小，当然这是以图像的中心点为圆心进行的放大与缩小。

将局部进行放大显示之后，可以结合空格键及鼠标左键对画布进行移动显示。此外，调整完此操作后，可以使用快捷键〈Ctrl+1〉将图像缩放到 100%进行查看，快捷键〈Ctrl+0〉可调整窗口显示，布满整个窗口。

2.4.4　矢量图图像

矢量图是通过使用数学向量进行计算所绘制的图形。简单地说，就是对图像进行任意缩放却不会失真。矢量图一般是由多个对象组合生成的，而其中每一个对象的记录方式，都是以数学函数来实现的。矢量图的轮廓形状更容易修改和控制，但是对于单独的对象，色彩上变化的实现不如位图方便直接（图 2-20）。

图 2-20　矢量图的缩放

点阵图是基于像素的，修改点阵图其实就是修改像素，所以在缩放时就会因为像素的丢失而对图像造成破坏，降低质量。而矢量图像则是基于线段、路径计算的，修改矢量图大都是修改某些坐标点，所以缩放矢量图不会造成失真。

2.4.5　位图与矢量图的区别

位图和矢量图之间必然是存在一定区别的，主要体现在色彩效果与图形编辑方面。位图的色彩变换较为多样；编辑修改位图时，随意改变任意形状的颜色效果，如果使用的颜色效果愈加丰富，它所呈现的图形像素数量也就越多，所占用的存储空间也就越大。矢量图则在处理编辑图像上更加快捷，并不会对图像像素质量造成破坏，但是矢量图不能像位图那样有丰富的色彩变化。

2.5　储存格式的应用

Photoshop 支持很多格式，如 PSD 格式、JPEG 格式、PNG 格式、GIF 格式等，下面就常用的几种储存格式进行介绍。

2.5.1　PSD 格式

Photoshop 默认的存储文件格式是 PSD，即源文件储存格式，这是一种除了文件的操作历史记录之外，可以将所有的图层，包括图层的样式、颜色、通道、蒙版、路径及文字等进行格式保留。由于 Adobe 公司将其旗下所有的软件都集合了起来，因此其他软件产品，如 Premiere、After Effects、Illustrator 等也可以直接导入 PSD 文件，从而进行编辑修改。

2.5.2　JPEG 格式

JPEG 俗称 JPG，是一种采用有损压缩方式对图形图像文件进行内存压缩的格式，就是通常所说的图片格式，JPEG 所支持的图像一般是位图。

2.5.3 GIF 格式

GIF 格式是一种使用无损压缩的方式并且支持透明背景和动画效果的图片格式，通常在网络中可以看到 GIF 格式图片。

2.5.4 PNG 格式

PNG 算得上是一种静止的 GIF 格式，在 UI 设计中，PNG 格式一般用于切图，它是一种无损压缩的图像，它支持保存透明背景的图像。

第 3 章

界面设定

3.1 界面介绍

3.1.1 界面组成部分

界面本来是指分割两个或多个不同物体的面。本书中的界面是指人接触机器，机器给人传达信息的界面，如图 3-1 所示，我们看到的部分就称为 PS 的操作界面。PS 的操作界面包含六大块，分别是菜单栏、工具栏、工具属性栏、工作区、图像属性栏、活动面板（图 3-2 和图 3-3）。

图 3-1　Photoshop 操作界面

图 3-2　Photoshop 界面六大板块（一）

图 3-3 Photoshop 界面六大板块（二）

菜单栏在最上面的一行，包括文件、编辑、图像、图层、类型、选择、滤镜、视图、窗口、帮助共十项内容，每项内容中都有不同的下拉选项。工具属性栏位于第二行，在菜单栏下方，选择不同种类的工具时，工具属性栏也会随之变化，从而可以对工具的属性进行一些设定。工具栏位于 PS 界面的左侧，用户可以根据使用习惯，对工具栏的位置进行调整，工具栏中包含 PS 中的所有工具。工作区是进行制图、修改等操作的地方。图像属性栏的位置在界面的最下方，它是根据文档的设置而变化的，包括文档大小、文档配置文件、文档尺寸、测量比例等项目，我们可以自己进行选择。活动面板一般默认在界面右边，可以根据自身需要进行调整，默认窗口一般有图层、路径、通道等面板，后期可以根据需要在窗口中打开各种活动面板。活动面板中的各种面板都可以进行拆分及组合，也可以进行移动、删除等操作。

3.1.2 活动面板的使用

活动面板在 PS 操作界面的最右边（图 3-2），这部分面板工具可以根据需要进行移动、关闭和打开、组合排列，以及其他设定。打开 PS 后，默认的活动面板有图层、通道、路径、样式、调整、颜色等面板。还有一些隐藏的面板需要我们自己打开，单击最上方菜单栏的“窗口”按钮找到需要的工具面板（图 3-3），“窗口”栏中包括排列、工作区、导航器、动作、段落等 29 项内容。单击后即可出现该面板，可在面板上进行属性更改。活动面板区域最重要，使用率最高的面板是图层面板（图 3-4）。

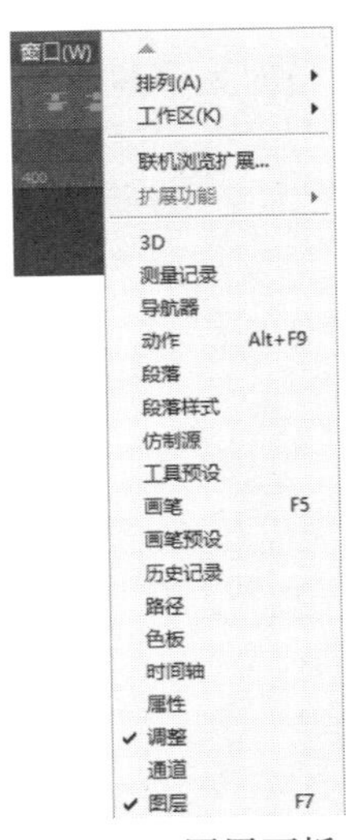

图 3-4 图层面板

3.1.3 图层面板初识

图层面板是右侧活动面板的一部分，一般默认界面打开后在活动面板下方（图 3-5）。用 PS 进行设计时会用到许多图层，图层面板可以提供添加和删除、隐藏及显示，还可以调节图层的层叠关系、透明度、图层蒙版等。

PS 制图是基于图层概念来进行的。虽然最后的成品是单一的、平面的，但是在制作过程中是分图层制作的。如从正面观看一幅在玻璃上的画，内容是一只鹿，这是非常完整的一幅画；但是从侧面观看时，或许会发现这幅鹿是由四面玻璃组成的，鹿的头、身子、四肢、尾巴分别画在了四块玻璃上。

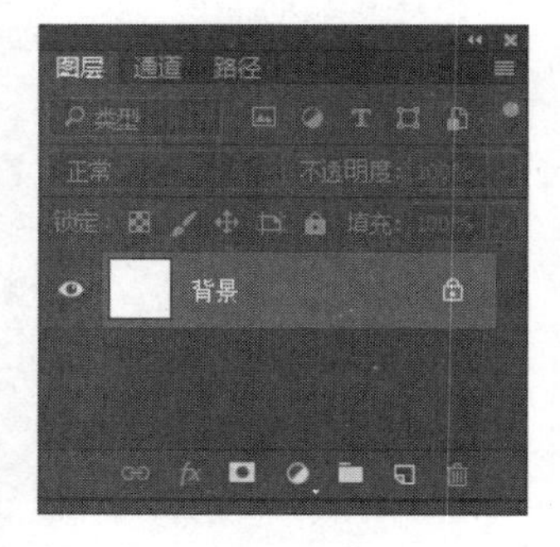

图 3-5　图层面板的位置

3.2 文档基本操作

3.2.1 新建空白画布

在 PS 中建立一个新画布，有以下几种方式。第一种方式：单击“文件”，在下拉列表中单击“新建”，这时会弹出一个窗口（图 3-6）。这个窗口中可以设置画布的尺寸、单位、分辨率、颜色模式等属性。在“预设”属性中可以选择平时使用的一些固定的纸张尺寸，如 A4、A3 等。宽度和高度属性可以用来设置画布的尺寸大小，输入想要设定的数值后，即可制作该尺寸的画布。在“单位”属性中，有厘米、毫米、像素等各种类型的单位，使用最多的是像素。在一般情况下，制作用于计算机、手机等屏幕显示的图像时，使用 72 分辨率；用于印刷、打印的图像一般使用 300 分辨率。色彩模式一般有 RGB、CMYK、灰度等，通常用 RGB 和 CMYK。RGB 是用颜色发光的原理来设计的，是目前广泛使用的色彩模式之一，当前大多显示器都采用 RGB 色彩模式。CMYK 色彩模式通常用于打印和印刷，一般设

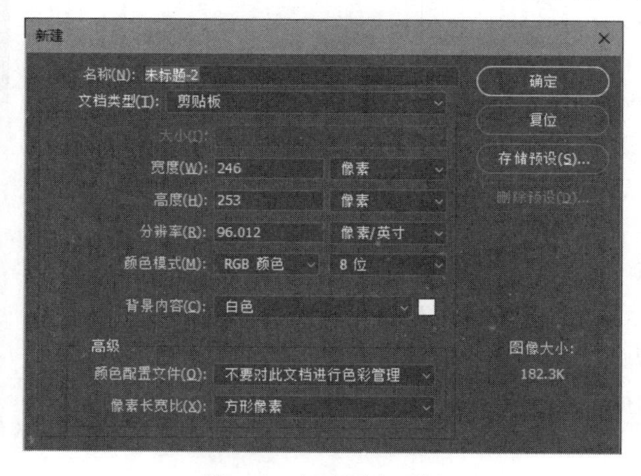

图 3-6　新建画布面板

计海报、排版时使用。画布背景内容通常为白色。设置好后单击“确定”按钮，即可新建一个画布。

除了以上建立画布的方式外，还可以使用快捷键新建画布。按住〈Ctrl+Alt+N〉即可弹出新建画布面板（图 3-6）。在面板中设置调整属性，再单击“确定”按钮即可新建一个画布。

3.2.2 存储使用格式

用 PS 制作完成的图像，需要进行存储。如果是第一次进行存储，需要设置存储格式及存储位置。在这种情况下，先单击菜单栏中的“文件”，这时出现下拉列表，单击“另存为”，这时会弹出一个存储的设置窗口（图 3-7）。在这个窗口中，对要保存的文件进行命名，并选择存储位置进行存储，也可以设置要存储的格式，通常保存的格式为 PSD、JPEG、PNG、GIF。PSD 格式为 PS 的源文件格式，这个格式的文件在 PS 中打开后，所做的图层和样式都会原封不动地保留，方便进行修改；缺点是文件相对较大，占内存较多。JPEG 是常用的格式之一，平时生活中许多图片都是这种格式的属性。PNG 图像是一种可以支持透明背景的图片，可以存储没有背景的图片。GIF 就是常见的动图，一些表情包都是 GIF 格式的。选择存储位置，再选择存储格式，然后单击保存即可完成存储。如果打开的是之前存储过的文件，那么我们可以直接单击“存储”，存储位置为最初的文件存储位置。

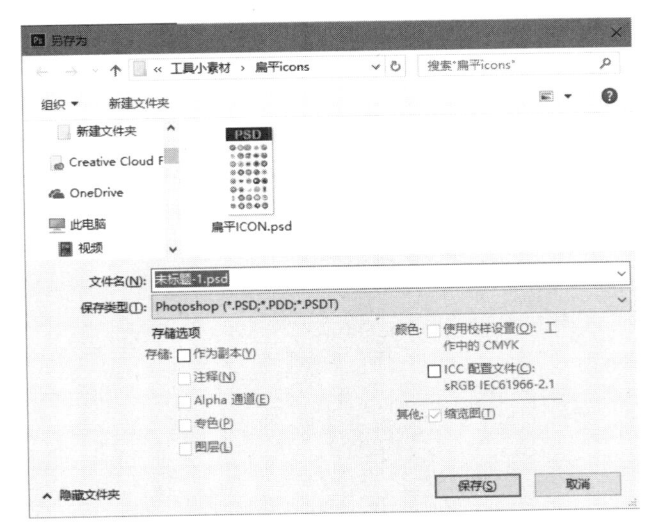

图 3-7 “另存为”设置窗口[一]

[一] 图中电脑为计算机的俗称。

第 4 章

建立选区

4.1 建立正常规则选框

4.2 建立随意不规则选区

4.3 羽化和消除锯齿

在图像处理过程中，时常会遇到只调整图像的某个局部，而不影响其他部分。这时，需要用选区工具建立一个选区，将需要调整的部分用选区工具框选起来。这个框选指定的过程称为选区，选取图像中的区域后，界面就形成了选区。选区可以对未框选的部分起到一定的保护作用，可以在不影响整体或其他对象的情况下对局部进行改变或调整。

4.1 建立正常规则选框

4.1.1 矩形选框组

在 PS 中，选框工具的快捷键是 M 键（使用快捷键时，一定要切换到英文输入法状态）。选框工具组内包含四个工具，分别是矩形选框工具、椭圆选框工具、单行选框工具及单列选框工具，使用 Shift+M 键可以在矩形选框工具及椭圆选框工具之间进行切换。运用这四个选框工具，可以绘制出矩形选框、椭圆选框及宽度为 1 像素的单行选框，或宽度为 1 像素的单列选框。绘制好的选框可以用来选择某些区域或者范围，从而在被选择的区域及范围内进行操作。下面对常用的选框工具进行详解。

1. 矩形选框工具的使用方法

首先建立一个白色背景的画布，然后在工具栏中选择选框工具，右键单击选框工具，鼠标在选框工具上停留 1~2 秒，就会自动弹出选框工具下设的其他选框，选择矩形选框工具，在需要创建选区的地方，单击并且沿相反方向进行拖拽，就能绘制出想要的选区。选区以黑白动态的蚂蚁线表现，在出现选区之后，在选区上放开鼠标，即可确定该矩形选区（图 4-1）。

如果需要绘制一个正方形选区，单击并拖拽，在拖拽的同时按住 Shift 键，就能出现一个正方形选区，直至拖拽出所需选区大小，立即释放鼠标，即可确定该正方形选区（图 4-2）。

图 4-1　矩形选区　　　　图 4-2　正方形选区

综上可知，矩形选框工具不仅可以进行矩形的绘制，也可以结合 Shift 键，拖拽绘制出正方形选区。

2. 椭圆选框工具的使用方法

在背景画布中创建选区，单击并拖拽，直至拖拽出所需选框大小后释放鼠标，即可确定该椭圆选区（图 4-3）。

如果需要绘制正圆选区，单击鼠标左键，在进行拖拽的同时，按下 Shift 键拖拽到所需选区大小后释放鼠标，即可确定刚刚建立的正圆选区（图 4-4）。

图 4-3　正圆选区

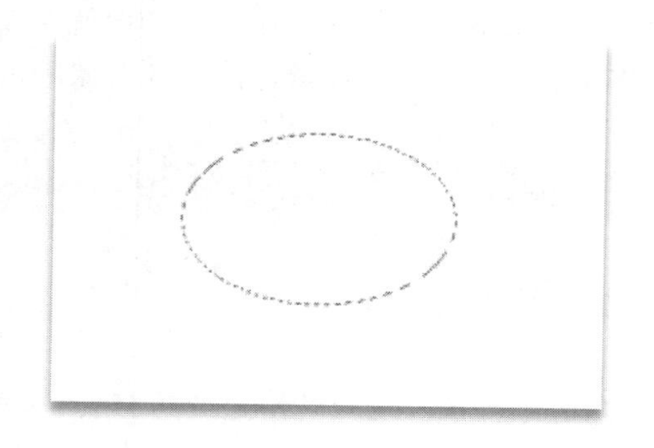
图 4-4　椭圆选区

在绘制正圆时，长按〈Shift〉键，可以通过拖拽画出一个正圆；同时按住〈Shift〉键和〈Alt〉键，所绘制出的正圆则是从选区中心向四周扩散的正圆。

3. 单行选框工具的使用方法

在设计过程中，有时可能会需要绘制一条横线。绘制横线需要用到单行选框工具，只要在需要创建单行选区的位置，单击鼠标左键就会显示一条宽度为 1 像素、长度为画布宽度设定值的选区，然后新建一个图层，填充适当的颜色，这样就绘制好了一条横线。为了让大家看清，在此选取黑色作为背景颜色（图 4-5 和图 4-6）。

图 4-5　黑色画布上的单行选框

图 4-6　网格上的单行选框

4. 单列选框工具的使用方法

在设计中需要绘制竖线时，就要用到单列选框工具。同样的方法，在需要创建单列选区的地方，单击鼠标左键即可显示宽度为 1 像素、高度为画布宽度设定值的选区，然后新建一个图层，填充适当的颜色，就绘好了一条竖线；为了让大家看清，在此选取黑色作为背景颜色（图 4-7 和图 4-8）。

在此需要注意，使用以上四种选框工具所绘制的选区，仅作用于当前选择的图层，而不会影响其他图层。因此建立选区后，如果需要对其进行颜色填充等，需要在图层面板中新建一个图层，单击图层面板中的“创建新图层”按钮或使用快捷键〈Ctrl+Shift+Alt+N〉来建立新图层，再对选区进行编辑修改，就不会影响到其他图层（图 4-9）。

图 4-7　单列选框

图 4-8　放大后的单列选框

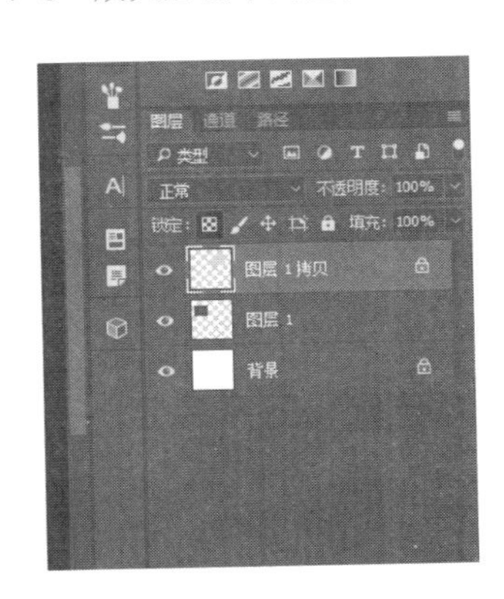

图 4-9　对选区进行编辑修改

通过图 4-9 可以看出，青色的矩形是用选框工具建立的，并在新建图层后进行了填充，这样就不会影响或破坏背景图层和紫色矩形的图层。

除此之外还有一种情况，就是对当前所选图层运用选框工具进行的修改编辑。如将图 4-9 中的紫色矩形修改为一半是紫色，另一半是青色的效果，就可以使用选框工具进行修改编辑，具体步骤如下：

1）先在建立好的纯色背景画布中绘制出一个紫色的矩形块（图 4-10）。

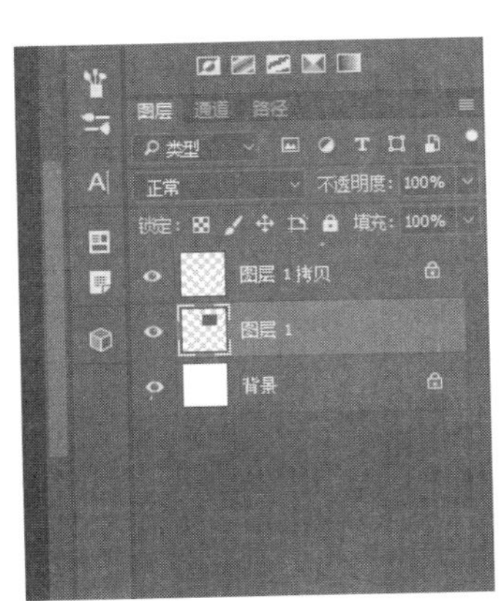

图 4-10　紫色矩形块

2）选择使用矩形选框工具，在矩形的 1/2 处拖拽绘出选区（图 4-11）。

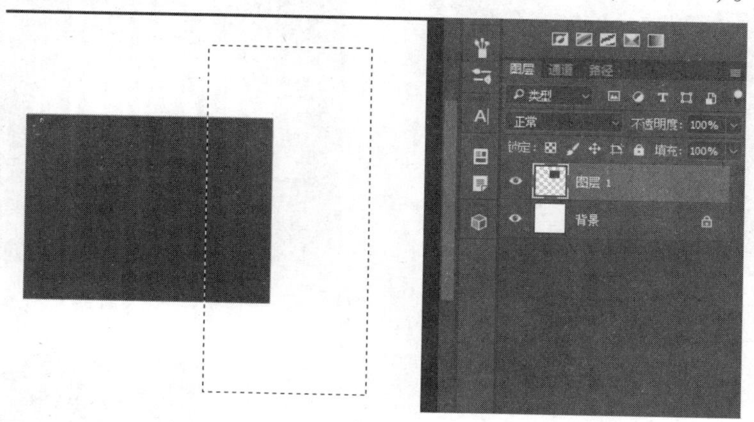

图 4-11　绘制矩形选区

3）选择一种与底色不同的颜色，对选区进行颜色填充（图 4-12）。

图 4-12　填充选区

最终效果如图 4-12 所示，这两个色块就放在了同一个图层当中。当对这个图层进行修改时，也就是对这两个色块进行统一的修改，而不能单独对某一个色块进行修改。

4.1.2　移动变换选框

在 PS 运用中，经常用到选框变换的命令。移动变换选框即将所绘制的选框进行移动、缩放、旋转、斜切、扭曲、透视、变形、翻转等自由变换的操作。下面对这些操作进行讲解。

1. 移动选框的使用方法

绘制好选区后，在选框工具下，将鼠标移动到选区内部单击鼠标左键移动该选区，移动到合适位置后松开鼠标即可，这样选区就被移到了另一个位置（图 4-13），可以对选框直接进行修改和编辑。

2. 变换选框

绘制好选区后同时按下快捷键〈Alt+S+T〉，就会出现左右变换的选框，调取选择菜单中的变换选框，即可对绘制好的选框进行变换操作（图 4-14）。

图 4-13　选区的位置

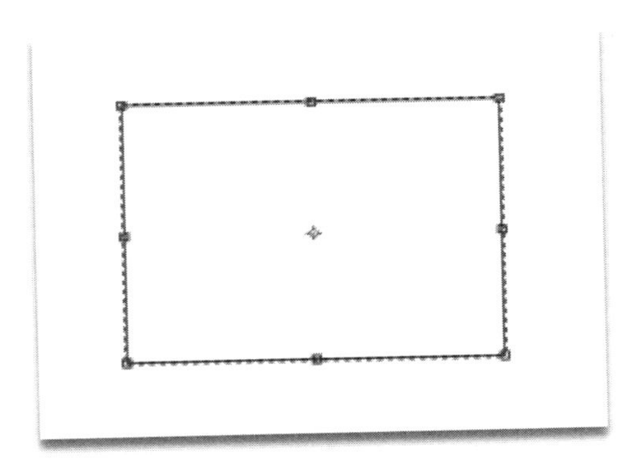

图 4-14　变换选框

（1）缩放　将鼠标移至选区的边框线上，即可看到鼠标处出现双向箭头，单击鼠标左键可以沿箭头方向拉伸选区范围，即可看到选区沿水平（或垂直）方向进行缩放（图 4-15、图 4-16）。

图 4-15　确定选区

图 4-16　选区缩放

将鼠标移至选区边框尖角点的位置，鼠标处出现双向箭头，单击鼠标左键可以沿箭头方向拉伸选区范围，选区沿箭头方向进行整体缩放（图 4-17）。在拖动鼠标的过程中，按下〈Shift〉键即可对该选区进行等比缩放操作；按下〈Shift+Alt〉键，可以对选区进行从中心等比缩放操作（图 4-18）。

图 4-17　沿箭头方向进行缩放

图 4-18　从选框中心进行缩放

（2）旋转　绘制好的选区还可以执行旋转操作。绘制好选区后，按下快捷键〈Alt+S+T〉，就会出现自由变换的边框（图 4-19）。在边框上右击，就会出现自由变换的各种命令，选择“旋转”命令，将鼠标移到尖角点处，光标就会出现一个带角度的旋转符号，拖动鼠标就会对选区进行旋转操作，旋转角度根据需要而定，也可以在工具选项栏中设定旋转的参考值。确定好旋转角度后，单击任意一个工具，弹出“自由变换”对话框，单击“应用”或者直接按下〈Enter〉键，这样选区就旋转好了。若单击“不应用”，则取消选框的“旋转”(图 4-20)。

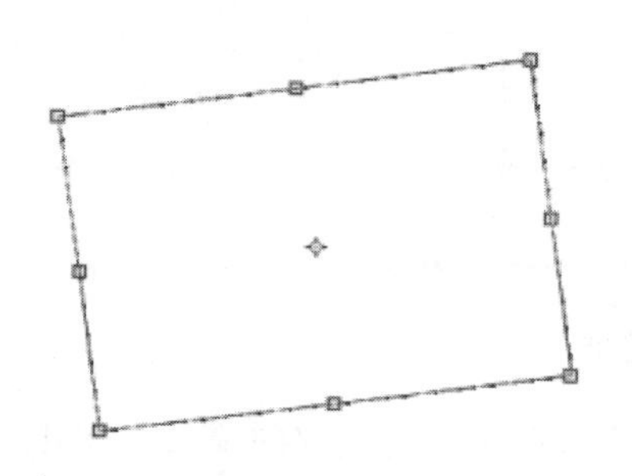

图 4-19　对选区进行旋转

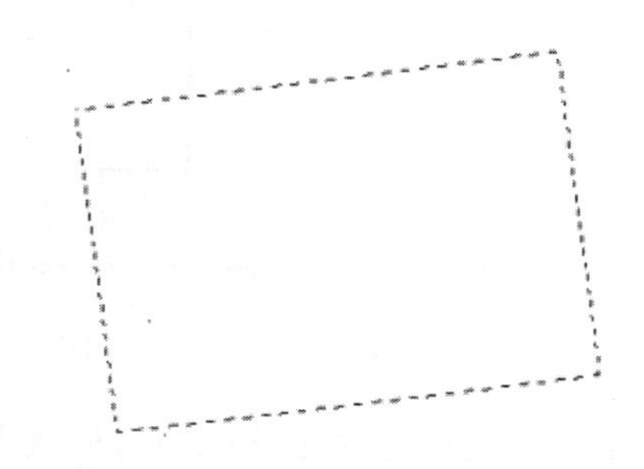

图 4-20　取消“旋转”命令

（3）斜切　以同样的方法绘制一个矩形选区（选区形状根据需要而定）。按下快捷键〈Alt+S+T〉，就会出现自由变换的边框（图 4-21）。在边框上右击，就会出现自由变换的各种命令，选择“斜切”命令，将鼠标放置在自由变换边框的中间锚点位置上，光标就会变成白色箭头，并且右下角携带一个左右双向箭头，这时候左右拖动鼠标，就会形成一个平行四边形的选区。单击任意一个工具，弹出“自由变换”对话框，单击“应用”或者直接按下〈Enter〉键，选区就斜切好了。若单击“不应用”，则取消选框的斜切（图 4-22）。

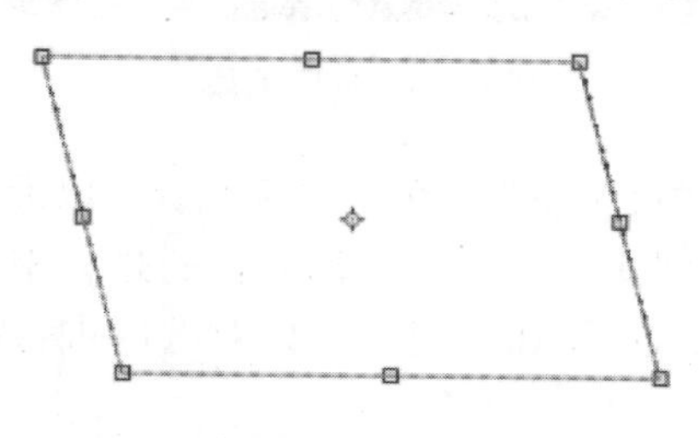

图 4-21　自由变换的边框（一）

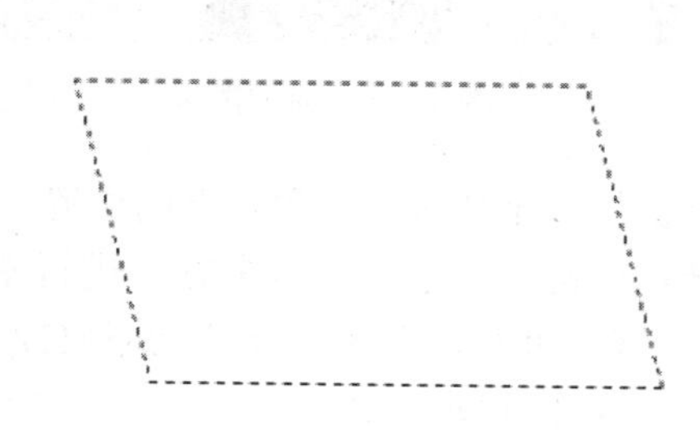

图 4-22　取消斜切

(4) 扭曲　以同样的方法绘制一个矩形选框（选框形状根据需要而定）。按下快捷键〈Alt+S+T〉，就会出现自由变换的边框（图4-23）。在边框上右击，就会出现自由变换的各种命令，选择扭曲命令，将鼠标放置在自由变换边框的四角任意一个尖角点的锚点位置上，光标就会变成白色箭头，选择其中一个角点，可以随意拖动鼠标进行扭曲命令操作。扭曲后就会形成一个异形的选框，单击任意一个工具，弹出“自由变换”对话框，单击“应用”或者直接按下〈Enter〉键，这样选区就扭曲好了。若单击“不应用”，则取消选框的扭曲（图4-24）。

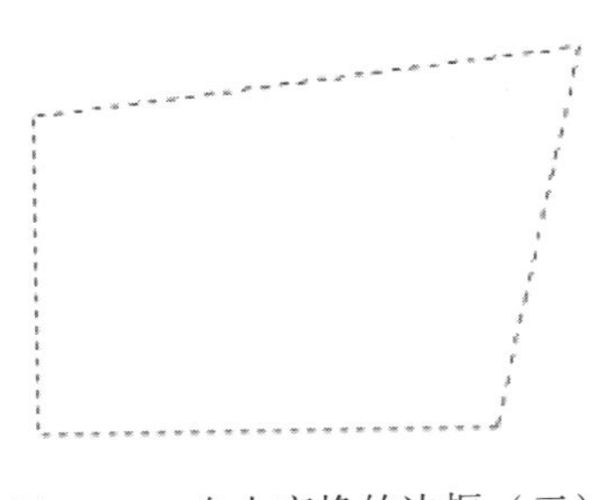
图4-23　自由变换的边框（二）

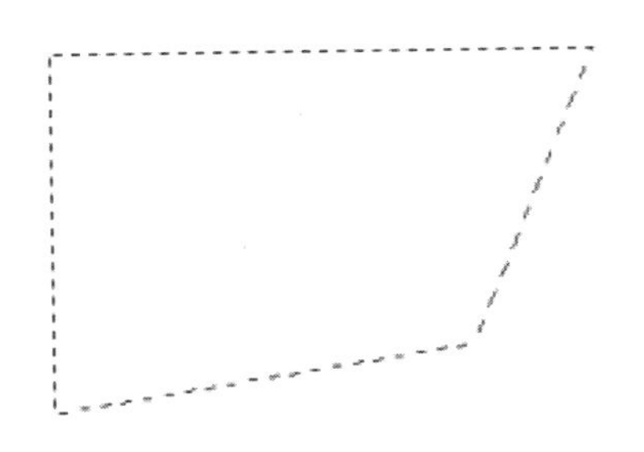
图4-24　取消扭曲

(5) 变形　以同样的方法绘制一个矩形选框（选框形状根据需要而定）。按下快捷键〈Alt+S+T〉，就会出现自由变换的边框（图4-25）。在边框上右击，就会出现自由变换的各种命令，选择“变形”命令，选框上就会出现一个类似田字格式的变换边框（图4-26），边框的锚点带有双侧把手。根据需要调整变形时，可以拖动锚点与锚点上的双侧把手进行变形处理。可以随意拖动鼠标进行变形命令操作，变形后形成一个异形的选框，单击任意一个工具，弹出“自由变换”对话框，单击“应用”或者直接按下〈Enter〉键，选区就变形好了。若单击“不应用”，则取消选框的变形（图4-27）。

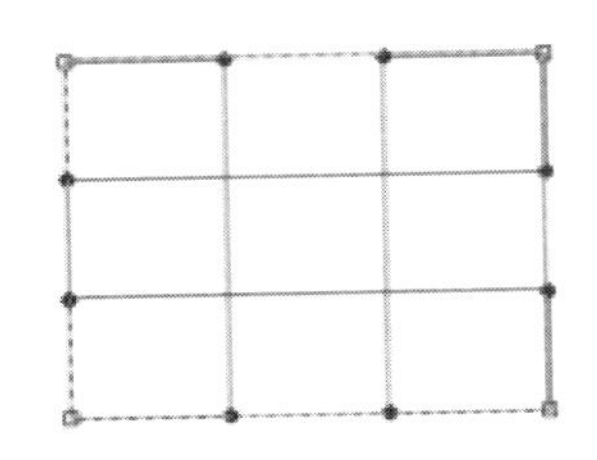
图4-25　自由变换的边框（三）

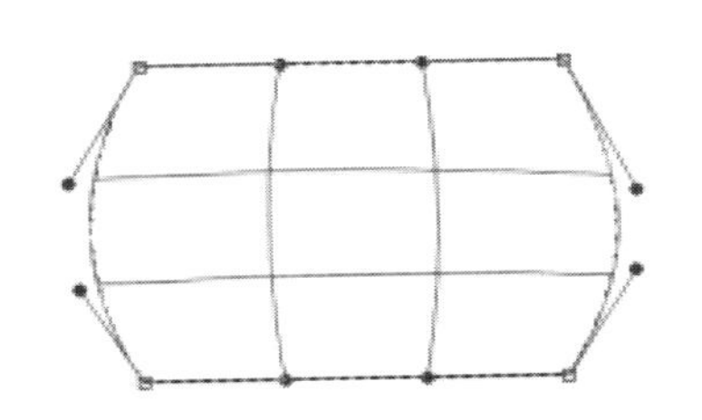
图4-26　调整把手

图4-27　取消选区

(6) 透视　以同样的方法绘制一个矩形选框（选框形状根据需要而定）。按下快捷键〈Alt+S+T〉，就会出现自由变换的边框（图4-28）。在边框上右击，就会出现自由变换的其他命令，选择透视命令，将鼠标放置在自由变换边框的尖角点的锚点位置上，这时光标就会变成白色箭头，按下〈Ctrl+Shift+Alt〉键或者〈Shift〉键，左右或上下拖动鼠标，形成一个具有透视效果的选框，单击任意一个工具，弹出“自由变换”对话框，单击“应用”或者直接按下〈Enter〉键，这样一个具有透视效果的选框就做好了。若单击“不应用”，则取消选框的透视（图4-29）。

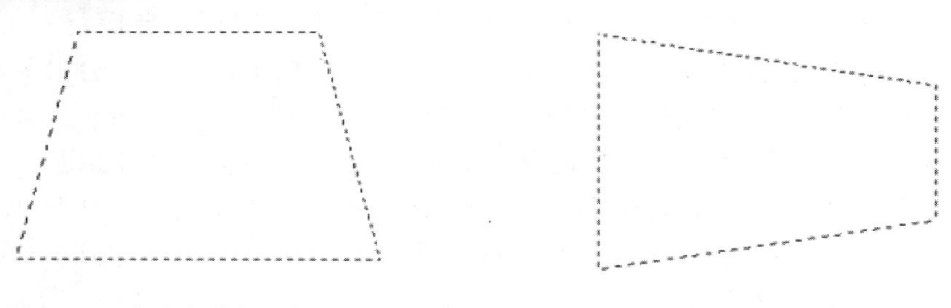

图 4-28　自由变换的边框（四）　　图 4-29　透视命令

（7）翻转　在变换选框中，用得最多的就是水平翻转、垂直翻转、顺时针翻转、逆时针翻转。以同样的方法绘制一个矩形选框（选框形状根据需要而定）。按下快捷键〈Alt+S+T〉，就会出现自由变换的边框（图 4-30），在边框上右击，就会出现自由变换的各种命令，单击“翻转”命令，选框就直接执行该翻转命令并进行翻转。单击任意一个工具，弹出“自由变换”对话框，单击“应用”或者直接按下〈Enter〉键，这样翻转就做好了。若单击“不应用”，则取消选框的翻转（图 4-31）。

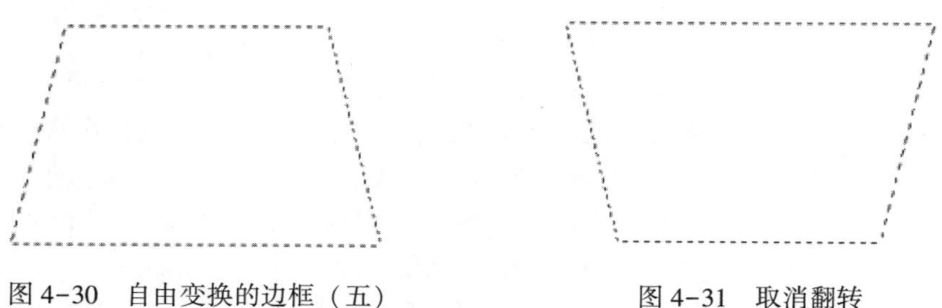

图 4-30　自由变换的边框（五）　　图 4-31　取消翻转

选框变换根据实际情况进行选择操作（图 4-32）。不同的变换命令会有不同的操作方法，自然就会出现不同的变换效果。要想熟练掌握选框的变换，还需要在平时的操作中多多练习，这样在使用过程中才会游刃有余，变换出任何自己想要的选框效果。

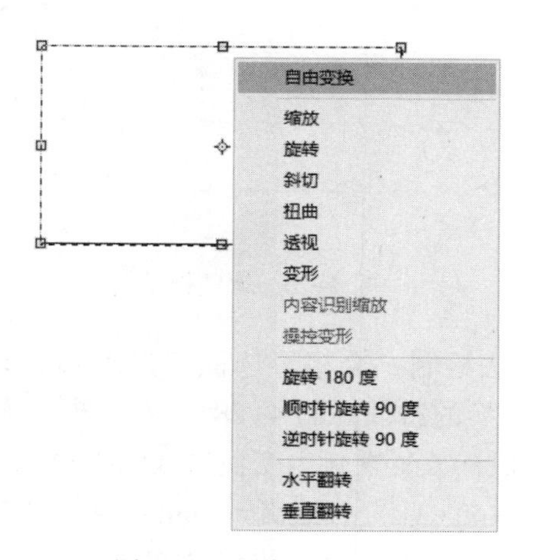

图 4-32　选框的变换

4.1.3 选框布尔运算

布尔运算发明于1847年，是数字符号化的逻辑推演法，包括联合、相交、相减、排除重叠。在进行图形编辑时，使用布尔运算可以快速地进行形状组合，使之构成新的图形。随着Adobe软件的更新发展，布尔运算也由二维图形的运算发展到了三维立体图形的运算。

选框中的布尔运算是针对于选区的联合、相减、相交、排除重叠进行操作的，布尔运算在工具选项栏中（图4-33）。

图4-33 布尔运算

在选框的布尔运算中主要包括新建选区、添加到选区、从选区减去及与选区相交。除了新建选区以外，其他布尔运算的快捷操作分别为：〈Shift〉（加，图4-34）、〈Alt〉（减，如图4-35）、〈Shift+Alt〉（交，图4-36）。

我们只需要在选择选区工具进行拖拽时，按住相应的快捷键即可进行绘制。

图4-34 加法运算　　图4-35 减法运算　　图4-36 相交运算

4.1.4 选框快捷键组合

在PS中，〈Shift〉键和〈Alt〉键发挥着重要的作用，为了便于大家有一个清晰的认识，在此做出总结。

1）〈Alt〉键在PS的选框部分主要有两大作用，首先是在绘制选框的过程中，按下〈Alt〉键即可得到由鼠标放置区域中心向外扩散的选区；其次是在对选区进行布尔运算时可以做减法操作。具体操作：在绘制好一个选区后按下〈Alt〉键，我们会发现光标右下角有一个减号，单击后对建好的选区执行减法操作。使用〈Alt〉键进行选区相减时，为了避免以上两种作用的冲突，我们需要按住〈Alt〉键拖出一个适当大小的选框后，松开〈Alt〉键，然后继续使用鼠标拖拽结合空格按键，进行选区大小与位置的修改编辑。

2）〈Shift〉键在PS中的选框部分主要有两大作用，首先是在绘制选框的过程中按下〈Shift〉键可绘制等比例选区；其次是在对选区进行布尔运算时可以做加法操作。具体操作：在绘制好一个选区后按下〈Shift〉键，光标右下角便会出现一个加号，单击后对建好的选区执行加法操作。同样为了避免以上两种作用发生冲突，我们可以使用〈Shift〉键在拖拽出选框之后，进行释放，并使用鼠标拖拽结合空格按键的方法，绘制出想要的选区形状。

3）同时按下〈Alt〉键和〈Shift〉键在 PS 中的选框部分主要有两大作用，首先是在绘制选框的过程中按下〈Alt〉键和〈Shift〉键可得到由鼠标放置区域中心向外扩散的等比例选区；其次是在对选区进行布尔运算时可以做出与选区相交的操作。具体操作：在绘制好一个选区后按下〈Alt〉键和〈Shift〉键，光标右下角便会出现一个“×”号，单击后对建好的选区执行相交操作。

4.2 建立随意不规则选区

4.2.1 套索和多边形套索工具的使用

在 PS 中可以用选区工具创建规则的选区，但是在图像或者图形处理过程中经常会用到不规则的选区。绘制一个不规则的选区，可以使用选框工具中的套索工具（快键键是〈L〉）。套索工具组中主要包括套索工具、多边形套索工具、磁性套索工具等。套索选框工具作为最基本的选区工具，在处理图像过程中起着相当重要的作用。

选择套索工具后，工具选项栏会出现相对应的针对选区进行的布尔运算，其操作方式和矩形选框的操作方式一致。

1. 套索工具的使用方法

套索工具主要用于绘制任意不规则选区，使用套索工具时，按下鼠标左键在图片编辑区域内任意拖动，松开鼠标即可依照刚刚操作的路径自动生成一个选区；套索选框工具依然适用于选框工具的联合、相减、相交、排除重叠四种运算模式。在这里需要注意的是在拖动鼠标的过程中，如果松开鼠标时起点和终点未闭合，计算机将会自动识别，将起点与松开鼠标的点进行自动闭合（图 4-37）。在绘制好选区后，将鼠标移至起点处，尽量使终点与起点重合，松开鼠标后即可建立封闭选区（图 4-38）。

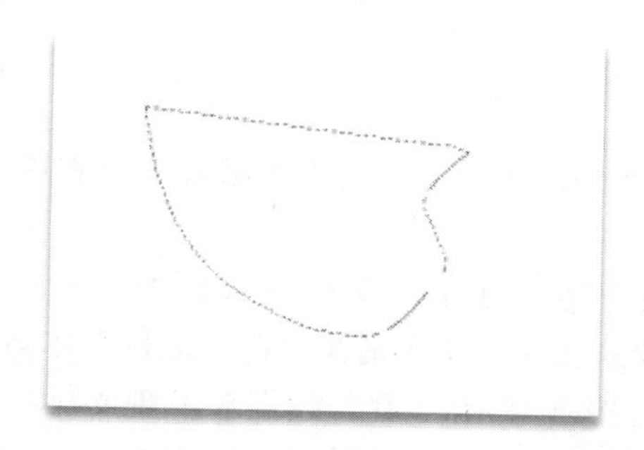

图 4-37　自动闭合选区

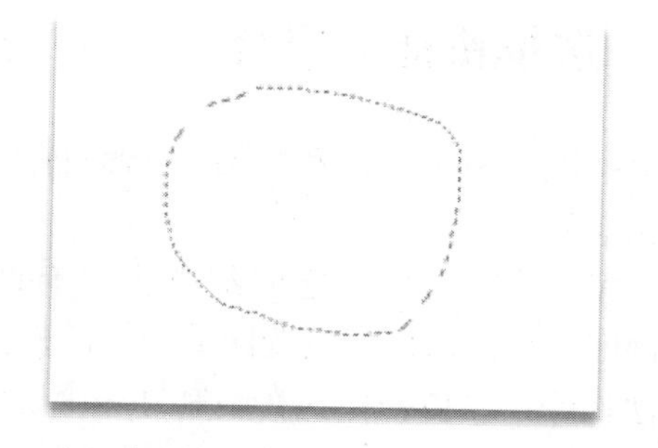

图 4-38　起点与终点重合

使用套索工具建立选区，可以用以图像抠图，现在需要一块彩色的石头。我们在 PS 中以背景的形式打开一张彩色石头的照片（图 4-39），如何在这样一张彩色石头照片上抠下一块石头呢？

首先，在工具箱中单击套索工具组，选择第一个套索工具，或使用快捷键〈L〉选择套索工具。然后在彩色照片上选择其中一块石头，鼠标沿着石头边缘的任意部位拖动一圈，用鼠标将终点与起点相连，形成一个闭合路径（图 4-40）。

图 4-39　彩色石头

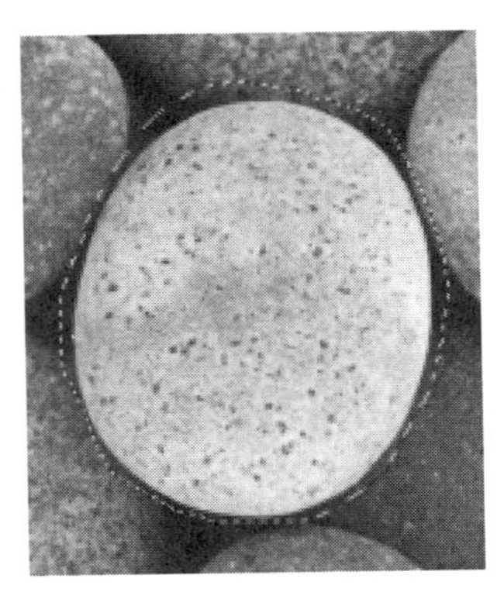

图 4-40　建立闭合选区

形成闭合路径后，选中这张彩色石头照片的图层，进行原位复制，执行快捷键〈Ctrl+J〉命令，这样一块彩色石头就被抠下来了（图 4-41）。抠下来后，图层面板就会自动生成一个透明背景的彩色石头的图层。

但是仔细观察这块石头，直接使用套索工具抠下来的石头边缘是比较生硬的，我们使用这张石头照片时，会发现生硬的边缘影响它在其他图像中的使用效果，从而影响图片的整体效果。

那么我们就要在抠下这块石头之前，对选框进行羽化边缘的设置。在 PS 工具选项栏的羽化值设置框中，输入一个固定的羽化值，然后使用套索工具，再次选中彩色石头照片中的一块石头，沿着石头边缘拖动鼠标，松开鼠标就建立了一个闭合选区。之后，选中石头背景图层，执行原位复制命令，使用快捷键〈Ctrl+J〉，这样，这块石头就被重新抠下来了。这时关闭背景图层，就可以看到设置羽化值后，使用套索工具抠下来的石头。我们会明显发现设置羽化值后，再抠下来的石头边缘就会出现羽化效果（模糊效果），具有边缘羽化效果的彩色石头（图 4-42）放置到其他图片中使用时，可以自然地融入图片环境中。

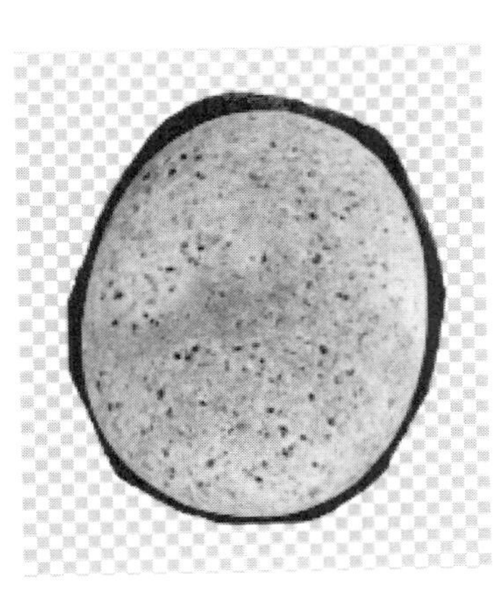

图 4-41　石头抠图

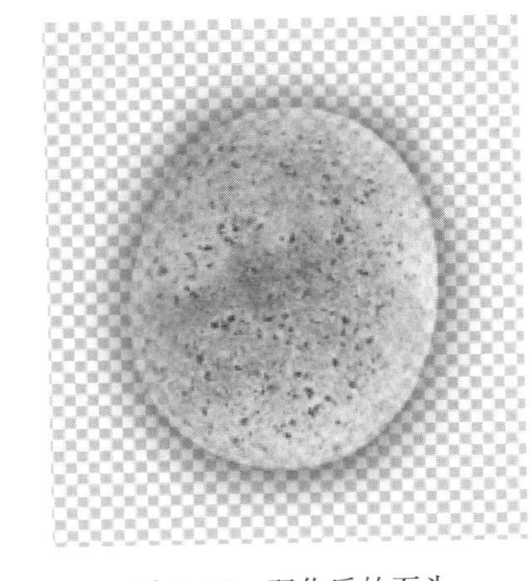

图 4-42　羽化后的石头

2. 多边形套索工具的使用方法

多边形套索工具用自定义的直线来自由组成封闭的选框，会自动生成选区。多边形选框工具同样适用于选框工具的联合、相减、相交、排除重叠四种运算模式。在使用多边形套索工具时，类似将点确定后连接成线，单击确定选区的起点，移动鼠标即可发现由此起点会出现一条相连接的线，继续在图片编辑区域单击即可确定下一个点并绘制选区，当鼠标移动到与起点重合的位置时，就会发现光标的右下角出现了一个小圆，这时单击即可建立一个封闭选区。

在这里需要注意的是在拖动鼠标的过程中，如果双击时起点和终点未闭合，计算机将会自动识别起点与松开鼠标的点，进行自动闭合（图 4-43）。

在绘制过程中，按下〈Shift〉键即可绘制水平、垂直、斜 45°、斜 135° 的选区效果（图 4-44）；同样，如果要取消本次选区范围的操作，按下〈Esc〉键即可取消；如果要撤销，按下〈Backspace〉键或〈Delete〉键，即可撤销到上一步，也可一直撤销到最初未进行操作前（图 4-45）。

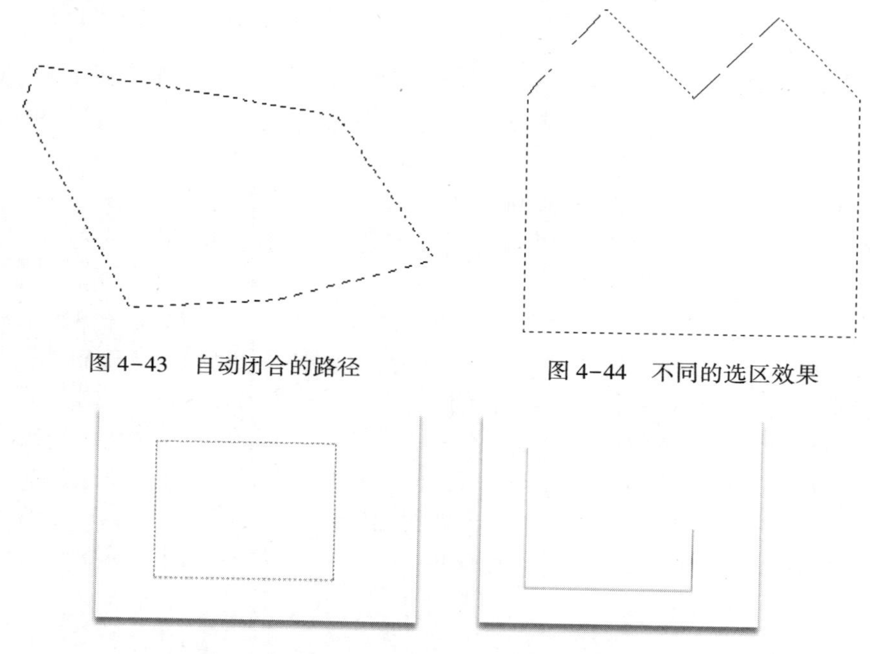

图 4-43　自动闭合的路径

图 4-44　不同的选区效果

图 4-45　操作前的图形

使用多边形套索工具绘制时，按下〈Alt〉键即可实现正常拖动鼠标产生的轨迹及多边形套索工具效果间的切换（图 4-46）。

图 4-46　多边形套索效果

现在就以案例的形式用多边形套索工具进行抠图讲解。

首先将凳子素材照片在 PS 中以背景图片的形式打开（图 4-47）。

图 4-47　凳子素材

在这张照片中，凳子是一种棱角分明并且边缘都为直线的物体，相比之下，其他两个套索选框工具都不适合。一般对于这种物体，我们的第一选择莫过于多边形套索工具。在 PS 的工具箱中单击“套索工具”，选择多边形套索工具。在背景凳子主体物的边角处开始，在凳子的边角处单击，然后沿着凳子的边缘拖动鼠标，光标上就会自动带有一条线，拖动下一个到拐角处后单击形成第二个点，两点之间就连接起来形成一条线。以同样的方法沿凳子边缘绘制下一个点，直到将起点与终点连接起来。终点与起点连接起来时，光标右下角就会出现一个小圆圈，这就意味着将要形成一个闭合的选框（图 4-48）。在抠图过程中，遇到水平的或垂直的边缘线时，需要结合〈Shift〉键进行拖拽，这样才能绘制出水平或垂直的线段。遇到较为复杂的边缘线时，要贴合物体的边缘线多绘制几个锚点，这样才能将物体完整而不失真地抠下来（图 4-49）。

用多边形套索工具将整个凳子从起点到终点相连接时，就会形成一个选框，这个选框就是多边形套索工具的移动轨迹。

图 4-48　闭合的选框

图 4-49　抠下来的凳子

形成选框后，整个凳子就被选框所框选。这时回到图层面板中，选中背景图层，执行原位复制命令，结合快捷键〈Ctrl+J〉将选区中的图像原位复制出来，关闭背景图层后，凳子就被抠出来了。

仔细观察原图就会发现，凳子的靠背处还有一块没有被抠下来。这时需要选中此图层，再次使用多变形套索工具，进行第二次处理，这次是将第一次未被抠掉的背景框选起来，形成选框后，直接按〈Backspace〉键或〈Delete〉键删除即可，最后这个凳子就完整地抠下来了。

4.2.2 磁性套索的使用及抠图

磁性套索工具是套索工具组中的第三个。磁性套索工具可以用来抠出和周围颜色差别比较大的图形或是边界比较明显的图形。磁性套索工具在使用的时侯，只要单击沿边界拖动鼠标即可绘制出选区。在绘制过程中会发现计算机自动生成一个个锚点，如果在绘制过程中出现偏移，可以单击添加一个锚点。将鼠标移动到起点位置时，会发现光标右下角出现一个小圆，这时单击即可建立一个封闭选区（图 4-50）；在操作过程中如果出现误操作或想要撤销到上一步，按下〈Backspace〉键或〈Delete〉键即可，并且可一直撤销到最初未进行操作前。

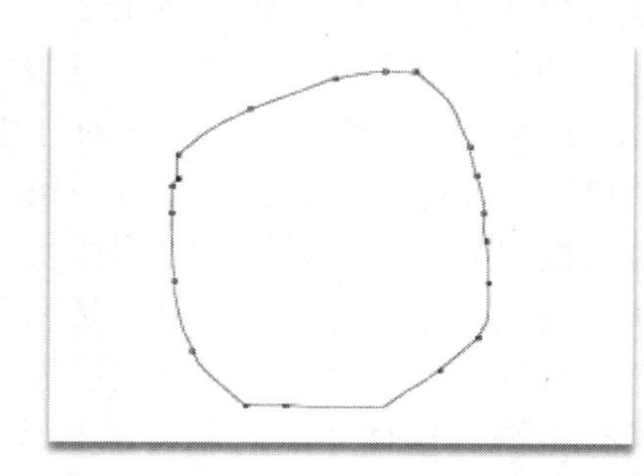

图 4-50　封闭的选区

选定磁性套索工具后，在工具选项栏上方会出现相对应的操作属性设置，在此设置磁性套索的属性。同样可以针对磁性套索工具建立的选区进行布尔运算，同样在布尔运算中可以使用快捷键进行加选、减选、相交操作。在工具选项栏中有几个重要的选项，包括宽度、频率及对比度。宽度的值可设定在 0~256，宽度值越大，磁性套索的探索范围越大，在此范围内可以对对比较强的边界点进行捕捉；宽度值越小，则磁性套索的探索范围就越小。频率的取值范围为 0~100，频率与锚点数量成正比，也就是说频率数值越大，在进行选区框选时，选区边界内对应的锚点数量就会越多；反之频率值越小，锚点数量就越少。对比度决定了选区边界范围的反差大小，对比度的值为 0~100，对比度的值越大，反差越大，则抠图的精确度越高；对比值越小，则反差越小，则抠图的精确度越小。

4.2.3 iWatch 抠图案例详解

接下来以 iWatch 抠图为例做示范，在示范中将宽度值设定为 10 像素，对比度的值设定为 10%，频率值设定为 50（图 4-51）。

宽度：10 像素 对比度：10% 频率：50

图 4–51 选框大小设置

图 4–52 和图 4–53 则为根据所设定的值在手机边界绘制的边界范围效果及闭合边界后的选区效果。在绘制边界范围的过程中，要将鼠标贴近所抠图像边界进行拖动鼠标的操作，操作时如果出现多选或少选及点错位置，可按下〈Backspace〉键或者〈Delete〉键撤销到前一个点继续完成绘制，最后将终点与起点相连（图 4–52），当光标右下角出现一个小圆时，单击闭合路径，从而创建出需要的选区。选区创建完成后，使用快捷键〈Ctrl+J〉进行复制，选区内的图片即可被抠取下来（图 4–53）。

图 4–52 绘制路径

图 4–53 转为选区

4.2.4 人物复杂边缘抠图案例详解

接下来以跳舞女孩抠图为例给大家做一个复杂边缘抠图示范，图 4–54 是一个跳舞女孩的图片，要将其中的女孩完整地抠下来，这张图属于复杂边缘抠图处理。那么，我们怎样将这种具有复杂边缘的图像完整抠下来呢？

在示范里会将磁性套索工具与通道抠图相结合，将这张图片中具有复杂边缘的女孩抠下来。

宽度值设定为 10 像素，对比度的值设定为 10%，频率值设定为 60。

首先将跳舞女孩的照片在 PS 中以背景的形式打开，将背景图层执行原位复制命令，使用快捷键〈Ctrl+J〉，这样就能起到保护原图的作用（图 4–54）。然后将跳舞女孩的头部和脸部用通道抠图的方法抠下来。通道抠图也存在一定的不足，像跳舞女孩这种身体边缘平滑但是又复杂的轮廓，用通道抠图不能把握好其轮廓的清晰度，在此可用磁性套索选框工具将跳舞女孩的身体抠下来。

图 4–54 则为根据设定值在跳舞女孩身体的边界上绘制的边界范围效果，以及闭合边界后的选区效果。在绘制边界范围的过程中，要将鼠标贴近跳舞女孩身体的边界，进行单击，同时拖动鼠标沿跳舞女孩身体边缘操作，如果在操作过程中出现多选或少选及点错位置的情况，可按〈Backspace〉键或者〈Delete〉键撤销，然后继续完成绘制操作。跳舞女孩身体平滑，所以绘制时尽量慢点，以保证所抠图像边缘平滑。最后将终点与起点相连，光标右下角出现一个小圆时单击进行闭合操作，即可创建该闭合选区。选区创建完成后，回到图层面板中，选中跳舞

女孩原图图层，执行原位复制命令，使用快捷键〈Ctrl+J〉，这样跳舞女孩的身体就完整地抠下来了，这时关掉原图片与背景图片，就可以看到我们所需的跳舞女孩的图片了。

仔细观察原图就会发现，跳舞女孩的手臂部位还有一块背景色未抠掉，这时就需要再次使用磁性套索工具沿背景色块的边缘再次绘制抠图范围，当起点与终点相连时，未被抠掉的背景色块就被框选住，直接按下〈Backspace〉键或〈Delete〉键删除即可。最后将用通道方法抠下来的头部、脸部与用磁性套索选框工具抠下来的身体通过右键单击进行合并图层操作，可使用快捷键〈Ctrl+E〉，这样完整的跳舞女孩就被抠下来了（图 4-55）。

图 4-54　复制后的图层

图 4-55　抠取女孩

4.2.5　魔棒工具使用方法

魔棒工具（快捷键为〈W〉）利用颜色差别来创建选区，多用于操作分界线比较明确的图像，当背景为纯色时使用效果更好。同样以抠 iWatch 为例来进行演示，该图片背景与 iWatch 的对比鲜明，只需要把手表部分抠取下来即可。而背景是以纯色呈现，切换到魔棒工具后，将鼠标放置在白色背景区域，则该区域内的白色背景被选中，按下〈Shift〉键继续勾选其他区域内的白色背景，直到不需要的白色区域全部被选中为止，使用快捷键〈Ctrl+Shift+I〉执行反向选择的操作，使用快捷键〈Ctrl+J〉进行复制，选区内的图片即可被抠取下来（图 4-56）。

图 4-56　使用魔棒工具抠取 iWatch

4.2.6 容差值设定

容差值也就是近似值，容差值越大，所选择的像素颜色范围也就越大，能够选择的色彩数量也就越多。

容差值的范围为 0~255，容差值的大小直接决定魔棒工具选色范围的大小。容差值与颜色选择的范围成正比，也就是说当容差值为 0 时，如果选择的是单一的纯色，那么就只能选中百分之百的单一纯色；如果将容差值扩大到 20，那么选中的范围当中就会稍微带有其他色彩；当容差值很大时，所有的颜色就都被选中了。以图 4-57 为例进行演示。

图 4-57　使用魔棒工具*抠图

图 4-57 展示的图片分别是容差值为 10、100、200 时，魔棒工具在同一处单击鼠标时所展现的选区范围。不难发现，随着容差值的不断扩大，所选区域的范围也在不断扩大，直到将容差值调整到最大值时，我们会发现该图片的区域被全部选中（图 4-58）。

图 4-58　容差范围

4.2.7 手机抠图之魔棒操作

下面我们来做一个练习，找一张本身与背景具有对比鲜明的手机图片素材。现在要将手机部分抠下来，首先选择魔棒工具，将鼠标放置在白色背景区域，单击把该区域内的白色区域全部选中；使用快捷键〈Ctrl+Shift+I〉执行反向选择操作；然后使用快捷键〈Ctrl+J〉进行复制。手机即可被抠取下来（图 4-59），这时我们就得到了手机的褪底图。

图 4-59　抠取手机

4.2.8　快速选择工具

快速选择工具如图 4-60 所示（快捷键为〈W〉），这个工具也可对色彩进行分析，利用颜色间的差别来创建选区。它与魔棒工具的区别在于，它不受容差值大小的控制，而是通过色彩分析，结合鼠标移动的轨迹来创建选区。

在创建选区的过程中，选择使用添加到选区，拖动鼠标即可创建范围更广的选区。在操作过程中无须按下〈Shift〉键即可扩大选区范围（图 4-61、图 4-62）；在操作过程中，按下〈Alt〉键即可缩小选区范围（图 4-62）。

图 4-60　快速选择工具

图 4-61　单击拖拽扩大范围

图 4-62　单击拖拽减小范围

4.3　羽化和消除锯齿

4.3.1　选定羽化范围

PS 中，羽化是针对选区所进行的一项操作，初学者很难理解这个词。在 PS 中，羽化是对形状的边界做模糊化处理，它能让尖锐刻板的图片棱角模糊化。羽化原理是令选区内外衔接的部分虚化（图4-63），起到渐变的作用，从而使图形图像的边缘与背景层能够进行自然衔接。羽化在图片设计制作过程中使用广泛，而且难度不大，只要多加练习就能掌握。在实际运用过程中，具体的羽化值完全取决于经验，所以掌握这个工具的关键是经常练习。

羽化值与被虚化的范围大小成正比，也就是说，羽化值越大，被虚化的范围就越宽，形状与背景层之间的颜色渐变越柔和；羽化值越小，虚化范围相应也就越窄。羽化值可根据实际情况进行调节。在对图形进行羽化的过程中，有一个小技巧，那就是先把羽化值设置得小一点，然后反复羽化，直到达到我们想要的效果为止。

在运用椭圆选框对选区进行绘制时，工具选项栏会出现消除锯齿的选项。我们先来看一下勾选消除锯齿状态下与不勾选状态下，椭圆选区所呈现的效果（图4-64）。将选区内的效果放大以后会发现右侧的圆出现了明显的像素格效果，这称为锯齿（图4-65），当然左侧的圆不能说没有锯齿，只不过在勾选了消除锯齿后，我们对圆的边缘进行了一定程度上的，从不透明像素格到半透明像素格再到透明像素格的过渡，看起来效果更加平滑舒适。在用椭圆选框进行绘制的过程中，一般都要勾选消除锯齿选项（图4-66）。

图4-63　羽化区域

图4-64　消除锯齿

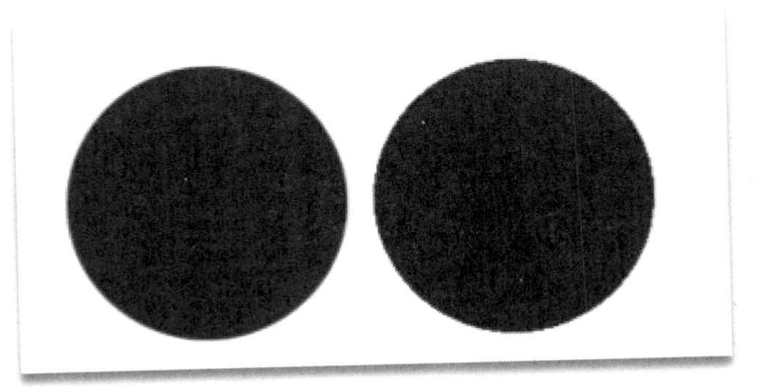

图4-65　圆形锯齿

图 4-66　未消除锯齿

4.3.2　羽化参数设置

创建选区后即可对选区内的图像或者填充进行羽化操作，在工具选项栏中进行羽化值的调整或者通过单击菜单栏中的“选择”>“修改”>“羽化”（快捷键为〈Shift+F6〉）调取“羽化选区”对话框，在弹出的“羽化选区”对话框中调整羽化值的大小（图 4-67）。

先绘制两个等大的矩形选区，将这两个选区分别设定为不同的羽化值，参数设定分别为 0 和 5（图 4-68），然后将这两个矩形分别填充为黑色，填充完成后便可发现羽化值为 0 的矩形选区方方正正，有明显的棱角，并且黑色填充在整个选区范围之内；而羽化值为 5 的矩形选区四角变成圆角选区，黑色填充在了整个选区内外的范围，而且填充色是渐变效果，黑色填充由不透明到透明进行渐变过渡。

图 4-67　调整羽化值

图 4-68　羽化值大小

4.3.3 羽化的使用方法

在前面的讲解中我们提到了两种设置羽化效果的方式。一是在工具选项栏中进行羽化值的调整；二是单击菜单栏中的“选择” > “修改” > “羽化”，在弹出的“羽化选区”对话框中调整羽化值的大小。下面我们对这两种操作的区别做出讲解与演示。

1）首先我们采用第一种方式，绘制选框前，在工具选项栏中将羽化值设定为 20，然后在图像编辑区绘制一个椭圆选框，并将其填充为黑色；完成填充操作以后，我们会发现得到的并不是我们想要的最终效果。现在将羽化值调小，按下〈Ctrl+Alt+Z〉撤销到上一步，保留选区无填充的状态，将羽化值调整为 0。再次填充发现其效果不变，依然保持在羽化值为 20 的效果（图 4-69）。如果想要调整效果，必须取消选框，重新设定工具选项栏中的羽化值，再次操作才可得到我们想要的效果。

2）然后我们采用第二种方式，先将工具选项栏的羽化值调整为 0，在图像编辑区中建立椭圆选框（图 4-70）。单击菜单栏中的“选择” > “修改” > “羽化”，在弹出的“羽化选区”对话框中将羽化值调整为 20，这时选框会较原来缩小，填充颜色后如图 4-71 所示；如果在这个时候想要对羽化效果进行调整，只需撤销到原先绘制好的选框效果，在菜单栏中单击“选择” > “修改” > “羽化”重新进行参数设定并填充颜色就可以了，无需取消选区重新绘制，这是和第一种羽化设定所不同的。

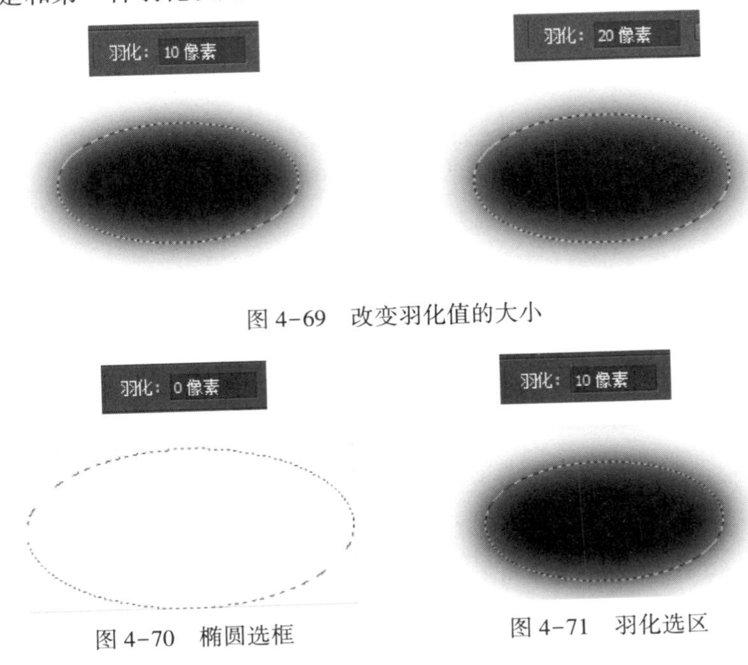

图 4-69　改变羽化值的大小

图 4-70　椭圆选框

图 4-71　羽化选区

4.3.4 优化选区参数操作

羽化可以让所抠图的边缘更加柔和地过渡过去，在 PS 中还可以通过调整边缘的选项来完成较复杂图像边缘的调整及优化。

第 5 章

图层深度剖析

5.1 图层组成

在开始学习 PS 时，最重要的就是图层面板。那么什么是图层呢？对于初学者来说，了解图层是学习 PS 的必要条件。

单独讲解图层的功能和原理可能不太好理解，我们可以把它比喻成作画时所使用的透明纸张，背景图层是绘画时使用的画板，图层与画板、图层与图层之间都是层层叠加的，上一层的图像会遮盖住下一层的图像。制作复杂图形时，我们可以将它的每一部分放到不同的图层上，可以很方便地对每一部分进行单独修改，不会对其他图层上的图形产生影响。例如，我们做一个机器人时，首先做一个头部，放在第一个图层，接下来做一个左胳膊放在第二个图层，右胳膊放在第三个图层，身体放在第四个图层，左腿放在第五个图层，右腿放在第六个图层。这样，这个机器人就是由六个图层构成的，我们单独调整某个图层即可调整与图层对应的部分。例如，移动身体所在的图层时，意味着身体部分也在移动，对身体进行颜色或者形状的调整时，也仅修改身体所在的图层即可，而图层面板中的其他图层不会发生变化。图层层叠关系怎样理解呢？如我们新建一个图层不对其进行填色，透过这个图层我们可以看见下边图层上的内容，但是无论如何对上边这个图层进行涂抹，对下边的图层都不会产生影响；如果两个图层中的内容重叠起来，就会遮住下方图层中的内容。此时可以通过移动各个图层的位置或者多添加几个图层来形成最终需要的合成效果。为了使复杂的图形在修改局部时不受其他部分的干扰，我们需要将每一个图形放置在单独的纸张上，每一张透明纸上的图形按照参考图样的对应位置重叠在一起，最终映射到背景上，就得到了一幅层级分明的完整图形。

利用图层面板，可以对图像进行分层制作，这样图层关系更加明确，每一部分都在对应的图层中，这样我们在对该图形进行编辑修改时，可以保证对其进行单独修改，也不会影响别的图层，可以极大地提高工作效率，避免因为某一部分的错误或者修改，导致整个图像的重新制作，影响作图效率。

5.1.1 图层的使用

接下来介绍一下图层面板的使用，图层面板的快捷键是〈F7〉，当然也可以在菜单栏中单击“窗口”，在下拉列表中选择“图层”，来调取图层面板。我们操作的所有图层都在这个图层面板中显示（图 5-1）。当我们新建好画布后，背景就相当于画板，是锁定的。每一个空白的图层就相当于一张张透明的纸张，可以在这些透明的纸张上进行绘制编辑。图层解锁：当所选图层后方出现一个小锁时（图 5-2），是不可以对当前图层进行编辑的，即锁住当前图层。更改图层名称：制图期间图层过多且未分组时，就需要对图层进行命名来区分每个图层（图 5-3），双击图层列表中每个图层对应的文字，更改图层名称。

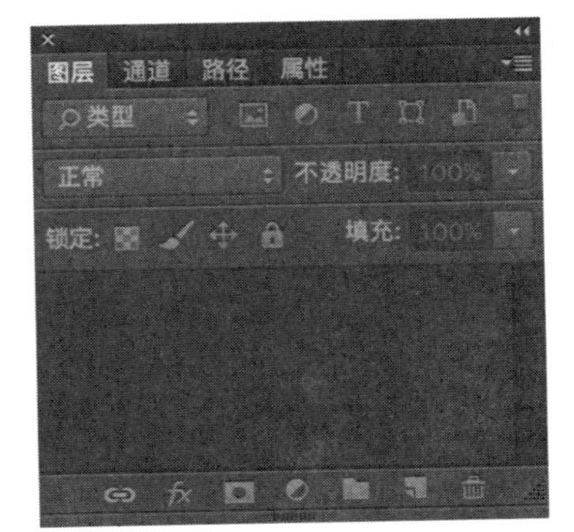

图 5-1　图层面板

图 5-2　图层解锁

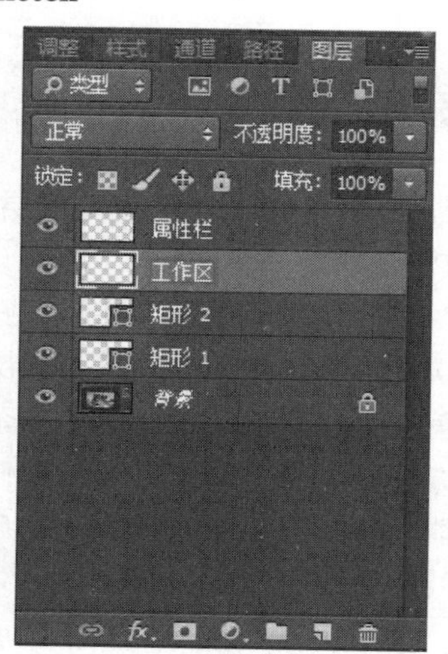

图 5-3　图层命名

最下面的一栏是图层面板的属性编辑栏，在这里可以对图层进行一些属性的编辑和处理，该栏从左到右分别为链接图层、添加图层样式、添加矢量蒙版、创建新的填充或调整图层、创建新组、创建新图层、删除图层七个功能按钮（图 5-4）。

（1）链接图层　链接图层就是将图层列表中两个及两个以上的图层关联到一起。链接在一起的图层，当选中其中某一个图层对其进行移动时，整体的链接图层都会一起移动；当对其中的某一个图层进行自由变换时，链接图层中的所有图层被选中，这样可以提高操作的准确性，也可以大大提高工作效率。在图层面板中用〈Shift〉键同时选中或者〈Ctrl〉键加选多个图层，单击最下方的“链接图层”按钮即可将所选的这些图层进行链接。除此之外，也可以选中多个要链接的图层，然后单击鼠标右键，此时在弹出的列表中选择“链接图层”，在单击图层时不要单击到图层的缩览图上（图 5-5）。也可以在选中要进行链接的图层后，单击图层面板下方的链接按钮，被链接的图层名字后会出现相应的链接标志（图 5-6）。

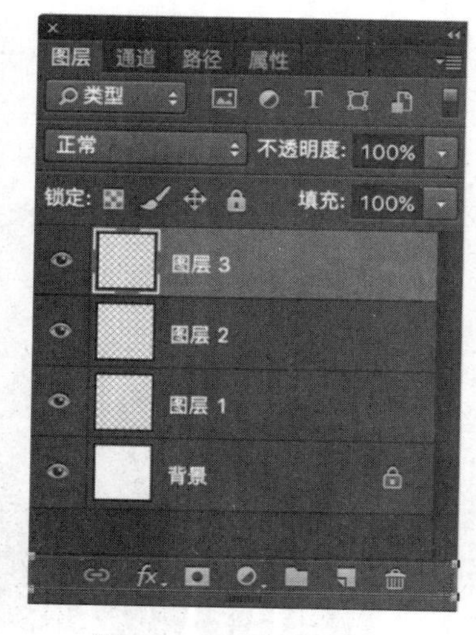

图 5-4　图层面板按钮

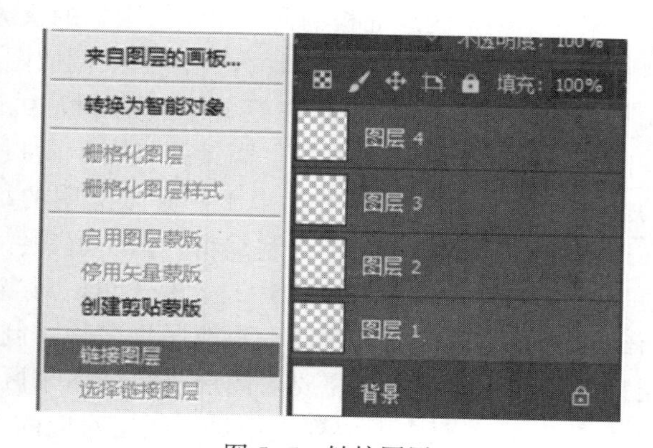

图 5-5　链接图层

（2）添加图层样式　图层样式是在 PS 中制作图片效果的一个非常重要的手段，图层样式可以用于图层面板的图层中除背景层以外的任意一个图层。如果想要对背景图层使用图层样式，就必须双击背景图层，此时会弹出一个对话框，单击“确定”即可，这时背景图层变为一个普通图层，就可以添加图层样式了。如果要对其中的某个图层添加图层样式，可以将其选中，然后单击图层面板下方的“添加图层样式”按钮，弹出图层样式中的样式选项，选择添加所需样式，可以对一个图层添加多个不同的图层样式（图 5-7）。

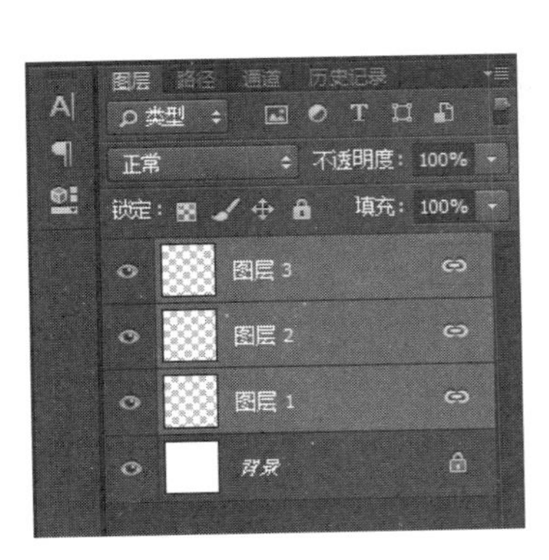

图 5-6　链接按钮

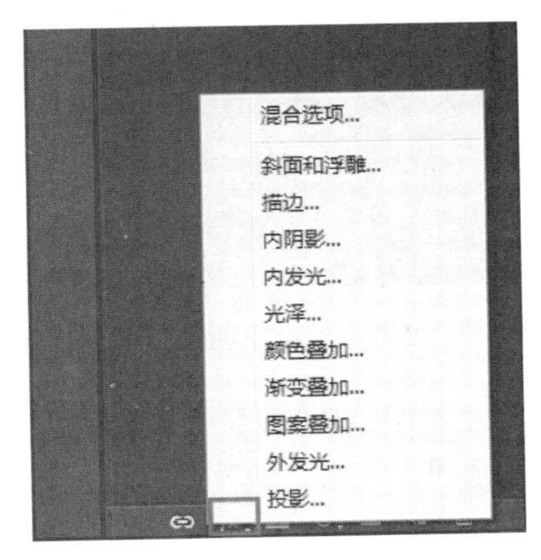

图 5-7　图层样式

（3）添加矢量蒙版　PS 中矢量蒙版工具可以让我们在不破坏原来图形图像的情况下，对图层中的图像进行遮盖去除，并且可以对其进行多次修改。图层蒙版类似橡皮擦，可以擦除图片，与橡皮擦不同的地方在于使用图层蒙版还可以将擦除的地方再次还原，图层蒙版在我们的设计工作中是一个非常实用而又强大的工具。在使用该工具时，首先选中要添加图层蒙版的图层，然后单击图层面板最下方的“添加矢量蒙版”按钮，这样便可以为该图层添加一个图层面板（图 5-8）。在使用图层蒙版时，需要单独单击图层旁边的白色框，单击后意味着选中了图层蒙版，这个白色的填充四周会出现一圈白色的虚线框（图 5-9），这时选择画笔工具即可进行图片的擦除与还原。

图 5-8　图层面板

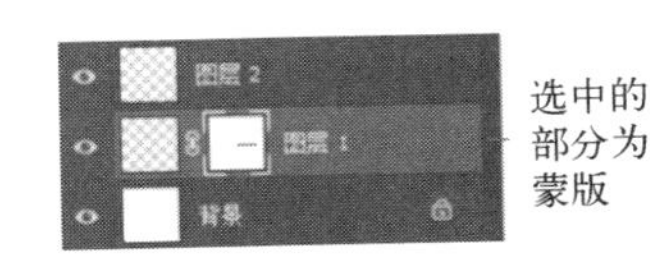

图 5-9　蒙版

（4）创建新的填充或调整图层　单击图层面板最下方圆形黑白对半的按钮（图 5-10），即可创建新的填充或调整图层，这时会出现列表栏，然后选择需要创建的选项。可以创建填充、渐变、图案，也可以进行曲线调整、亮度与对比度的调整、色相饱和度的调整、自然饱和度的调整等。创建或调整完成后，会形成一个新的像图层一样的层，作用于该层之下的所有图层，但不会破坏原有的图层。如果不满意，可以选择该层中第一个缩略图进行调整

（图 5-11），也可以直接删除。

图 5-10 “创建新的填充或调整图层”按钮

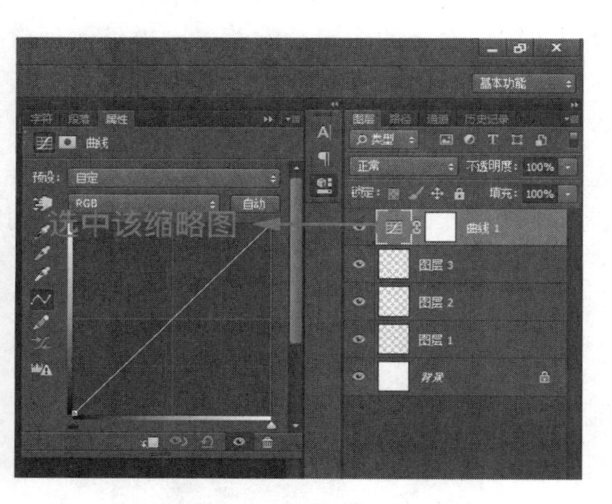

图 5-11 曲线调整

（5）创建新组 PS 在我们进行设计的过程中，有时候会用到许多图层，这时就算关闭了图层的缩略图，也会有许多图层。例如，网页设计、App 界面设计，出现成百个图层是很正常的，为方便查找，我们需要对图层进行编组。这样既可以提高作图效率，也方便了工作交接。单击图层面板最下方的“创建新组”按钮（图 5-12），在图层列表中即会出现一个空组，然后将所要编组的图层拖入这个组中。也可以按下〈Shift〉键全选要编组的图层，按下〈Ctrl+G〉即可对被选中的图层进行编组。

（6）新建图层 我们在使用 PS 进行设计、合成、修改图像时，创建图层是我们必须学会的最基本的操作。在图层面板最下方，单击“新建图层”按钮（图 5-13），即可建立一个新的空白图层。

图 5-12 “创建新组”按钮

图 5-13 “新建图层”按钮

（7）删除图层 我们在用 PS 处理图像时，如果遇到不需要的图层，就需要删除这个图层。将鼠标放在要删除的图层上，当光标变为小手的样子时，长按并拖动图层到图层面板最下方的“删除图层”按钮上（图 5-14），即可删除该图层。也可以单击选中要删除的图层，单击右键出现下拉列表，单击其中的“删除图层”，出现对话框后选择“是”，即可删除该图层。

图 5-14 删除图层

5.1.2 图层的分类

（1）背景图层　我们使用PS新建画布后，会出现背景图层，在图层列表中，背景图层会带一个“小锁”，名字一般默认为“背景”。背景图层不可以与别的图层进行图层顺序的调整，永远位于图层列表的最底部。鼠标无法拖动该图层的图层顺序，也不能添加不透明度和图层样式，但是可以使用画笔、渐变等工具。

（2）普通图层　普通图层是新建图层后，使用最多的一种图层类型。这种图层默认为透明图层，可以进行任何操作。可以使用〈Ctrl+Alt+Shift+N〉键来快速新建图层。

（3）调整图层　通过该图层，我们可以在不破坏原图层的前提下，对曲线、色阶、色相对比度等属性进行调整，可以作用到该图层下方的所有图层。如果对调整结果不满意，则可以双击该图层的缩略图进行再调整或者直接删除该图层。

（4）填充图层　填充图层是一种带蒙版的图层，我们可以对其添加一些纯色、渐变或者图案。可以将其转换为调整图层，制作一些酷炫的融合效果。

（5）文字图层　在使用文字工具后，会自动生成该文字的文字图层。此类型的图层不可以使用滤镜或者图层样式等功能，并且文字图层在图层列表中的缩略图为一个大写的“T”，双击即可对文字的大小、字体、字号、字体颜色等属性进行修改。

（6）形状图层　形状图层可以通过矢量图形工具或者钢笔工具进行制作，这类图层通常可以直接修改颜色或者填充描边，是通过路径来创建的图层。

（7）智能对象　如果我们对原文件进行调整，可以双击该图层的缩略图进入智能对象图层，之后可以对该图层的内容进行修改，但是同样不会影响别的图层。

图层作为构成图像非常重要的区域，它的新建与删除往往关系到后期的修改，多余的空白图层也会影响到图片所占的内存。图层数量越多，保存后所占的内存也就越多。

5.1.3 新建图层的快捷方式

那么如何去新建一个图层呢？首先可以单击图层列表右下方的“创建新图层”按钮进行新建（图5-15），单击后在图层列表中就会出现一个空白的透明新图层，这样我们就可以新建一个空白图层。当然我们也可以使用快捷键〈Ctrl+Shift+Alt+N〉来快速创建新的空白图层。

接下来我们在图层上绘制一个小熊头像（图5-16）。我们可以看到这个小熊的头像由三个图层组成。首先新建一个空白图层，在工具栏中使用椭圆选框工具按住〈Shift〉绘制一个正圆选框，单击前景色调整颜色为黑色，这时可以使用快捷键〈Alt+Delete〉使用前景色填充小熊的脸部，之后使用快捷键〈Ctrl+D〉关闭选区，那么第一个图层小熊脸部就做出来了，之后耳朵和脸部的做法是一样的，所以我们可以直接按〈Ctrl+J〉键进行原位复制，就会出现一个一模一样的图层，图层上有一个一模一样的小熊脸部，这时按下〈Ctrl+T〉打开自由变换，按住〈Shift〉键保证形状不变，然后对复制的小熊脸部进行缩小，然后将缩小的圆形移动到小熊脸部的左上方，成为小熊的左耳朵。然后按下〈Ctrl+J〉键再次原位复制一个小熊的左耳图层，将该耳朵移动到右边即成为小熊的右耳。之后我们将每个图层进行命名，这样可以方便我们进行区分。

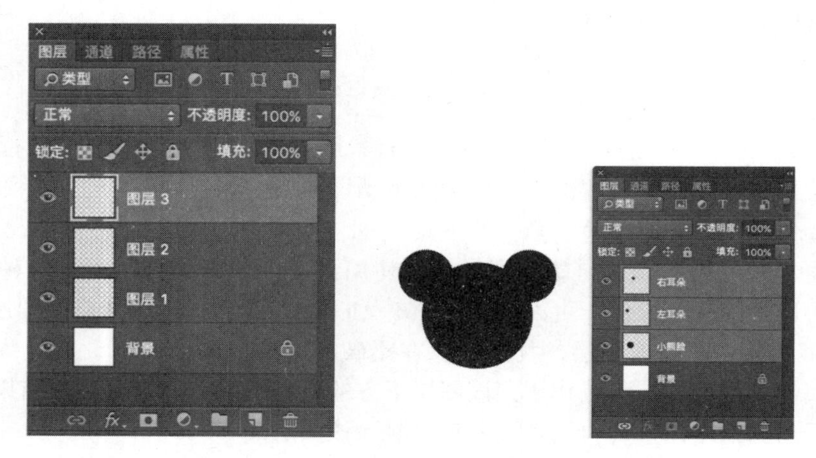

图 5-15　新建图层　　　　图 5-16　小熊头像的绘制

5.1.4　删除图层的快捷方式

直接将图层拖拽至图层列表右下角的垃圾桶形状的按钮上进行删除，也可以选中图层后，直接单击〈Delete〉键或者〈Backspace〉键进行删除（图 5-17），也可以在图层列表中右键单击该图层，出现下拉列表后单击“删除图层”。

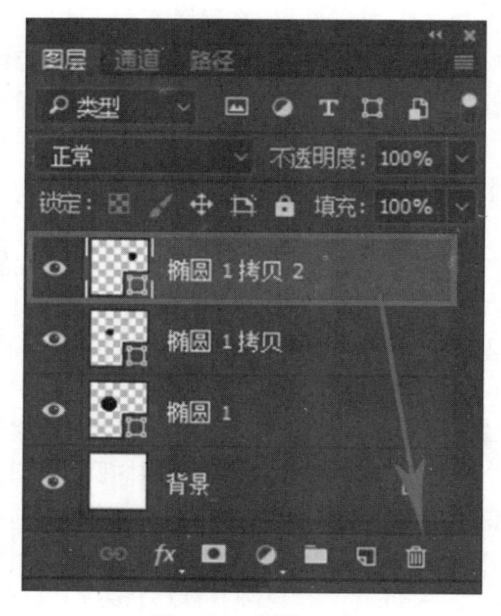

图 5-17　删除图层

5.1.5 图层的隐藏与显示

在使用PS制图的过程中，当上方图层将下方图层内容挡住时，如果我们想对下方图层进行编辑又不想挪动图层顺序，就可以单击图层旁边的眼睛按钮，眼睛消失表示该图层隐藏，再单击眼睛按钮，眼睛出现则表示该图层可见（图5-18）。按住〈Alt〉键，单击图层旁边的眼睛时，则除了该图层以外的所有图层隐藏，再次单击眼睛即可恢复显示。也可以使用〈Ctrl+Alt+A〉键选中全部图层，右键单击图层选择“显示图层”或“隐藏图层”。

图5-18 隐藏图层

5.2 图层填色

图层的填色分为两个方面：第一，对整个图层进行填色；第二，针对图层中的图形进行填色，也就是选区填色。

5.2.1 前（背）景色填充快捷操作

在PS工具箱左下角中可以看到两个小方块，一黑一白，位于上方的小方块称为前景色，位于下方的小方块称为背景色。PS中默认的前景色一般为黑色，背景色为白色，单击黑白色块左下角的小方块可以使前景色和背景色回到默认状态，也就是前景色为黑色，背景色为白色的状态。单击黑白色块右上角的双向箭头可以进行前景色与背景色的切换。也可以直接使用快捷键〈D〉使前景色与背景色回到默认状态，使用快捷键〈X〉来切换前景色与背景色（图5-19）。

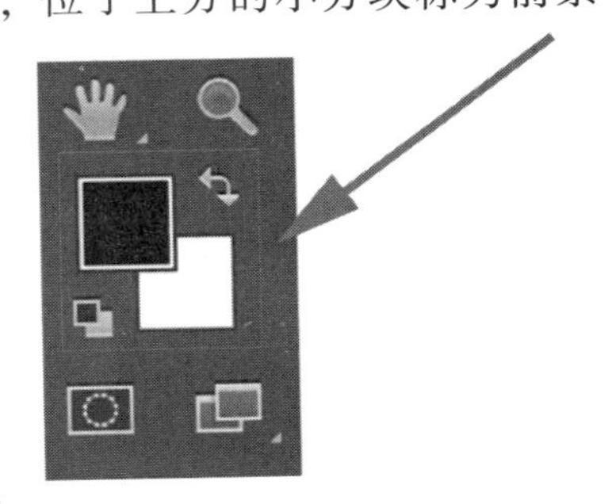

图5-19 前景色与背景色

当想要给新建好的图层进行换色时，首先为前景色或者背景色换色，填充前景色的快捷键为〈Alt+Delete〉，填充背景色的快捷键为〈Ctrl+Delete〉，如想要将图层 1 填充成红色，图层 2 填充成蓝色，首先新建好空白图层，将前景色和背景色换成前红后蓝（图 5-20），直接使用快捷键进行填充颜色（图 5-21）。

图 5-20　填充颜色（一）

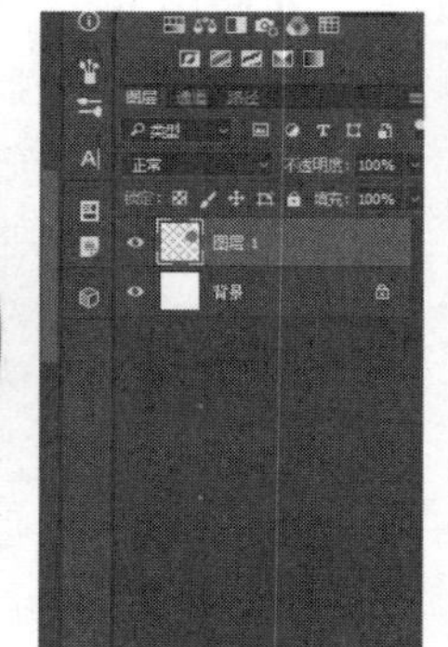

图 5-21　填充颜色（二）

5.2.2　选区的优先级填色

针对图层的换色，如果图层当中没有选区，那么填色的时候则对整个图层进行填色，如果图层中有选区，无论是椭圆选区还是矩形选区或多边形选区等，都会优先对图层中的选区进行填色（图 5-22）。

图 5-22　对选区进行填充

5.2.3　图层不透明度的调整

图层面板中调整不透明度及填充的百分比，是图层非常重要的特性，降低不透明度之后可以使当前图层中的图像像素呈现半透明的样式。透明度的数值为 0～100%，当数值为 0 时，图像完全透明，我们会看到下方图层中的全部内容；当数值为 100%时，表示图像 100%显示不透明的状态。

当图层的不透明度为 100%时代表完全不透明，图像的不透明度会随着不透明数值的变化而变化。当不透明度数值为 0 时，代表图层完全透明，相当于隐藏图层（图 5-23）。我们可以看出小熊头像的左耳朵呈现半透明效果，图层的不透明度不仅对本图层有影响，也会影响到重叠在一起的图像效果。

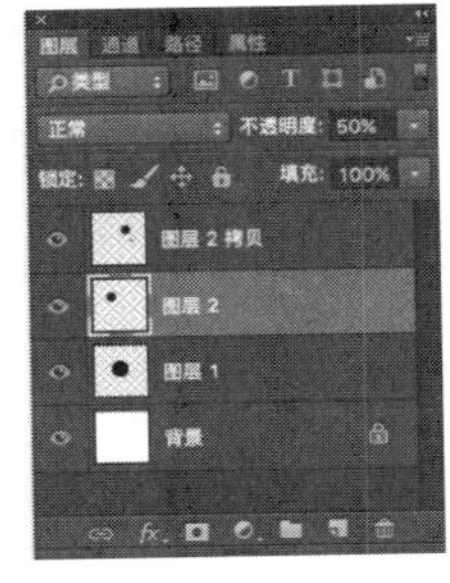

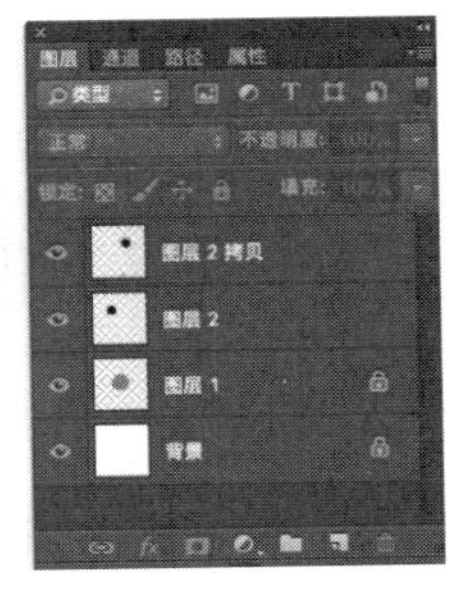

图 5-23　调整不透明度

快速设定不透明度的方法，可以直接按下键盘上的数字，每个数字则显示为 10 的整数倍。例如，要设定 30%的不透明度，就按下键〈3〉，设定 80%的不透明度就按下键〈8〉；要设定 100%的不透明度按下键〈0〉即可；如果要设定 56%的不透明度，就连续按下键〈5〉和键〈6〉，要设定 9%的不透明度，就连续按下数字键〈0〉和〈9〉即可。通过数字调整不透明度，可以很快达到不透明度的效果，提高作图效率。

图层面板中有两个调整图像颜色不透明度的百分比，一个是不透明度，另一个是填充，在没有做图层样式效果之前，两者均可以降低图层中图像的不透明度。

5.3 图层顺序调整

在 UI 设计的过程中，无论是网页界面还是移动端界面设计，为了使界面更加丰富、美观，需进行图层的叠加效果制作。在图层数量较多的情况下，所需要的就是图层顺序的调整。通过进行图层顺序的调整，也会产生出许多不同的视觉效果。有时候为了图层分类更加明确、方便编组，需经常进行图层顺序的调整来明确图层的层级关系及分类。

5.3.1 图层层级关系

一个丰富、美观的界面是由很多个图层组成的，当然图层之间也是有层级关系的。位于图层下方的图层层级相对较低，越往下走层级越低，越往上走图层层级越高，位于最上方的图层层级最高。就好像在画板上的纸张一样，最上方的纸张对下方的纸张有遮挡的效果。在图层面板中，我们可以单击图层后长按拖动图层，将图层上移或者下移进行层级的更改（图 5-24），把小熊脸所在的图层移置左耳朵所在的图层下方，将其拖拽至左耳朵图层与背景图层的接缝处，这样才能确保将小熊脸图层移动到左耳朵图层下方，得到图 5-25 的效果。

除了通过鼠标拖动图层对图层顺序进行移动之外，也可以通过一些快捷操作更改图层顺序。将图层上移一层的快捷键为〈Ctrl+】〉；下移一层的快捷键为〈Ctrl+【〉。如果想要将图层快速置顶或者置底，可以使用快捷键〈Ctrl+Shift+】〉进行图层的置顶，使用快捷键〈Ctrl+Shift+【〉进行图层的置底。

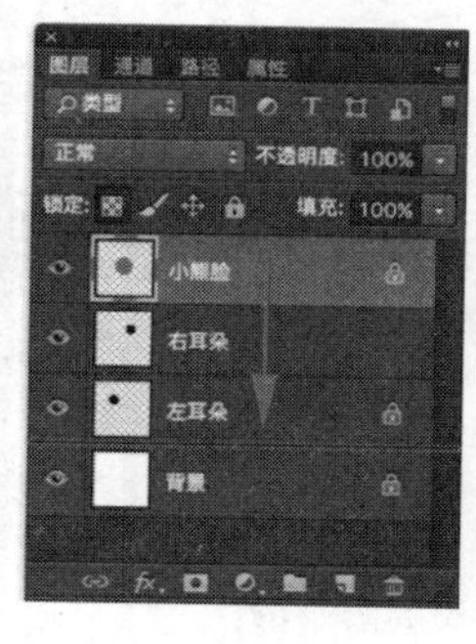

图 5-24　图层层级的更改

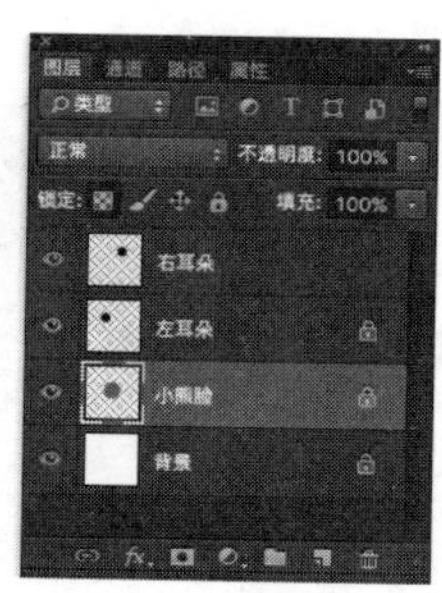

图 5-25　更改图层的效果

5.3.2　图层置底操作

一个拟物图标设计包含几十个甚至上百个图层，那么如何快速地调整图层顺序呢？这时可以使用图层置顶的方式快速调整图层关系。如果要图层快速置底，则按〈Ctrl+Alt+【〉键即可。

5.3.3　图层置顶操作

如果要图层快速置顶，则使用快捷键〈Ctrl+Shift+】〉即可。

图层置底后，可以看到被置底的图层还是在背景图层的上方，这就是背景层的特殊属性。背景层并不是一个固定层，它也可以转变成普通图层，当然普通图层也可以转变为背景层；背景层不能移动，也不能调整不透明度等；背景层不是必须存在的，但是绘制的图像只能有一个背景层。

那么怎样将背景层转换为普通图层呢？最简单的方法就是双击背景层，即可进行解锁；也可以按住〈Alt〉键双击背景层将其转为普通图层。

5.4　层编组使用

如何更快地找到图像图层？为了对图层进行更好的管理，就要说到图层的编组了。组与组之间进行变换、对齐，能够更加高效也完成工作。同时，将图层编组后，可以使图层列表界面更加有条理，同类型的图层在同一个组中，可以方便地对图像进行移动调整。

5.4.1　新建组与子图层

新建组的命令可以直接单击图层列表中最下方创建新组命令完成，当然也可以在菜单栏中选择“图层”>“新建”>组完成新建组命令（图 5-26）。这时在图层列表中就会出现一个组，选中要编组的图层，将这些图层拖到这个组中，无论有多少个图层都可以收集到一个组中。当然也可以使用快捷键进行图层的快速编组，首先选中要进行编组的所有图层，然后再使用快捷键〈Ctrl+G〉即可快速地完成图层编组。

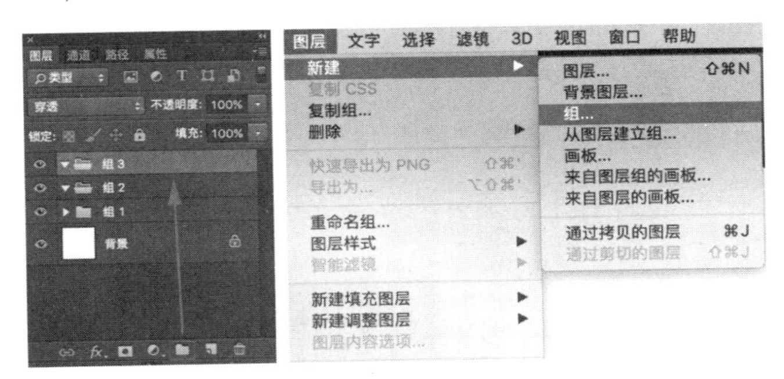

图 5-26　新建组

选择需要编组的图层，点选图层需要按住〈Ctrl〉键，若需全选择，则选中要选择的图层栏中的第一个图层，按住〈Shift〉键单击该栏最后一个图层则可以将这两个图层之间的全部图层（包括这两个图层）进行选择，选中后将这些图层进行编组。

在组里建立子图层，首先需要把组选中，单击组前面的小三角使其向下，这时可以在组里新建该组的子图层（图 5-27）。

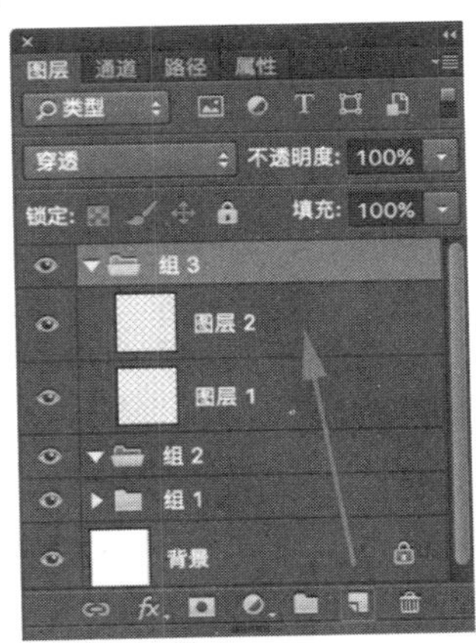

图 5-27　子图层

5.4.2　编组方式的快捷运用

编组怎样进行快捷操作呢？我们可以选中要编组的图层，按住快捷键〈Ctrl+G〉对选中的图层进行编组。这个快捷键也同样适用于 Illustrator。也可以在选中图层之后，按住〈Shift〉键单击创建新组进行编组或者拖拽图层至“创建新组”按钮进行编组。注意，如果不选中图层，那么新建的只是一个空组，需要将要编组的图层再次拖拽至组内，才能完成编组（图 5-28）。

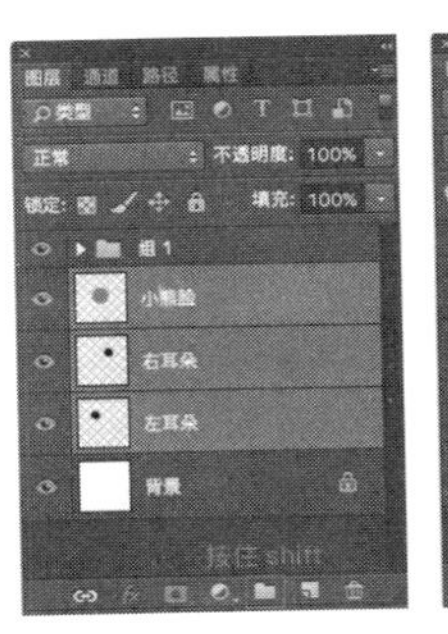

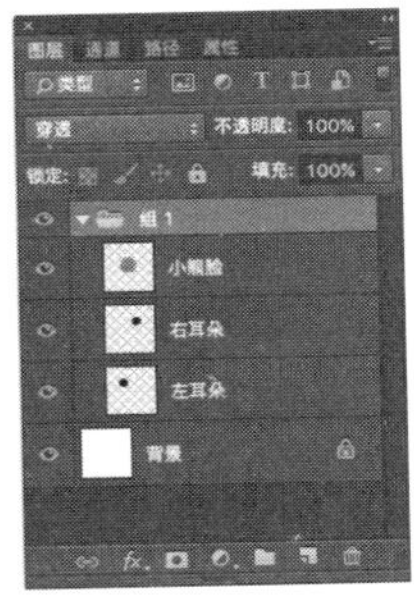

图 5-28　图层编组

（1）组的删除　按下快捷键〈Ctrl+Shift+G〉进行

解组，仅仅删除组，组里的图层不会受到影响，如果将整个组删除，则会将组及组内的图层全部删除；或者选中组，单击右键删除组，这时系统则会提示删除组及其内容，还是仅删除组（图 5-29）。

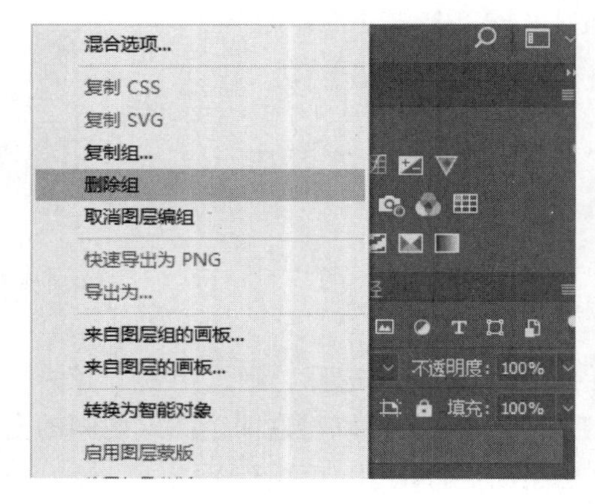

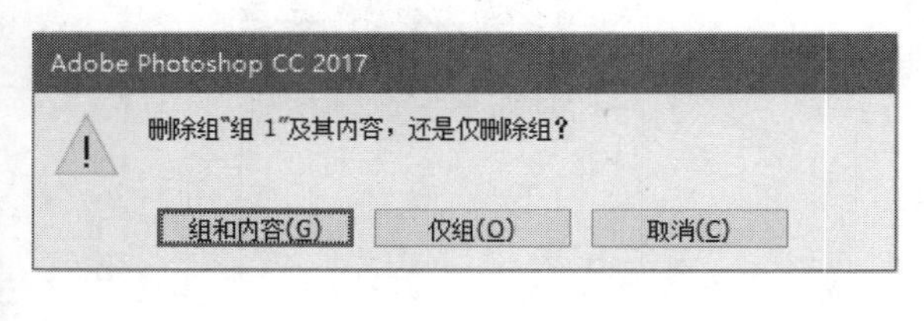

图 5-29　删除组

（2）合并图层　选中要合并的图层通过右键进行合并图层，对于组的合并，则是将图层及内容全部合并成一个图层，快捷键为〈Ctrl+E〉，合层时可以对多个图层进行合层，或者将图层和组一起合层，合层之后就不能对其中某个局部进行更改（图 5-30）。

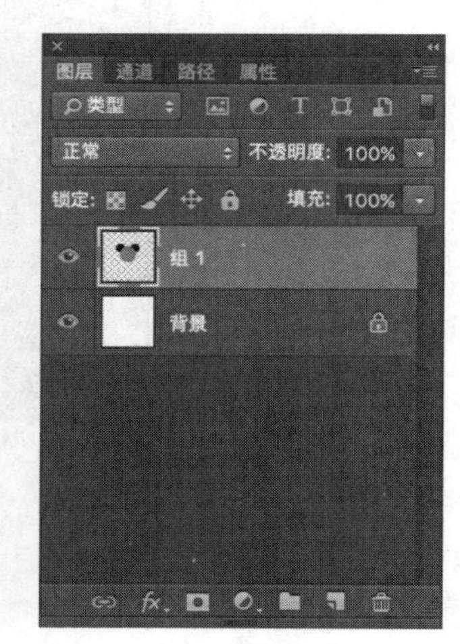

图 5-30　合并图层

第 6 章

矢量路径操作

6.1 路径和锚点初识

路径是一个什么样的概念呢？路径这一知识点在 PS 中的体现是由贝塞尔曲线构成的，要么是一段开放的曲线，要么是一段闭合的曲线。贝塞尔曲线就是以函数或者数学向量的方式进行计算，使设计师在绘制曲线时非常方便。

路径属于 PS 三大基础概念之一，但在画面表现上并无独特之处，它主要用来建立一个封闭区域，然后在其中进行类似填充和色彩调整这样的操作，相当于图层蒙版，而这些工作之前一直都是通过选区完成的。

虽然路径在画面表现上可以用选区替代，但其矢量和灵活的特点是独一无二的，矢量指的是无损缩放，灵活则是针对修改而言的。

无论我们想要绘制什么样式的线条，通过使用贝塞尔工具都可以轻易实现。操作特点是单击一个点，我们把这个点称为“锚点”，点与点之间的连线就是所谓的“路径”，设计师在面板上单击出各个锚点，进而产生不同的线条效果。我们都知道路径由两个或多个锚点连接组成。在绘制曲线线条时，我们可以单击之后拖拽出两条射线，我们把这两条射线叫做“把手”。把手的长短方向决定曲线段的大小和形状。绘制的路径可以是闭合的，锚点首尾相连没有起点或终点，也可以是开放的，有明显的两个端点。

通过以上描述，可以了解到路径可以绘制各种线条、曲线或者直线，并且这条线条可以是开放的，也可以是闭合的。开放的线条称为开放路径，闭合的线条称为闭合路径。

路径的绘制所体现的图像属于矢量图像，而选区绘制的图形则是位图图像，矢量图像是无损缩放，修改时也是非常灵活的。

在 PS 中钢笔工具属于矢量工具，并且是以一个钢笔的标志显示的，提供了一个可以设置“路径”的工具组。我们想要打开这个工具组有两种方法：一种是单击钢笔图标保持 1~1 秒，这时系统就会弹出隐藏起来的工具组，包含除了钢笔工具外的 4 个工具；另一种是右键单击工具图标，同样可以弹出工具组（图 6-1）。

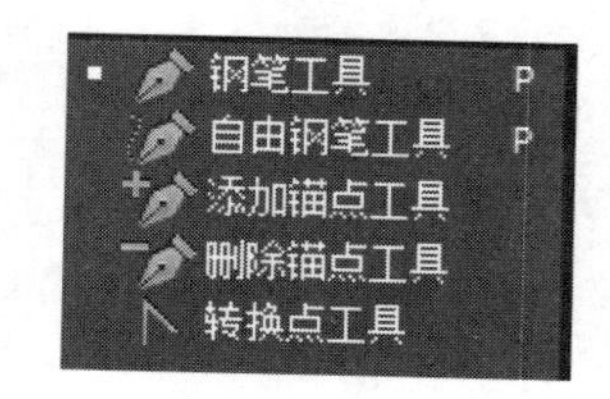

图 6-1 钢笔工具

路径面板：路径面板在 PS 中的活动面板中，可以显示出来，也可以关闭，主要和“图层面板”放置在一起，如果“图层面板”的后面没有看到“路径面板”，那么可以通过窗口打开路径进行操作。

以下是一些在使用钢笔和路径选择工具时的实用快捷键（表 6-1~表 6-7）。

表 6-1 钢笔工具快捷键

钢 笔 工 具	作 用
按下〈Alt〉键并拖动，控制点、把手	在设置下一个点之前改变第二个把手的方向
按下〈Ctrl〉键并拖动控制点、把手	在设置下一个点之前改变两个把手的方向
按下〈Alt〉键并拖动	创建结合点（以及在设置下一个点之前改变把手的方向）
〈Ctrl〉	访问“直接选择”工具
〈Ctrl+Alt〉	访问“路径组件选择”工具

表 6-2　直接选择工具快捷键

直接选择工具	作　用
按下〈Ctrl+Alt〉键后单击锚点	访问“转换”工具
〈Ctrl〉	访问“路径组件选择”工具
按下〈Alt〉键后拖动	复制选中的子路径

表 6-3　自由钢笔工具快捷键

自由钢笔工具	作　用
按下〈Alt〉键后单击	画出直线/添加一个角点
按下〈Ctrl〉键后松开	用直线画出形状
〈Ctrl〉	访问“直接选择”工具
〈Ctrl+Alt〉	访问“路径组件选择”工具

表 6-4　路径组件选择工具快捷键

路径组件选择工具	作　用
按下〈Ctrl+Alt〉键后拖动	复制选中的子路径
按下〈Alt〉键后拖动	复制选中的路径

表 6-5　添加锚点工具快捷键

添加锚点工具	作　用
〈Alt〉	访问“删除锚点”工具
〈Ctrl〉	访问“直接选择”工具
按下〈Alt〉键后拖动	复制选中的子路径
〈Ctrl+Alt〉	访问“路径组件选择”工具

表 6-6　删除锚点工具快捷键

删除锚点工具	作　用
〈Alt〉	访问“添加锚点”工具
〈Ctrl〉	访问“直接选择”工具
按下〈Alt〉键后拖动	复制选中的子路径
〈Ctrl+Alt〉	访问“路径组件选择”工具

表 6-7　转换点工具快捷键

转换点工具	作　用
按下〈Alt〉键后单击	转换成结合点
按下〈Alt〉键后拖动	转换成角点并改变把手方向
〈Ctrl〉	访问“直接选择”工具
按下〈Ctrl+Alt〉键后拖动	复制选中的子路径

现在先来明确几个概念，首先要记住路径是矢量的，只要是呈现出来的图像为矢量图像，那么它的组成单位一定是路径。路径可以是封闭区域，也可以是一条线段，分别称为封

闭型路径和开放型路径。线段可以是直线或曲线。

其次，与选区类似，路径也是指示性的，本身并不构成图像，只是将其填充和描边后才能产生实际像素，虽然为便于使用而提供了直接填充或描边的功能，但其指示性的性质不变。

在 PS 中，能够对路径进行编辑的工具只有几个。其中的钢笔工具、文字工具和形状工具都属于绘制工具，还有一类选择工具是用来完成对路径的选取的（移动工具〈V〉无法选择路径）。形状工具虽然提供点阵和矢量两种绘制方式，但原理上还是基于矢量的，从中可以看出文字工具也属于矢量工具，但一般情况下泛指的矢量工具并不包括文字工具。

锚点则是连接路径的点，比如运用矩形工具绘制一个矩形，拖拽出来是由一条实线组成的，这条线就叫做路径，连接这条路径的四个点就是锚点（图 6-2），钢笔绘制出来也同样是矢量路径，连接路径的就是锚点（图 6-3）。

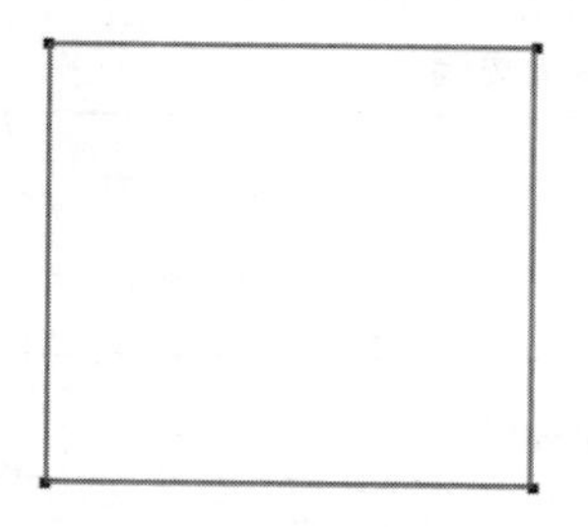

图 6-2　闭合路径的锚点

图 6-3　开放路径的锚点

6.1.1　绘制开放路径

所谓开放路径，就是一条首尾并不相连的线段，或者是一条有断点的线段。

我们将一条路径分为两部分，一部分是组成路径的锚点，另一部分是锚点与锚点之间的连线，也就是路径。路径由两个或多个锚点之间的连线组成。锚点就好比固定线的针。可以通过编辑锚点，来改变路径的形状。锚点的位置决定了路径的形状，可以通过拖动把手控制曲线的弯曲程度，把手越长则曲线越弯曲。

我们用钢笔绘制路径时可以是一条线段，也可以是一条封闭的路径，该如何绘制一条开放路径呢？

首先选择钢笔工具〈P〉，在公共栏中选择路径（图 6-4），然后用钢笔工具〈P〉在画布上一次单击 6 个点 ，可以看到点与点之间的线段相连，这就是我们绘制的一条路径（图 6-5），按住〈Ctrl〉键单击空白处确定一条开放路径。

图 6-4　钢笔路径

图 6-5　路径面板

6.1.2 绘制闭合路径

首尾相连的路径称为闭合路径，首尾连接时钢笔的右下角出现一个小句号，这时候一条闭合路径就绘制完成了（图 6-6）。

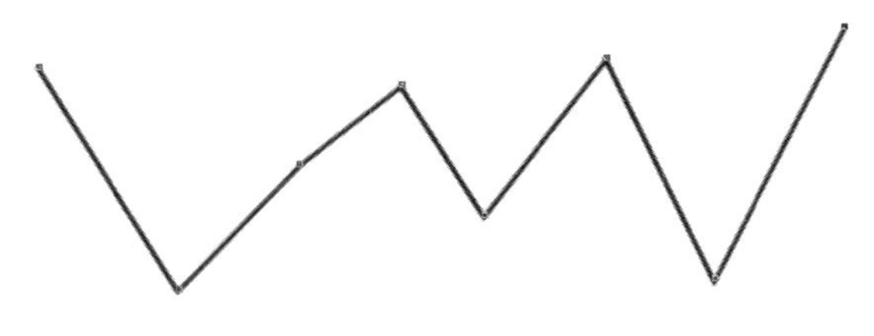

图 6-6 绘制闭合路径

矩形、圆角矩形、椭圆、多边形工具绘制出来的都是闭合路径。

6.2 锚点的删除与添加

路径是由锚点组成的，一些图形的设计需要运用到路径的不同形态，那么需要调整锚点，改变路径。

6.2.1 锚点的添加

我们的钢笔工具中有添加锚点和删除锚点的工具，在路径上切换工具，可以添加锚点，也可以单击对锚点进行删除（图 6-7）。当然也可以在选中的路径上直接添加锚点和删除锚点，这就要求我们必须将工具属性栏中的“自动添加/删除”按钮勾选上（图 6-8）。

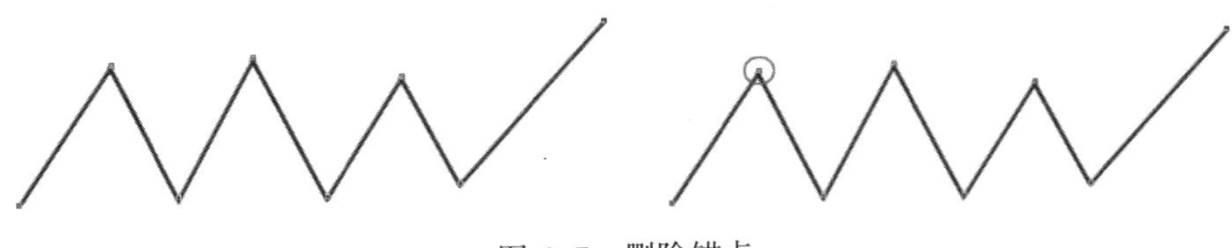

图 6-7 删除锚点

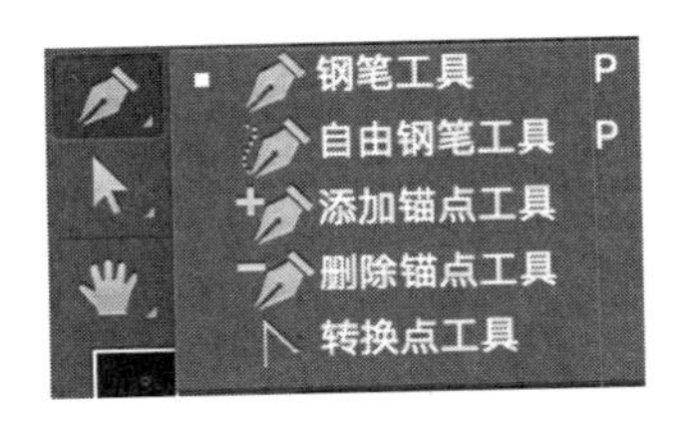

图 6-8 钢笔工具面板

在这里做个书籍的便签（图 6-9）。首先可以看到它的形状是一个矩形，所以可以借助于矩形工具（快捷键〈U〉）绘制一个矩形，然后在下方添加锚点进行绘制。

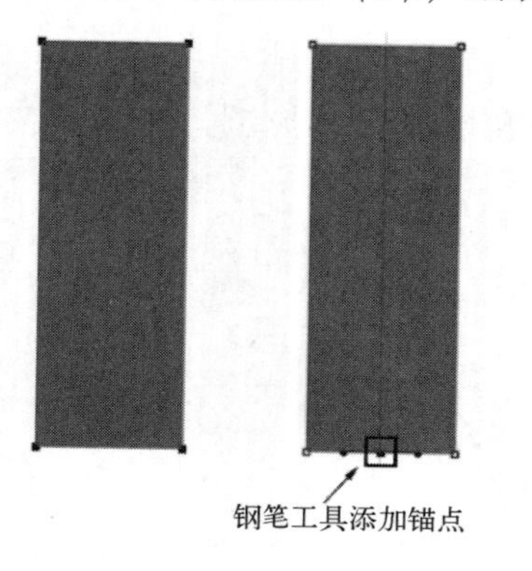

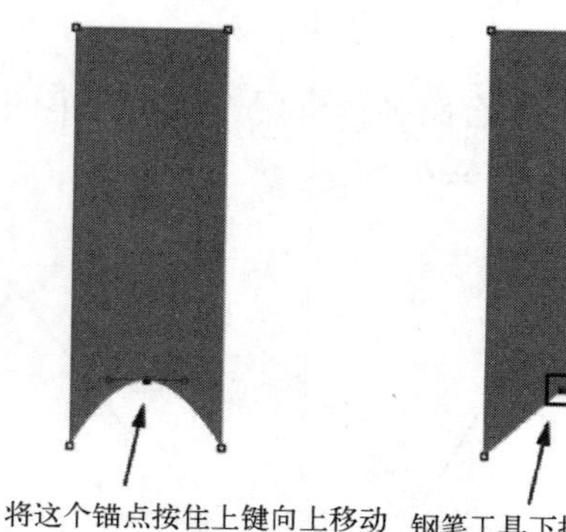

图 6-9　便签的制作

6.2.2　锚点的删除

在这里介绍两种方法，结合案例进行分析。

第一种方法，可以使用专门的删除锚点工具来减少路径的锚点（图 6-10），选中的钢笔工具在锚点上单击即可将其删除，注意路径的形态可能会发生变化。

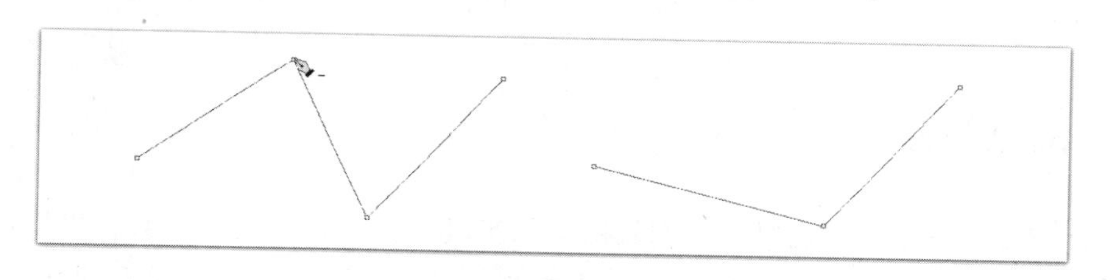

图 6-10　减少锚点

在这里，我们来简单做个线性扁平图标（图 6-11），这种线性图标很直观，不需要任何装饰就可以表达出图标的含义，一般线条为 2 像素，也有的为 3 像素。首先要用到圆角矩形描边，将填充关闭，复制一个圆角矩形之后，将其排好位置，用直接选择工具（快捷键〈A〉）将靠上的圆角矩形选中，选择要删除的锚点按住〈Delete〉键删除，这时可以按住〈Shift〉键加选锚点一并删除，这时再用钢笔工具〈P〉键绘制一条开放路径，用椭圆工具按住〈Shift〉键绘制一个正圆（同时关闭填充，选择描边），这样一个关于相册的线性图标就完成了。

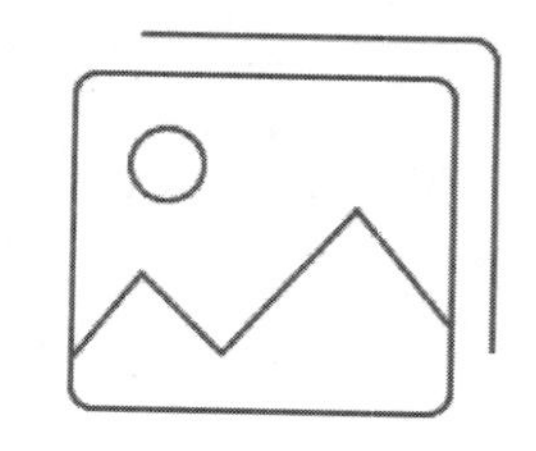

图 6-11　线性扁平图标

6.3　曲线路径的绘制

上面我们给大家演示的都是用钢笔工具绘制的直线图形，锚点与锚点之间都是一条直线段的路径形态，这是最简单的路径形态。而路径最大的优点就是可以准确地创建和修改曲线，这是在以前难以实现的，因为我们所掌握的绘图工具都是基于鼠标轨迹的，而通过路径的弯曲控制能力，想要绘制一些平滑的路径形态，需要将锚点拖拽出把手来，然后调整路径的弯曲程度，绘制出任意的平滑形状。

6.3.1 把手初识

什么是把手呢？我们在绘制一条路径时，单击锚点直接用鼠标进行拖拽，可以看到两条同样长度的射线，这两条射线统称为“把手”，即锚点的方向线，它决定曲线的形态。理解了方向线就等于掌握了路径的精髓。按住〈Alt〉键可以对单侧把手进行长度及方向的调整（图 6-12）。

我们也可以理解为：锚点都有“来路”和“去路”两条方向线，“去路”影响的是该锚点与下一个锚点之间片段的弯曲度，而“来路”则影响该锚点与前一个锚点之间片段的弯曲度。锚点之间片段的弯曲形态是由这两条方向线的长度和角度综合决定的。

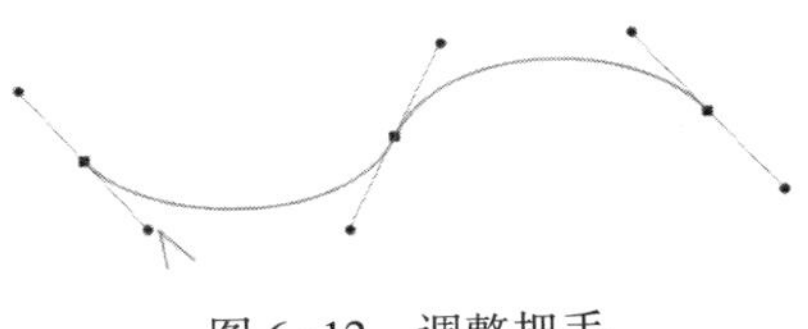

图 6-12　调整把手

6.3.2 曲线绘制

假设我们需要绘制一条平滑的曲线，路径线条的弯曲与平滑主要和锚点两侧的把手有关，那么把手就是单击锚点时直接拖拽出来的，这时可以看到绘制的线条变弯曲了。拖动的操作实际上就是建立锚点的方向线，拖动把手的程度将会影响曲线的形态及弯曲度。

首先我们将填充颜色关闭，描边路径打开，单击一个锚点并拖拽出两个把手，在其他地方再次单击锚点并拖出把手，锚点与锚点之间的连线就是路径，这样一条弯曲的线条就出来了。如何调整把手的长度和方向呢？首先按住〈Ctrl〉键选中要调整的锚点，接下来按住〈Alt〉键调整单侧把手，调整完角度方向后，可以按住〈Ctrl〉键单击空白区域，绘制出一条弯曲的开放路径（图 6-13）。

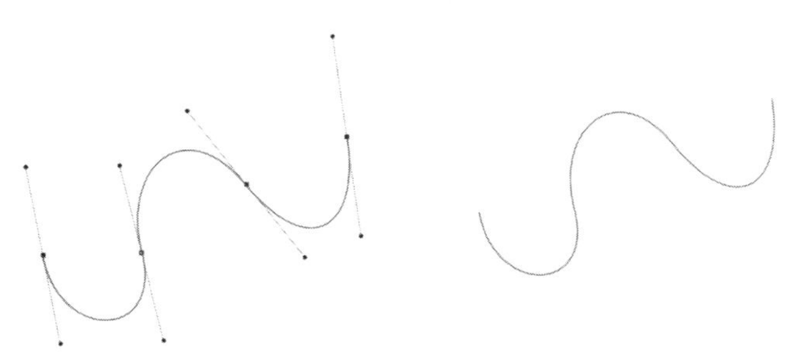

图 6-13　开放路径的绘制

6.4 曲线路径分类

路径的多样展示形式与方向线（也就是把手的长度方向）有关，想要运用路径来绘制一些星形、心形等形状时，怎样快速转换把手、锚点，更加高效地作图呢？我们需要了解多种形态的路径绘制。

6.4.1 直线绘制

直线绘制是最基本的路径形态，只需要点出锚点，锚点与锚点直接连接，就可以绘制出直线。要想绘制水平、垂直、等比例的线段，按住〈Shift〉键即可（图 6-14）。

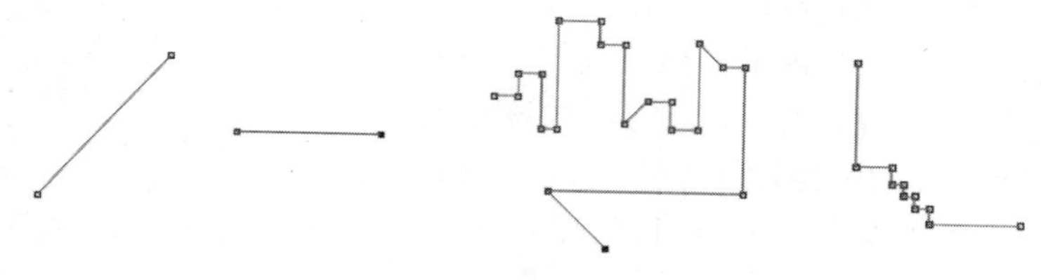

图 6-14 直线路径的绘制

6.4.2 贝塞尔 S 形曲线绘制

设计师们之所以偏爱钢笔工具，就是因为钢笔工具绘制出来的曲线，可以通过调整曲线把手的长度方向得到想要绘制的线条效果。之所以叫 S 形曲线，是因为它表现出来的形态很像字母 S。我们来分析一下 S 形曲线的特点，上下左右各个方向都有方向线进行调整。把手的显示是对称的，一个在上面，另一个在下面；一个在左面，那么另一个就在右面，这样绘制出来的曲线称为 S 形曲线（图 6-15）。

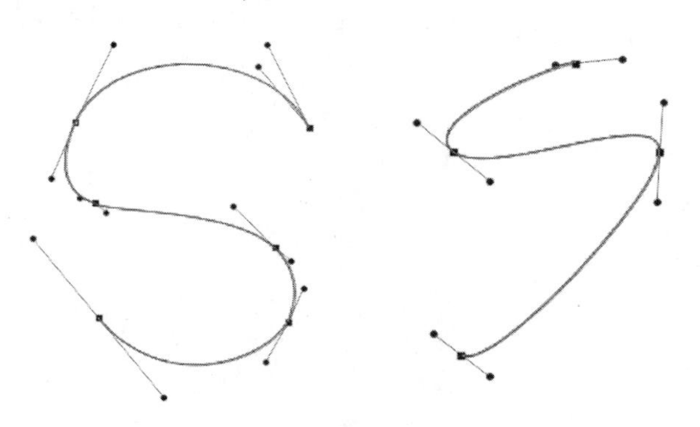

图 6-15 S 形曲线的绘制

6.4.3 贝塞尔C形曲线绘制

C形曲线的形态很像字母C，故称其为C形曲线。仔细观察两条方向线，都始终在同一侧具有同轴性（即都位于*X*轴或*Y*轴的同一侧，图6-16）。把手的水平拉伸与垂直拉伸，都需要按住〈Shift〉键进行拖拽。

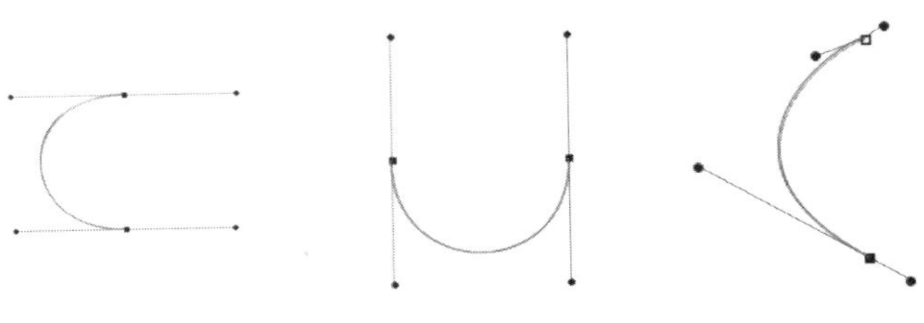

图6-16 C形曲线的绘制

6.4.4 贝塞尔U形曲线绘制

U形曲线和C形曲线相似，构成方式是都处于*X*轴或者*Y*轴的一侧，绘制出来的曲线平滑程度与锚点的数量及把手的设置有关（图6-17）。

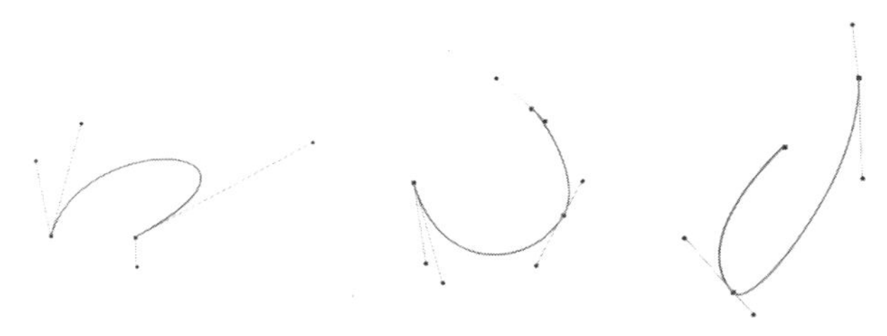

图6-17 U形曲线的绘制

6.4.5 Z形曲线绘制

Z形的曲线绘制需要结合〈Shift〉键，〈Shift〉键在PS中是等比例的意思。我们分析一下字母Z的特点，线段都是直线，所以不需要借助到调整把手，直接单击锚点即可（图6-18）。

图6-18 Z形曲线的绘制

6.4.6 对称水滴形曲线绘制

想要绘制出水滴的形态（图6-19），首先按住〈Shift〉键绘制一条垂直线，这时确定两个锚点，接下来将首尾相连，与第一个锚点连接，钢笔工具的右下角出现一个句号，完成这步操作后，按住〈Alt〉键拖拽出上面锚点的把手，水平拖拽也需要按住〈Shift〉键完成操作，这样水滴曲线就绘制完成了。

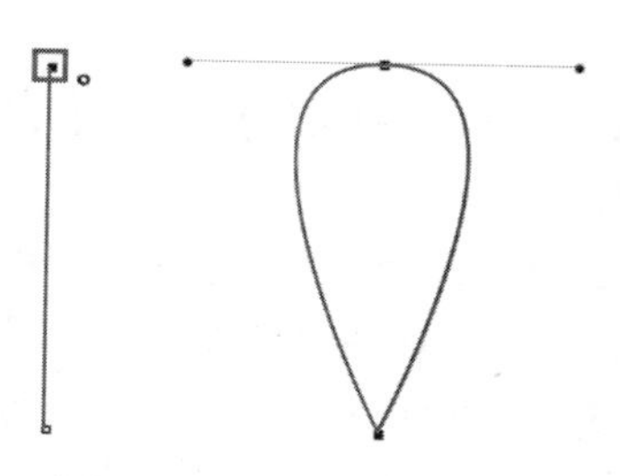

图6-19 水滴形态的绘制

6.5 路径选择

矢量图形就是运用路径制作出来的图形，那么绘制出来的路径如何进行移动呢？如何选择路径及更改路径上面的锚点位置呢？下面来仔细讲解。

6.5.1 路径选择工具

路径选择工具用来选择整条路径。选择路径时只需要在路径边缘单击，这时路径被选中就可以对整个路径进行移动，也可以在空白处运用路径选择工具框选这条路径。运用路径选择工具可以对路径进行选择并移动，右击还可以操作路径的常用功能、添加与删除等，结合〈Alt〉键可以对此路径进行复制。

运用路径选择工具〈A〉时鼠标变成一个黑色箭头，可以移动整个路径，调整路径的位置。运用钢笔工具〈P〉绘制完图形后，跳转到路径选择工具〈A〉移动整个路径。我们可以看到整条路径上的锚点变成黑色的实心锚点，这时就可以对整条路径进行移动了。

6.5.2 直接选择工具

前文讲到了对整条路径的选择，如果想要调整路径的锚点位置或者把手的长度，就需要选择直接选择工具。运用直接选择工具单击路径或者锚点时，可以看到锚点变为空心的句点，这时可以单击单个锚点进行编辑，单击锚点时可以看到把手的显示，也可以拖拽把手进行调整，我们可以结合〈Shift〉键多选锚点。〈Shift+A〉切换到直接选择工具，也就是白色箭头，直接选择工具是针对锚点的调整，包括单个锚点和多个锚点的调整，多个锚点可以按住〈Shift〉键进行加选。在钢笔工具下按住〈Ctrl〉键也可以变成直接选择工具，对锚点进行位置的调整变化。

6.5.3 把手及锚点的调整使用

我们在制作图标时，钢笔工具是我们经常要使用的一个工具，把手和锚点的调整就显得尤为重要。怎样使绘制出来的形状边缘平滑，尽可能运用较少的锚点，通过调整锚点位置和把手进行绘制呢？需要记住三个辅助键：第一个是〈Ctrl〉键，在钢笔工具下按下〈Ctrl〉键调出直接选择工具，就可以调整锚点位置；第二个是〈Alt〉键，在钢笔工具下按下〈Alt〉键可以调整把手的长度方向，也可以剪掉单侧把手；第三个就是〈Shift〉键，在钢笔工具下按下〈Shift〉键可以绘制一些等比例的（如水平的、垂直的）线段。

我们强调路径的锚点应该越少越好，这是因为锚点越多意味着后期修改的工作量也越大（图6-20）。绘制一条弧线，若要将上弧线变为下弧线，在只有两个锚点的情况下，直接拖动线段就可以迅速完成修改；但当弧线上还有一个锚点时，修改则变得烦琐，不仅要移动锚点，还要调整两边的把手，精确度相对也更低。

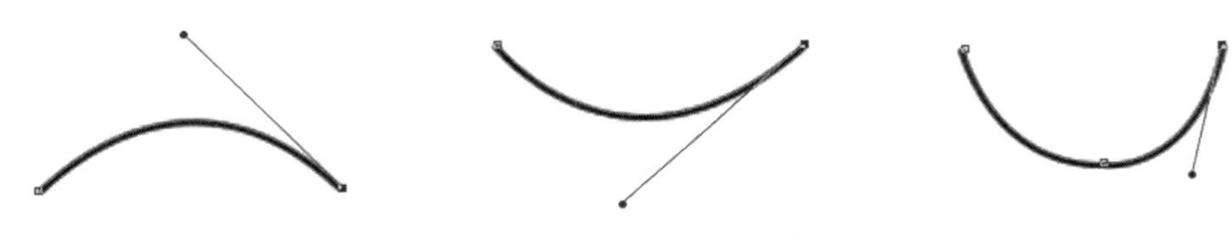

图6-20　锚点数量的改变

一条优秀的路径应该使用最少的锚点完成，所以一个平滑的路径中锚点的数量一定不会太多，因为每一个锚点都相当于转折点，能够用两个锚点完成的路径最好不要选择三个锚点来实现。我们可以通过调整把手来完成，但必须建立在能完美绘制出所需形状的前提下，否则就是本末倒置。

接下来完成一个iBooks的图标制作（图6-21）。

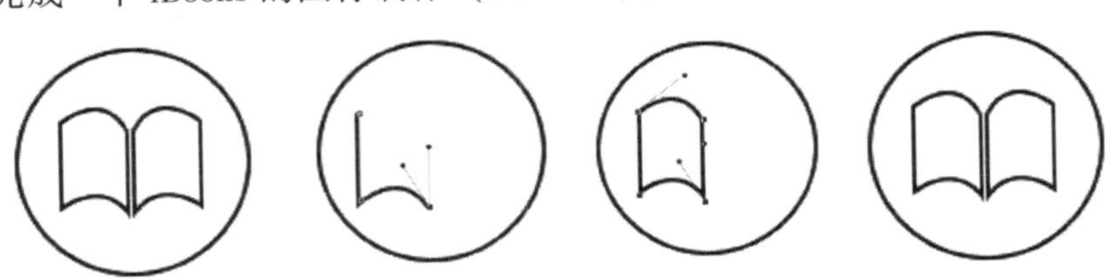

图6-21　iBook图标的绘制

首先，运用椭圆工具〈U〉绘制一个线框，将填充关掉，描边打开2像素，颜色选择黑色。接下来选择钢笔工具〈P〉，单击锚点，向下垂直线需要按住〈Shift〉键进行绘制，绘制曲线时则需要将锚点拖拽出把手，按住〈Alt〉键调整单侧把手并剪掉单侧把手。这时需要向上绘制垂直线，则继续按住〈Shift〉键进行绘制，最后一步同样拖出把手按住〈Alt〉键进行调整，做完半个书本的效果后按下〈Ctrl+J〉键原位复制，按下〈Ctrl+T〉键在自由变换中水平翻转，移动到相应位置之后，即绘制出iBooks线性图标。

6.6　路径应用

钢笔工具下的路径更多地运用于抠图，或者借助路径结合画笔工具进行运用，钢笔用于抠图算是比较好的，路径的计算方式要比使用位图进行抠图时的边缘平滑，可以创建出平滑的弧线，效果是比较好的。

现在大家应该多找一些图像素材来作为背景，用路径工具描绘出其轮廓，在开始前先大致确定路径的形态组成，即划分为几个 S 形或 C 形，之后选定起点开始绘制路径。

6.6.1 路径转选区

抠图其实就是选中需要的部分建立选区复制下来，我们首先通过路径的方式进行绘制，接下来就是将路径转为选区，这里我们可以设定它的羽化值，进行边缘的微调，再进行复制即可完成抠图。

抠图在设计过程中非常常见，尤其是制作一些 banner 及海报等时，我们需要将这个图像中的某一部分截取下来，那么钢笔作为路径显示工具是最好的抠图工具，抠图则是一位设计师必备的技能，对于所抠图像边缘平滑的处理更是一种要求。

如果我们单击属性面板中的建立选区（图 6-22），则会弹出羽化设定等选项（图 6-23），如果我们想直接由路径转为选区，可以直接使用快捷键〈Ctrl+Enter〉键，就会生成选区（图 6-24）。

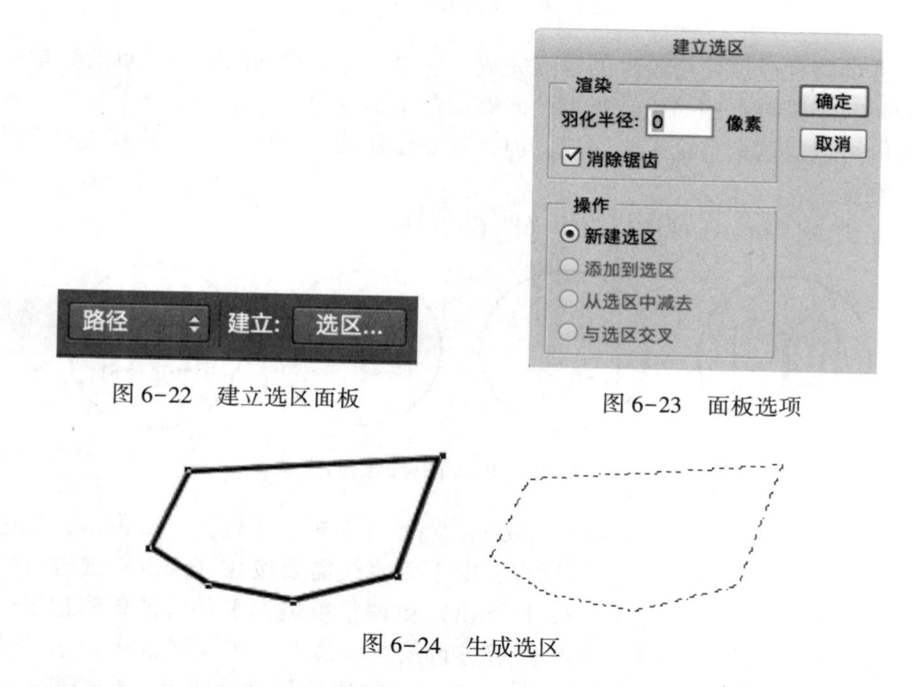

图 6-22 建立选区面板

图 6-23 面板选项

图 6-24 生成选区

（1）钢笔抠图法 钢笔工具在运用到抠图时，需要将属性由形状跳转至路径，针对一些边缘比较复杂并且需要非常精细的图像，我们就选择钢笔工具进行抠图。抠这类边缘比较复杂的图像一定会比较慢，不但需要调整锚点的数量与位置，还需要控制把手的长度方向。

（2）使用方法 钢笔工具抠图步骤如下。

1）运用套索工具转为路径的方式。先用套索工具粗略圈出图形的外框，这时单击右键建立工作路径，容差值默认为“2”。

2）钢笔工具细调路径 上面讲到了用钢笔工具抠图时，需要将属性由形状跳转至路径，接下来运用钢笔工具的锚点与把手进行绘制，在绘制的过程中，按住〈Ctrl〉键鼠标转化为直接选择工具，可以调整锚点的位置，单击锚点可以显示把手，按住〈Alt〉键调整单侧的把手，使路径边缘光滑。在路径上可以直接添加锚点或者删除锚点，绘制图像一周之后，可以单击属性栏中的选区，将路径转化为选区，进行复制即可。也可以建立选区，不需要调整羽化值，再或使用快捷键〈Ctrl+Enter〉直接创建选区，这时按下〈Ctrl+J〉键进行原位复制。

注意：此工具不适用于散乱的头发。

6.6.2 路径转蒙版

“蒙版”顾名思义就是指在图像上方放置了一块板，如生活中，我们在石头上或者木板上刻制一些字体图案时，为了喷绘时不会破坏旁边的区域，会制作字体与图案的形状来当成挡板。蒙版虽然是选区，但它跟常规的选区不一样。蒙版的作用是对所选区域进行保护，并不是对所选区域进行删除处理。

（1）PS 蒙版的优点　图层蒙版的添加可以对图像进行遮挡与显示，是可以修复的，与橡皮擦干净相似。但是它的优势是擦除掉的部分可以重新显示。那么怎样运用蒙版呢？在添加蒙版后，使用画笔工具，这时画笔颜色只有黑、白、灰，当前景色调整为黑色时，画笔显示擦除图像，当前景色调整为白色时，画笔显示为还原图像，灰色则呈现半透明状态。

（2）PS 蒙版的作用　蒙版的作用为抠图；作图的边缘淡化效果；图层间的融合。

绘制完路径后，按〈Ctrl〉键，单击“添加图层蒙版”按钮，就可以创建矢量蒙版。也可以单击属性面板的蒙版添加矢量蒙版。按住〈Alt〉键可以复制矢量蒙版，按住〈Shift〉键单击矢量蒙版则是禁止使用及恢复使用（图 6-25）。

图 6-25　蒙版的禁用与使用

矢量蒙版也叫做路径蒙版，路径不会因为拉伸或缩放受到影响，所以蒙版也是可以进行操作的。蒙版的作用说得直白一些，就是对图片上的某一部分加上一块布，来对图片进行保护。

矢量蒙版的优点是对原图起保护作用，无论是缩放还是拉伸都不损坏原图，并且可以运用矢量工具对它进行修改编辑。

（3）矢量蒙版的用途

1）通过路径控制图像的显示区域，但是仅能用于当前图层。

2）矢量蒙版中创建的形状是矢量图。

① 矢量蒙版可以编辑，因为是矢量，所以不会出现锯齿。

② 不只是用来抠图，还可以用来做字体设计。

（4）矢量蒙版的使用

1）可以使用 PS 中的快捷键〈Alt+L+V〉创建。

2）“图层”>“矢量蒙版”>“显示全部”。

我们运用案例来讲解矢量蒙版的知识点。我们将图 6-26 中的一个花朵用钢笔工具抠下来，首先将这个图片拖入 PS 中（图 6-26），或者以打开的方式打开。接下来运用钢笔工具选择路径属性进行描边（图 6-27），描边之后选择“图层”“矢量蒙版”“当前路径”“添加矢量蒙版”（图 6-28），这时我们就利用矢量蒙版将这朵花抠下来了，再添加一个黑色背景就完成了。

图 6-26　花瓣

图 6-27　钢笔描边

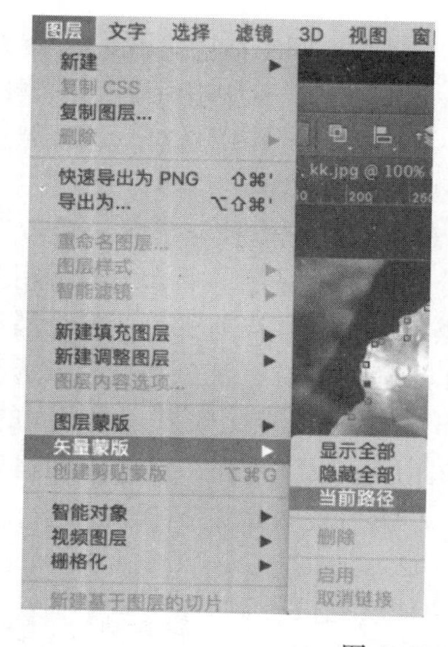

图 6-28　添加蒙版

6.6.3　路径转形状

在使用路径绘制到一半时，可以转到形状，直接单击属性栏上的“形状”按钮，就会出现跳转到钢笔的形状工具，进行形状设置（图 6-29）。

当我们完成路径绘制后，要将路径转换成形状，可以根据以下案例实现（图 6-30）：钢笔工具画好的路径。

图 6-29　钢笔形状工具

图 6-30　使用钢笔工具绘制的路径

1）右击路径（图 6-31），单击选择“定义自定形状”。

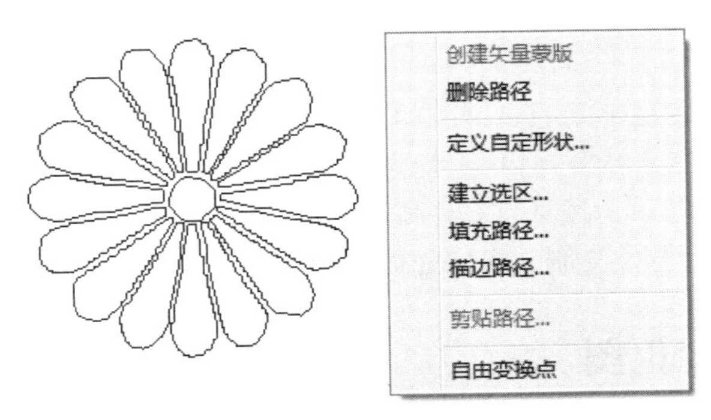

图 6-31　自定义形状

2）接着会弹出“形状名称”对话框（图 6-32）。

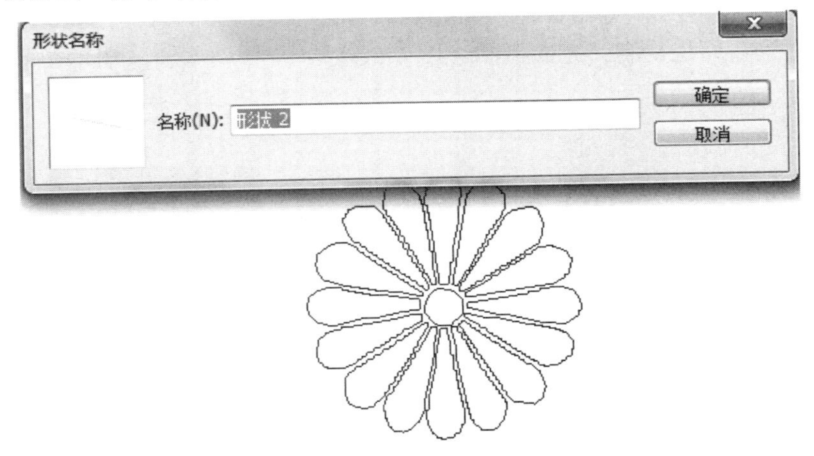

图 6-32　“形状名称”对话框

3）单击“确定”按钮，完成保存形状。单击选择自定义形状工具中，可在其对应的面板中使用该形状。

6.7　路径抠图方法

使用路径抠图能够使路径边缘处理更加平滑（图 6-33），我们用案例给大家演示如何运用钢笔工具抠图。

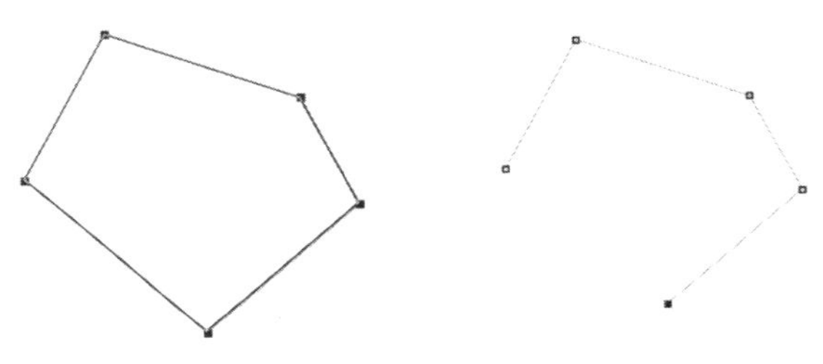

图 6-33　路径转为选区

6.7.1 瓷器路径抠图

首先利用原图，在钢笔工具〈P〉的属性面板中选择路径，沿着瓷器边缘绘制，结合〈Ctrl〉键调整锚点、〈Alt〉键调整把手，完成连接之后，按下〈Ctrl+Enter〉路径转选区，按下〈Ctrl+J〉键进行原位复制，抠图完成（图 6-34）。

图 6-34　瓷器抠图

6.7.2 家具路径抠图

利用原图，在钢笔工具〈P〉的属性面板中选择路径，沿着家具边缘绘制，结合〈Ctrl〉键调整锚点、〈Alt〉键调整把手，完成连接后，按下〈Ctrl+Enter〉路径转选区，之后按下〈Ctrl+J〉进行原位复制，完成抠图（图 6-35）。

图 6-35　抠取家具

第 7 章

形状操作

在这里要和大家讲到矢量形状工具，矢量形状工具和之前给大家提到过的选框工具是有区别的。我们之前在运用选框工具时只是在画布上建立了选区的范围，建立好选区以后需要对选区的范围进行颜色的填充或者编辑。首先按下〈Shift〉键绘制一个正方形选框，按下〈Alt+Delete〉键填充默认的前景色为黑色，可看到效果（图 7-1）。矩形工具和选框工具是有很多区别的。

图 7-1　效果图

7.1　形状工具组

矢量工具主要用来绘制一些矢量形状，矢量形状与选框工具绘制的形状有一定区别，最明显的区别在于矢量进行放大、缩小之后不会影响它固有的形状（也就是不会失真），而选框工具绘制的形状在进行拉伸、缩放后，会出现图形及图形边缘模糊失真的现象，因此在利用 PS 进行平面设计、UI 视觉设计时，多用矢量工具绘制，以确保图形不失真，还原图形的固有形态。在 PS 中，〈U〉键是矢量工具的快捷键，其中包括：矩形工具、圆角矩形工具、椭圆工具、多边形工具、直线工具、自定义形状工具。

矩形工具指可以通过拖动鼠标在绘图区内绘制出所需要的矩形的矢量工具，在图形绘制完成后也可在属性面板中更改图形的大小，或者使用快捷键〈Ctrl+T〉直接调用自由变换，对图形进行放大、缩小或旋转、斜切、扭曲、透视、变形等形状改变（图 7-2）。

图 7-2　自由变换

圆角矩形工具指可以通过拖动鼠标在绘图区内绘制出所需要的圆角矩形的矢量工具，在图形绘制完成后，可以通过调取形状的属性面板，对其形状进行改变，通过改变圆角半径值，可以获得矩形、圆角矩形及正圆等不同形状（图 7–3）。

图 7–3　改变圆角矩形的半径

椭圆工具是一个可以通过拖动鼠标绘制出椭圆形状的工具，可以通过属性面板更改它的形状、大小、颜色填充、描边设置等，或通过快捷键〈Ctrl+T〉调用自由变换，对其形状进行快速修改（图 7–4）。

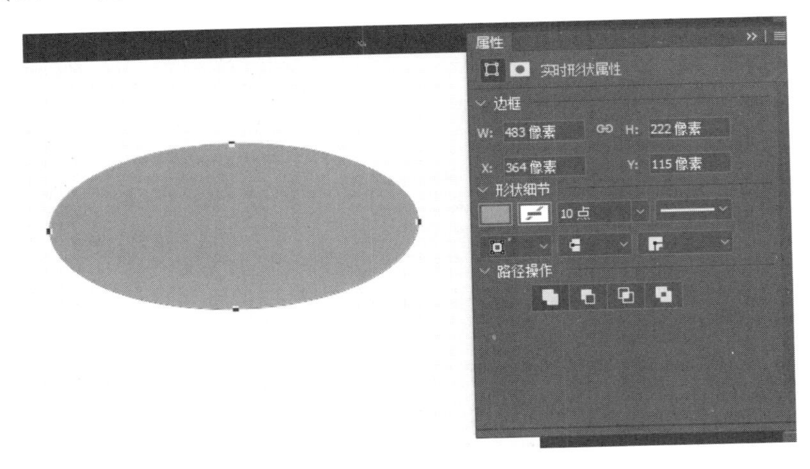

图 7–4　属性面板

多边形工具是一个可以通过对规则的矢量方形形状进行边线添加，从而构成新的多边形形状的工具。多边形形状工具不仅可以添加边线构成新的图形，还可以在绘制图形前，通过对多边形形状属性的更改设置，绘制出带有平滑拐角或是星形的矢量图形，在绘制完成后可以通过调用矢量图形的属性面板，对其进行大小、填充色及边线的自定义修改（图 7–5）。

直线工具指通过鼠标的拖拽绘制出矢量直线的工具，PS 中矢量直线的绘制类似 Win-

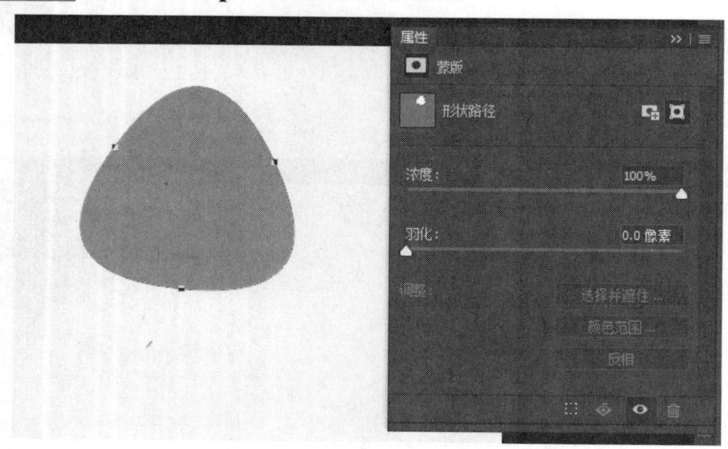

图 7-5　自定义修改

dows 系统的画图软件中，使用直线工具，通过长按〈Shift〉键，结合鼠标拖拽所绘制出的直线，两者的展现效果相同，而 PS 中的直线工具则可以实现一步到位，比 Windows 画图软件的直线工具更为快捷、高效。在直线绘制完成后，同样可以通过快捷键〈Ctrl+T〉对其进行拉伸、倾斜等形状修改，以达到需要的效果（图 7-6）。

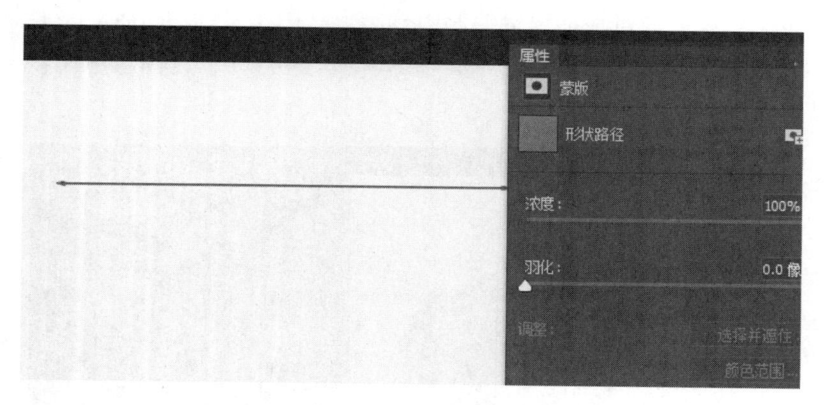

图 7-6　形状的变换

自定义形状可以绘制出一系列不规则的矢量图形。在 PS 中，自定义形状相较于矢量绘图工具是一个万能的矢量工具，我们不仅可以轻松地使用 PS 矢量形状库中自带的矢量图形，也可以把通过使用钢笔工具及其他矢量工具所绘制出的图形添加至自定义形状中，以便我们对所绘制的矢量形状进行重复使用和管理。图形绘制完成后，可以通过快捷键〈Ctrl+T〉对其进行形状变化，或在属性面板中对其进行相应的形状属性的定义修改(图 7-7)。

以上所说的矢量工具绘制出的图形都有一个特点：任意放大或者缩小后，图形都不会模糊，边缘非常清晰。并且相对于选框工具所绘制的图形形状，在保存后占用的空间相对较小，这就是矢量图形的优点。

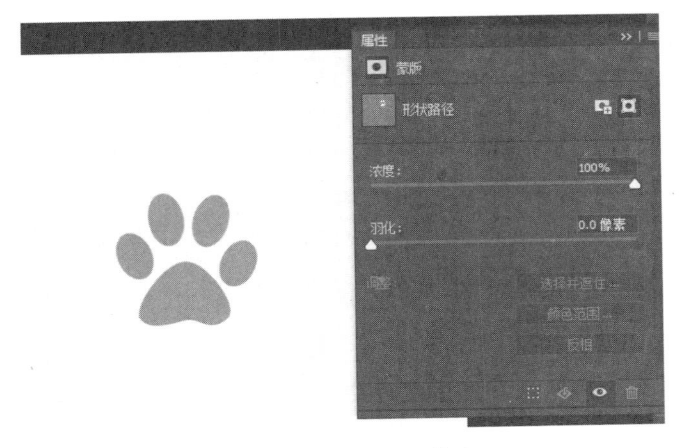

图 7-7　属性的定义修改

7.1.1　矩形工具

选择矩形工具后，在工具选项栏就会出现相对应的操作选项，在工具选项栏可以对所绘制的矢量形状进行形状、路径及像素的修改操作。单击填充后面的缩略图可以展开填充的选项面板，在面板内可以一次性选择形状的填充效果，具体分为关闭填充、填充纯色、填充渐变及填充图案等效果。

填充纯色是指对形状进行单一颜色的填充设置，通过调用颜色填充选项，可以选择想要使用的颜色，对形状进行颜色的修改设置；而填充渐变不仅可以对所绘制的形状进行单一颜色的填充，也可以对其进行渐变色的填充，通过调取填充渐变，可以对其进行渐变色的设置，从而进行渐变色彩的填充；图案填充则是对所绘制的形状进行自定义图案的填充设置，可以使用 PS 图库中给出的默认图案进行直接填充，也可以通过载入计算机中的图案进行填充设置。

在矢量工具面板中，可以单击右上角展开拾色器面板选择自己想要的颜色或选择下面的最近使用的颜色。描边选项的操作和填充内选项一致，在描边后面会有关于描边宽度及描边方式的选项（图 7-8）。

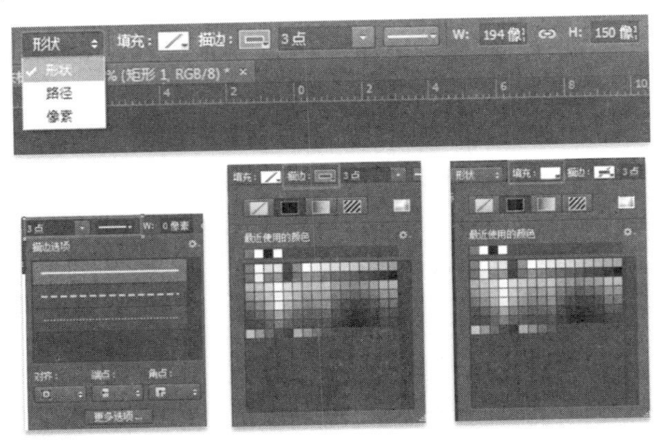

图 7-8　描边的定义面板

下面给大家演示不同选项下，形状、路径及像素的不同效果。

（1）形状图层　形状图层是一个封闭的路径。它上边的图像是以矢量形式存在的，不同于位图。简单地说位图是像素点，矢量图是坐标数据，矢量图可以放大缩小而不失真。如果想改变画好的形状，可以用直接选择工具拖动锚点，类似钢笔工具。

（2）路径　路径是没有填充颜色的，而且会生成一个工作路径。

（3）填充像素　填充像素也就是我们所熟悉的图片。画出形状后自动填充前景色（图 7–9）。

图 7–9　形状图层、路径、填充像素的不同

当对其执行形状操作时，可以对该路径执行填充及描边效果；当选择路径时，我们会看到页面中所展现的只有锚点和路径的效果；但当勾选像素选项时，会发现光标区域表示不可操作，需要新建一个图层然后执行该操作命令，这个时候会发现执行像素操作就是将矢量图转换为位图形式。在绘制矩形的过程中，会弹出该工具的属性面板，在该面板内可以设定矩形的宽度和高度、相对于页面在 *X* 轴和 *Y* 轴的位置，以及填充模式、描边模式、圆角大小及形状工具布尔运算等（图 7–10）。

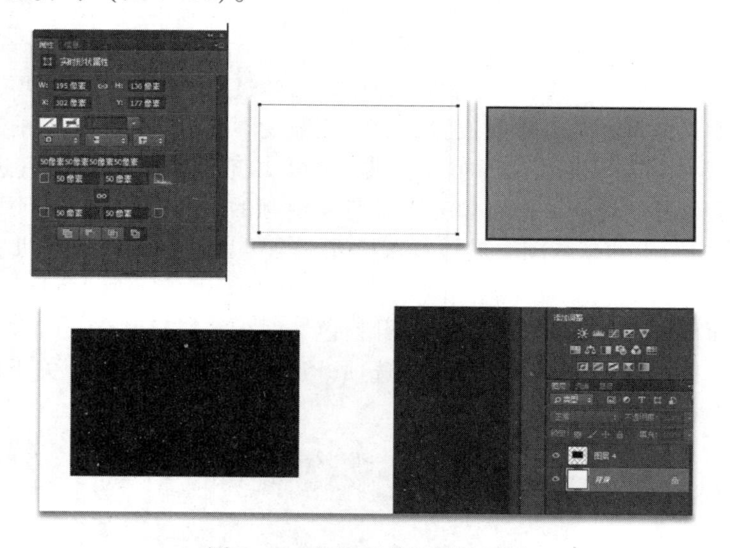

图 7–10　矢量工具的属性面板

如果 PS 版本是在 CC 的状态下，在图像编辑区域空白处单击即可弹出创建矩形的面板，在该面板内可以自定义矩形的宽度和高度；如果勾选“从中心”，那么所绘制的矩形就会从刚刚单击鼠标的位置作为矩形的中心展开该形状。反之，如果在没勾选的状态下，单击的位置就是该矩形绘制的起点（图 7–11）。

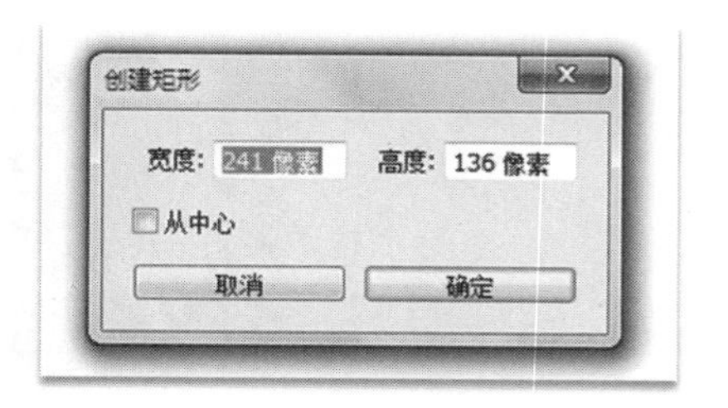

图 7–11　“创建矩形”对话框

7.1.2 圆角矩形工具

圆角矩形工具作为形状工具中的选项之一，按下〈Alt〉键，单击形状工具图标即可切换到圆角矩形工具。在 UI 界面中圆角矩形常被用来作为图标展现，是各种布局方式展现等不可或缺的形状（图 7–12）。其绘制方式很简单，只要把鼠标移至绘图区域单击进行拖动即可，在拖动过程中会弹出该工具的属性面板，在面板内可以更改或调整相关选项（其选项和矩形工具的属性一样）。

图 7–12　圆角矩形

与此不同之处在于在工具选项栏会出现关于圆角矩形圆角半径值的设定，我们可以根据需求在工具选项栏内设定圆角半径值（图 7–13）。

图 7–13　圆角矩形的圆角半径

7.1.3 椭圆工具

任意绘制一个椭圆可以自动调出该工具的属性面板，在属性面板内可以调整椭圆的宽度和高度、相对于页面在 *X* 轴和 *Y* 轴的位置，以及填充模式、描边模式及形状工具布尔运算等（图 7–14）。

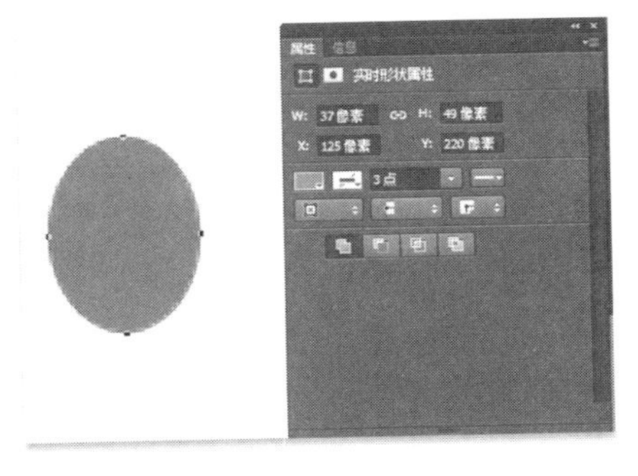

图 7–14　矢量工具属性面板

在绘制椭圆的过程中，按住〈Shift〉键即可绘制正圆。给该圆填充渐变效果，即可看到图 7–15 所示效果。

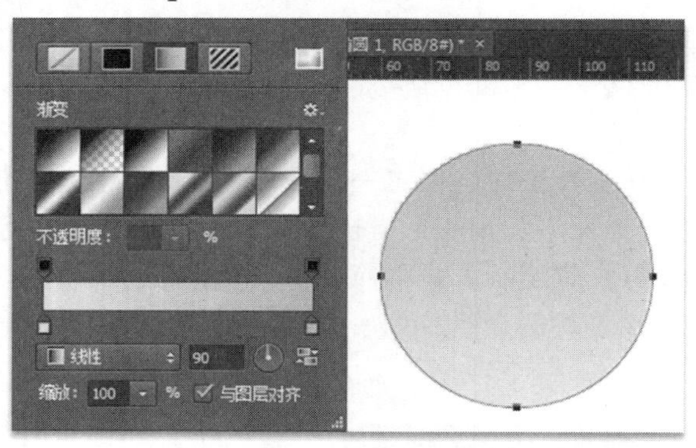

图 7-15　正圆的绘制

7.1.4　多边形工具

选择到多边形工具后，工具选项栏会出现多边形关于边数的设定，在这里可以根据需要设定边的数量。假如设定一个边数为三的多边形，将鼠标移至图像编辑区域拖动鼠标即可绘制出一个三边形，在拖动过程中转动鼠标方向即可调整该多边形的角度；绘制时按住〈Shift〉键即可按照每次旋转 45°的操作进行调整（图 7-16）。

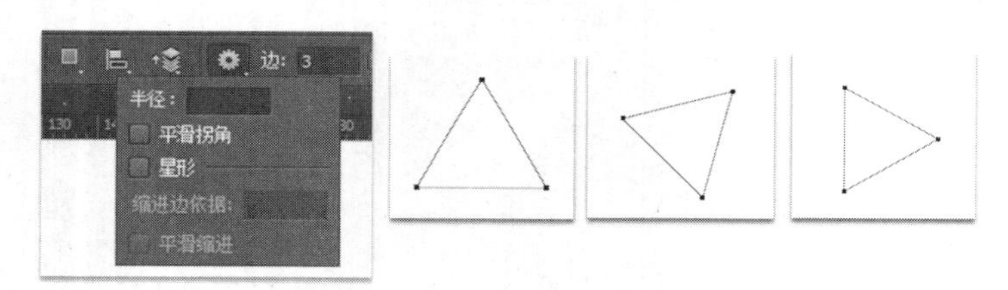

图 7-16　旋转三角形

如果在工具选项栏输入边数 10，即可绘制出十边形，边数越多，该形状越趋向于圆（图 7-17）。

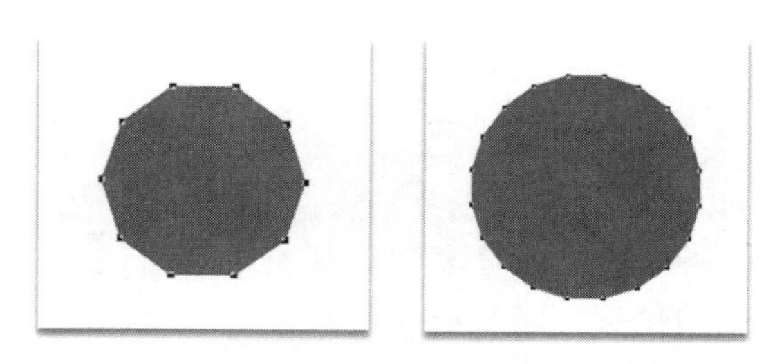

图 7-17　对边数的修改

单击边数前方的设置图标时，即可打开该图标内的隐藏列表，在这里可以直接输入多边形的半径值来固定大小（若想取消固定半径，将数值删除即可）。隐藏列表中还包括平滑拐角、星形和平滑缩进等操作选项，可以绘制出不同的效果。在这里需要注意，平滑缩进只有在勾选星形的前提下才可使用。勾选平滑缩进或者星形可得到图7-18所示效果；勾选星形与平滑缩进即可得到图7-19所示的效果；勾选星形与平滑拐角可得到图7-20所示的效果；将平滑拐角、星形和平滑缩进全部勾选即可得到图7-21所示的效果。

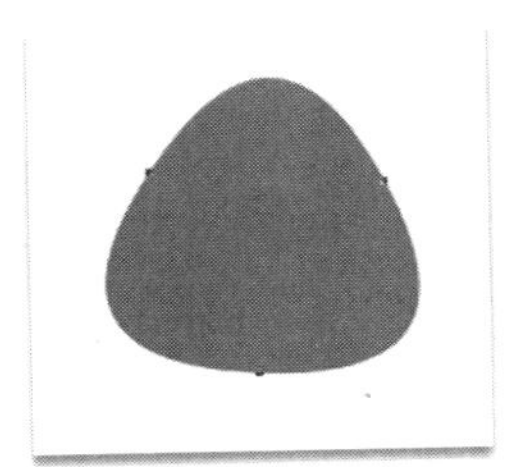
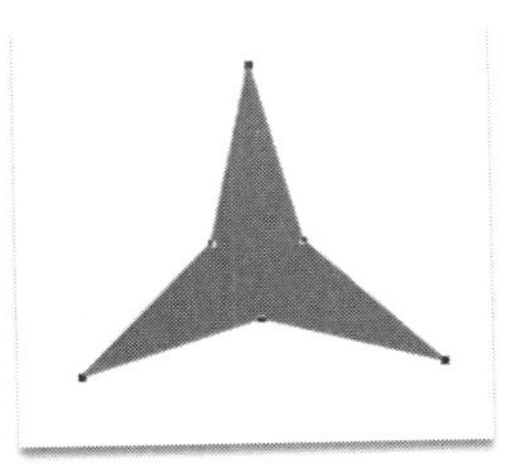

图7-18 平滑缩进或星形

图7-19 星形与平滑缩进

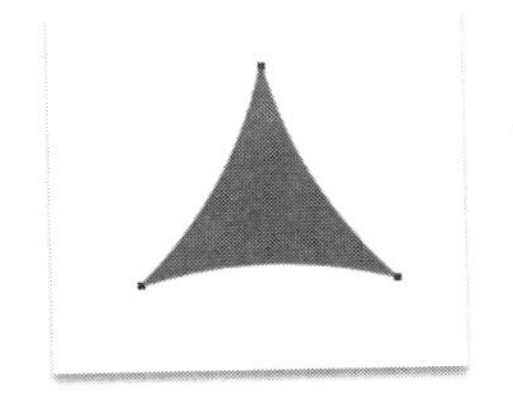

图7-20 星形与平滑拐角

图7-21 平滑拐角、星形与平滑缩进

7.1.5 直线工具

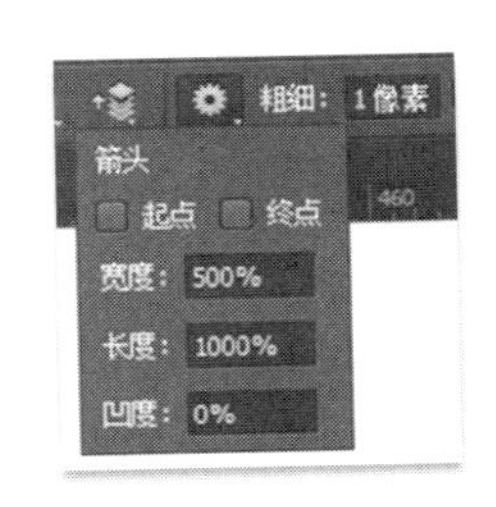

图7-22 直线工具选项栏

直线工具顾名思义是用来绘制直线线条的，线条有细的，也有相对较粗的。在PS中选择线条工具后，在工具选项栏即会出现设定线条粗细的选框，在该选框内可以自行设定线条的粗细程度，勾选直线箭头的起点与终点（图7-22）。

图7-23即为绘制宽度为1像素的线条效果。在图片编辑区域内单击拖动鼠标，达到想要的效果后松开鼠标确定线条。在操作过程中，按下〈Shift〉键即可绘制水平、垂直、斜45°及斜135°的线条（图7-23）。

图7-23 不同角度的线条

7.1.6 自定义形状工具

自定义工具可以根据自己的需求下载或者绘制一些形状作为基本形状工具，在这里可以选择一些箭头、星形、Icon 图标等各式各样的形状进行快速绘制。选择到自定义形状工具后，在工具选项栏会出现图 7-24 所示形状的选项，单击右侧向下小三角即可展开自定义形状。可以选择其中的某个形状进行绘制，并且进行换色、自由变换等操作。按住〈Shift〉键可以等比绘制。

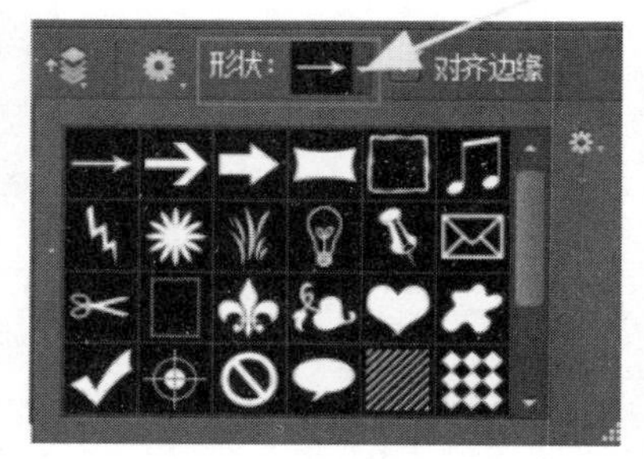

图 7-24 自定义形状

如果想要将自己绘制的形状添加到自定义形状中，可以通过以下方式进行操作。例如，先用多边形工具自定义一个边数为 10、有平滑拐角的十角星，绘制完成后在菜单栏中依次操作“编辑”“定义自定义形状”弹出“形状名称”对话框，在该对话框内自定义形状名称，定义完成后单击“确定”按钮即可完成自定义形状的编辑。然后再回到自定义形状工具，单击工具选项栏形状右侧的小三角即可展开自定义形状，鼠标移至自定义形状区域滚动鼠标滚轮到最后即可找到该形状（图 7-25）。

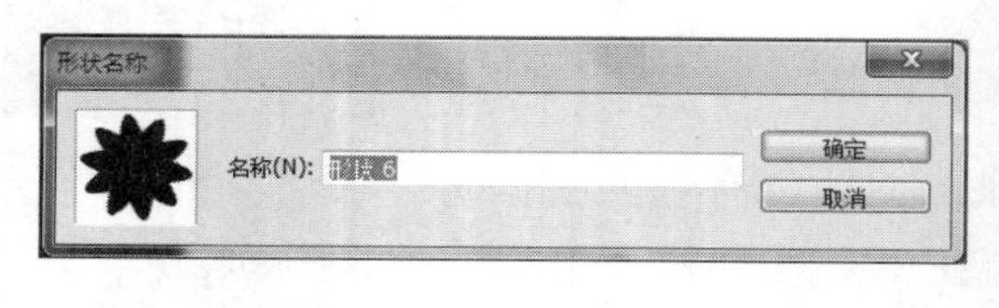

图 7-25 自定义形状列表

选择该形状以后可在画布编辑区域拖动鼠标，绘制出该形状。

7.2 形状工具布尔运算

在形状工具中，除了直线工具及自定义形状工具以外，可以把其他形状工具作为最基本的形状工具，使用这些最基本的形状可以将其拼凑成一些复杂形状，依次进行合并形状、减去顶层形状、与形状区域相交及排除重叠形状，达到图 7-26 所示效果。

在这里需要注意的是，在进行路径间的布尔运算时要保持所有路径在同一图层内；如果多条路径不在同一图层内，则需要按下〈Ctrl+E〉键合并图层后，选中要操作的路径再执行布尔运算。

图 7-26　形状工具的布尔运算

7.2.1　加法运算

加法运算即在原来的同一图层内对一个或者多个路径再次进行添加路径的操作。

在进行路径间的加法运算时，主要有以下两种操作方式。在这里以最简单的组合形式给大家做出示范，如绘制两个圆合并的效果。第一种操作为先绘制两个圆，调整好位置后按快捷键〈Ctrl+E〉合并两个圆，然后在工具选项栏选择“合并形状组件”，即可看到刚刚绘制的两条路径已经合并为一条完整的路径（图 7-27）。

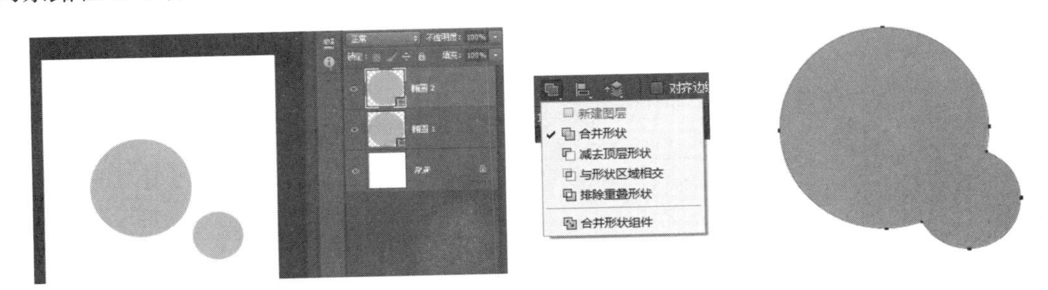

图 7-27　圆形示例（一）

第二种操作为先绘制完成大圆的形状，然后按下〈Shift〉键，光标右下角出现加号时，继续按住〈Shift〉键绘制一个正圆并结合空格键调整好位置，则可看到在图层区域只出现了一个图层，然后以同样的方式在工具选项栏选择“合并形状组件”，即可看到刚刚绘制的两条路径已经合并成为一条完整的路径（图 7-28）。

图 7-28　圆形示例（二）

7.2.2 减法运算

减法运算指在同一图层内将已绘制的路径，或者是已进行过布尔运算的路径，进行相减的操作，从而达到想要的效果。

在进行路径间的减法运算时，主要有以下两种操作方式。在这里以最简单的组合形式给大家做出示范，同样以两个圆之间的操作为例进行相减的操作。第一种操作为先绘制两个圆，调整好位置后按下〈Ctrl+E〉键合并这两个圆。如果要将后来绘制的小圆减去，则用路径选择工具选中该路径，然后在工具选项栏选择减去顶层形状，即可看到处于上方的小圆路径已经被减去，接着在工具选项栏选择“合并形状组件”，绘制的两条路径就会合并成为一条完整的路径（图 7-29）。

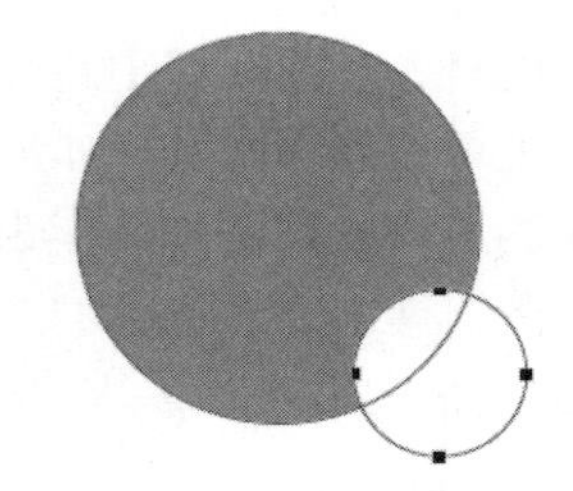

图 7-29　路径的相减效果

第二种操作为先绘制大圆的形状，然后按住〈Alt〉键，光标右下角出现减号时，按住〈Shift〉键绘制一个正圆并结合空格键调整好位置，松开鼠标即可看到大圆被小圆减掉了，在图层区域只出现了一个图层，然后以同样的方式在工具选项栏选择“合并形状组件”，即可看到刚刚绘制的两条路径已经合并成为一条完整的路径（图 7-30）。

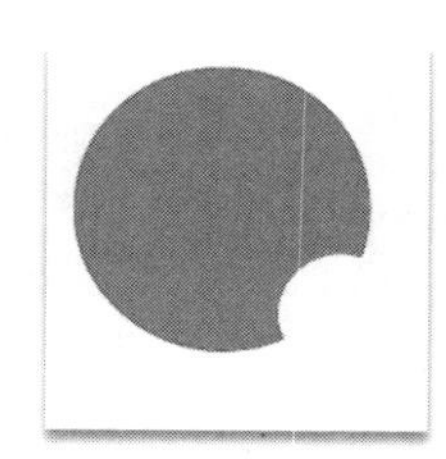

图 7-30　合并后的路径

7.2.3 相交运算

相交运算主要是在同一图层内对两个或者两个以上的路径进行的一种操作，其结果是保留路径之间的公共部分。

在进行路径间的相交运算时，主要有以下两种操作方式。在这里以最简单的组合形式给大家做出示范，同样以两个圆之间的操作为例进行相交的操作。第一种操作为先绘制两个圆，调整好位置后按下〈Ctrl+E〉键合并这两个圆。用路径选择工具选中这两条路径，然后在工具选项栏选择“与形状区域相交”，即可看到处于两条路径区域内相交的部分保留了下来。接着在工具选项栏选择“合并形状组件”，绘制的两条路径已经合并成为一条完整的路径（图 7-31）。

第二种操作为先绘制大圆的形状，然后按下〈Alt〉键和〈Shift〉键，光标右下角出现叉号时，拖动鼠标绘制一个正圆并结合空格键调整好位置，松开鼠标即可看到图 7-32 所示的效果。在图层区域只出现了一个图层，然后以同样的方式在工具选项栏选择“合并形状组件”，即可看到刚刚绘制的两条路径已经合并成为一条完整的路径。

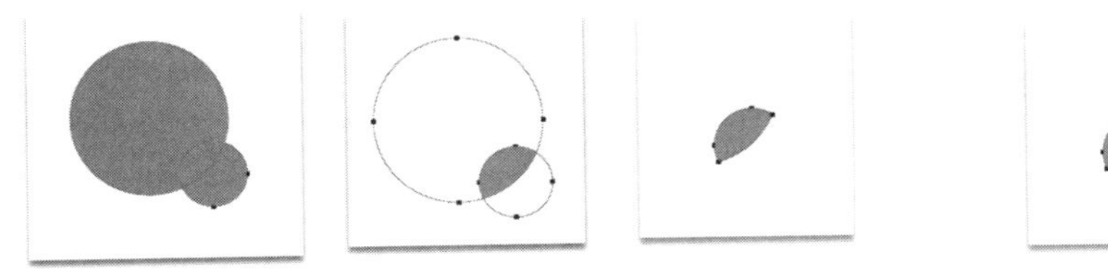

图 7-31　相交的路径　　　　　　图 7-32　相交的路径

7.2.4　排除重叠形状运算

排除重叠形状即为在同一图层内将两个或者两个以上同一图层内的路径组合的公共部分去除掉，保留非公共路径的部分。以圆为例，首先用椭圆矢量工具，按住〈Shift〉键拖拽出两个正圆，单击打开布尔运算工具，选择排除重叠形状，即可得到图 7-33 所示的形状。

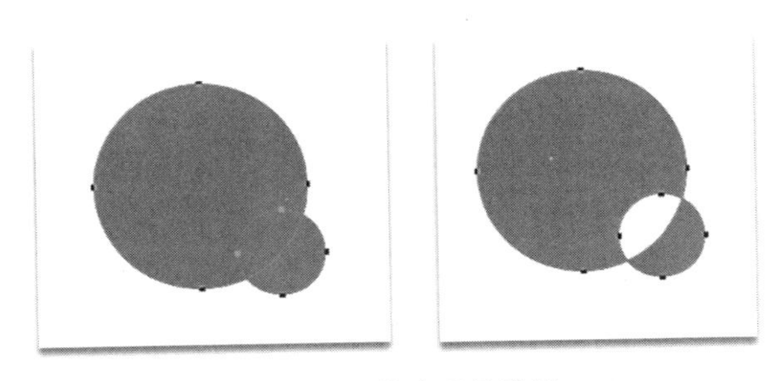

图 7-33　排除重叠形状

7.2.5　合并形状组件

合并形状组件是在同一图层内针对进行过布尔运算的路径进行的一种操作。选择执行布尔运算的路径后，勾选该操作即可将全部操作过的路径合并成为一条闭合的路径。下面依旧以圆形为例，首先使用矢量工具按照上述的步骤绘制出两个正圆，再打开布尔运算，使用合并形状组件进行合并运算，结果如图 7-34 所示。

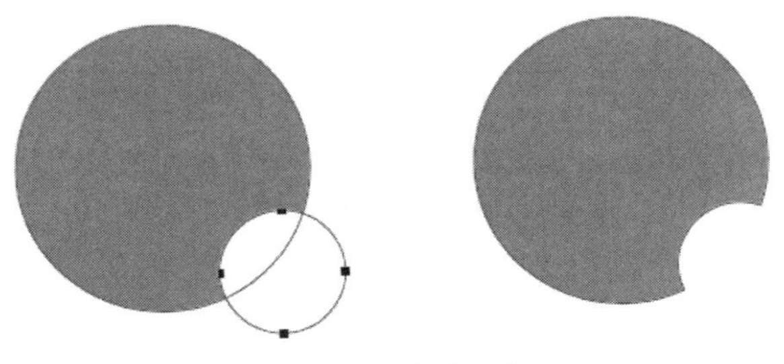

图 7-34　合并运算

7.3 路径的对齐操作

为了使我们绘制的形状、图形能够有序地排列展现在画布中，在图形绘制完成后，需要对所绘制的图形形状进行合理布局，其中最为重要的就是它们之间的对齐关系。

如果要对路径进行对齐操作，首先要保证路径为多条路径，要保证所有路径在同一图层内，并且要用路径选择工具将所有要对齐的路径选中才可以执行该操作。

7.3.1 路径的对齐方式

不少初学者在刚开始使用路径时，会产生很多问题，甚至不会运用路径的对齐方式操作。在学习路径的对齐方式之前，有必要了解对齐的重要性。在设计过程中，无论是文字还是图片，亦或是图标 Icon，所有的元素之间都应遵循各自的对齐方式，这样才能使整个界面看上去整齐美观。试想如果做出的界面不存在对齐关系，所有的元素都各自占领着自己的界面区域，并不理会其他元素，整个界面看上去必定会显得杂乱无章。所以在设计过程中，对齐方式对于界面设计非常重要。在 PS 中，路径的对齐方式从上到下依次为左边对齐、水平居中对齐、右边对齐、顶边对齐、垂直居中对齐及底边对齐六种（图 7-35）。不同的对齐方式都遵循排版设计的四大原则，即亲密、对比、对齐、重复，这样才能使界面设计更加整齐美观。

（1）左边对齐　以被选中路径的左侧为参照，进行左对齐的排列方式。以一个圆形和一个正方形为例，在 PS 中用矢量工具绘制出相应的形状，填充为蓝色，将这两个形状的左边对齐（图 7-36）。

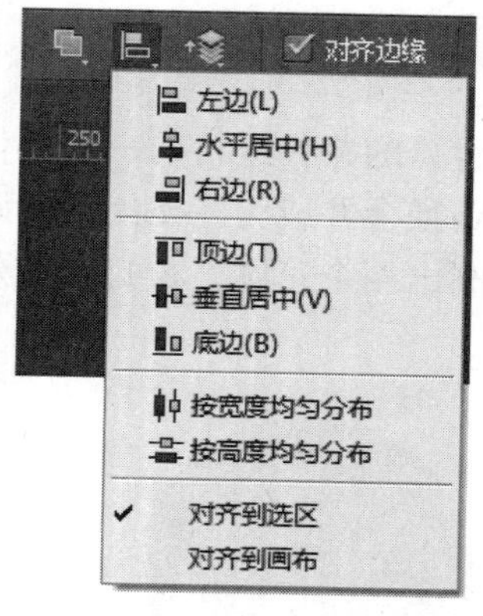

图 7-35　形状对齐方式

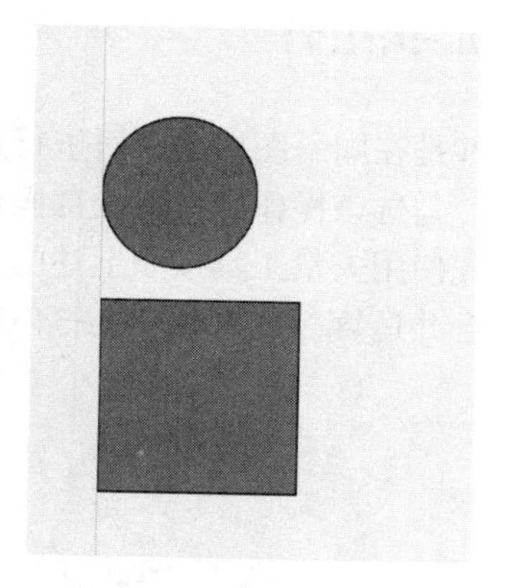

图 7-36　左边对齐

（2）水平居中　以被选中路径的中部为参照，进行水平方向的居中对齐。以一个圆形和一个正方形为例，在 PS 中用矢量工具绘制出相应的形状，填充为蓝色，将这两个形状水平居中对齐（图 7-37）。

（3）右边对齐　以被选中路径的右侧为参照，进行右对齐的排列方式。以一个圆形和一个正方形为例，在PS中用矢量工具绘制出相应的形状，填充为蓝色，将这两个形状的右边对齐（图7-38）。

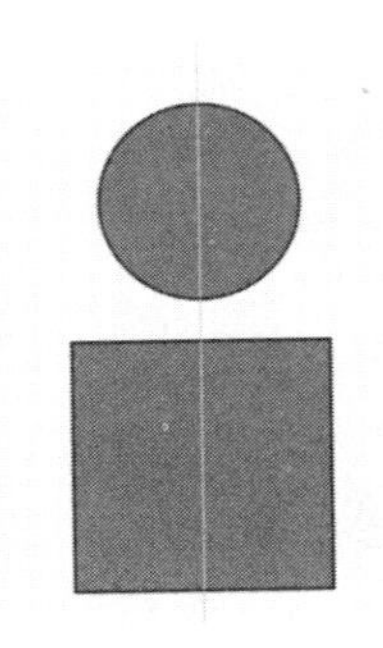

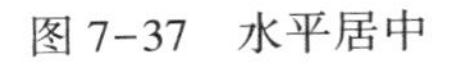

图7-37　水平居中

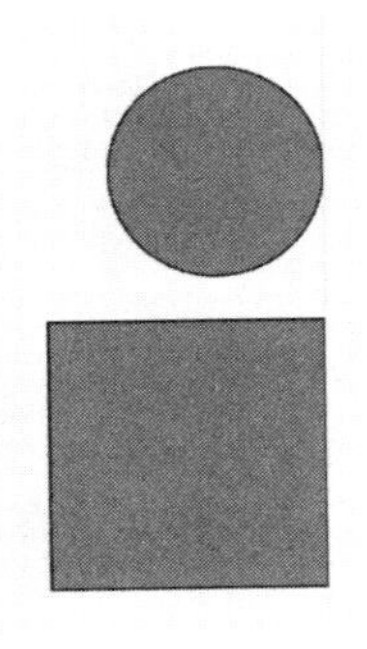

图7-38　右边对齐

（4）顶边对齐　以被选中路径的顶边作为参照，进行顶边对齐。以一个圆形和一个正方形为例，在PS中用矢量工具绘制出相应的形状，填充为蓝色，将这两个形状的顶边对齐（图7-39）。

（5）垂直居中　以被选中路径的中部为参照，进行垂直方向的居中对齐。以一个圆形和一个正方形为例，在PS中用矢量工具绘制出相应的形状，填充为蓝色，将这两个形状垂直居中对齐（图7-40）。

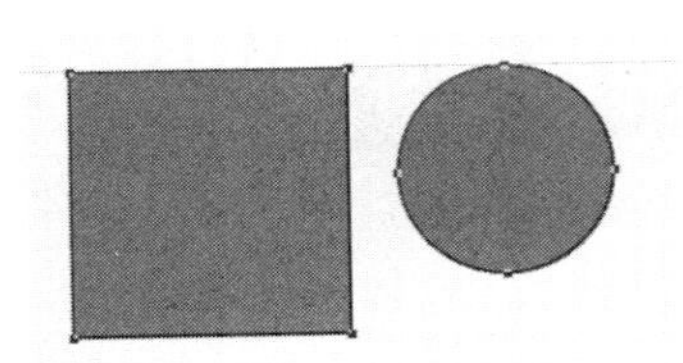

图7-39　顶边对齐

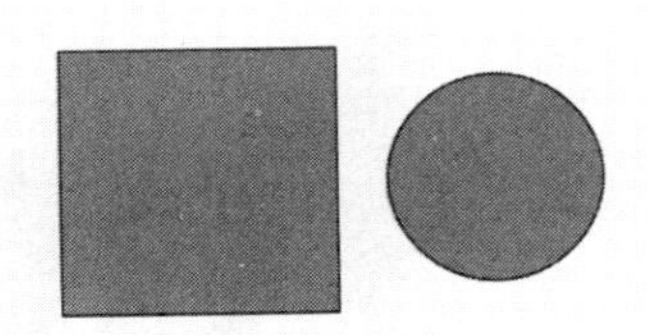

图7-40　垂直居中

（6）底边对齐　以被选中路径的底边作为参照，进行底边的对齐。以一个圆形和一个正方形为例，在PS中用矢量工具绘制出相应的形状，填充为蓝色，将这两个形状的底边对齐（图7-41）。

（7）注意事项　在对路径进行对齐时，首先要用路径选择工具将要调整的路径选中（图7-42），选中要调整路径后在工具选项栏上方依次选择不同的对齐方式，即可看到图7-43所示效果。

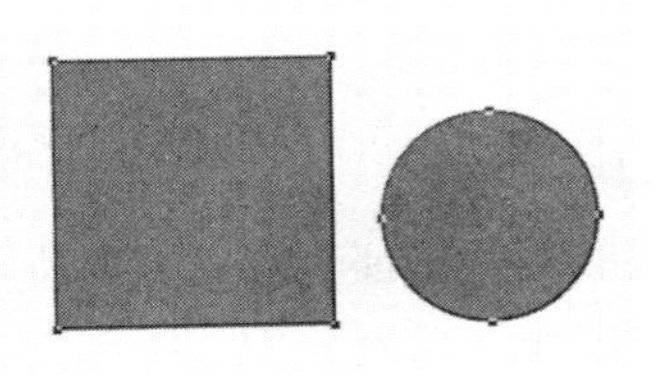

图7-41　底边对齐

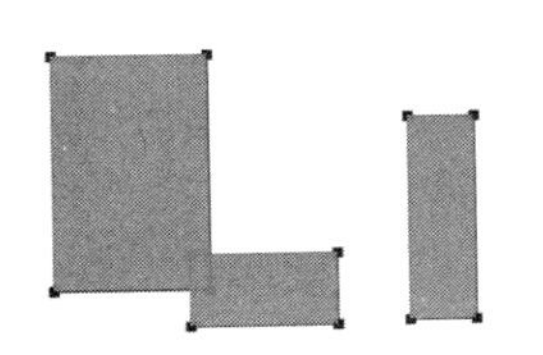

图7-42　选中全部路径

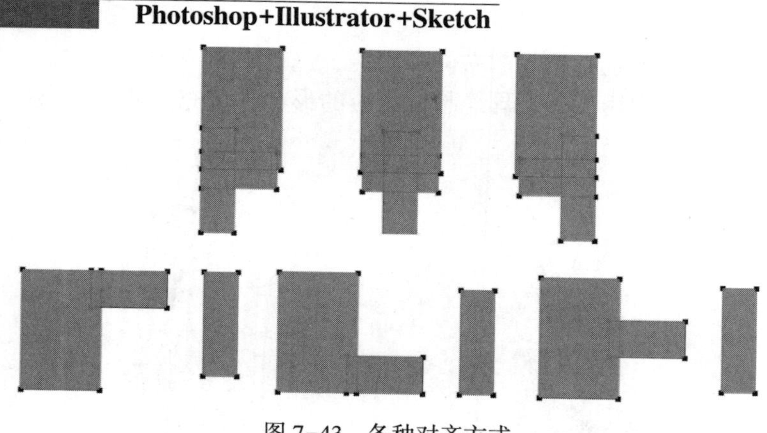

图 7-43　各种对齐方式

7.3.2　路径的分布方式

路径的分布方式主要有两种效果，一种为按照宽度均匀分布，另一种为按照高度均匀分布。

（1）按宽度均匀分布　以被选中路径的中心作为参照点，对所有路径按照宽度的不同进行排列分布。以四个正方形为例，在 PS 中用矢量工具绘制出相应的形状，填充为蓝色，这四个形状按宽度均匀分布（图 7-44）。

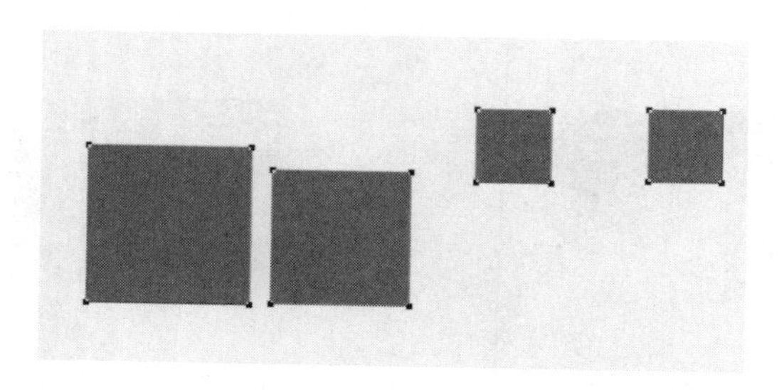

图 7-44　按宽度均匀分布

（2）按高度均匀分布　以被选中路径的中心作为参照点，对所有路径按照高度的不同排列分布。以四个正方形为例，在 PS 中用矢量工具绘制出相应的形状，填充为蓝色，这四个形状按高度均匀分布（图 7-45）。

这两种分布方式在对一些等大的元素进行平均分布的时候尤为好用，但需要注意的是，在对路径进行分布操作时，要保证其图层中至少要出现三条路径。

图 7-45　按高度均匀分布

绘制三个等大的矩形，并保证其垂直方向上间距不等，使其保持水平方向对齐，对其执行按照宽度均匀分布的操作；再次绘制三个等大的矩形，并保证其水平方向上间距不等，使其保持垂直方向对齐，对其执行按照高度均匀分布的操作。以下分别为按照宽度均匀分布及按照高度均匀分布的效果（图 7-46）。

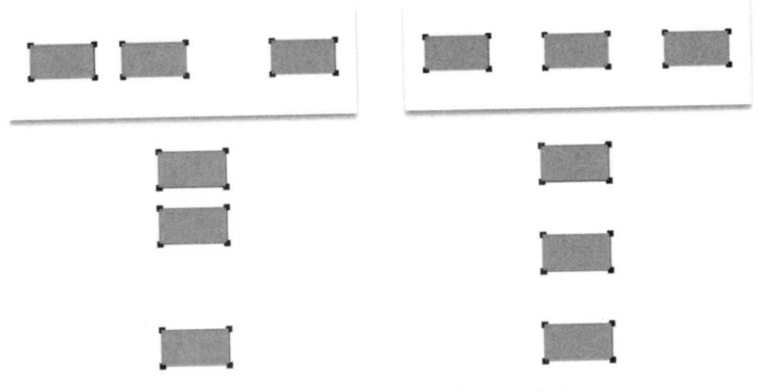

图 7-46　按宽度与高度均匀分布

7.4　移动主题图标设计

图标是手机界面设计中必不可少的元素，它的存在在界面中发挥着至关重要的作用。不难发现，任何一款 App 的存在都离不开图标，无论是一级页面还是二级页面，都会看到这一元素的存在。

图标是可以传递给人表达所需含义的图形符号。其中，桌面图标是软件的标志符号，如 QQ 图标、微信图标；界面中的图标通常是一些功能的示意，如设置功能的齿轮、扳手代表修改。这些源自人们对生活的一些习惯性常识。

图标在广义上指具有高度浓缩信息，可以快速传达含义、便于记忆的图形符号。应用范围广泛，公共场合、软件、硬件、网页等无处不在。例如，路上的交通标志、男女厕所标志。

狭义上的图标定义于计算机软件这一方面，包括程序标志、命令选择、状态提示、数据标志、模式信号或切换开关。

每个图标都是一个对象或者图片，代表的是一个程序、命令、文件或者网页。图标可以帮助用户快速打开程序或执行命令。通过单击或者双击以执行命令，并且相同扩展名的文件使用的图标相同。

图标具有规范性，有一套标准的属性格式和大小，一般为小尺寸。图标有一个特性：图标中含有透明区域，可以通过透明区域看到图标下的桌面背景等内容。由于计算机操作系统和显示设备的多样，所以需要大小不一的多种格式来满足需求。

图标不仅是一种图形，更是一种标志，具有指代意义。图标可以传达信息，便于记忆。从上古时代的图腾，到现在各种功能图标，应用范围极其广泛。国家的图标是国旗，商品的图标是商标，学校的图标是校徽，企业的图标是 logo。在日常生活中，我们通过图标看到的不仅是一个图像，而是它所代表的内在含义。

计算机的出现，赋予了图标新的含义。图标在这里成为明确指代含义的计算机图形。图标在计算机中扮演着重要的角色，可以代表文档、程序、网页或者一段命令。我们只需在图标上单击或者双击，就可以通过图标执行一段命令或者打开某个软件、文档。

随着计算机技术的更新发展，图标被广泛地应用到了手机界面中，由于手机轻巧，可以随身携带，随时随地都可以查看信息，所以人们将更多的碎片化时间用在手机操作上，因此为了提升用户使用手机软件的效率，必须使图标简洁、明了，增加图标的易识别性。图标主要突显以下作用：

1. 图标是与其他网站链接的标志和门户

Internet 可以使各个网站联接起来，所以叫做“互联网”。想让别的用户进入你的网站，必须提供一个“门”。将 logo 图形化，特别是动态的 logo，会比文字更加吸引人。这一点在如今争夺眼球的年代里，显得特别重要。

2. 图标是网站形象的代表

对于网站来说，图标是一个网站的“名片”，精美的图标可以起到“点睛”的作用。

3. 图标能使受众便于选择

一个好的图标可以反映网站的一些信息，特别是商业性的网站，我们可以从图标了解到这个网站的类型。如果用户在一大堆网站中寻找自己所需要的内容，那么一个可以看出网站类型的图标就显得很重要。

图标设计是界面设计中最为重要的组成部分，作为 UI 设计师，这一技能是必须要掌握的，接下来将以一些扁平图标作为案例进行讲解。

7.4.1 计算机扁平图标设计

扁平化是去除多余和繁复装饰的效果。具体的表现是去掉多余的透视效果、纹理、渐变、拟物等 3D 效果的元素。这样的设计可以让信息本身作为核心重点突出，而不是外在的表现。在设计元素上，强调了极简和符号化。

扁平化设计在手机界面设计上的优点：更少的按钮和选项，使得 UI 界面更加整齐干净，用户操作时格外简洁，从而带给用户更加舒适的体验。扁平化设计可以更加直接而简单地将信息展现出来，所以可以有效减少认知障碍。

扁平化设计在移动设备上不仅可以使界面简洁、美观，而且可以降低功耗、延长待机时长、提高运算速度。Android 5.0 就采用了扁平化设计效果，被称为“最绚丽的安卓系统”。

2008 年 Google 提出“扁平化设计”，英文名是“Flat Design”。随着各种各样的设备出现，涵盖了不同的屏幕尺寸，导致创建适配不同分辨率和尺寸的拟物化设计烦琐又费时。而扁平化设计更加简约、条理清晰，同时也具有更好的适应性。扁平化设计是现在的趋势，不仅如此，扁平化设计还具有以下优势。

（1）开发更加简单　在计算机、手机、平板等数码设备普及度不高的时代，拟物化的效果对于老人和孩子来说更加直观有趣。但是随着科技的发展，移动设备遍布，拟物化设计开发成本增加，使这种设计的弊端显现出来。

（2）使用更加高效　假如一个测量温度的 App，将其特地设计成温度计的样子，用户眼中会认为是多余的，而扁平化设计会更加注重功能，而不是温度计多么真实。拟物不等于高效，有时反而降低了效率。

（3）缓解审美疲劳　拟物化设计的繁复和厚重感会让人们感到审美疲劳，人们更愿意看到一些简简单单就能表达含义的设计。随着 Windows 8 的 Metro 界面发布，设计开始变得简约而清晰。

仔细观察微软的 Window Phone 平台，可以发现一个特别的现象：难看的应用不多，但令人记忆深刻的应用也不多，应用的风格很统一，但是个性稍弱。有的开发者感叹，他们看起来都是一个样子。设计师将 Metro 语言比作是包豪斯风格，并且指出，“因为去掉了装饰，使得个性化的空间很小”，这可能给人以“缺乏生命力”的感觉。所以为了更好地使用扁平化设计，也是需要技巧的，我们总结了扁平化设计的五大技巧。

（1）简单的设计元素　扁平化的设计概念核心就是去除一切装饰，如渐变、投影、透视、肌理等，这些 3D 效果的元素一概不用。元素的边缘干净利落，没有羽化或投影。扁平化设计在手机界面上会显得更有优势，手机屏幕小，简约的风格使界面干净整齐，会给用户带来更好的体验。

（2）强调字体的使用　字体是排版中重要的组成部分，需要和其他元素相辅相成。如一款花体字，放在扁平化的界面中，会显得很突兀。字体字库种类数不胜数，字体要根据界面的风格、产品的类型使用。

（3）关注色彩　扁平化设计的配色通常更加绚丽明亮，并且扁平化设计中色调也较多。如其他设计最多只有两三种主要颜色，而扁平化设计通常会使用 6~8 种颜色。另外，紫色、蓝色、绿色、复古色、浅橙色比较受欢迎。

（4）简化的交互设计　扁平化设计中，设计师要尽量简化设计方案，去除不必要的元素。如果想添加点东西，也应尽量使用简单的图案。对于一些零售的网站，扁平化设计可以有效地组织排列商品，简单而又合理。

（5）伪扁平化设计　扁平化设计不仅仅是把立体的效果压扁，而是功能上的简化和重组。一些设计师将某一项特效结合进整体的扁平化中，使其成为一种独特的风格。如在按钮上加一点点投影或者渐变，使这种风格成为其特色，这就是伪扁平化设计。这种设计相对纯扁平化设计更具灵活性和适用性。

手机图标设计以 iOS 7 作为分水岭，在 iOS 7 之前，手机应用图标采用拟物化图标设计，而在 iOS 7 之后，则多采用扁平化的设计风格。

下面我们来学习一个计算器图标设计的案例：

1）首先，使用矩形矢量工具在新建的画布中按下〈Shift〉键绘制一个色值为#2f393c、大小为 400×400 像素的正圆，并以正圆中心作为参照点，拉取参考线（图 7-47）。

2）使用圆角矩形矢量工具绘制一个圆角为 8 像素，色值为#2bb9e3、大小为 142×216 像素的圆角矩形，并使其与圆中心对齐（图 7-48）。

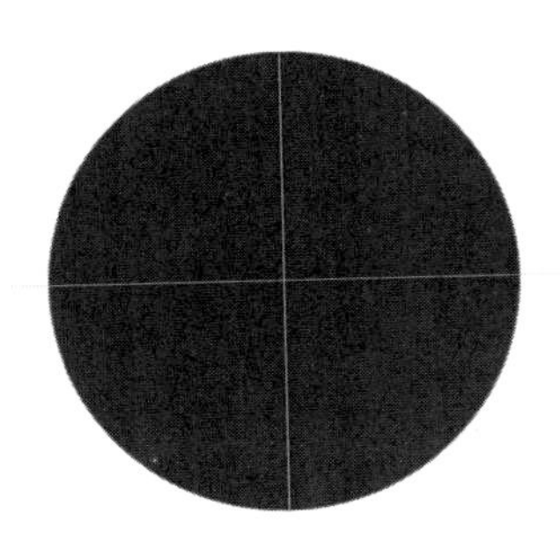

图 7-47　绘制正圆找到中心点

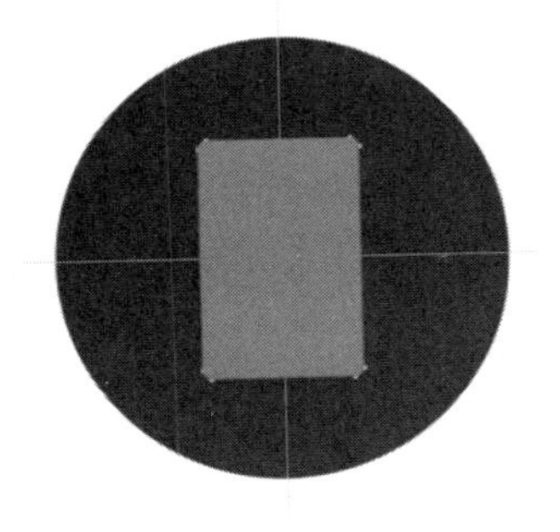

图 7-48　绘制圆角矩形

3）再使用圆角矩形矢量工具，绘制一个圆角为 16 像素、色值为#075f79、大小为 112×64 像素的圆角矩形，按下〈Alt〉键将圆角矩形下半部分的 1/2 减去，减掉后合并形状组件（图 7-49）。

图 7-49　合并形状组件

4）接下来绘制计算器的按钮部分，使用圆角矩形矢量工具，绘制一个圆角为 16 像素、色值为#075f79、大小为 32×16 像素的圆角矩形，并复制出三个，使其与上方的圆角矩形边缘对齐，调整好间距；然后将三个圆角矩形合并到同一个图层，使用快捷键〈Ctrl+Alt+T〉对其进行复制，复制四排，想要的计算器效果就实现了（图 7-50）。

图 7-50　效果图

7.4.2　图库扁平图标设计

接下来进行图库扁平图标的设计：

1）首先使用椭圆矢量工具，在新建的画布中按下〈Shift〉键绘制一个色值为#f2cf4c、大小为 400×400 像素的正圆，并以正圆中心作为参照点，拉取参考线（图 7-51）。

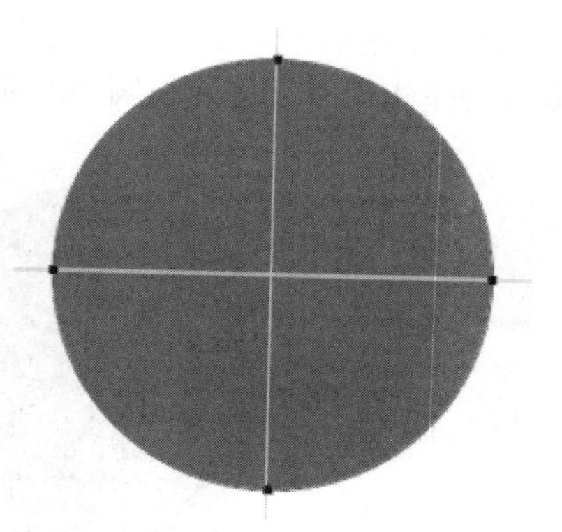

图 7-51　绘制正圆找到中心点

2）然后在黄色圆内绘制一个色值为#ffffff、大小为 228×174 像素、圆角为 6 像素的圆角矩形（图 7-52）。

3）继续在白色圆角矩形内绘制一个色值为#66c9e9、大小为 200×144 像素的矩形（图 7-53）。

4）继续绘制一个大小为 188×188 像素的矩形并旋转 45°，将其再复制两个图层，调整好位置。色值分别为#488c2f、#55a039、#56bc30（图 7-54）。

5）最后在相册内绘制一个色值为#fff10d、大小为30×30像素的圆形，这个图标就完成了（图7-55）。

图7-52　绘制圆角矩形

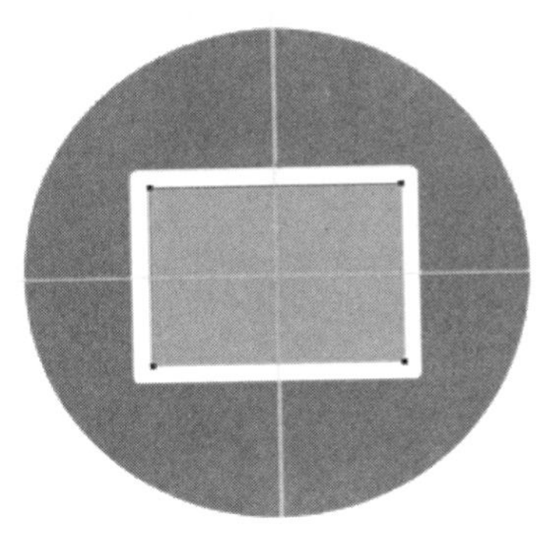

图7-53　绘制矩形

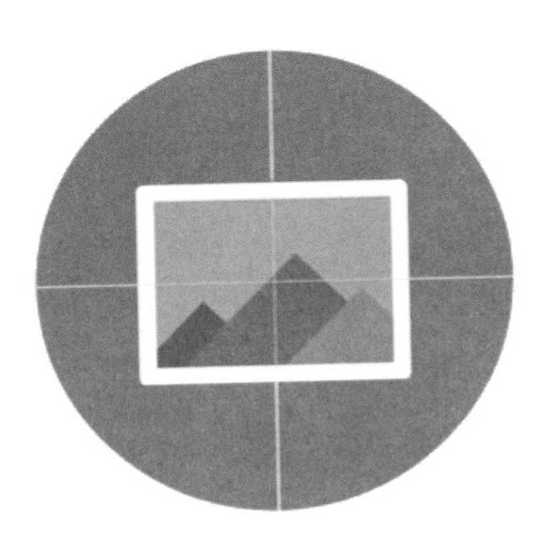

图7-54　绘制旋转的矩形

图7-55　效果图

7.4.3　日历扁平图标设计

1）首先使用椭圆矢量工具，在新建的画布中按下〈Shift〉键绘制一个色值为#6ac9e7、大小为400×400像素的正圆，并以正圆中心作为参照点，拉取参考线（图7-56）。

2）然后在蓝色圆内绘制一个色值为#e5e5e5、大小为230×210像素、圆角为6像素的圆角矩形（图7-57）。

3）继续绘制一个色值为#ffffff、大小为336×140像素的矩形，然后制作剪贴蒙版（图7-58）。

4）在圆角矩形左上角绘制三个大小为18×18像素的相等的圆，其色值分别为#ff5a5a、#ffd25a、#5aff6d；再绘制两个大小为56×6像素、90×6像素规格的色块及大小为40×20像素、圆角为4像素的圆角矩形，则该图标就绘制完成了（图7-59）。

图7-56　绘制正圆找到中心点

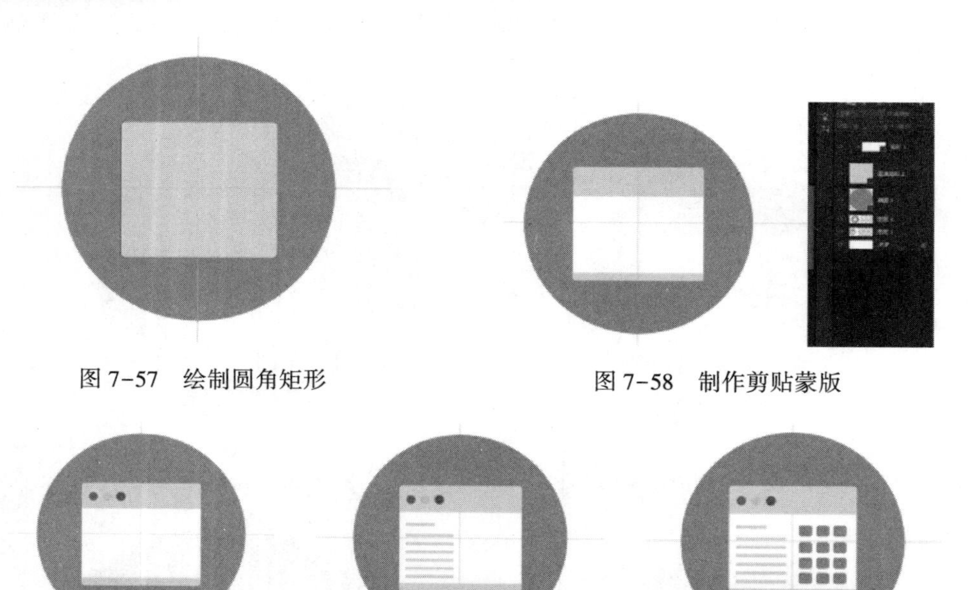

图 7-57　绘制圆角矩形

图 7-58　制作剪贴蒙版

图 7-59　效果图

第 8 章

UI 设计中文字的应用

8.1 文字工具初识

8.2 文字面板参数设置

8.3 文字在画册排版中的应用

8.1 文字工具初识

文字工具是 PS 中一个很重要的工具，也是 UI 设计、平面设计中必须熟练掌握的技能之一。熟练掌握文字工具，在以后从事平面设计、排版设计、界面视觉设计等工作时，会起到很重要的作用。

文字在日常工作中也很常用，它同画笔工具一样用起来很简单，但要将其用好其实并不容易，通过对文字工具的应用也可以判断出设计师的美学水平。在无其他增效手段（如图层样式）的条件下，同种字体和同样的文字内容，仅通过改变文字的大小、粗细、颜色、疏密和位置等效果，就可以使页面的整体视觉感受产生截然不同的效果（图 8-1）。

图 8-1　不同的文字排版

8.1.1 横排文字

文字在日常工作中又被称为文本，所以文字工具有时候也会被称为文本工具。文字工具是 PS 中最常用的工具之一，是页面排版和设计过程中的重要工具。文字工具在 PS 左侧工具栏中（图 8-2）。当输入法默认为英文状态时，单击快捷键〈T〉，默认打开文字工具中的横排文字工具。

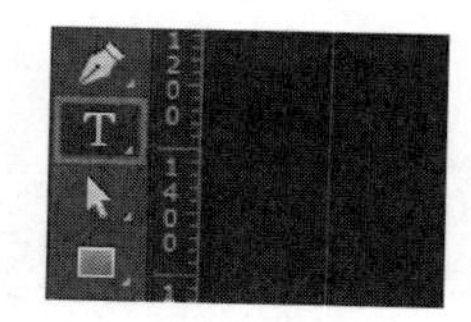

图 8-2　文字工具

文字工具输入文字的方式有两种：一种是单击画布，另一种是在页面中拖动鼠标生成文本框。在画布中单击输入文字，输入文字时伴随有文本指示光标，这种文字被称为点文字。点文字不会自动换行，需手动换行。鼠标拖出一个矩形框（即文本框），鼠标拖动时伴随有尺寸提示，这样的文字被称为段落文字，段落文字会自动换行，调整文本框的大小时，文字也会做出相应的收缩排布。

在使用横排或直排文字工具输入文字时，输入的文字会在图层面板中的一个新图层上，这个图层就是文本图层。而使用横排或直排文字蒙版工具输入文字时，输入结束后文字会自动转为选区，选区中的内容会替代当前图层中的内容，这种选区称为文本选区。文本选区会依附在当前图层上，不会生成新的图层，输入完成后也不能对其进行修改。

使用横排文字工具输入文字，单击画布中的空白处，此时图层面板中会自动创建一个文字图层，当界面中出现文字输入光标后就可以输入文字了（图 8-3），按〈Enter〉键换行。我们所输入的文字会以单独的图层存在，该图层的名称是我们输入的文字内容（图 8-4）。

输入完成后，单击文字工具属性栏中的对勾，确定输入（图 8-5）。若要修改或删除文本内容，需在选中文字工具的前提下，此时鼠标为输入光标，将光标放到要修改的文字上，单击即可进行修改操作或删除文本内容。也可以双击文字图层中的“T”图标区域（图 8-3），进行修改操作或删除文本内容。

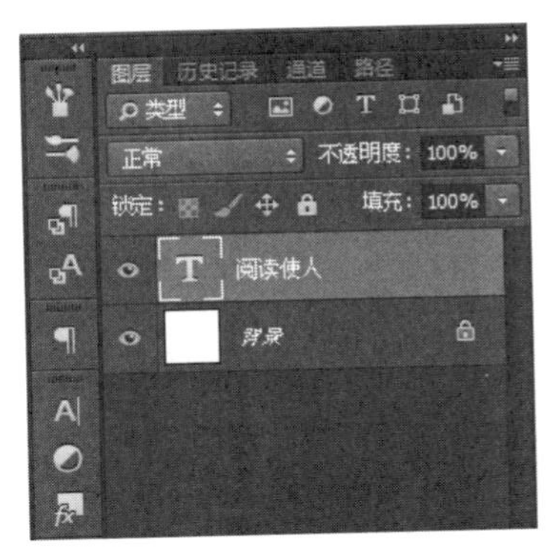

图 8-3　输入文字

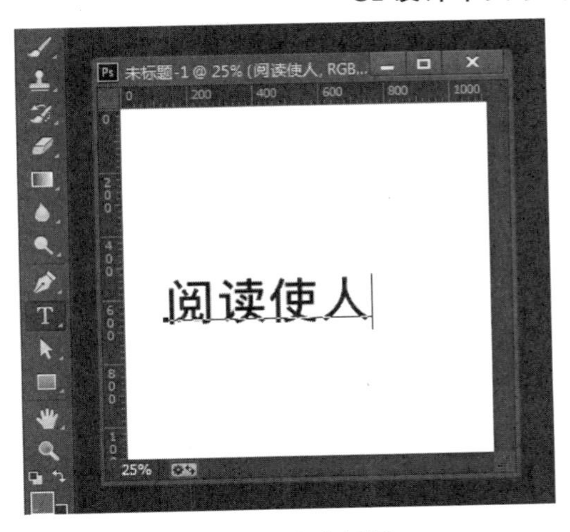

图 8-4　文字图层

图 8-5　文字工具属性栏

一般在新建画布后，在 PS 左侧工具栏中选择文字工具快捷键〈T〉，然后单击画布中的空白区域后输入所需的文字，其过程就如同其他文字处理软件一样，也伴随有文字的指示光标，按〈Enter〉键可以手动换行，如果想要结束输入，可用快捷键〈Ctrl+Enter〉，或者单击文字工具栏中的提交文字按钮，也可以直接使用工具栏中的移动工具〈V〉。

最终输入的文字将会以单独的图层形式存在，图层的名称会默认为输入的文字内容（可以更改）。文字图层具有和其他普通图层一样的属性（图 8-6），都可以使用图层样式、图层蒙版、图层混合模式、调节不透明度等功能。

TRAVEL CHANGES

图 8-6　文字图层的性质

文字输入完成后，我们想要对之前的文字内容进行再次编辑，这时可以使用文字工具在已经输入的文字上单击（位置一定要准确），此时文本上会出现输入光标，这样就可以修改文字内容了，此时文字的下方会有下划线提示（图 8-7），完成修改后再次提交即可。

如果单击鼠标时，其位置偏离了原先文字所在的区域，系统将会被视为新建文字图层（图 8-8）。在输入文字较多，并且文字密集时，比较容易产生这样的误操作，可以通过观察文字下方是否出现了下划线来判断我们是否单击了想要编辑的文字区域。

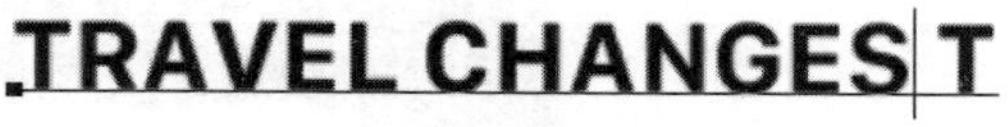

TRAVEL CHANGES T

图 8-7　文字的更改

TRAVEL CHANGES
THE WORLD
i like
阅读使人成长

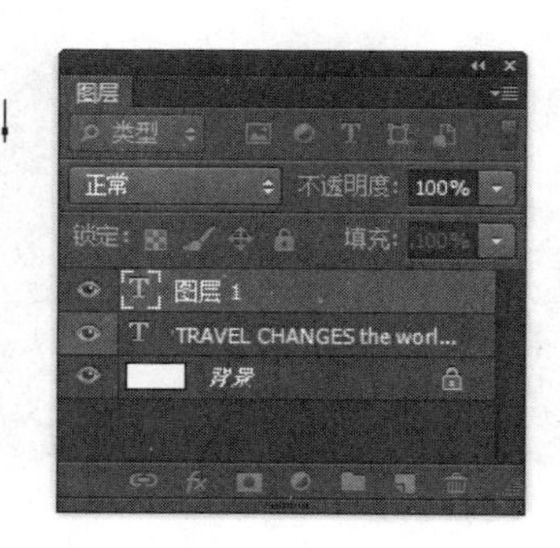

图 8-8　文字图层

在 PS 中横排文字工具栏如图 8-9 所示。

图 8-9　横排文字工具栏

1）“切换文本方向”：单击该按钮，可以将当前图层中的文字方向（即水平方向和垂直方向）来回切换。

2）“设置字体系列”：该按钮可以设置文本的字体类型，单击左侧的小三角在弹出的字体类型中选择。

3）“设置字体样式”：该按钮设置字体的粗细、是否倾斜等样式，可以使用该字体所具有的字体样式，一般的字体样式包括规则的、斜体、粗体、粗斜体、加粗体等。所有的字体我们只能使用一种字体样式，这些样式不可以叠加使用。

4）“设置字体大小”：该按钮用来设置字体的字号，可以在左侧的文本框中输入所需的字号大小；也可以直接单击右侧的下三角，在弹出的列表中选择所需的字体大小。

5）“设置消除锯齿”：该按钮用来给文字消除锯齿，单击右侧的小三角，在弹出的下拉列表中选择所需的样式，选择平滑可以消除锯齿，还有无、锐利、犀利、浑厚四种样式。

6）“设置文本对齐方式”：该按钮用来设置文本的对齐方式。对齐方式主要包括左对齐、居中对齐和右对齐，单击相应的区域会出现相应的对齐方式。

7）“设置文本颜色”：在设置文本的字体颜色时，首先要选择更改颜色的字体，单击该按钮弹出“拾色器 ”面板，在面板中选择所需的字体颜色即可。

8）“创建文字变形”：单击该按钮，弹出“变形文字”对话框，在对话框中选择所需的文字变形样式和方向，下方可以调节文字的弯曲、水平扭曲及垂直扭曲的数值（图 8-10）。

9）“字符和段落面板”：该按钮主要是用来设置字体的所有样式和段落样式，单击该按钮在 PS 中显示字符和段落面板，再次单击隐藏该面板。

10）“取消所有当前编辑” ：数遍单击该按钮可以取消所有当前编辑的文字样式。

11）“提交所有当前编辑” ：如果对当前文字的编辑已经完成，可以单击这个按钮进行确认，也可以直接单击工具栏中的移动工具〈V〉进行确认。

12）“更新此文本联的 3D” ：单击该按钮文字将切换为 3D 立体模式，这个功能可以用来制作 3D 立体文字，此功能在 PS CC 版本中有体现。

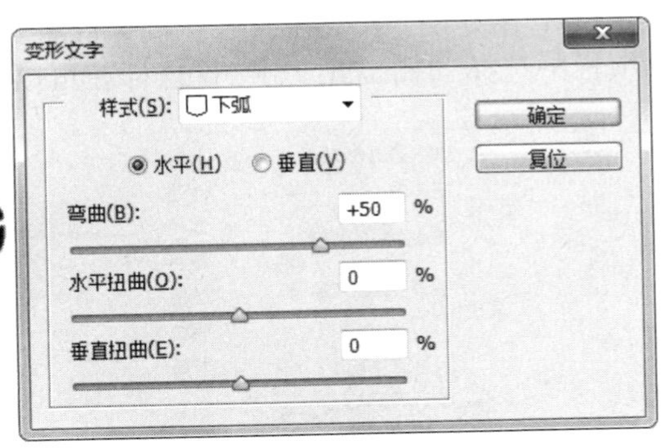

图 8-10　变形文字

8.1.2　直排文字

在单击工具栏中的文字工具时，如果单击并长按文字工具，则会出现文字工具中的其他工具（图 8-11）。

首先，根据字体和语言的不同，更改文字的排列方向效果也会有所不同（图 8-12），将其改为直排文字工具后，其英文字符相当于旋转了 90°，而中文字符所表现出来的样式才是真正的直排。因此依据中文字体在直排文字工具下可以垂直方向输入文字（图 8-13），在一些设计工作中会用到该工具。例如一些中国风的设计，字体排版就可以使用直排文字工具，中文字符更适合排版布局设计，只是对设计师的美学要求比较高。最后需要注意的是，字体的排列方式是针对当前文字图层内的所有字符的，如果想要得到不同的字体排列方式，就需要建立多个文字图层。

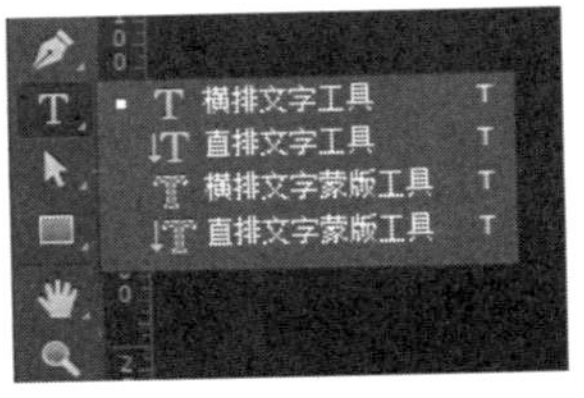

图 8-11　文字工具列表

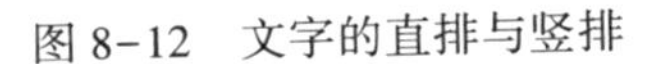

图 8-12　文字的直排与竖排

图 8-13　竖排文字

在没有单独选择某些字符的情况下，更改字体样式对全部字符都有效，在选中其中的某些字符后可以单独更改字符样式（图 8-14）。还有一个原因是大部分英文字体不能显示中文字符，因此对中文字符指定英文字体是没有效果的。但是反过来是可以的，因为大部分的中文字体中包含英文字符，所以能够显示英文字符。这点对其他语系也适用。所以在我们设计网页、App 等页面时，英文字符只能用相应的英文字体，中文字符也只能使用相应的中文字体。

TRAVEL CHANGES
THE WORLD
i like
阅读使人成长

图 8-14 选择文字

在一些特殊情况下，有些功能只针对于普通图层，这时我们可以右键单击文字图层，在弹出的选项栏中选择“栅格化文字”，这样就可以把文字图层变为普通图层（图 8-15）。

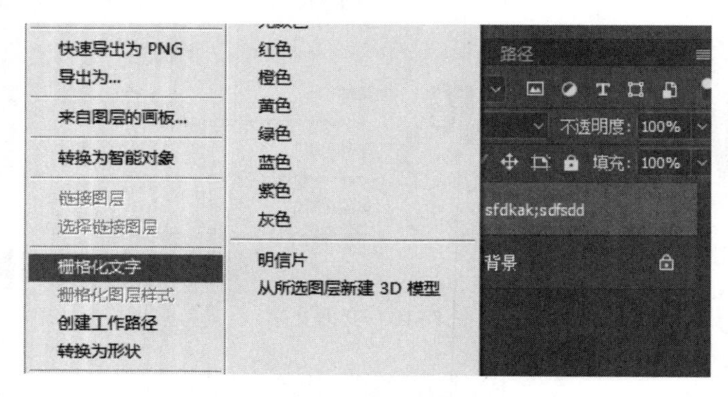

图 8-15 文字图层转为普通图层

例如，做一张海报，海报的标题是“你好漂亮”：

1）没有栅格化“你好漂亮”文字图层时，它是一行文字，我们可以对其进行再次编辑和修改，将其变为“你也漂亮”时，可以直接将“好”字改为“也”字完成修改。

2）把图层栅格化后，文字将依附在图层上，不能再对其进行编辑了，这时只能重新输入文字。

3）有时想把文字的上方变为蓝色，下方变为紫色，这时就只能将文字图层栅格化，然后锁定透明像素，将文字换成蓝色，再利用选框工具将文字的下半部分变为紫色；如果想要两种颜色融合在一起，也可以先锁定图层透明像素，然后用画笔工具擦出想要的效果。

4）栅格化图层是指将导进 PS 中的矢量智能对象或者用 PS 中的矢量工具做出的图形图像，进行由矢量图到位图的转化。对其进行栅格化后，之前的路径形状不能再用相应的路径工具调整，矢量智能对象也会变成位图图像。位图可以更好地调整图层的颜色，制作一些好的 PS 效果。

栅格化文字是指对文字图层进行栅格化，这样文字图层就变为了普通图层，栅格化后就不能再次使用文字工具对文字进行编辑，但是可以给文字做一些很好的渐变效果等。

总之，栅格化图层就是将一些功能不能使用的矢量元素转变成了位图元素，不论栅格前的图层是什么类型，栅格化之后就都变成了位图，将其放大或者缩小都会使图层变得模糊不清。

结合案例简单了解一下：

1）从图 8-16 中可以看出，矢量图（矩形工具〈U〉）一般以几何图形居多，可以无限放大或者缩小，放大缩小不会对图形产生影响，图形不会失真，其常用于 Icon，logo 和文字等设计。

2）位图一般是由无数的像素点组成的图案，当将其无限放大时，就会看到一块一块的色块，其色彩较为丰富，但是位图图像放大会失真。位图常用于一些网站的图像处理、影楼婚纱摄影后期效果设计等（图8-17）。

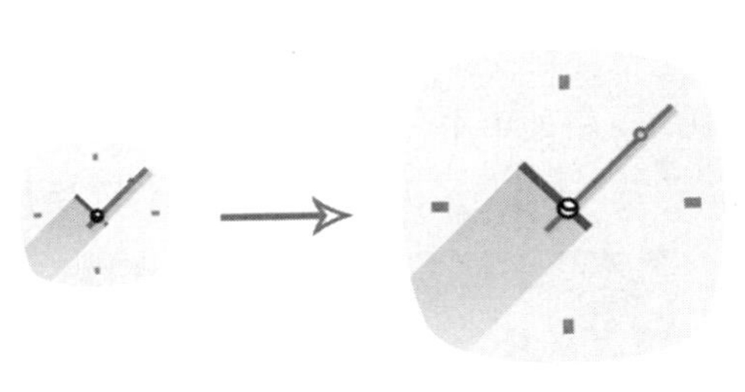

矢量图任意缩小放大，图片清晰度不变

图8-16　矢量图的缩放

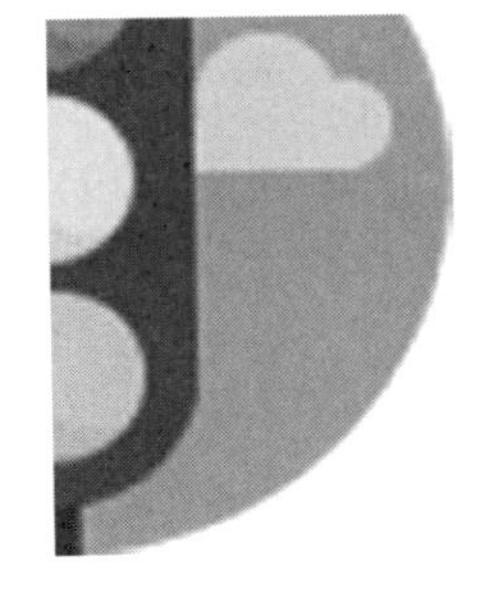

图8-17　位图

3）其实也可以这样区别，矢量图进行放大、缩小或旋转等操作时图像不会失真，而位图却不行（图8-18），进行这些操作后位图的边缘会变模糊。

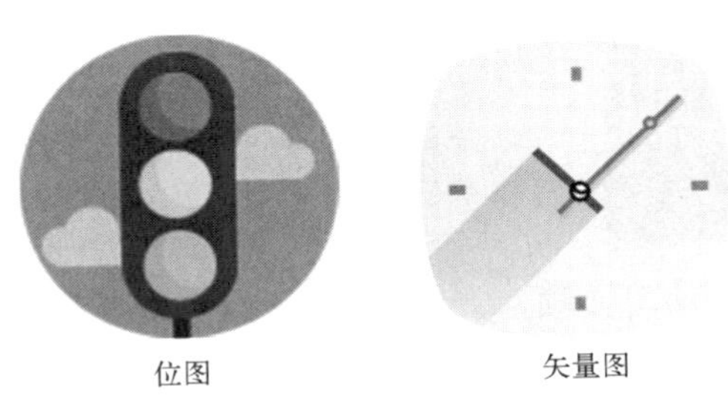

位图　　矢量图

图8-18　位图与矢量图的区别

4）位图是由像素组成的，矢量图是由数学向量组成的。如果大家不是很了解像素，也可以这样区别它们，位图表现的色彩比较多，矢量图则相对较少。

矢量图与位图之间的区别：

位图是由一个一个的点即像素格组成的，每一个像素格都包含不同的色彩、明度等属性，不同的像素格可以构成色彩丰富的图像，故位图图像可以逼真地将自然界中的景色表现出来，摄影或艺术等色彩丰富的图形文件都是用位图格式来展示的。位图图像在放大到一定比例时，便会看见一个一个的小方格即像素格，所以当对位图图像进行编辑时，其实编辑的对象是一个个的像素格。当然，图像中所含有的像素格的多少，也是决定位图图像的质量和清晰度的重要因素。总之，图像中含有的像素格越多，位图占用的内存越大，而PS对于设计师而言就是一款非常好用的位图处理软件。

矢量图又称为向量图，它是由数学向量组成的。矢量图的优点是它是由一系列的点、线、面构成的，所以一般的矢量图形跟位图图像相比，其文件较小。矢量图一个典型的优点就是，当我们反复地对其进行放大、缩小或者变形操作时，其图像不会失真。因此矢量图一般用于文字设计、图案设计、版式设计、插画和logo、Icon等。

8.1.3 横排文字蒙版工具

文字蒙版工具对设计师而言是一个很实用的工具，通过文字蒙版工具可以创造出更多有意思的字体样式。在 PS 工具栏中，长按文字工具选择横排或直排文字蒙版工具或者通过快捷键〈Shift+T〉进行选择（图 8-19），在画布中的空白处单击，此时鼠标变成文字指示光标，同时画布中的其他部分会变为半透明红色，这时就可以输入文本，按〈Enter〉键换行（图 8-20）。

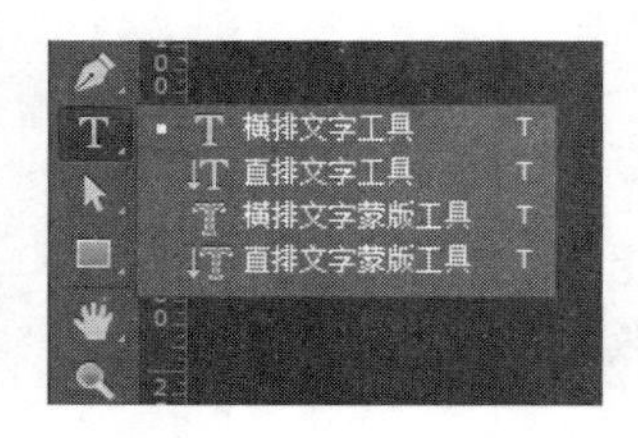

图 8-19　文字工具

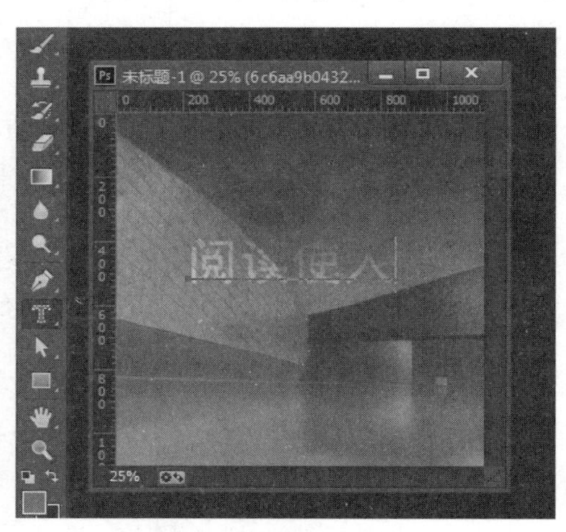

图 8-20　文字的输入

输入完成后单击文字工具属性栏中的对勾，确定输入（图 8-5）。

在输入文字时，如果觉得当前文字的位置不合适，可以将鼠标移入已输入文字的周边区域，当鼠标的样式变为移动工具状态下的黑色箭头时，就可以拖动鼠标将其移动到合适位置。文字输入结束后可以直接单击工具选项栏中的“确认”按钮，也可以使用快捷键〈Ctrl+Enter〉，还可以选择移动工具〈V〉。单击确认后，文字会直接变成选区，最终显示的是具有文字形态的选区（图 8-21），它不具备文字属性，也不会自动生成文字图层，需要新建图层或者直接在当前图层上操作。

图 8-21　转为选区

出现文字外形的选区后，由于文字蒙版不建立新的图层，所以要新建立一个图层，然后在新图层上为文字选区填充颜色（图 8-22），也可以填充渐变、图案等效果（图 8-23）。生成的文字选区具有和其他普通选区一样的功能和使用方法，均可以对其进行描边、羽化、填充等，当然使用文字蒙版工具再结合其他图层样式可以制作很多不同的字体样式。

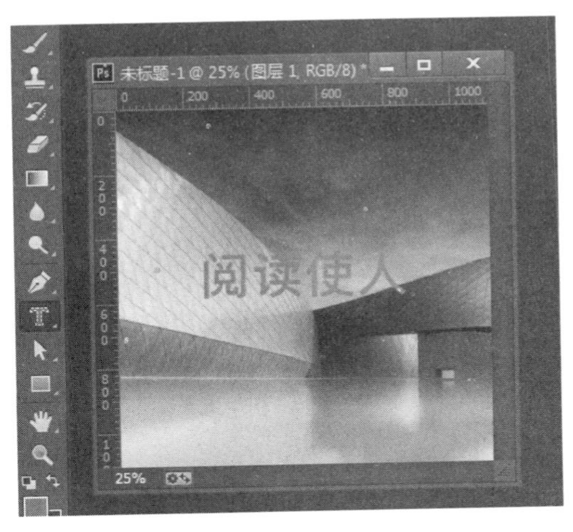

图 8-22　填充颜色

图 8-23　填充渐变色

8.1.4　直排文字蒙版工具

直排文字蒙版工具是指输入的文字是垂直排布的，在一些特殊案例中会用到。长按文字工具，选中直排文字工具，鼠标变为输入光标（图 8-24），单击即可输入文字。

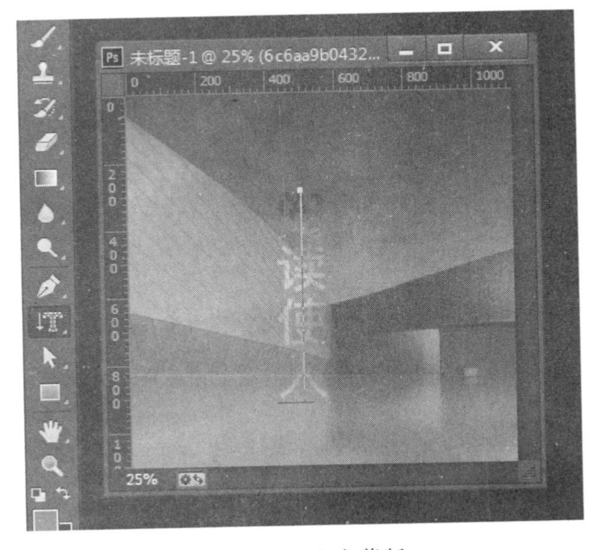

图 8-24　文字蒙版

输入完成后单击文字工具属性栏中的对勾，确定输入。直排文字蒙版工具与横排文字蒙版工具的属性及使用方法都是一样的，不同的是它们的文字排布方向不同。输入完成后得到的选区包含输入的文字内容，但是它并不具有文字的属性，也不会生成文字图层。

8.2 文字面板参数设置

8.2.1 字符面板

虽然可以通过公共栏中的选项对选中的文字进行各种设定，但是在实际使用的工作中并不方便，首先其必须在使用文字工具〈T〉时才能出现，其次就是它的功能有限，不支持高级操作，有些特殊的效果无法通过公共栏中的设定实现。

字符面板是文字工具属性栏中的一项重要内容，文字输入完成后，可以通过字符面板对文字类型、粗细、字间距、行间距、颜色等属性进行调整。通过字符面板，可以对文字属性及文字排版进行调整。在默认情况下，PS 的文档窗口是不显示字符面板的，所以需要打开字符面板。在属性栏中，选择“窗口”菜单，单击“字符”命令（图 8-25），出现字符面板（图 8-26）。它提供了完整的文字设定功能。

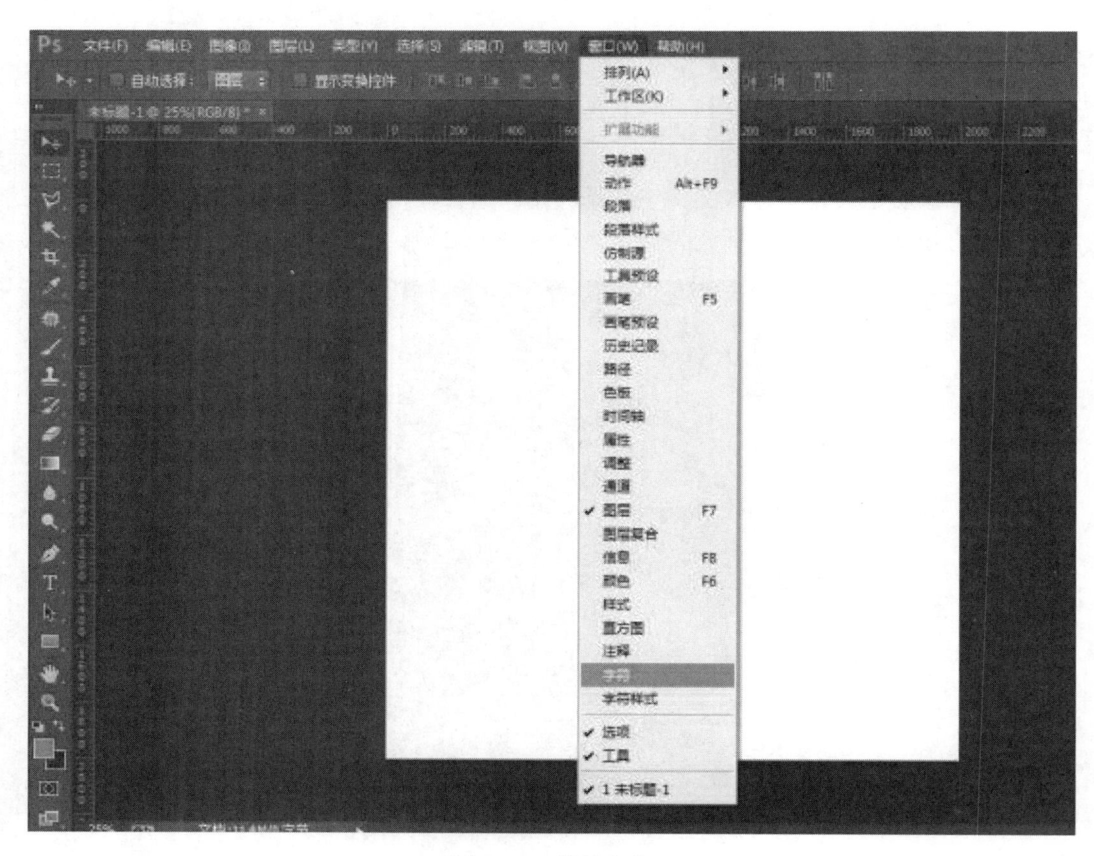

图 8-25　字符命令

也可以输入文字后，在文字工具属性栏中单击“切换字符和段落面板”按钮（图 8-27中标注的红色区域），即可打开字符面板（图 8-26）。

接下来看看字符面板都有些什么功能（图 8-28）。

按照从左到右的顺序来看，首先是设置字体，也就是说通过此工具可以选择需要的字体。单击出现下拉列表，点选自己需要的字体（图 8-29）。

字体样式可以用来调整字体的粗细及其他的效果，不同的字体有不同的字体样式(图 8-30)。

修改字体大小就是将字体放大或者缩小，通过字符面板也可以设定组和形式，还可以设定字体没有提供的形式，因此该操作一般都通过字符面板来进行。

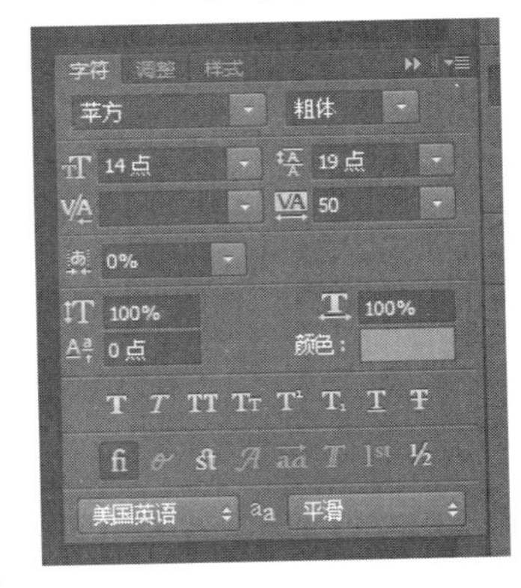

图 8-26 字符面板

图 8-27 “切换字符和段落面板”按钮

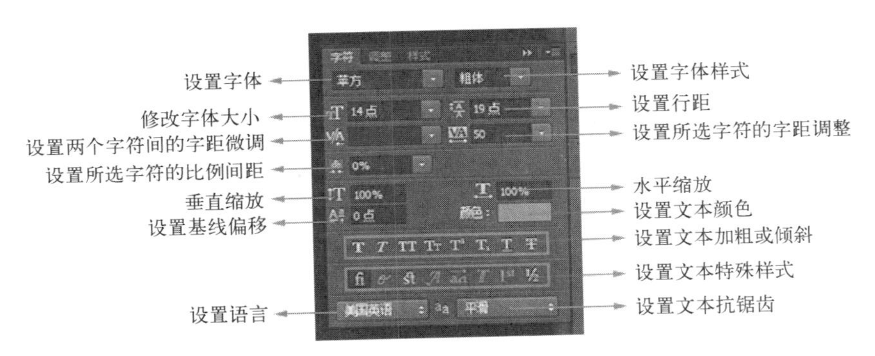

图 8-28 字符面板功能

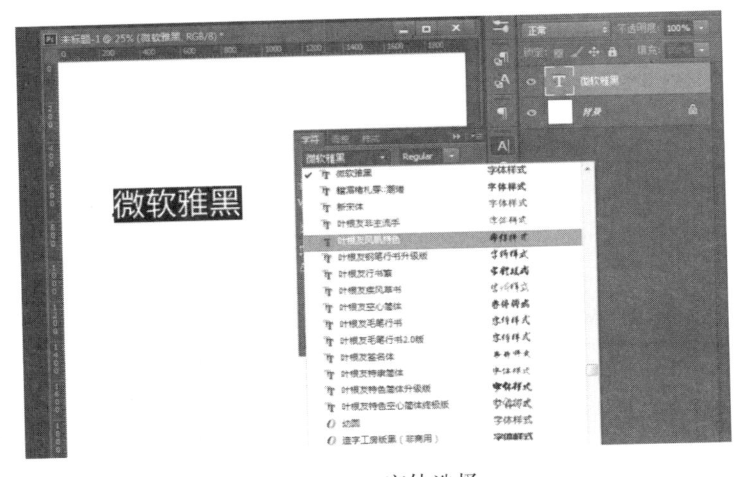

图 8-29 字体选择

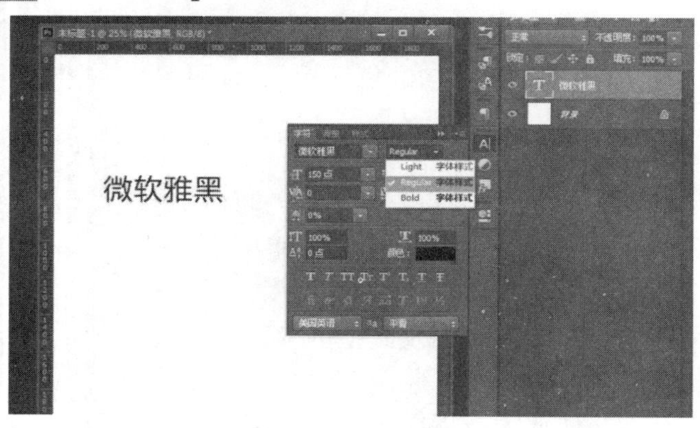

图 8-30　字体粗细

在字号大小列表中有常用的一些设定，我们也可以手动输入数值，按下〈Ctrl+K〉在首选项的“单位与标志”中选择单位，用于显示器等设备上的作品一般使用像素作为单位，用于印刷打印的应用点作为文字单位。

设置行距可以调整行与行之间的距离。在自动设置下行距会跟随字号做相应改变，也可以手动指定行距数值，但是要避免行距过小造成文字重叠（图 8-31）。如果手动指定行距，更改字号后一般也要相应地修改行距。

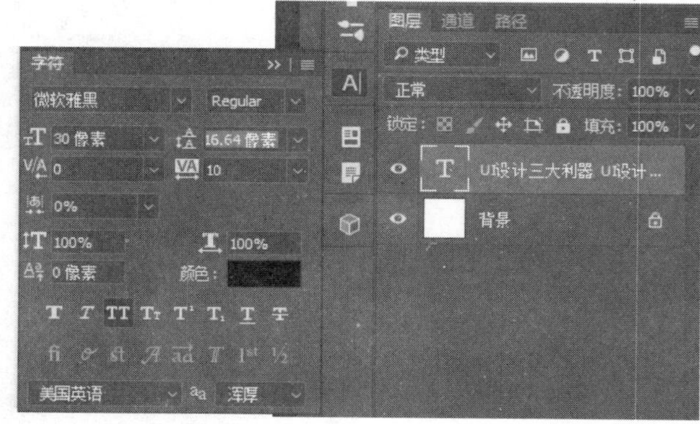

图 8-31　文字重叠效果

输入一行字，按〈Enter〉键再输入一行字，把鼠标放在“设置行距”前方时，光标会变成一个双向箭头，左右拉动会改变行距。也可以直接在面板中输入数值来调整行距。

垂直缩放的意思是使字体变高或者变低，水平缩放的意思是让字体变胖或者变瘦。当右侧文本框中数值小于 100%时，为缩小变低或者变瘦；数值大于 100%时，为变高或者变胖；当数值等于 100%时，表示文字显示正常（图 8-32）。

图 8-32　字体缩放

固定字距和比例字距的主要作用是设置字符与字符之间的距离，但是两者在原理和展示效果上不一样，下面举例来区别它们。

在日常的工作学习中可以看出，整行文字的宽度是由两部分组成的，即字符本身的宽度和字符间的距离，而这其中的字体间距是字体文件本身就已经定义好的。中文字体定义的是每个字符的平均宽度相同，这些应用在汉字上是没有问题的，这是因为汉字本身就具有等宽的特点。但是将其应用在非等宽的英文字符上时，就会出现间距疏密不同的现象，较窄的字符与其他字符的间距明显较大。

固定字距的作用就是用固定的数值增减字符之间的距离。图 8-33a 是将所有字符的间距都减去 100 的效果，由图可以看出虽然字符互相靠拢，但是依旧疏密不同，出现这种现象是因为 100 对于原先间距较小的字符 rn 效果显著，但对于原先间距较大的字符 ig 或 ht 就收效甚微。如果继续减少直到字符 ig 或 ht 相贴，那么字符 rn 将会由于字距为负数而产生重叠的现象。

比例字距的作用则是同比例减少字间距（注只能减少），当数值为 50%时所有字符间距减半；当数值为 33%时所有字符的间距为原来的 1/3；如果数值为 100%，则间距为 0（图 8-33b），所有字符彼此相贴（根据抗锯齿或者字体形式可能会有差异）。在此基础上扩大固定字距就可以产生等距离拉大的效果（图 8-33c）。

a)

b)

c)

图 8-33　字符之间的距离

其实在其使用过程中只要指定英文字体或 Adobe 中文字体，就可以避免出现上述情况，因为这些字体本身就已经定义了合适的针对性的字间距。在这里做这些说明主要是便于大家理解比例字距与固定字距之间的区别，这对文字布局微调是很重要的。

根据实际的测量，在固定字距中所形成的字符间距=字号×固定字距%，也就是说当字体的字号为 83 像素、固定字距为 10 时的字符间距为 8 像素（像素为整数），因此相同的固定字距在不同的字号下所产生的实际间距也是不同的。另外，固定字距的数值也是可以自由设定的（不局限于列表）。

设置两个字符之间的微调可以调整字与字之间的距离。在两个字之间单击后，将鼠标放在设置面板“两个字符间的字距微调”前方，这时鼠标变为双向箭头，左右拖动鼠标就可以调整这两个字之间的字距（图 8-34）。

设置所选字符的字距，可以调整所选的所有字符之间的间距。选中所要调整的所有字符后，将鼠标放在设置面板“所选字符的字距调整”前方，鼠标变为双向箭头，左右拖动鼠标即可以调整所有被选择的字符之间的间距（图 8-35）。

微软雅黑

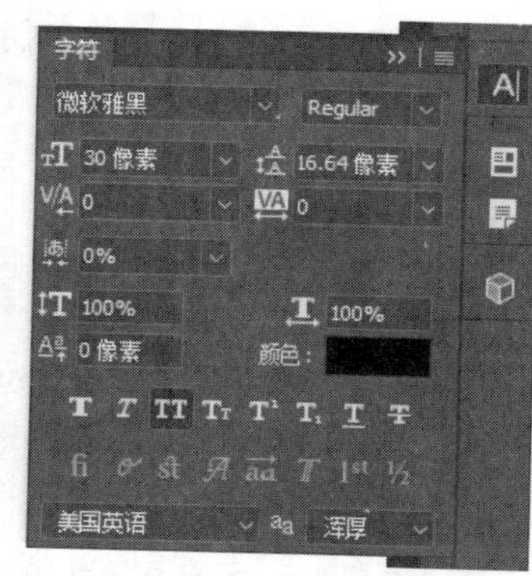

微软雅黑

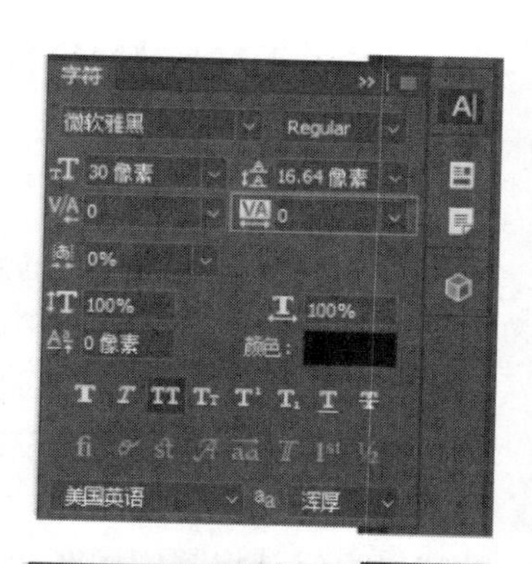

微软雅黑

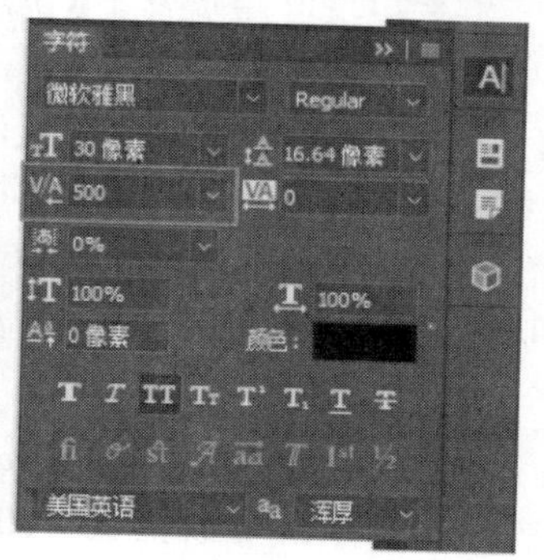

微 软 雅 黑

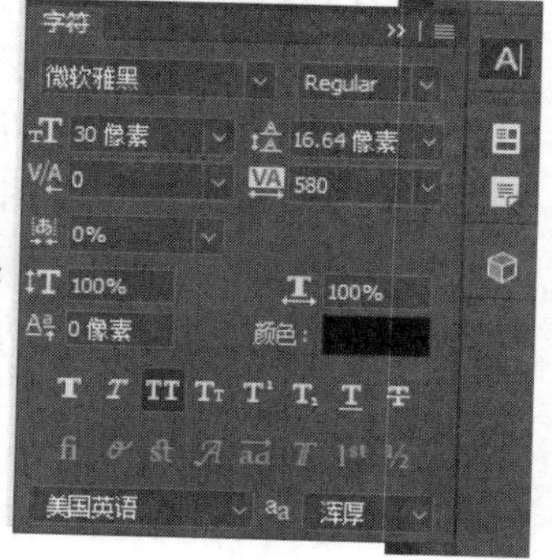

图 8-34　字距微调

图 8-35　调整字符间距

设置所选字符的比例间距，可以调整所选的所有字符之间的比例间距。选中所要调整的所有字符后，将鼠标放在设置面板“所选字符比例间距”前方，同样鼠标变为双向箭头，左右拖动鼠标即可以微调所有被选择的字符之间的间距（图 8-36）。

设置垂直缩放可以调整所选的所有字符的高度。选中要调整的所有字符后，将鼠标放在设置面板“垂直缩放”前方，鼠标变为双向箭头，左右拖动鼠标即可调整所有被选择的字符高度（图 8-37）。

设置水平缩放可以调整所选的所有字符的宽度。选中所要调整的所有字符后，将鼠标放在设置面板“水平缩放”前方，鼠标变为双向箭头，左右拖动鼠标即可以调整所有被选择的字符宽度（图 8-38）。

设置基线偏移可以调整文字与之前的基线的位置。选中所要调整的字符后，将鼠标放在设置面板“设置基线偏移”前方，鼠标变为双向箭头，左右拖动鼠标即可以调整被选择的字符的基线位置（图 8-39）。基线偏移和移动文字的区别在于，假设文字图层一共有四个字，如果使用移动文字，则四个字都会移动，如果使用基线偏移，则只有被选中的文字会移动。

微软雅黑

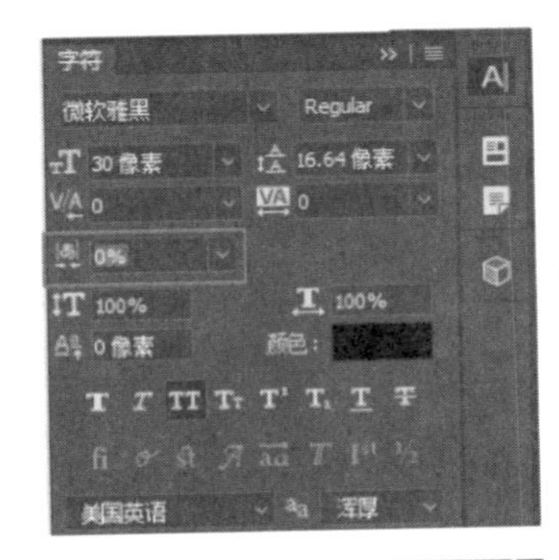

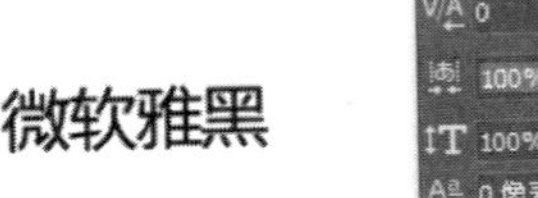

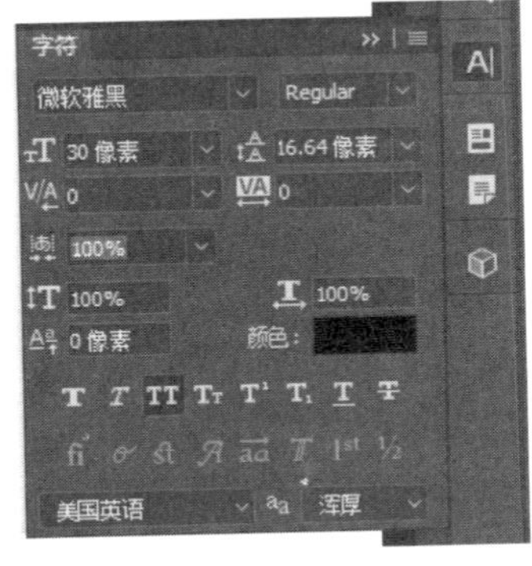

图 8-36　微调字符间距

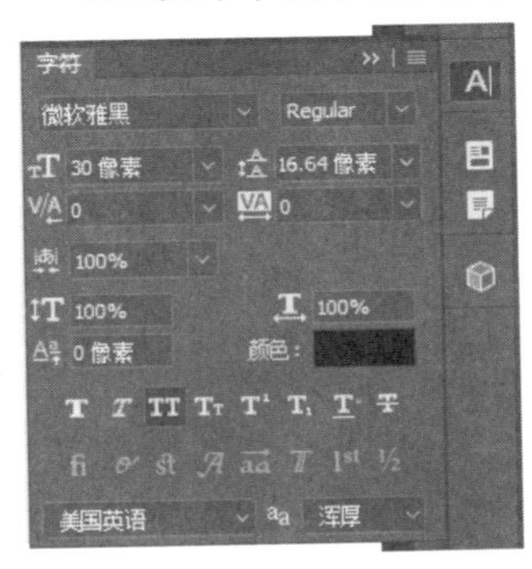

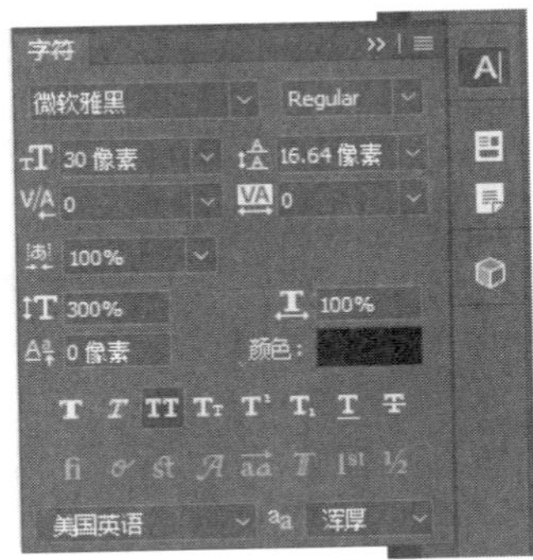

图 8-37　调整字符高度

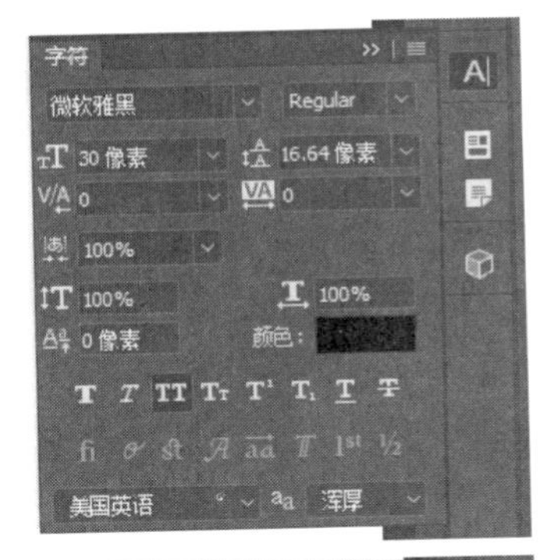

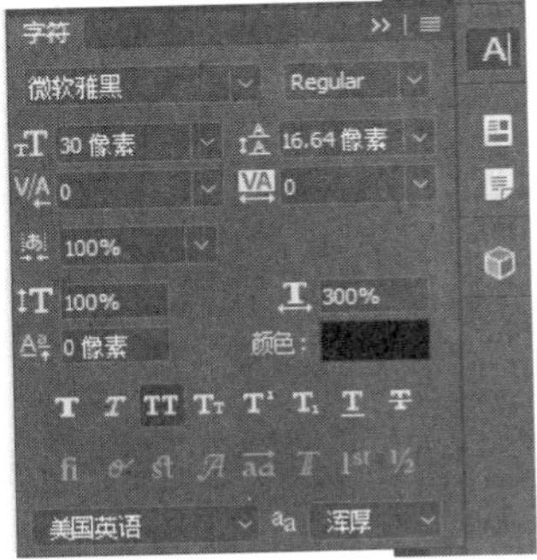

图 8-38　调整字符宽度

设置文本颜色可以改变被选中文字的颜色（图 8-40），也可以在公共栏中更改字体颜色，但是在面板中通过拾色器取色是比较麻烦的。如果不是对色彩有特别的要求，通过色板来更改字体颜色就会方便很多。具体方法是选中要改变的文字后，在色板中单击其相应的色块就可以了。

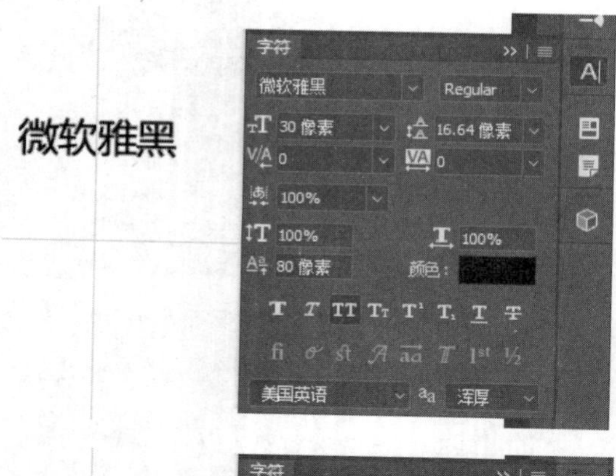

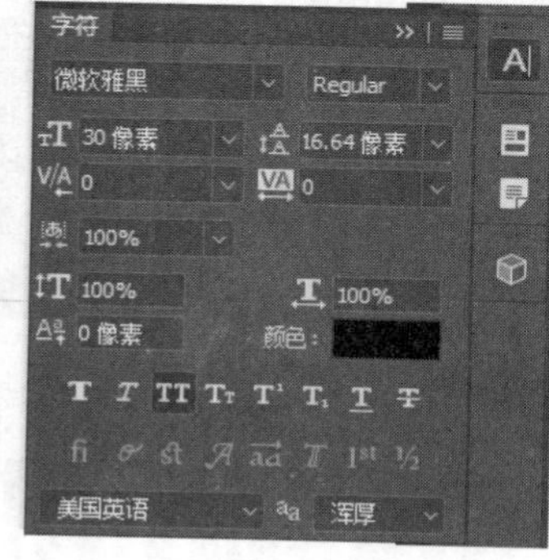

图 8-39　调整字符基线

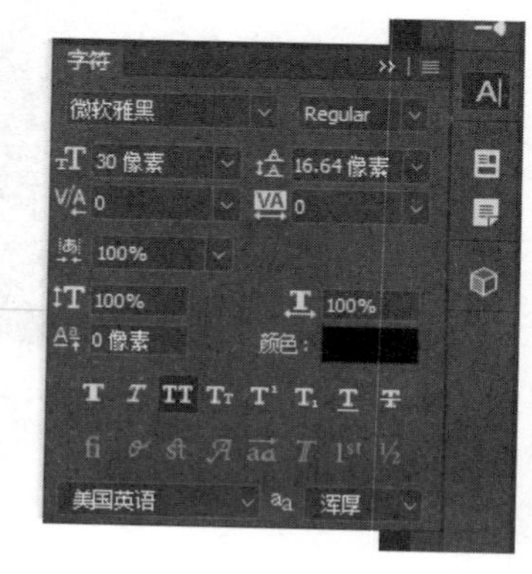

图 8-40　文字颜色

在文字被选中时其会以反转色显示，因此想要显示更改的文字颜色效果，在其取消选择（或提交）后才能看到。

设置仿粗体这一行的内容则可以对字体进行加粗、倾斜、英文全部大写、小写大写字母、设置上标、设置下标、设置下划线、设置删除线（图 8-41）。

下方这行设置文字特殊样式可以对文字进行一些特殊样式的设置，一般较少使用。接下来就是设置语言，即拼写检查（图 8-42）。

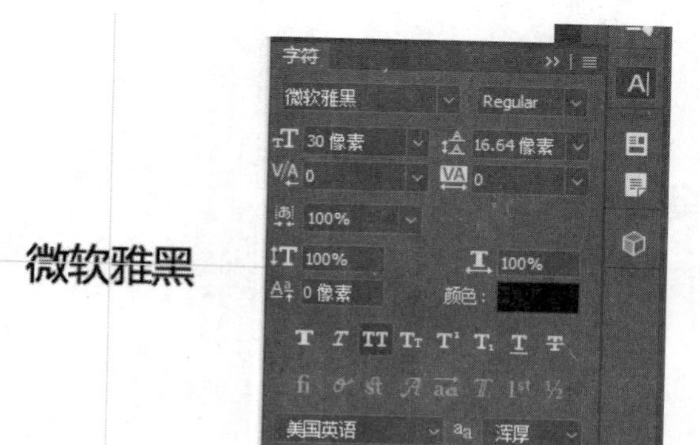

图 8-41　文字排版功能

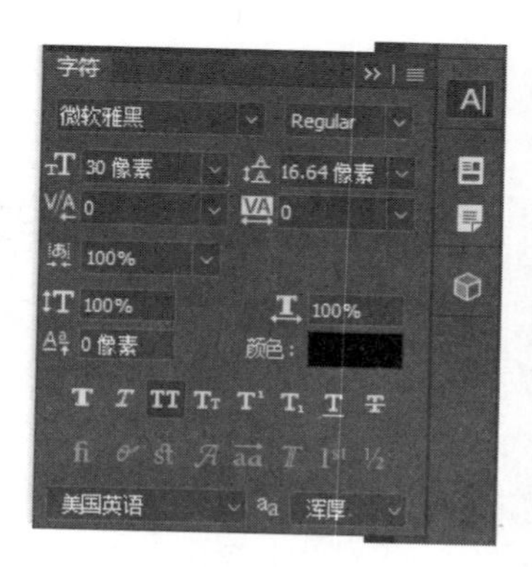

图 8-42　拼写检查

位于字符面板左下方的拼写检查选项，主要是针对不同的语言设置的连字和拼字规则（图 8-42），并且进行拼写检查的文字必须是段落文本。其主要原因是段落文本（框式文本）是自动换行的，不需要手动换行。之前使用的通过手动进行换行的点文本，是不会出现连字效果的。有关于段落文本的内容将在以后的案例中进行学习。

在类似海报设计或网页设计等说明材料的制作过程中，经常需要在指定的区域内输入较多字数的文字，这些文字大都是以多行的段落形式出现，如果在后期的设计中由于空间限制，需要缩小所编写的文字区域，就会出现图 8-43 所示文字不匹配的情况。而问题的关键在于这些文字是以手动换行（即行式文本和点文本）方式输入的，因此想要适应新的文字区域就需要手动更改分行，同时还必须删除文字段落原有的分段。如果文字字数变得稍多，就会非常麻烦。

You ask return, the return will be sure
Bashan overnight rainstorm,
君问归期未有期，巴山夜雨涨秋池

You ask return, the return will be sure
Bashan overnight rainstorm,
君问归期未有期，巴山夜雨涨秋池

图 8-43　文字不匹配

想要解决这个问题，就必须使用文本框，框式文本即段落文本，这时只需通过调整文本框就可以适应新的文字区域了（图 8-44）。

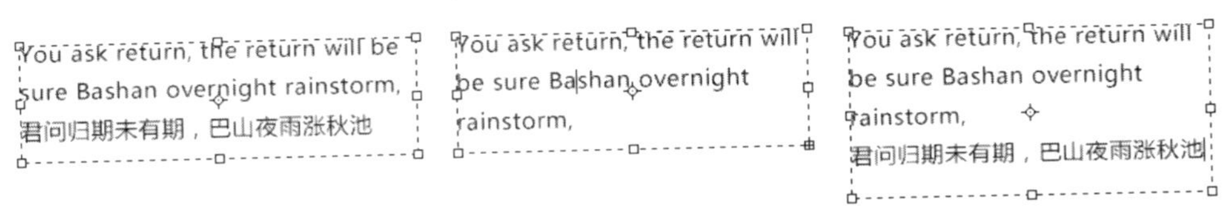

图 8-44　文本框的调节

输入框式文本首先要建立一个文本框，即使用文字工具〈T〉拖出一个矩形框（拖动时会有尺寸提示）后松手即出现文本框，这时就可以输入文字内容了（图 8-45），其余各项操作与行式文本相同。

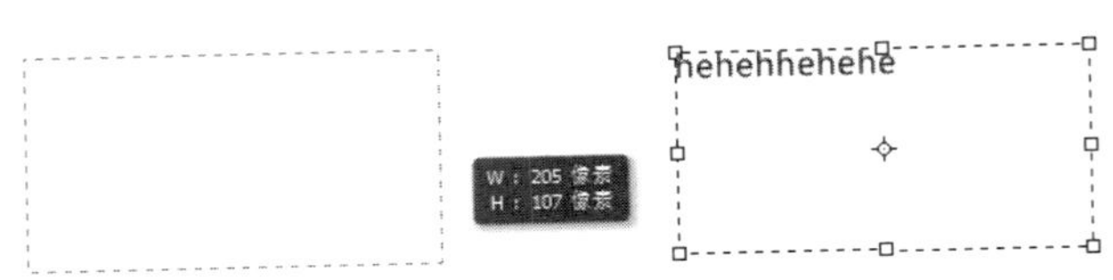

图 8-45　输入文字内容

在以下的案例中，文字内容是用〈Enter〉键分为了两段，第一段是英文，第二段是中文，大家也可以自行决定文本框里的内容。如果输入的文字内容较多，而且超出了当前文本框的范围，会在文本框的右下角出现相应的提示标记（图 8-46）。此时只需扩大文本框的区域就可以显示出被隐藏的部分内容。

变换文本框，不难看出文本框与自由变换工具的定界框是很相似的，对于它们的操作也是类似的。当像图 8-47 那样改变文本框时，实际上是更改文字的出现范围。如果按下〈Ctrl〉键后拖动鼠标，就相当于更改文字的缩放比例，从效果上来说，接近于自由变换，文字会变宽或者变窄。

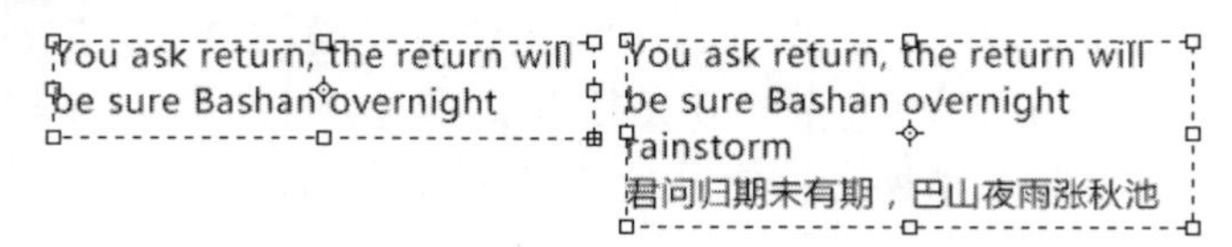

图 8-46　文本框的提示标记

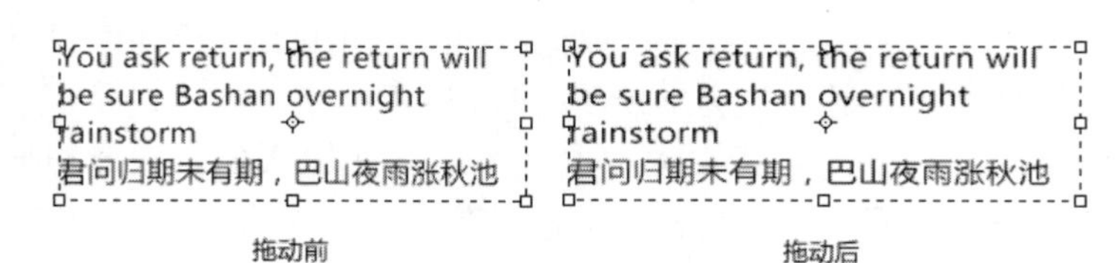

图 8-47　拖动文本框

在使用过程中，不必全程按住〈Ctrl〉键，在鼠标开始拖动后就可以松开了，此时再配合〈Shift〉键、〈Alt〉键等会实现不同的效果（图 8-48），在具体操作过程中可以参照自由变换功能进行尝试。

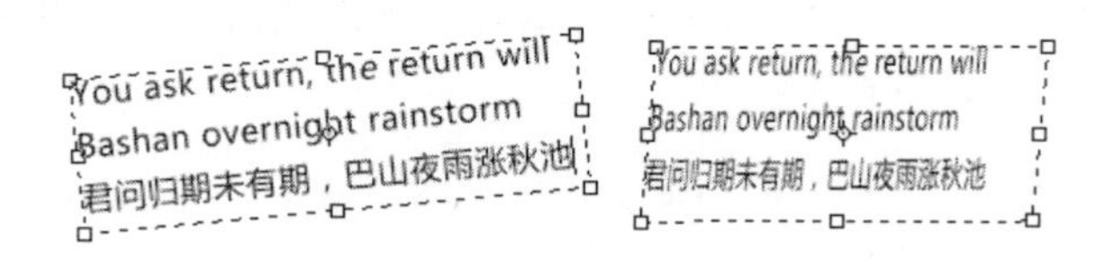

图 8-48　文本框的变换

另外在文字输入状态下，按住〈Ctrl〉键用鼠标拖动调整文本框，其效果在非文字输入状态下直接对文字图层使用自由变换工具是相同的。此外由于文字工具的特殊性，某些变换选项（如扭曲和透视等）需要栅格化文字图层后才能使用。但是栅格化后产生的点阵图像是经不起变换的，为了追求更好的效果，可以将该文字转换为路径后进行变换，再将文字进行扭曲、透视等操作就不会出现点阵图像的现象了。

设置文字的抗锯齿功能（图 8-49）。关于抗锯齿的原理在前文中已经有所了解，其实现方法就是将其边缘羽化，可以提高字体的质量。但是如果对较小字号的字符使用抗锯齿功能，反而容易降低文字的可读性，那是因为小字符的笔画相对而言比较密集，而边缘羽化所造成的模糊效应就会变得非常突出，此时应该关闭抗锯齿选项。

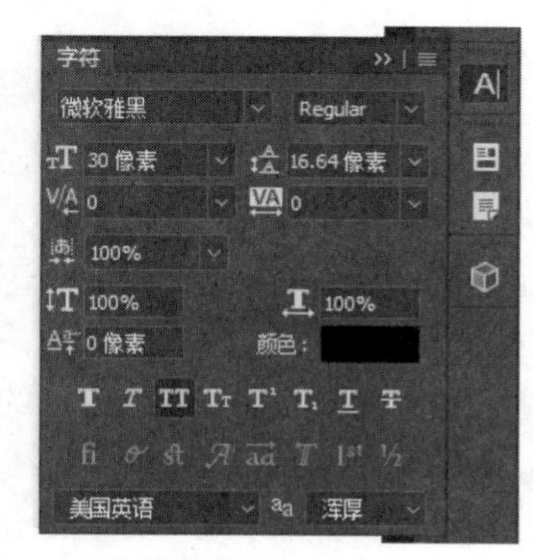

图 8-49　文字抗锯齿

8.2.2 段落面板

段落面板可以更改列和段落的格式设置。段落面板可以对被选中的段落文字的对齐方式、缩进方式、段前后添加空格等功能进行调整。在默认情况下，PS 的文档窗口是不显示段落面板的，所以需要打开段落面板。在属性栏中，选择“窗口”菜单，单击“段落”命令（图 8-50），出现“段落”面板（图 8-51）。

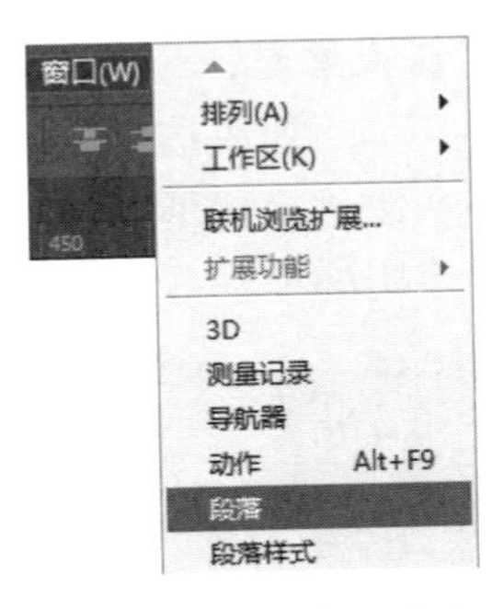

图 8-50 “段落”命令

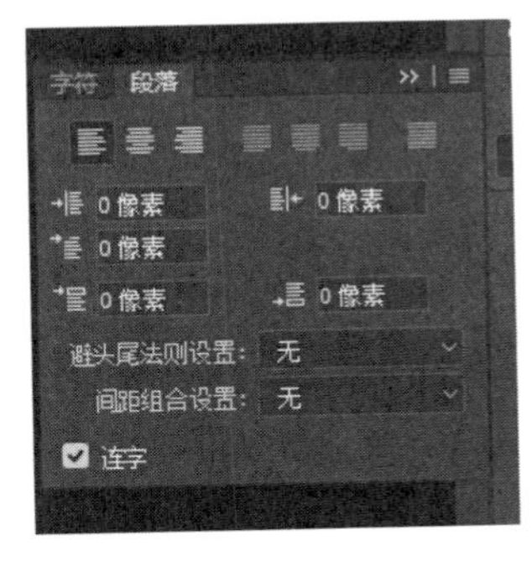

图 8-51 “段落”面板

其实，段落样式是需要通过段落面板来设置的，其位于字符面板的右侧，单击该选项就出现了相应的段落面板，段落文本是选择文字工具，拖动鼠标画出相应的文本框，在文本框中输入随意大小的段落。位于段落面板最上方的是段落的对齐方式，分别是左对齐文本、居中对齐文本、右对齐文本、最后一行左对齐、最后一行居中对齐、最后一行右对齐和全部对齐的选项，而全部对齐的主要特点是不管有多少字，单击该按钮，都会拉大字间距，使其两端的字体都进行对齐。

设置文本对齐方式可以选择段落面板中的文本对齐方式。所选择的对齐方式将影响各行文字的水平间距和文字排布的方式等在页面上所产生的美感。不同的对齐方式将有不同的美感。首先选中要进行调整的文本内容，然后在段落面板中选择合适的对齐方式（图 8-52）。

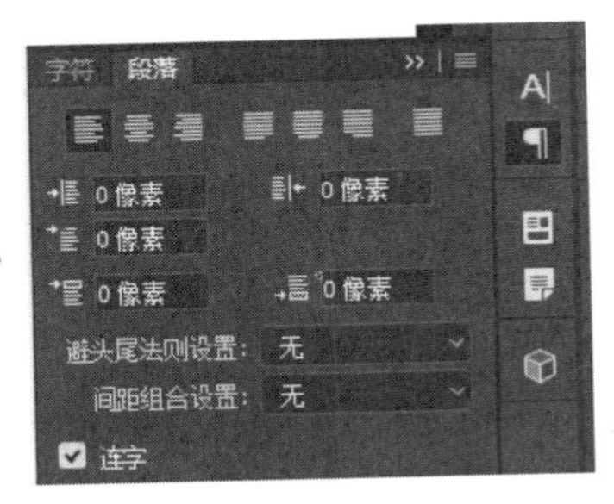

图 8-52 段落对齐方式

对于多行的文字可以使用对齐选项，使其居左、居右或居中对齐，改变对齐方式会造成文字的位移（图 8-53），也可以使用移动工具进行调整。

在所有的对齐方式中，比较好用的是“最后一行左对齐”，也称末行居左，可以对齐段落文本的左边界。

THE WORLD
TRAVEL CHANGES

THE WORLD
TRAVEL CHANGES

THE WORLD
TRAVEL CHANGES

图 8-53　文字的位移

想要对段落文本中的文字进行缩进，可以选择段落面板中的缩进方式，其缩进方式包括左缩进、右缩进、首行缩进和段落、段后前添加空格，道理与 Word 中的缩进是一样的。缩进指文字与文本框之间的距离或者包含该文字所在的行与文本框之间的距离。设置首行缩进选项可以令段落首行的第一个字符产生缩进，能够增强段落感，也是中文段落的标准形式。如果设定为负数，则为突出效果，适用于列表说明的文字。如果选中的是整个段落文本，那么缩进的数值会影响其中的多个段落，因此可以为各个段落设置不同的缩进值。只需选择要缩进的段落或者文本内容，然后在段落面板中选择要使用的缩进方式（图 8-54）即可。

UI设计三大利器之
文字工具

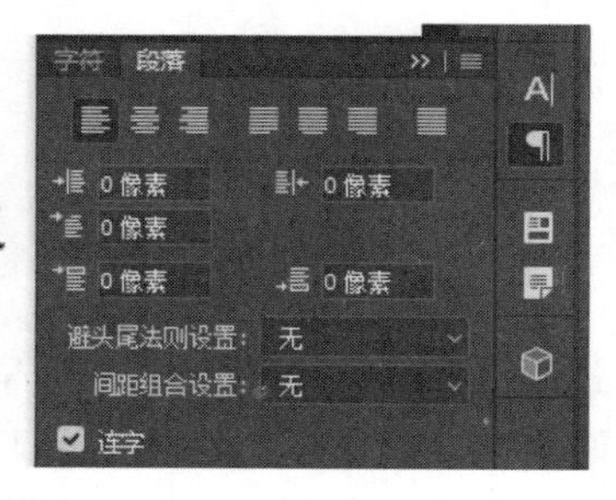

图 8-54　段落缩进方式

位于段落面板下方的设置段落前后空格和段后添加空格，可以对选中的段落文本前后进行空格设置。选择要缩进的段落，然后选择段前后空格（图 8-55）。

UI设计三大利器之
文字工具

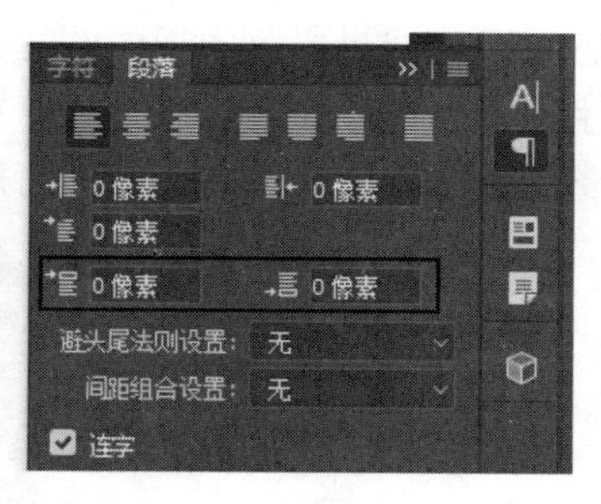

图 8-55　设置段落文本前后的空格

设置避头尾可以对段落文本进行避头尾设置。避头尾设置可以使段落中的文本避免标点置于段落首端（图 8-56）。选择要设置的段落，然后对避头尾进行设置，“避头尾法则设置”是控制句首和句末是否允许出现标点符号，“连字”复选项控制是否允许单词跨行，此项对于单字结构的中文没有效果。

设置间距组合就是将设置好的间距文字段落或行距，事先保存样式，在间距组合里面就可以选择，不用进行设置就可以使用之前设置好的间距、文本段落或行距。选择要设置的段落，然后选择要使用的间距组合设置（图 8-57）。

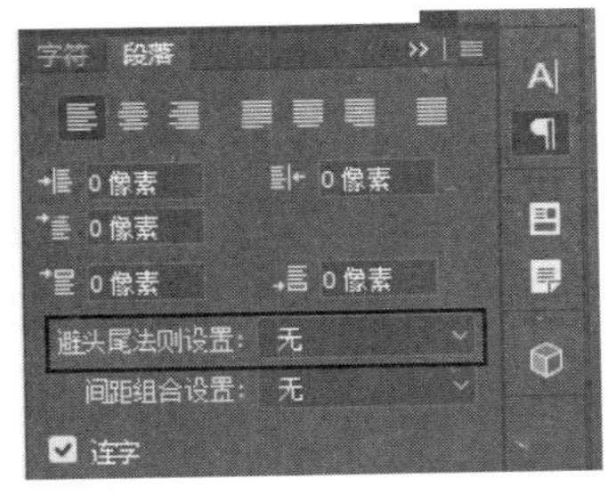

图 8-56　标点置于段落首端

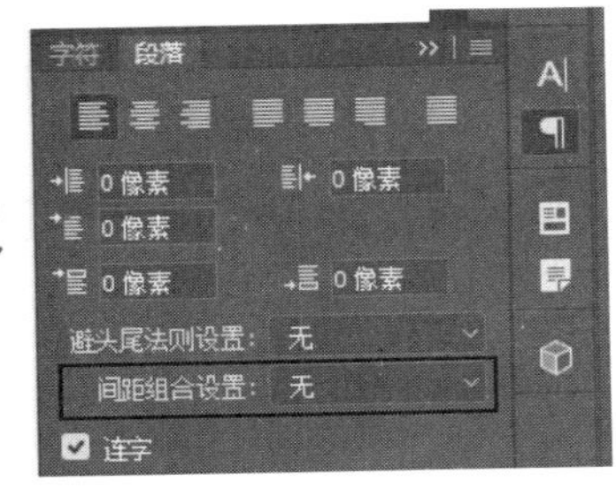

图 8-57　间距组合设置

8.2.3　文字调整快捷键

在 PS 中，文字是一个比较常用的工具。所以了解文字调整的快捷键也是很有必要的。使用快捷键可以大大提高工作效率。

在使用文字工具完成文字输入后，要设置字体样式或段落样式时，需要调用字符和段落面板，通常情况下是在菜单栏中的“窗口”菜单中选择“字符”或者“段落”选项，或者直接在文字工具属性栏中单击“字符和段落面板”按钮。

现在来了解如何快速调用字符和段落面板。首先选择文字工具，这时单击文字所在的位置，当光标变成文字输入的样式时，使用快捷键〈Ctrl+T〉就可以弹出字符面板，同样使用快捷键〈Ctrl+M〉可以调出段落面板。

（1）快速创建文本框　首先选择文字工具〈T〉，然后在画布中的空白处，按住鼠标左键并且进行拖动，此时会出现一个虚线框即文本框，可在其中输入文字。

接下来对两个字符之间的字距进行微调：首先单击所要调整的两个字符中间，然后按住〈Alt〉键同时结合键盘上的左右箭头进行字符间距的微调，每次调整值为 20；或者按住〈Ctrl+Alt〉键结合键盘上的左右箭头调整字符间距，每次调整值为 100。

（2）设置所选字符的间距调整　快捷键与两个字之间的字距调整是一样的，唯一不同的是在调整前要选中所要调整的字符（多个）。

（3）所选字符间距复位调整　选中被调整过的字符，按下〈Ctrl+Shift+Q〉调整复位，即可恢复原来的字符间距。

（4）调整所选行或段落的行距　首先选中要调整的行或者段落文本，按〈Alt〉键结合键盘上下键，可以拉大或缩小行距数值 1；按〈Ctrl+Alt〉键结合键盘上下键，可以拉大或缩小行距数值 5。

（5）所选字符行距复位调整　选中被调整过的行或者段落，按下〈Ctrl+Shift+Alt+A〉复位行距。

（6）文本左对齐　选中要调整的段落，按下〈Ctrl+Shift+L〉键设置文本左对齐。

（7）文本居中对齐　选中要调整的段落，按下〈Ctrl+Shift+C〉键设置文本居中对齐。

（8）文本右对齐　选中要调整的段落，按下〈Ctrl+Shift+R〉键设置文本右对齐。

（9）文本两端对齐　选中要调整的段落，按下〈Ctrl+Shift+J〉键设置文本两端对齐。

（10）切换大小写字母　按下〈Ctrl+Shift+K〉键切换大小写字母，可以边输入边切换，也可以选中要调整的字符进行大小写切换。

（11）仿斜体文字　按下〈Ctrl+Shift+I〉键设置字体倾斜，可以边输入边切换，也可以选中要调整的字符进行仿斜体调整。

（12）仿粗体文字　按下〈Ctrl+Shift+B〉键设置字体加粗，可以边输入边切换，也可以选中要调整的字符进行加粗调整。

（13）文字添加下划线　按下〈Ctrl+Shift+U〉键为文字添加下划线，可以边输入边切换，也可以选中要调整的字符添加下划线。

（14）文字添加删除线　按下〈Ctrl+Shift+/〉键为文字添加删除线，可以边输入边切换，也可以选中要调整的字符添加删除线。

注意：文字图层的特殊性。

通过以上内容了解到，文字的排列方向、抗锯齿、对齐和变形这些功能对单个字符是不起作用的。其中的对齐选项可以在文字所在的行或者不同的行之间采用不同的对齐方式。

文字图层具有特殊性质，其不能通过传统的工具来选择字符，必须在进入编辑的状态下，才能选择单个字符或者连续的多个字符，不能跳跃选择多个字符。如果要将字母 PINK 中的 P 和 K 改为统一的红色，必须先后分别选取 P 和 K，要更改 I 和 N 的颜色，则可以一次性选取。

使用移动工具移动文字中的字符时，移动的是整个文字图层，不能单独移动某个字符；如果想要改变其中某个字符的位置，就只能通过新建文字图层重新输入所需的文字来实现。同样，也不能直接拆分文字图层中的文字，必须先删除要拆分的文字，再新建文字图层才能实现。要合并文字图层中的文本内容也不能直接通过快捷键〈Ctrl+E〉，这样会导致文字图层被栅格化并且使文字失去可编辑性，应该将其视作两篇独立的文档，再通过复制、粘贴等进行文字的移动。

在特殊情况下也可通过“图层” > “栅格化” > “文字”命令，将文字图层转换为普通图层，转换之后的图层就不能像之前那样设置文字的格式，这也就是丧失了文字图层的可编辑性。在使用一些只针对普通图层的功能（如滤镜）时，系统会提示我们是否栅格化该图层，此时必须栅格化图层后才能继续做其他效果。

8.2.4　文字消除锯齿方式

在 PS 中，文字工具是经常使用的工具之一。在 PS 中，许多文字都会有锯齿，下面介绍如何消除锯齿。在输入文字后，在工具选项栏中会发现抗锯齿的设置（图 8-58）。默认状态下为“无”，另外有“平滑”“锐利”“犀利”“浑厚”这几个抗锯齿方式。可以根据实际情况，选择最合适的抗锯齿方式。

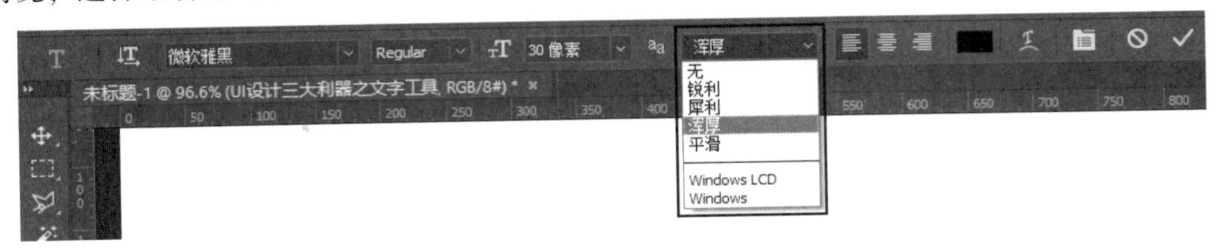

图 8-58　抗锯齿设置

8.3　文字在画册排版中的应用

8.3.1　标题的排版

排版主要是指将页面中的文字、图片、图形等元素在排版布局上调整其位置、大小、色彩、样式等，使得页面中的整体布局美观、清晰并且有条理。PS 是重要的排版工具，熟练 PS 的排版应用，可以使排版更加美观，排版效果更好。

标题的排版也是排版中很重要的一部分（图 8-59）。

图 8-59　标题排版示例

通过这个例子可以看到，原本毫无层次、毫无美感的字符，在经过排版之后有了很直观的美感，也有了更强的层级关系，有了设计感。这就是用 PS 排版设计出来的效果。

下面介绍几种标题排版的组合样式。

1. 纯文字的排版

二级文字的排版是最为基础的，一般有三种形式，分别是文字+文字、英文+英文和文字+英文。

三级文字中的排版最为常见的形式是：三级中文+一级英文，也有两级英文+一级中文和均是中文或英文的形式。

四级文字的排版形式一般为二级中文+二级英文，也会有三级中文+一级英文的排版形式。

五级文字的排版在日常的设计中较为少见，文字的排版形式就是文字+英文的组合形式。

2. 文字+序号排版

文字+序号排版如图 8-60 所示。

NO.1 FOUND
景点查找

图 8-60　文字+序号

3. 文字+线条排版

（1）文字+短横的排版　这种排版方式可以使标题和下面的二级文字有明显的区分，更加突出主题（图 8-61）。

（2）文字+长横的排版　这种排版方式可以很好地划分区域，使标题文字与下方的二级文字有很好的分割与留白，使界面看起来整洁干净（图 8-62）。

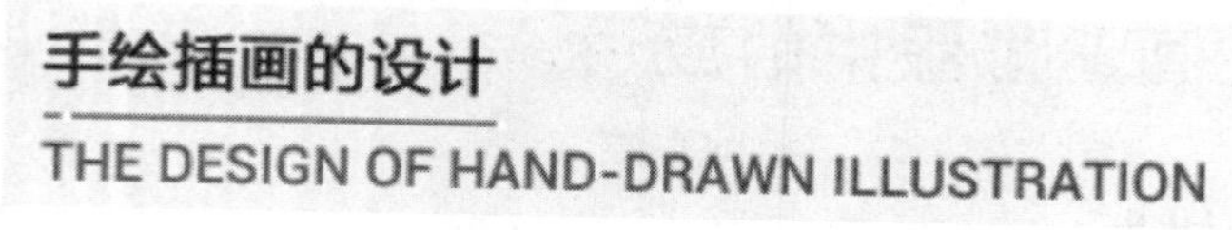

手绘插画的设计
THE DESIGN OF HAND-DRAWN ILLUSTRATION

图 8-61　文字+短横的排版

NEW PRODUCT UPGRADE
迷人的色调，顺滑诱人的奶油质地，温和地滋润唇部
即使屋内灯光昏暗，依然色泽温润

图 8-62　文字+长横的排版

（3）文字+虚化线条的排版　使用虚化的线条给人的感觉更加新颖、独特，可以通过画一个虚化的圆，然后将其压扁再用色块盖住上面的部分就可以了。

（4）文字+斜线的排版　斜线给人更加动感与出色的感觉，其设计感更强，使页面更具有吸引力，斜线让画面丰富，使其更加饱满富有生机。

4. 文字+线框排版

（1）文字+大线框的排版　大的矩形框将主题框选出来，使用户一眼就看到重点，更能突出所要表达的重点，舒服干净的线框让人看起来很舒心（图 8-63）。

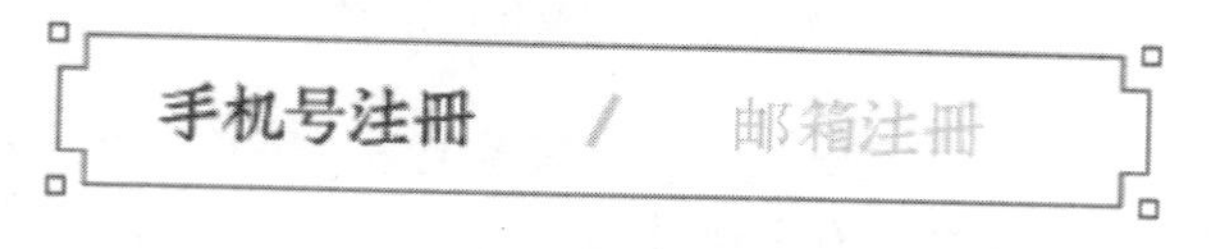

图 8-63　文字+大线框

（2）文字+半线框的排版　半线框的设计可以突破常规，使原本枯燥的标题看起来更加活泼、丰富，舒服干净的线框让人看起来很舒心，使其看起来设计感更强（图 8-64）。

图 8-64　文字+半线框

（3）文字+小线框的排版　文字结合一些小的矩形元素，可以使原本单调的标题看起来更加

精致精美，品质感、艺术感较强，看起来效果很好（图 8-65）。

（4）文字+特殊线框的排版　特殊的线框不受限制，它会打破线框原有的局限性，使页面设计感更强，增加页面的艺术气息，让设计效果更丰富多彩。

5. 文字+线框+线条的排版

文字+线框+短横的排版组合会使原先的界面更加富有设计感，使整体页面更加丰富。

文字+线框+斜线的排版：斜线较直线来说，其给人的感觉特别富有动感，设计感更强，使页面更加具有吸引力。

文字+特殊线框+线条的排版打破常规，设计感更强。

文字+一般色块的排版，使两者之间更加突出其中一者（图 8-66）。

| Shopping car |

图 8-65　文字+小线框

|buy now|

图 8-66　文字+一般色块

8.3.2　版式的设计

版式设计是现今 UI 设计师必备的一项技能，是所有设计的基础，是一门设计师必修的专业课程，是现代设计艺术的重要组成部分，是界面视觉传达的重要手段。从字面来看，它是排版的一门技能，从广义上来说，它不仅仅是技能，更是一种艺术与技术相结合的一种思想，更是一种表现方式。

版式设计就是在版面上有限的平面空间内，根据特定的主题内容，运用所掌握的设计知识，对其进行版面的“点、线、面”的分割，将设计区域划分出来，同时运用“黑、白、灰”这几种视觉关系，将界面的主体内容突出，以及对界面底色或者背景色彩（即明度、饱和度、纯度等）的运用，通过对文字的大小、色彩、粗细、亲疏关系的调整等，设计出美观实用的界面。

版式设计是指设计师根据用户需求，在有限的版面空间里，将版面的构成要素（图和文字）根据特定的内容需要，将其有序地组合排列在一起（图 8-67）。

通过图 8-67 中的案例可以看到，文字、图片、形状等元素经过设计排列后，可以搭配出各种美观大气的版式。对于设计师来说，用 PS 进行版式设计是一个极佳的选择。

版式设计的应用范围很广，包括所有的平面设计领域，其不仅仅涉及杂志、招贴、书籍、报纸、画册等，还涉及网页、挂历、唱片的封套和企业形象等。

版式设计的原则如下：

（1）思想性与单一性　其实版式设计本身并不是目的，主要目的是吸引用户。将用户想要传达的内容信息更好地传播。以往一些设计师往往陶醉于自己的设计风格，使设计作品个人观点较重，不能很好地表达产品，而这些都是造成版式设计一般且失败的重要原因。再者就是版式设计的要点，第一，明确用户的需要，知道用户的意向，抓住用户的痛点；第二，设计师需要做好对该行业的了解、研究，知道与设计有关的所有内容，并且设计师必须要与用户进行及时的沟通；第三，版式设计离不开内容，想要吸引用户或者读者的眼球，必须有给力的文案，最终版式设计要做到主题鲜明突出，使用户或者读者看到后能够一目了然，知道它要表达的内容。

图 8-67　版式设计

（2）艺术性与装饰性　为了使页面的排版设计与版面中的内容更好地融合，合适的图文布局和表现形式显得非常重要，这也是达到用户诉求的最佳表现手法。整个页面的排版布局、构思立意是设计工作的第一步，也是版面设计艺术的核心，更是设计师脑中设计思想的活动。当我们明确了版面的主题和布局方式后，页面中的装饰就起到了锦上添花的作用。装饰因素的核心是文字、图像、图形等，通过点、线、面的组合和排列，以及与色彩的搭配、对比构成。后期的设计过程是一个艰难的创作过程，设计师要达到构思独特、立意新颖、整体界面丰富而又统一的效果，主要取决于设计师的设计素养和艺术造诣。

（3）趣味性与独创性　一种活泼性的版面视觉语言可以增强版式设计中的趣味性，这样就可以将版面中原本不怎么精彩的内容，制造出趣味性，这样版面就可以靠其趣味性获得关注，进而取得不错的效果，这也和我们所说的艺术性是相辅相成的。如果版面内容本身没有精彩的内容，这就需要创造趣味点，使信息充满趣味性，可以更加吸引人和打动人。趣味性可以通过很多的表现手法来体现，如幽默、寓意和抒情等。独创性的字面意思很明显，就是原创，其本质也是突显其个性化，就如广告语所说的，“一直被模仿，从未被超越”，这也就体现了独创性的重要性。其实版面内容大多都是单一化的，其主要突出的就是那几个点，当把版面展现给大家时，大家记住的少之又少，所以必须让版面突出一个点，出奇制胜。这也就要求设计师要平时多看、多想、多总结，设计源于生活更高于生活，使其最终的作品别出心裁、独树一帜。

（4）整体性与协调性　版式设计的根基是追求完美的表现形式的同时符合主题内容，它是传播信息的桥梁与媒介。这也就要求我们要保证整体版面的一致性。如果在设计过程中只突出表现形式而忽略了版面内容，或者只追求内容的量，但是缺乏表现形式，这样的版面都是失败的。必须将页面的表现形式和内容进行完美结合，在强化版面整体布局的同时，也要体现出版面中的重要文字内容。强调版面的协调性原则，也就是要求设计师在进行版面设计时，要考虑页面中所有的内容与布局都要符合主题，在统一整体布局的同时，也要保证页面中的每个细节都和设计作品的氛围相吻合。通过对版面内容整体性与协调性的调整，可以使页面看起来更有秩序和条理，使最终的设计呈现出很好的视觉效果。

第 9 章

图层样式

图层样式是 PS 中制作微效果的一个面板，是非常强大的微效手段，使用图层样式中细微的效果叠加就可以使页面或者图标更加富有情感，更加贴近真实。

通常我们为要处理的图像进行效果添加时，都会使对象的效果增强，使我们的图形图像看起来更为真实，贴近我们的生活场景。因此，PS 为我们提供了许多效果丰富的图层样式，以制作出更多效果丰富的图像。

在 PS 这款软件中，图层样式通常作用于图层或者图层组，可以添加一种或者多种效果。我们可以方便快捷地为图层或者图层组添加图层样式，普通图层、形状图层和文本图层都可以添加各种效果的图层样式，应根据实际情况灵活使用。

在 PS 中，通过图层样式可以为图像添加许多强大的特效，我们通过使用图层样式，可以快捷地制作出图像的投影效果、内外发光效果、斜面及浮雕效果等特效，并且经过使用图层样式进行效果添加的图层，其图像效果处理更快捷、更精确，同时也具有更强的可编辑性。

图层样式之所以这样受设计师的喜爱，主要体现在以下几个方面：

1）使用图层样式可以方便快捷地为图像添加一些效果，如果使用传统的方式添加效果会特别烦琐，影响工作效率。

2）图层样式可以作用在各种属性的图层上，普通图层、矢量图层、文字图层都可以添加多种图层样式，使用范围非常广。

3）使用图层样式添加效果后，对该图层所做的图层样式都会一起保存，后期可以很方便地对图层样式效果进行修改。

4）PS 中的图层样式种类丰富，并且每个图层样式的属性都可以进行细微的调整，所以整体呈现的效果会非常丰富、精致。

5）我们既可以对图层样式进行复制、移动，也可以使图层样式呈现在单独的图层，这样可以极大地提高工作效率。

通过上述的内容，我们可以总结出图层样式的几个优点：

1）图层样式会与被添加效果的图像紧密地结合，在图像本身发生变化，如发生放大、缩小、裁剪等变化后，图层样式也会随之进行相应的变化。

2）图层样式可以作用在许多属性的图层，如普通图层、矢量图层、文字图层。

3）每一个图层都可以添加多种图层样式。

4）可以直接将一个图层的图层样式效果全部复制到另外一个图层上，可以极大地提高工作效率。

我们在使用图层样式时，要注意观察图像、分析图像，从而准确使用图层样式来进行效果添加。

首先来了解一下添加图层样式的几种方法：

1）用矢量工具新建一个图层，在图层面板中，双击新建立的图层空白处，就可以打开图层样式的属性面板（图 9-1）。

2）在新建图层之后，单击图层面板最下面的 fx 按钮，可以向上展出图层样式的属性（图 9-2）。

图 9-1　调取图层样式面板

3）打开 PS 的图层菜单栏，找到“图层样式”选项，打开修改图层样式（图 9-3）。

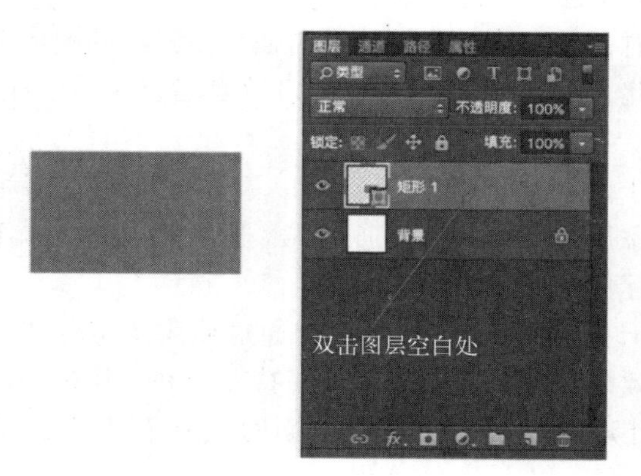

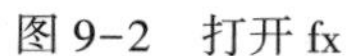
图 9-2　打开 fx

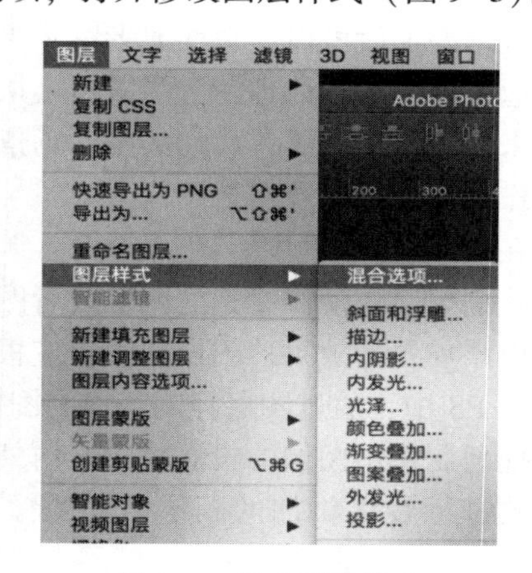

图 9-3　修改图层样式

以上三种方法可以对图层的样式进行定义及修改，常用的是前两种方法。

明白了如何定义修改图层样式之后，就需要对样式属性进行了解。在 PS 中，图层样式主要包含 10 种类型，分别是：投影、内阴影、外发光、内发光、斜面和浮雕、光泽、颜色叠加、渐变叠加、图案叠加及描边。

9.1　混合选项组

图层的混合模式是 PS 中很重要的一个功能，它可以使图层与图层之间进行颜色的叠加，这种颜色叠加模式可以产生许多视觉效果。通常在 PS 中默认使用的混合模式为正常模式。当然，还有许多别的混合模式，这些模式都有各自的混合特点。

在 PS（PS CS5 和 CS6）中图层混合模式共 27 种，按照表现形式将它们进行分组编排，一共可分为 6 组，分别是组合模式组、加深模式组、减淡模式组、对比模式组、比较模式组和颜色模式组，每组中的模式具有相似的功能与效果，下面以蝴蝶为例，对这 27 种混合模式进行讲解。

1. 正常模式

正常模式（Normal）也就是混合模式中的默认模式，这时看到蝴蝶所在的图层，没有任何混合效果（图 9-4）。

2. 溶解

溶解（Dissolve）是把混合色所在图层上的颜色以散点的方式叠加到当前图层上的一种方式，对图像本身的颜色不会产生较大的影响，但是影响程度会与图像的不透明度有关。当将图层的不透明度调整为 100%时，产生的效果是最明显的，可以看到蝴蝶的翅膀有了较明显的效果（图 9-5）。

3. 变暗

变暗（Darken）是将要混合的两个图层的明暗进行对比调整，具体来说就是留下较暗的像素，去除较亮的像素。通过这种方式使整体图像的亮度变暗。同样在蝴蝶图像中应用，整个图像的亮度就相对较低了（图 9-6）。

图9-4　正常模式

图9-5　溶解

4. 正片叠底

正片叠底（Multiply）是PS中常用的一种混合模式，可以将两个图层进行颜色的叠加，将两个图层的颜色的灰度级别进行乘法运算，相乘结果较低的颜色显示，结果较高的颜色不显示，即颜色较深的出现，颜色较浅的不出现。图中蝴蝶的颜色，浅色部分就由下层中较深的颜色代替（图9-7）。

图 9-6　变暗

图 9-7　正片叠底

5. 颜色加深

在使用颜色加深（Color Burn）时，会将图层的颜色整体调暗。这种混合模式可以使底层的颜色变暗，同时也会增加图层颜色的对比度，但是这种混合模式与白色进行混合是没有效果的（图 9-8）。

图 9-8　颜色加深

6. 线性加深

线性加深（Linear Burn）与颜色加深是类似的，线性加深可以降低图像的亮度，通过降低图像亮度来加深颜色，同样地，线性加深和白色混合也没有效果（图 9-9）。

图 9-9　线性加深

7. 深色

深色（Darker Color）混合是对比混合色与基色的所有数值得出来的，进行深色调整时，系统将对比颜色数值的大小，然后选择其中数值较小的颜色作为最后的颜色（图 9-10）。

图 9-10　深色

8. 变亮

变亮（Lighten）与变暗正好是相反的，变亮是提高图像中较亮的像素，从而使整体图像的颜色变亮。当图像为黑色时，使用变亮效果是没有作用的，当图像为白色时，使用变亮效果则仍为白色（图 9-11）。

图 9-11　变亮

9. 滤色

滤色（Screen）与正片叠底模式正好是相反的，在使用滤色颜色模式时，黑色部分会变成透明色，纯白的颜色会全部显示，其他颜色会根据其颜色级别进行相应的调整，这时会出现一种半透明的视觉效果（图9-12）。

图9-12　滤色

10. 颜色减淡

使用颜色减淡（Color Dodge）时，可以提高图层中颜色的色相及饱和度，也就是降低了颜色的色相和饱和度。整体来说，可以使整个图像的亮度呈现出一种较亮的视觉效果（图9-13），颜色减淡与黑色进行混合时没有任何效果。

图9-13　颜色减淡

11. 线性减淡

线性减淡（Linear Dodge）就是通过提高图像的亮度来使图像颜色降低，同样与黑色混合是没有任何效果的（图 9-14）。

图 9-14 线性减淡

12. 浅色

浅色（Lighter Color）在 PS 当中就是对比两个颜色，将其中较亮的一个颜色作为最终颜色进行保留。总的来说，就是保留图像中亮的颜色，去除暗的颜色（图 9-15）。

图 9-15 浅色

13. 叠加

叠加（Overlay）就是将两个图像的颜色进行高级混合，从而产生中间色。原来的颜色如果比要混合的颜色暗，则出现混合色颜色加强的效果。原来的颜色如果比要混合的颜色亮，则混合的颜色将被遮盖，并且图像中特别亮的地方及阴影的地方将不会发生变化。因此对黑白色使用叠加是没有效果的（图9-16）。

图9-16　叠加

14. 柔光

柔光（Soft Light）类似给图像照射一个柔和的光源，最后图像形成的视觉效果就会与光源的明暗及颜色有很大关系。在PS中，如果混合色的颜色比中度灰色亮，则会提亮图像的颜色；如果混合色的颜色比中度灰色暗，则会降低图像的颜色。如果直接用黑色或者白色的混合色去处理，则会有更明显的视觉效果（图9-17）。

图9-17　柔光

15. 强光

强光（Hard Light）其实可以算作是柔光模式的增强版。强光可以使之前图层中亮的部分更亮，暗的部分更暗，并且效果要比柔光模式强烈得多。它与柔光模式的区别是，柔光模式下使用纯白色或者纯黑色时，图像只会产生较明显的效果，而不会完全变白或者变黑；而强光模式下则可以出现纯白色或者纯黑色的现象，并且强光模式下产生的黑白效果更加分明，同时对比度也会更强烈（图 9-18）。

图 9-18　强光

16. 亮光

亮光（Vivid Light）主要是通过调节图像的对比度来提高或者降低图像的颜色。亮光模式主要由混合层决定，如果混合层的颜色比中度的灰色亮，则通过减小图像的对比度来使图像变亮；如果混合层的颜色比中度的灰色暗，则通过增加图像的对比度来使图像变暗（图 9-19）。

图 9-19　亮光

17. 线性光

线性光（Linear Light）模式是通过调整图像的亮度来对颜色进行加深或者减淡，也是应用较多的一种混合模式。使用线性光时，如果混合层的亮度高于中度的灰色，则增加图像的亮度，反之则降低图像的亮度，使图像变暗（图9-20）。

图9-20 线性光

18. 点光

在PS中，点光（Pin Light）模式主要是以混合层为对比进行颜色的调整。如果混合层的颜色比中度的灰色数值小，就替换成比混合层亮的颜色；反之则替换成比混合层暗的颜色，这样的效果颜色对比会比较大（图9-21）。

图9-21 点光

19. 实色混合

实色混合（Hard Mix）通常较少使用。当混合层与原本图层颜色相加的数值小于255时，最终颜色数值为0；当混合颜色与原本图层颜色相加的数值大于或者等于255时，最终颜色为255（图9-22）。

图 9-22　实色混合

20. 差值

差值（Difference）模式主要给人一种颜色反向的感觉。一般来说，最终的颜色数值是混合图层与原来图层颜色的数值相减得到的。在这里，白色与别的颜色混合后得到的是该颜色的相反色，而黑色与别的颜色混合后没有变化（图 9-23）。

图 9-23　差值

21. 排除

排除（Exclusion）模式与差值是很相似的，唯一不同就是排除模式所呈现的效果没有差值强烈，并且颜色相对比较柔和（图 9-24）。

22. 减去

减去（Subtract）模式就是如果在原来的图像中出现了与混合色一样的颜色，就减去该颜色。如果相减得到的数值为负数，就归零。如果混合图层的颜色与原来图像的颜色一样，

图 9-24　排除

就为黑色；如果混合图层的颜色为白色，则混合后为黑色；如果混合图层的颜色为黑色，则混合后为原来的颜色（图 9-25）。

图 9-25　减去

23. 划分

划分（Divide）模式就是用原来图像的颜色将混合色分割开来。如果原来图层的颜色数值比混合图层的数值大，那么混合出来的颜色为白色。反之，则会使原来图像的颜色变暗。白色与原本颜色混合后还是原来的颜色，黑色与原来的颜色混合后为白色，因此最终形成的图像颜色对比度会比较强烈（图 9-26）。

24. 色相

色相（Hue）就是用混合色来将原本图层的颜色进行替换，在这里只改变色相而不改变饱和度和明度。原本颜色的明度和饱和度对最后形成的颜色会有一定影响，当然混合层颜色

图 9-26　划分

的色相也会影响最后的混合效果（图 9-27）。

图 9-27　色相

25. 饱和度

饱和度（Saturation）就是将原来图像的颜色饱和度用混合层的饱和度来替换，这里色相和亮度不发生变化。最后，决定生成颜色的是原本图像的明度和色相，以及混合层的颜色饱和度。我们知道，饱和度只调整颜色的鲜艳程度而对颜色色相不会有影响，所以最终只会改变图像的饱和度，而不会影响原来颜色的色相（图 9-28）。

26. 颜色

颜色（Color）就是用混合层的颜色代替原来图层的颜色，具体来说就是色相与饱和度的替换。一般由原来图层的明度、混合图层的色相及饱和度来决定。通过这种方式，可以很方便地为黑白色稿上色，在上色的同时还不会改变原图的明度，是很方便的一种上色方式（图 9-29）。

图 9-28　饱和度

图 9-29　颜色

27. 明度

明度（Luminosity）就是用混合层颜色的明度去改变原来图层颜色的明度，而颜色却不会发生改变。原来图层颜色的色相与饱和度，以及混合层颜色的明度对最后形成的颜色会有影响。明度模式只能改变颜色的明暗，不会影响原图的色相及饱和度（图 9-30）。

以上就是关于 PS 混合模式的介绍，当使用两个不同图形进行混合模式时，也有一定的效果。选择两个不同的图片（图 9-31），拖入 PS 中同一个窗口显示，调整图层面板上混合选项的模式，就可以得到不同的效果展示（图 9-32）。

图 9-30　明度

图 9-31　不同混合模式的图片

图 9-32　不同的混合模式

9.1.1　斜面和浮雕

PS 中的斜面和浮雕属性可以为形状添加一种类似立体的效果，通过凸起及阴影、高光来使物体呈现出立体的效果（图 9-33）。可以看到，添加了斜面和浮雕效果的矩形立刻出现了厚度，不再是纯扁平的，没有一点重量和厚度的矩形。在斜面和浮雕效果内可以设置样式、方法、大小和深度的参数。在图 9-33 中可以进行高光和阴影的设置、模式及颜色、不透明度的调整。不同的混合模式会有不同的效果。

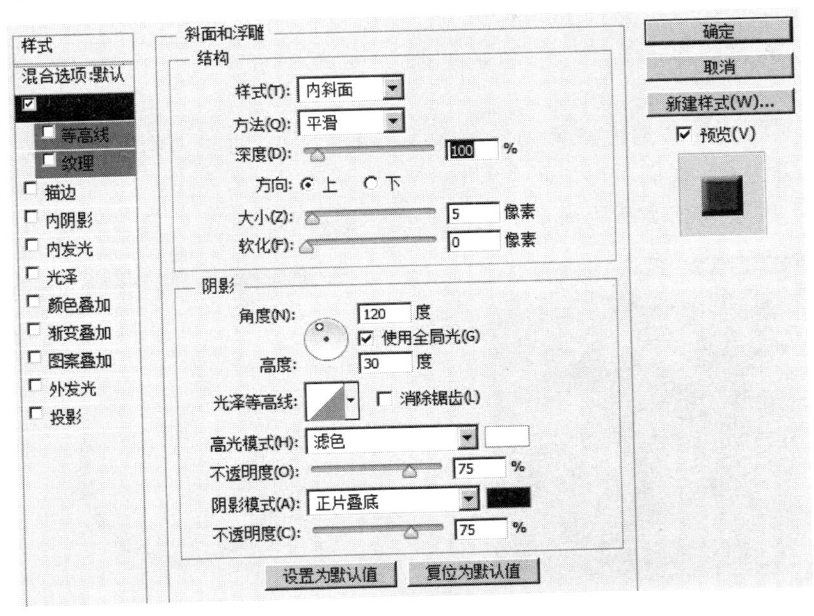

图 9-33　斜面和浮雕面板

接下来做一个关于手机设置的 Icon（图 9-34）。

首先绘制一个圆，对于“设置”的形状则是需要选择减去顶层形状进行减选，形状绘制完成后打开图层样式面板中斜面和浮雕效果，按照参数进行设置，就可以得到这个图标。

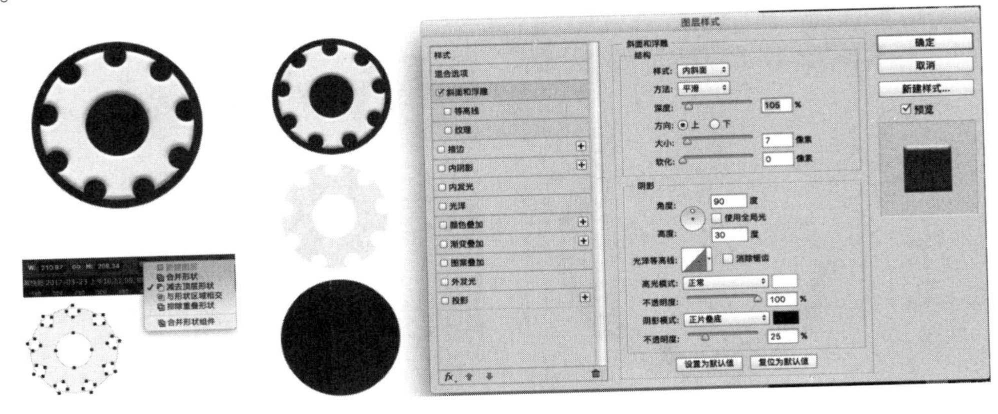

图 9-34　手机设置

学会使用斜面与浮雕的图层样式之后，需要了解它的其他属性，以便能够更好地使用这一图层样式。

1. 斜面和浮雕的类型

斜面和浮雕的样式包括内斜面、外斜面、浮雕、枕形浮雕和描边浮雕。每种浮雕效果的调整属性一样，但是呈现的视觉效果是完全不一样的。

（1）内斜面　首先来看内斜面，内斜面其实就是为图形添加了一个高光和一个投影。投影的混合模式通常为“正片叠底”；也可以使用“正常”或其他混合模式；高光的混合模式通常为“屏幕”，一般默认的透明度为 75%，可以根据实际需要自行调整（图 9-35）。

这时，如果将图层背景色设置为白色，为当前形状添加“内斜面”样式，然后将图像的不透明度设置为 0，我们就可以很明显地看到该图形上的投影效果（图 9-36）。

“内斜面”的效果其实就相当于一束光照在一个梯形按钮上所呈现的效果。

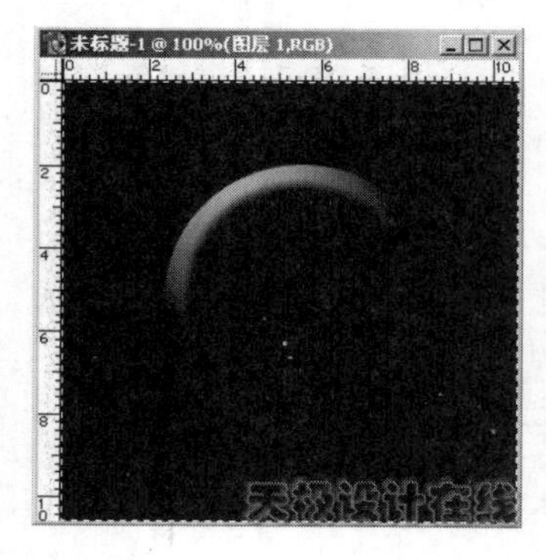

图 9-35　内斜面效果

图 9-36　分离虚拟投影

（2）外斜面　外斜面其实也是相当于被光打在一个梯形上方，有高光和阴影。这两种属性的混合模式与内阴影一样，分别是“正片叠底”和“屏幕”，也可以根据需要选择别的混合模式。

同样可以使用与内阴影一样的方法，通过这种方式来更方便地观察该形状的高光和阴影（图 9-37）。

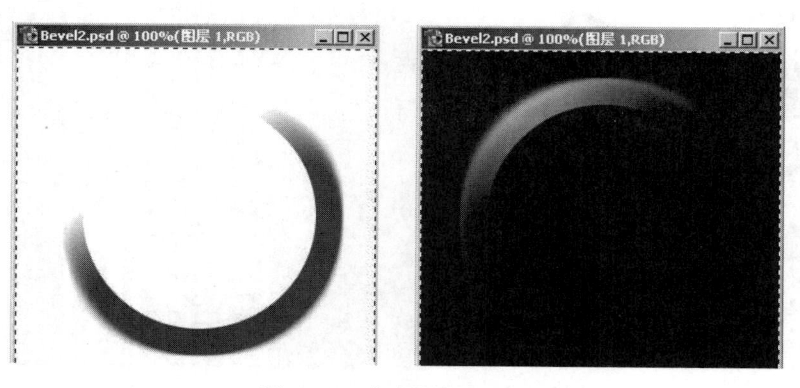

图 9-37　高光层与阴影层

（3）浮雕　浮雕与斜面类似，但是不同之处在于浮雕的高光和阴影都在图形的上方，不需要像斜面一样通过调整图形的颜色或者改变背景色来观察高光及阴影。在属性设置方面与之前所讲的斜面是一样的（图 9-38）。

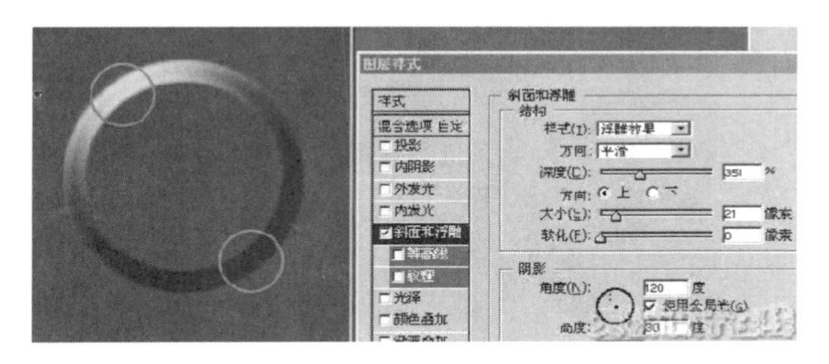

图 9-38　浮雕效果

(4) 枕形浮雕　枕形浮雕相当于加了两个高光和两个阴影，因此枕形浮雕是内斜面和外斜面结合起来所形成的一种效果，属性设置及混合模式与斜面和浮雕基本相同（图 9-39）。

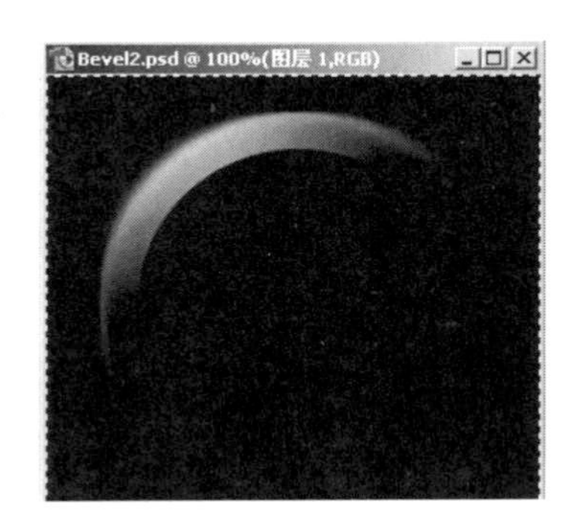

图 9-39　枕形浮雕

在这个例子中，图层首先被赋予一个内斜面样式，形成一个凸起的高台效果，然后又被赋予一个外斜面样式，整个高台又陷入一个“坑”当中，最终形成了图 9-39 所示的效果。

2. 调整参数

(1) 样式　样式（Style）包括内斜面、外斜面、浮雕、枕形浮雕和描边浮雕。

(2) 方向　在“方向”(Technique) 选项的下拉列表中一共有三种设置，一种是平滑，一种是雕刻柔和，还有一种是雕刻清晰。在这里一般默认为“平滑”，这时梯形按钮的凸起边缘会相对平滑一些（图 9-40）。

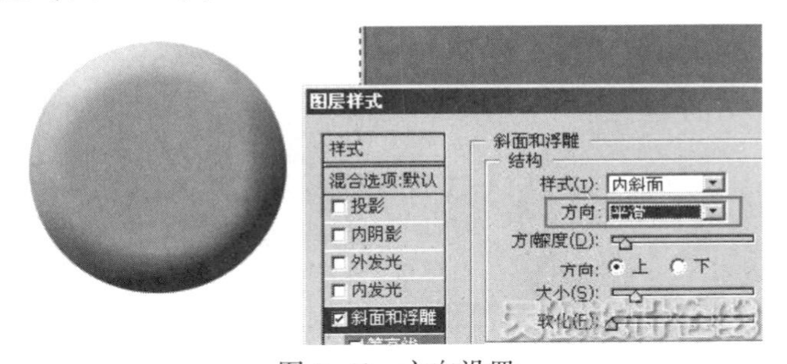

图 9-40　方向设置

如果选择“雕刻清晰”，效果如图 9-41 所示。

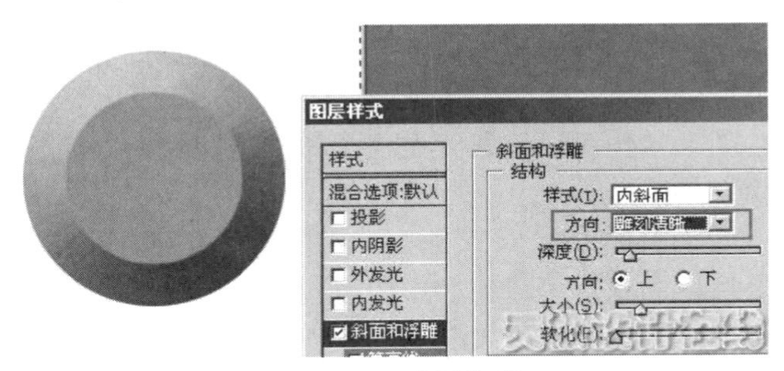

图 9-41　雕刻清晰

“雕刻柔和”是介于“平滑”和“雕刻清晰”之间的设置（图 9-42）。

图 9-42　雕刻柔和

（3）深度　在设置“深度”（Depth）时，建议和“大小”一起进行调整，深度用来调整梯形按钮的高低程度。在“大小”值固定的情况下，不同的“深度”将产生不同的效果。首先将“深度”的值调低（图 9-43）。

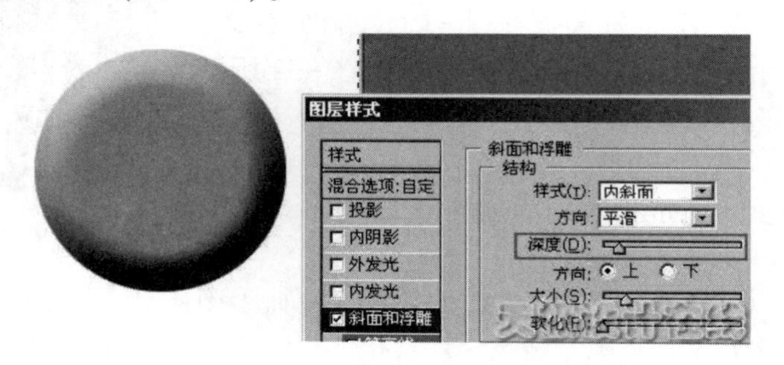

图 9-43　深度

然后再将“深度”值调到最大（100%，图 9-44）。

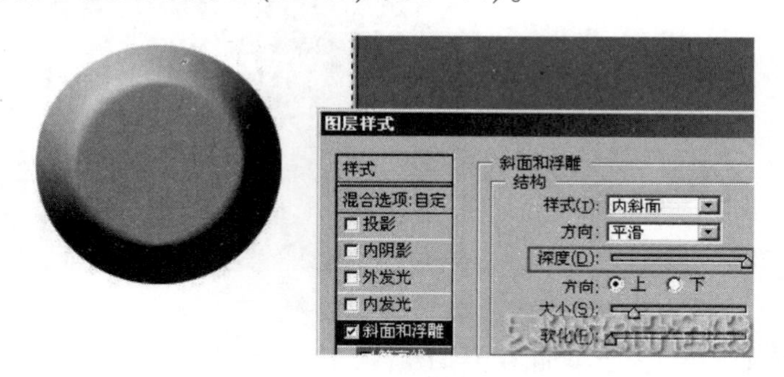

图 9-44　加大深度值

（4）方向　“方向”（Direction）在设置时只有“上”和“下”两种，与角度类似，可以使高光和阴影调换位置。这里可以理解为是这个梯形按钮的正常状态和按下状态，也可以配合“角度”进行设置。

（5）大小　“大小”（Size）用来调节高度，一般和“深度”配合使用。

（6）柔化　“柔化”（Soften）可以使梯形按钮棱角柔和，并使柔和程度更进一步。

（7）角度　“角度”（Angle）简单来说就是对斜面浮雕的阴影和高光的位置方向进行调整。可以理解为有一道光源打在这个梯形按钮上。通过调整光源的位置，该图形的高光及阴影也会有相应的变化。角度设置是一个圆盘上有一个十字，拖动十字的位置相当于调整光源的位置，通过这样的方式来调整角度，也可以直接在旁边输入要调整的角度数值。角度与高度是配合使用的，其中一个变化时，另外一个也会发生相应的变化。

先将高度设置为 65°，按钮则会呈现出图 9-45 所示的视觉效果（如果将高度设置为 90°，则意味着光源到了按钮顶部）。

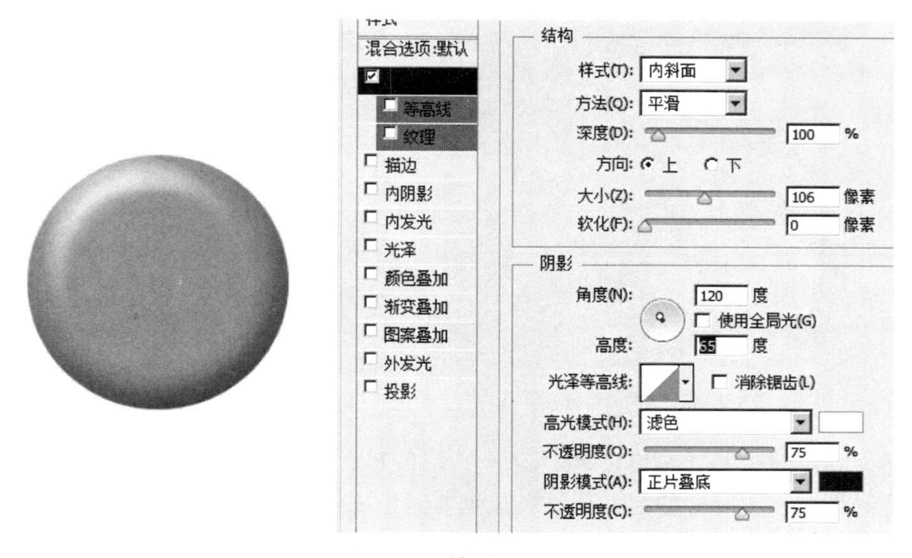

图 9-45　效果图

将高度数值调低后，可以看到会呈现图 9-46 的效果。将高度设置为 0 时，意味着光源没有高度了，这时斜面和浮雕效果就会消失。

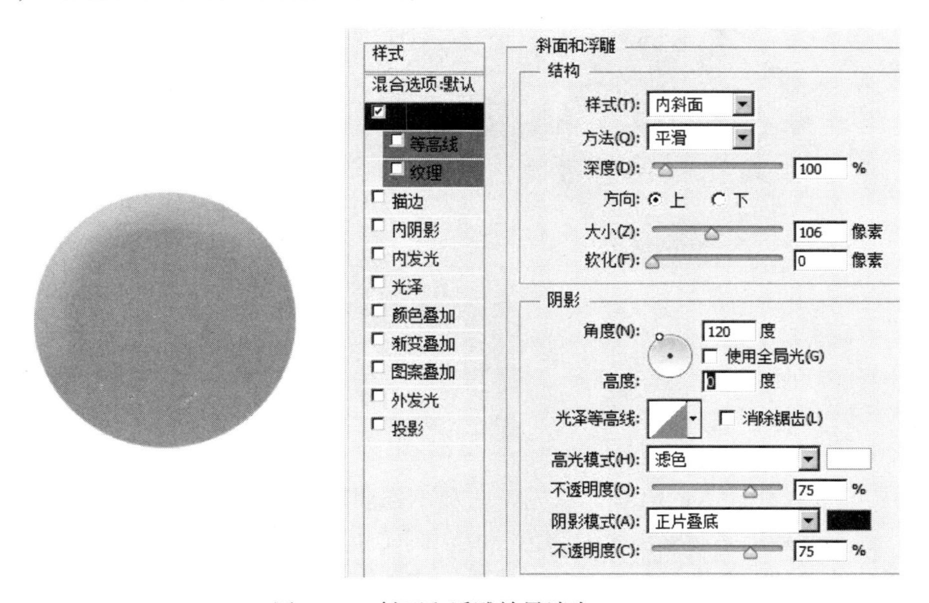

图 9-46　斜面和浮雕效果消失

（8）使用全局光　“使用全局光”（Use Global Light）可以根据实际情况勾选。勾选意味着所有图形都受到同一个光源的照射。也就是说，有着同样的高光及阴影效果，对其中一个进行修改时，别的都会跟着进行修改。如果要制作多个光源的效果，需要取消勾选。

（9）光泽等高线　“斜面和浮雕”光泽等高线（Gloss Contour）的设置不太好理解，可以看看在图 9-47 等高线模式下的图形呈现的效果。得到的效果如图 9-48 所示。

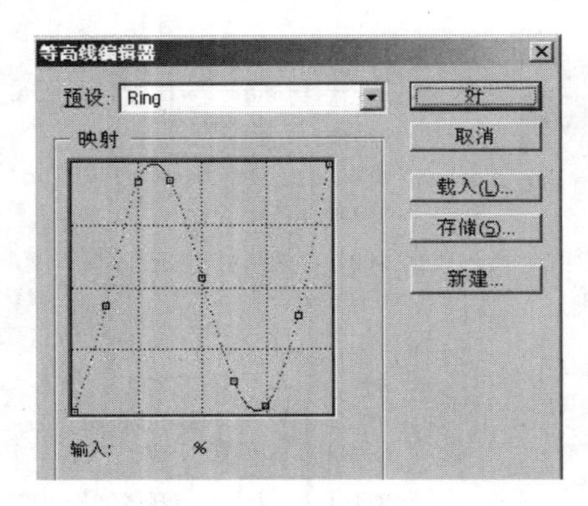

图 9-47　斜面与浮雕

图 9-48　效果图

将斜面和浮雕中的“角度”和“高度”都设置成 90°，也就是光源到了图形的正上方，然后设置等高线，可以清楚地看到等高线是如何作用的（图 9-49）。

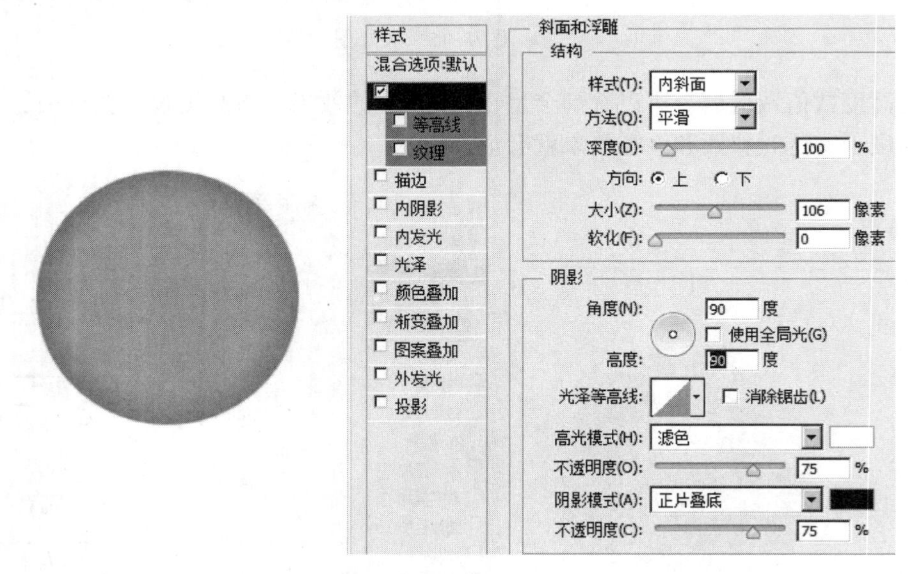

图 9-49　等高线

（10）高光模式和不透明度　高光模式和不透明度（Hightlight Mode and Opacity）很容易理解，其实就是用来调整高光的颜色、混合模式和不透明度的（图 9-50）。

将高光的颜色设置为红色，意味着光源变成了红色。在这里混合模式一般应用“屏幕”属性，只有这样才能更好地显示物体本色及光源色的效果。

（11）阴影模式和不透明度　同样，阴影模式和不透明度（Shadow Mode and Opacity）

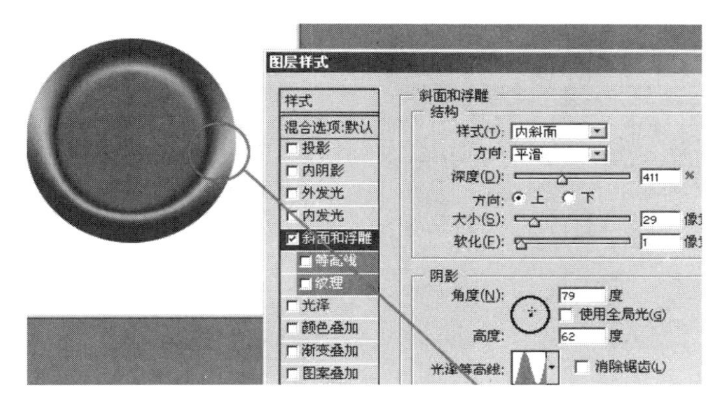

图 9-50　高光模式与不透明度

用来修改投影的颜色、混合模式和不透明度。投影的混合模式一般默认为正片叠底，因此为了更清晰地看到阴影的变化效果，可以将图层的不透明度降为 0（图 9-51）。

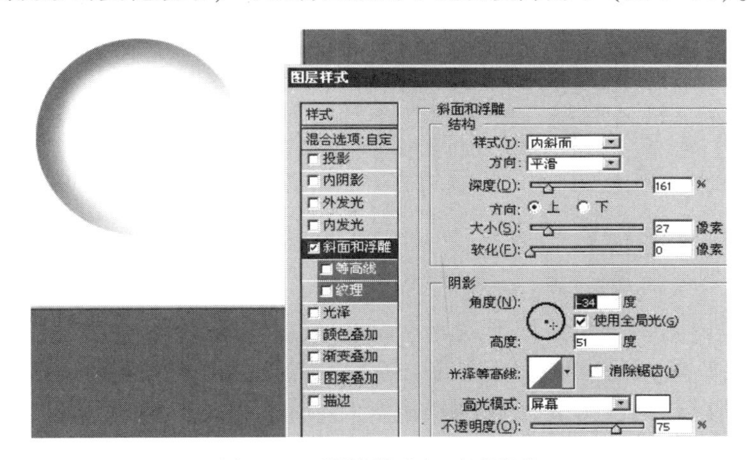

图 9-51　阴影模式与不透明度

3. 等高线和纹理

（1）等高线　“斜面和浮雕”中有两个关于等高线的设置，之前的等高线为“光泽等高线”，与这个不同。“光泽等高线”是用来调整高光和阴影的；而当前这个“等高线”是为图层添加条纹状效果的一种属性（图 9-52）。这里一定要将两者区分清楚。

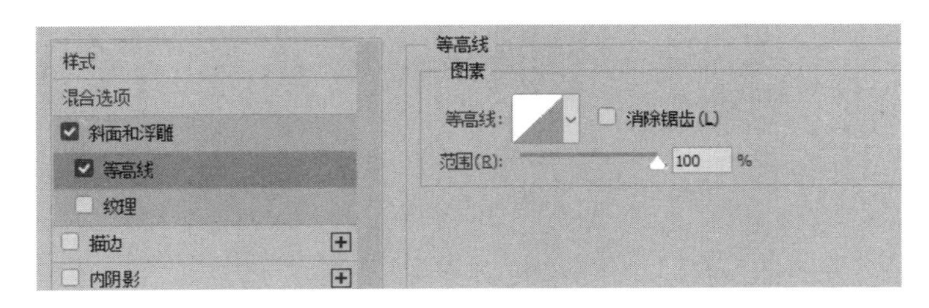

图 9-52　等高线

（2）纹理　纹理用来为该形状添加一些图案或者纹理。单击图案下拉列表框，然后选择想要使用的纹理进行设置即可（图 9-53）。

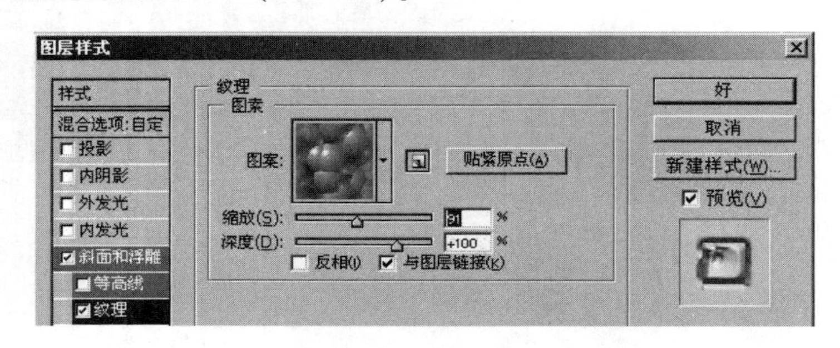

图 9-53　纹理

纹理中常用的选项包括缩放、深度、反相和与图层链接。

1）缩放。对纹理贴图进行缩放。

2）深度。用来调整纹理图案的对比度。深度越大，纹理效果越明显，凹凸程度越大；反之纹理效果越淡，凹凸程度越弱。

3）反相。就是将纹理的凸起部分与凹陷部分互相对调。

4）与图层链接。链接后可以使纹理与图形一起进行变化，包括移动、旋转、放大、缩小。

9.1.2　投影与内阴影

“投影”与“内阴影”会给图形或者页面增加立体的效果，突显层次。“投影”其实就是影子，“角度”所指的方向就是光的位置，“不透明度”指的是投影颜色的不透明度。“大小”可以使投影软化、扩散。“扩展”与“大小”相关，无“大小”无“扩展”。在这建议大家在作图时将“使用全局光”按钮关闭。

“内阴影”中的一些参数设置与投影一样，只是角度所指的方向就是影子所在的方向，与“投影”相反，“阻塞”与大小有关，无“大小”无“阻塞”，如图 9-54 所示。

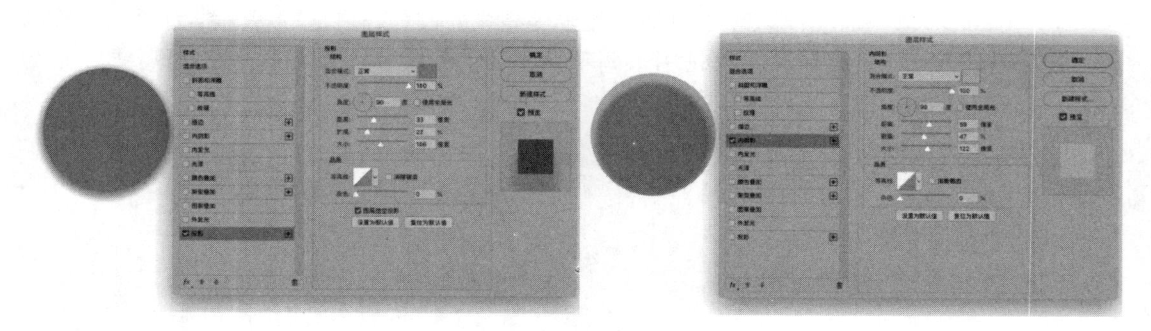

图 9-54　投影与内阴影

如图 9-55 所示，制作移动端页面时，为了突显页面的层次关系，可以使用投影的方式进行页面的包装，更好地展示页面。通过调整距离及大小来达到这样的效果。

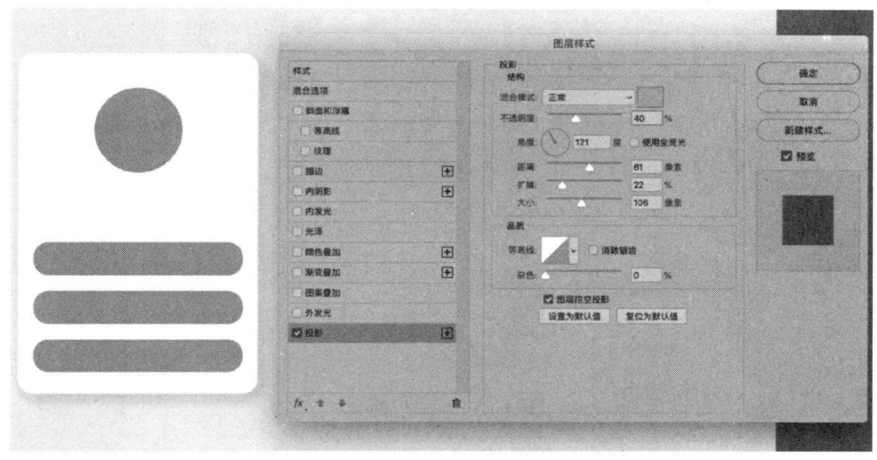

图 9-55　投影与内阴影面板

9.1.3　内发光与外发光

内发光效果和外发光效果的添加，使图形增加了光感，使边缘效果更加柔和，达到边缘模糊的效果。“外发光”是为图像边缘的外部添加发光效果，而“内发光”是为图像边缘的内部添加发光效果。在这个属性面板中，也可以设置像素的大小（图 9-56）。

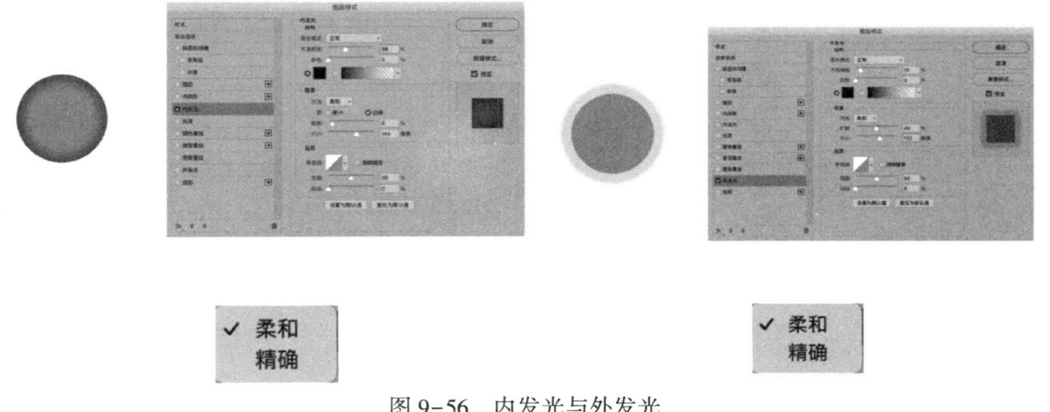

图 9-56　内发光与外发光

9.1.4　叠加

1. 颜色叠加

颜色叠加就是在图形原有颜色的基础上再叠加新的色彩，图形本身的颜色还在，只是在它的基础上进行了一个颜色的叠加，降低不透明度的百分比就可以看到原先的颜色（图 9-57）。颜色叠加后面有个加号按钮，可以进行多个颜色的叠加。

2. 渐变叠加

通过调整渐变参数、样式等来进行渐变的覆盖叠加（图 9-58）。渐变的属性 9.2 节中会进行详细讲解。

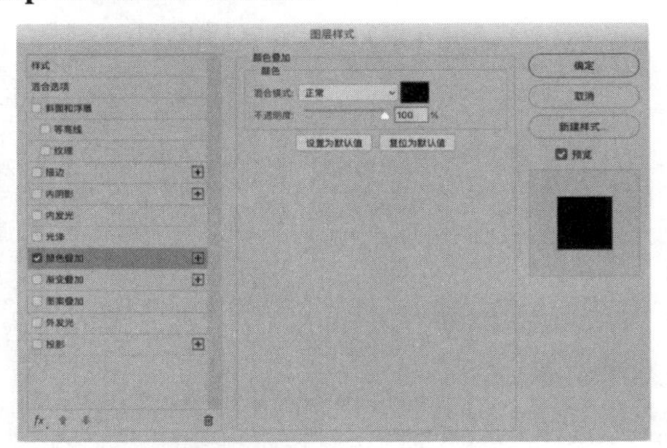

图 9-57　颜色叠加

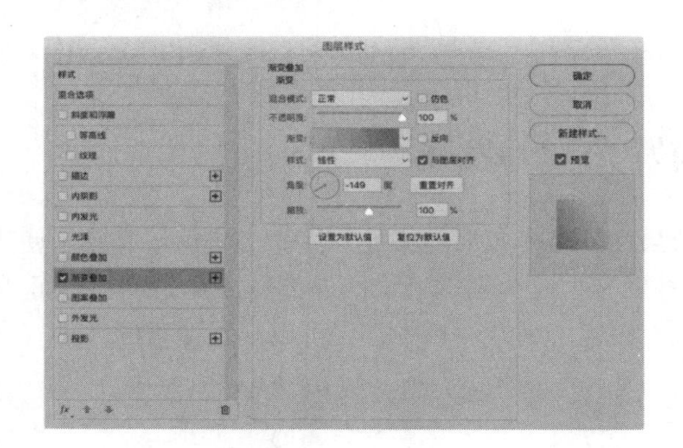

图 9-58　渐变叠加

3. 图案叠加

与前两个叠加方式一样，可以进行图案叠加（图 9-59）。

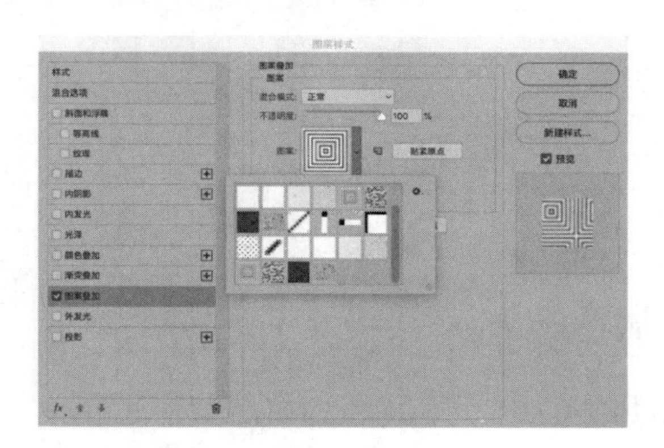

图 9-59　图案叠加

针对图形做了三种叠加方式中的一种，在制作剪贴蒙版时会发现叠加的效果遮挡住了剪贴蒙版的效果，那么如何处理才能在做了叠加效果之后还是可以看到剪贴蒙版的效果呢？

1）如图 9-60 所示，先给这个红色的圆角矩形增加渐变效果，之后给它做剪贴蒙版时，

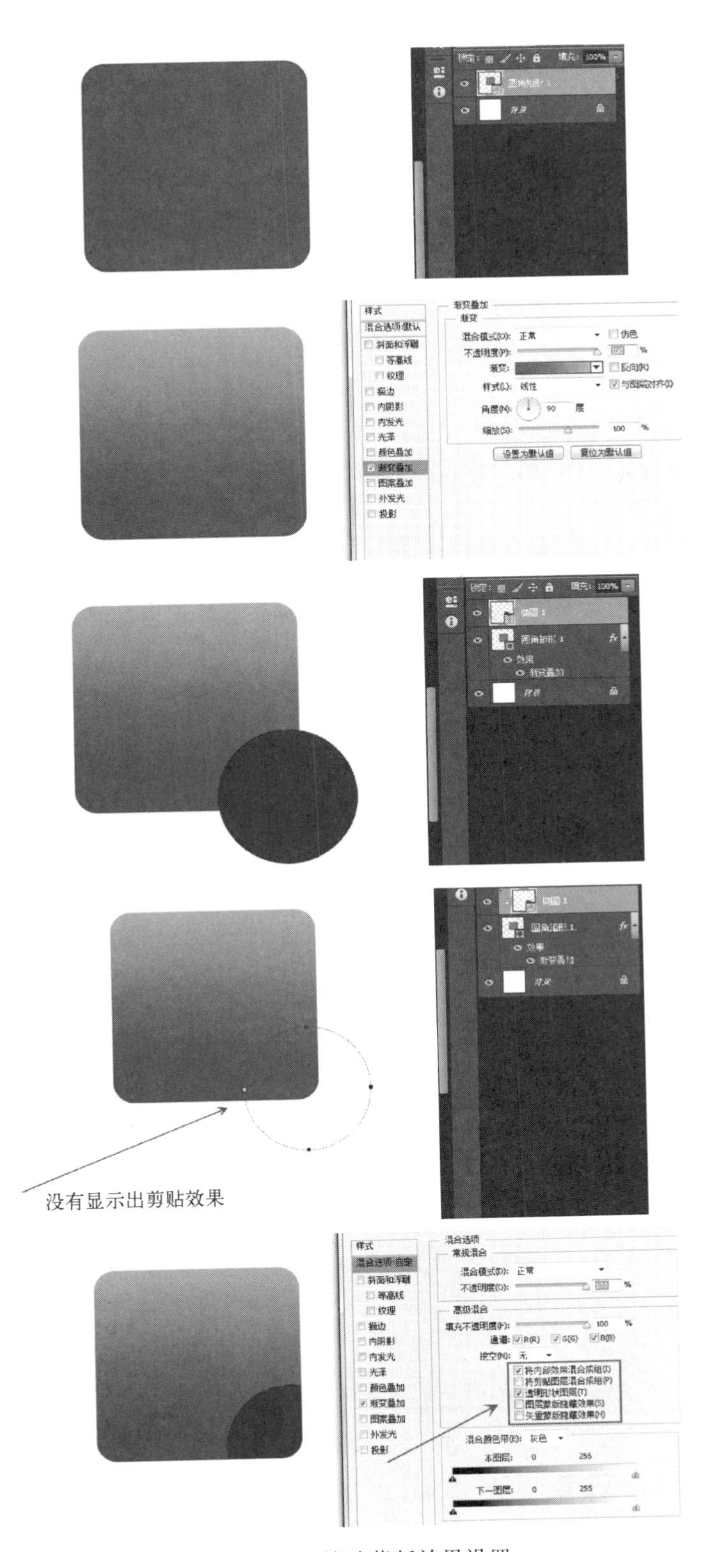

图 9-60 剪贴蒙版效果设置

发现剪贴不进去，剪贴蒙版的快捷键为〈Ctrl+Alt+G〉。这时将混合选项打开，可以看到在高级混合区下方有五个选项，默认是将第二项剪贴图层混合成组及第三项透明形状图层这两项勾选。现在将第一项内部效果混合成组勾选上，将第二项剪贴图层混合成组关闭，这时就可以看到剪贴进去的效果。

2）第二种方式是将做了渐变效果的圆角矩形右键转为智能对象，这时可以看到剪贴蒙版的效果。

9.1.5 描边

描边的设置是针对图像边缘进行一周的边框描边，选项中可以进行多次描边，选择描边的位置包括内部、居中和外部，填充类型也可以分为颜色、渐变和图案三个方式（图 9-61）。

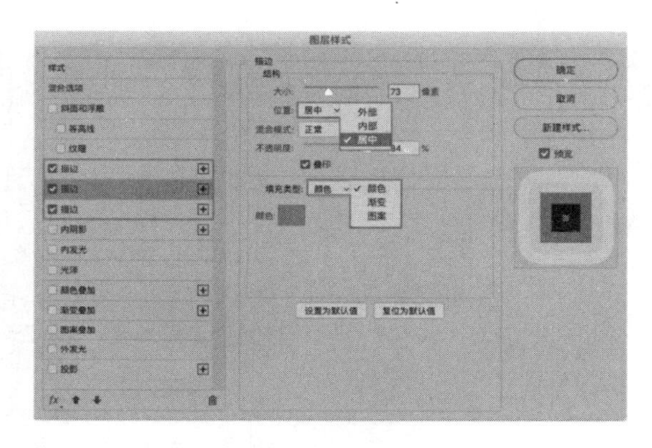

图 9-61 描边设置面板

描边案例：做一个关于文件夹描边的 Icon（图 9-62），它是一个双描边的效果，所以在 CC 以上的版本就可以进行两个及两个以上的描边设置。首先需要绘制出圆角半径为 5 像素的圆角矩形，这时选择“减去顶层形状”或者按住〈Alt〉键调出减选命令，达到如图 9-62 中 02 的效果，之后可以将减去的效果进行合并，选择合并形状组件，再绘制一个圆角矩形放在后面，即可完成文件夹的设计。

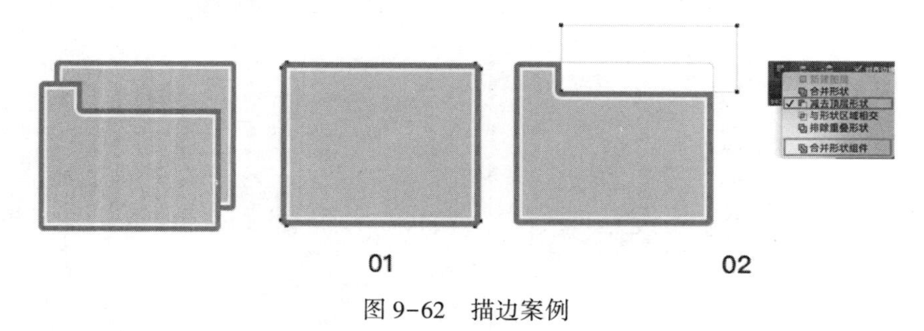

图 9-62 描边案例

9.1.6 光泽

光泽是制作对称样式的效果（图 9-63），可以调整大小、距离、颜色等数值。

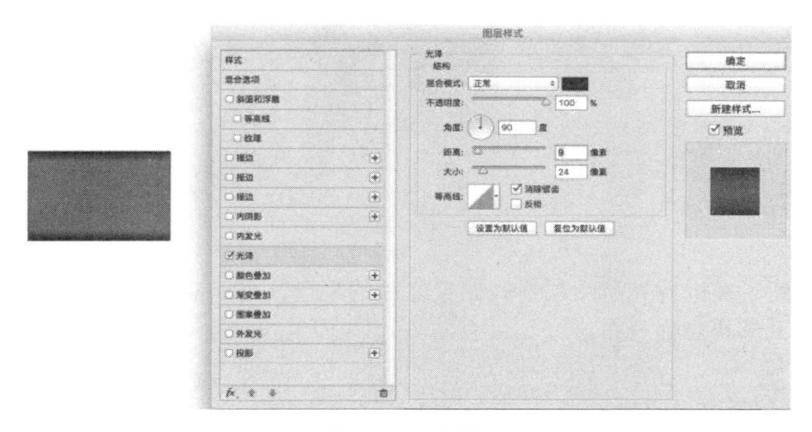

图 9-63 光泽

下面以一个蓝色矩形为例做出光泽的效果。

1）在 PS 中使用矢量工具绘制出一个青色的矩形（图 9-64）。

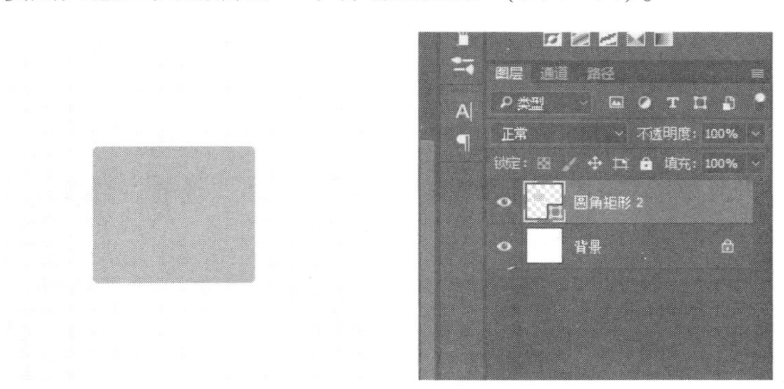

图 9-64 绘制青色矩形

2）在图层面板中，双击图层打开样式管理器，选择光泽（图 9-65）。

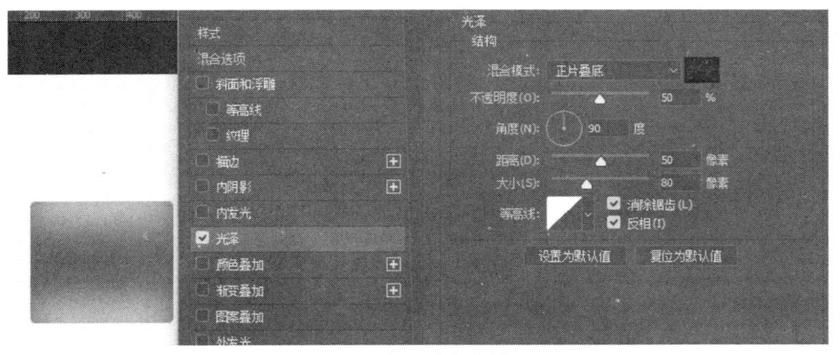

图 9-65 打开样式管理器

3）适当调整光泽的距离与大小，使其对称程度看起来较为明显（图 9-66）。

图 9-66　调节光泽

这时就得到了在进行光泽图层样式设置之后的矩形，可以清晰地看出该矩形以中间部分作为分隔，上下形状对称分布。

9.2　渐变的样式

PS 渐变工具主要用来为图像填充渐变颜色，包括五种渐变样式，分别为线性渐变、径向渐变、角度渐变、对称渐变和菱形渐变，下面来详细讲解渐变样式的使用方法和具体效果。

9.2.1　线性渐变

线性渐变的样式是由上到下，或是由左到右的一个渐变过程，打开线性渐变可以调整渐变的样式、渐变的角度、渐变的颜色色标（图 9-67）。

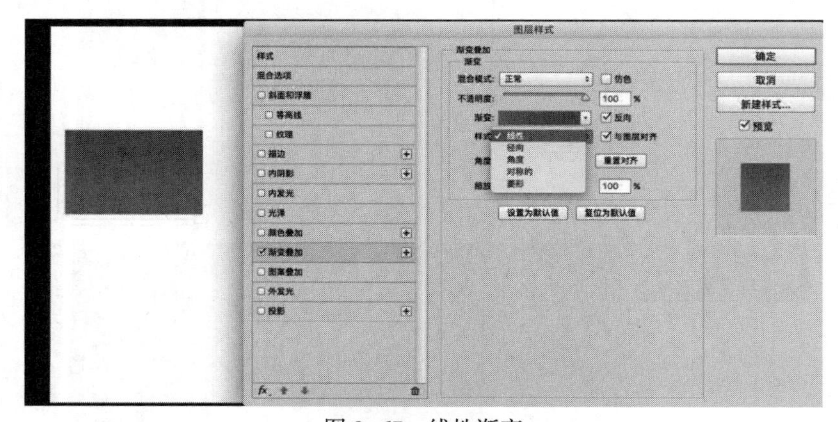

图 9-67　线性渐变

9.2.2　径向渐变

径向渐变的特性则是由中心向外进行的渐变过程，选择样式为径向渐变之后，可以调整中心的位置（图 9-68）。

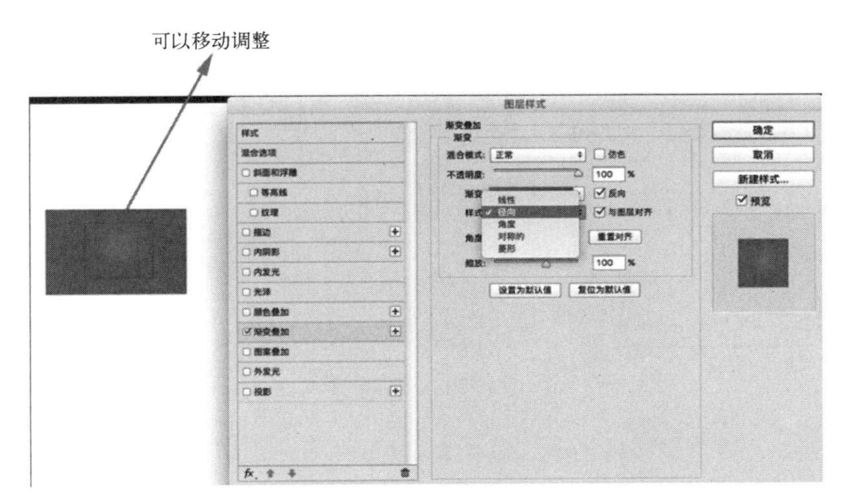

图 9-68　径向渐变

9.2.3　角度渐变

角度渐变的样式特性比较明显，如果起始色标与终点色标颜色不一致，则会出现一条明显的分界线（图 9-69）。

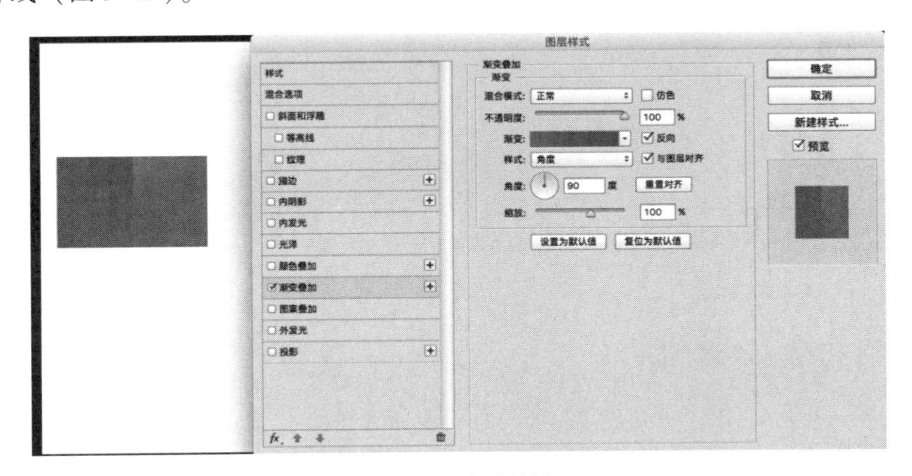

图 9-69　角度渐变

9.2.4　对称渐变

对称渐变样式展示出来有对称效果，调整缩放和角度则会出现不同效果（图 9-70）。

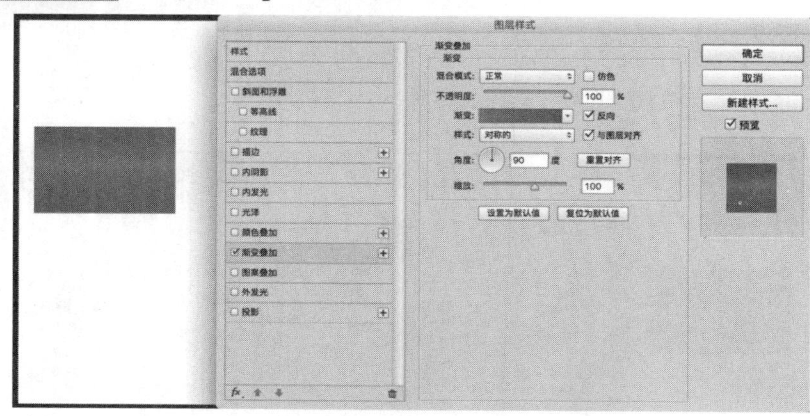

图 9-70　对称渐变

9.2.5　菱形渐变

菱形渐变在制作 UI 设计时用处比较少，它呈现的效果就是一个菱形（图 9-71）。

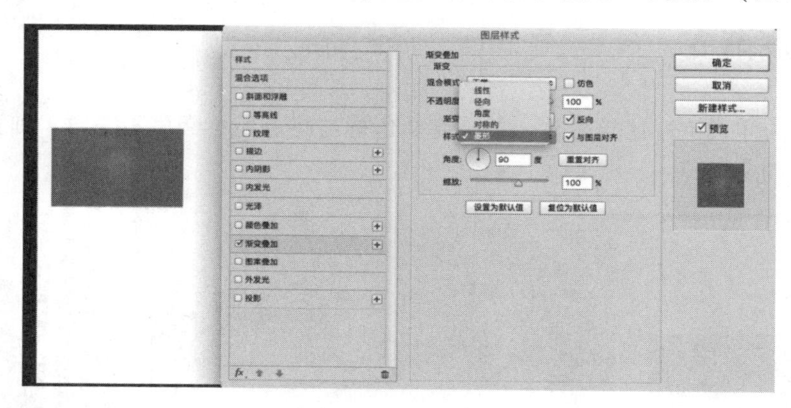

图 9-71　菱形渐变

9.3　创建剪贴蒙版

9.3.1　剪贴蒙版的定义

剪贴蒙版是 PS 中的一个命令，是用下方图形显示上方图像的状态，即“下形状上颜色”使用剪贴蒙版后，只能看到蒙版形状区域内的图像，而蒙版形状区域外的图像则被蒙版屏蔽，但是图像不受任何损坏，可以随时调整图像位置（图 9-72）。

剪贴蒙版必须由两个或两个以上的图层群组成，剪贴蒙版包括所有剪切图层与被剪切图层。剪贴蒙版形状位于剪贴图层最下方，称为基地图层，位于剪贴蒙版形状上方的图层称为顶层，基底图层只有一个，而顶层可以同时有多个。

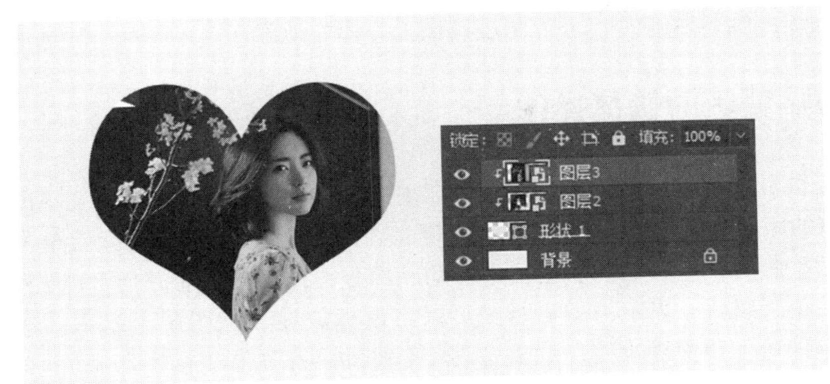

图 9-72　剪贴蒙版示意

9.3.2　剪贴蒙版与图层蒙版的区别

1）图层蒙版是作用在一个图层上，然后相当于给该图层添加一个遮罩。而剪切蒙版可以作用在许多个图层上。

2）图层蒙版自身不是被作用的对象，而剪贴蒙版本身就是被作用的对象。

3）普通的图层蒙版仅仅影响的是作用对象的不透明度及清除或者修复，而剪贴蒙版不仅可以影响所有顶层图层的不透明度，还会影响到顶层图层的混合模式及图层样式。

9.3.3　剪贴蒙版的作用机理

剪切蒙版不仅对图层有一种隐藏或者遮盖效果，还有许多别的用途。

剪切蒙版是所有顶层图层的归纳者，它可以限制和保存顶层图层的全部属性及图层样式，是利用两者图层之间的相互覆盖形成的一种关系，并且两个图层之间必须相邻，上面的图层会被放入到下方的图层中。创建剪贴蒙版后，所有顶层图层在蒙版形状中的部分会显示，形状外边的部分不会被显示。

9.3.4　剪贴蒙版的使用方式

创建剪贴蒙版时，鼠标放在顶层图层上右击，选择“创建剪贴蒙版”命令，这时就将顶层剪贴进蒙版基底层。

9.3.5　剪贴蒙版的使用技巧

由于剪贴蒙版需要两个或两个以上的图层，所以剪贴蒙版也称为“剪贴组”。虽然是以群组形式存在，但是几个图层之间没有直接关系，它们可以各自移动位置、更改其中内容、改变不透明度等，其他剪贴图层不受影响。所以剪贴蒙版可以叠加剪贴（图 9-72），右图图层 2 和图层 3 都被限制在形状图层的有限区域内，这实际上是多个图层共用一个蒙版，顶层图层哪个在最顶部则显示哪个，下方图层则被上方图层遮盖。

9.3.6 剪贴蒙版的快捷操作

剪贴蒙版也可以使用快捷方式，鼠标放在顶层图层上使用快捷键〈Ctrl+Alt+G〉（Photoshop 7.0 以前的版本），也可以按住〈Alt〉键，在两图层中间出现图标后单击创建剪贴蒙版。建立剪贴蒙版后，上方的图层会往右移动一部分，并且图层前方会出现一个向下拐的箭头。创建剪贴蒙版以后，当不再需要时，可以将鼠标放在顶层图层上右击，选择“释放剪贴蒙版”命令即可，快捷键为〈Ctrl+Shift+G〉（Photoshop 7.0 以前的版本）。同样可以按住〈Alt〉键，在两图层中间出现图标后单击释放剪贴蒙版。

9.4 炫酷微拟物 UI 图标设计

9.4.1 手电筒图标设计

第一步：底座的制作。底座由四个椭圆加一个矩形拼接而成。用矢量椭圆工具，关闭填充与描边，画出一个椭圆形状，按住〈Alt〉键复制出其他三个椭圆，移动并调整位置，在四个椭圆两两相交的地方和中间画出一个矩形，与四个椭圆拼接起来，将四个椭圆和矩形的图层按〈Ctrl+E〉键进行合并图层，这样就形成了底座的框架（图 9-73）。做出框架以后，打开填充进行填充颜色，颜色填充之后可以做出它的图层样式，加上微妙的渐变叠加和投影样式，渐变样式为 90°线性。让底座颜色丰富一些，立体感加强一些，底座制作完成（图 9-74）。

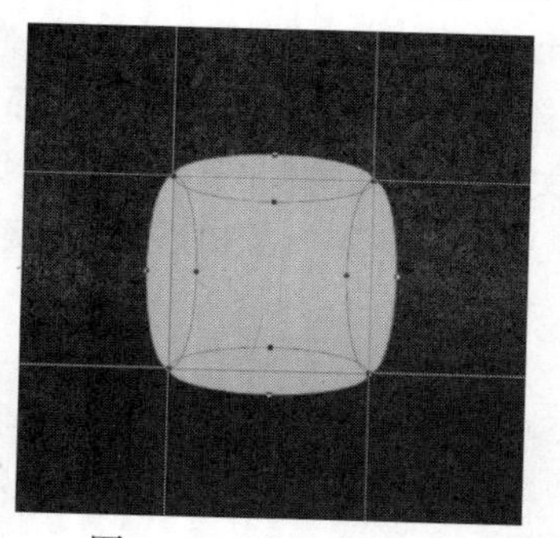

图 9-73　底座的框架

图 9-74　颜色填充

第二步：手电筒的制作。手电筒由一个圆角矩形、梯形、矩形拼接而成。先用圆角矩形工具，圆角半径调为 8 像素，画出一个圆角矩形，调整适当大小，给它添加渐变叠加的样式，渐变样式为 180°线性渐变，调整渐变颜色和方向，让手电筒具有金属的质感。再用矩形工具画出与圆角矩形同宽的矩形，制作转折部分，同样先给它添加渐变叠加的样式，然后转化为智能对象，再用自由变化工具〈Ctrl+T〉进行透视，变换成等腰梯形，与圆角矩形进行拼接，做出手电筒的灯头。用矩形工具画一个矩形，调整适当大小，添加与之同样的渐变叠加样式，做出灯身，再将灯身剪贴进底座（图 9-75）。在这需要注意，在剪贴蒙版之前，因为底座和灯身都具有图层样式，所以要将它们的混合模式中的将剪贴图层混合成组、透明形状图层关闭，将内部效果混合成组、图层蒙版隐藏效果打开。这样再进行剪贴蒙版操作，手电筒制作完成。

第三步：灯光的制作，灯光是一个三角形，三角形的制作有两种方法。第一种是用矢量工具中的多边形工具绘制，将边数改为3，直接画出一个三角形；第二种是用矩形工具画出一个矩形，使用自由变化工具〈Ctrl+T〉进行透视完成。此处使用第一种方法较为简便。画出三角形后，同样给它添加渐变叠加样式，不过灯光的渐变叠加样式为180°渐变。调整渐变颜色和方向，让灯光更自然，最后调整混合模式，将灯光剪贴进底座中（图9-76）。

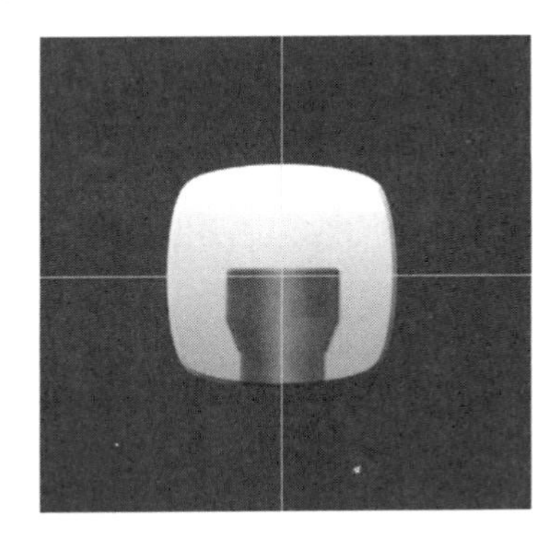

图9-75　灯身

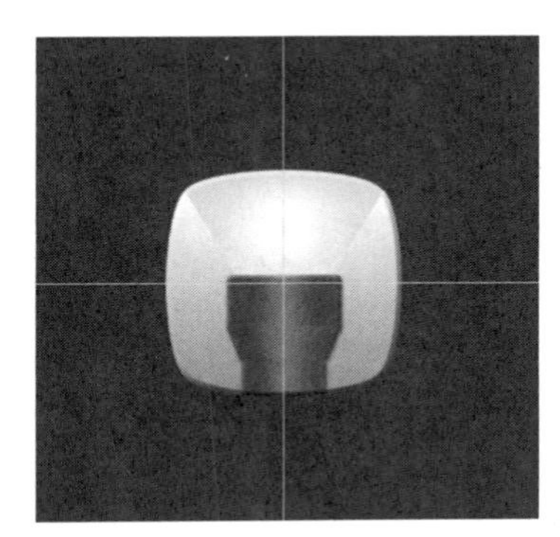

图9-76　光束

9.4.2　设置图标设计

下面做一个齿轮Icon的案例解析（图9-77）。

通过使用画笔绘制物体的投影，表现出画笔硬度和画笔大小的调整效果，具体步骤如下：

1）首先在PS中新建一个纯色画布，新建画布的方法有很多，首先可以通过使用快捷键〈Ctrl+N〉来快速建立一个新画布。

2）创建好新的画布之后，在工具栏中选择使用矩形矢量绘图工具，并长按〈Shift〉键，可以绘制出一个正方形，将其填充为浅蓝色（#f28214，图9-78）。

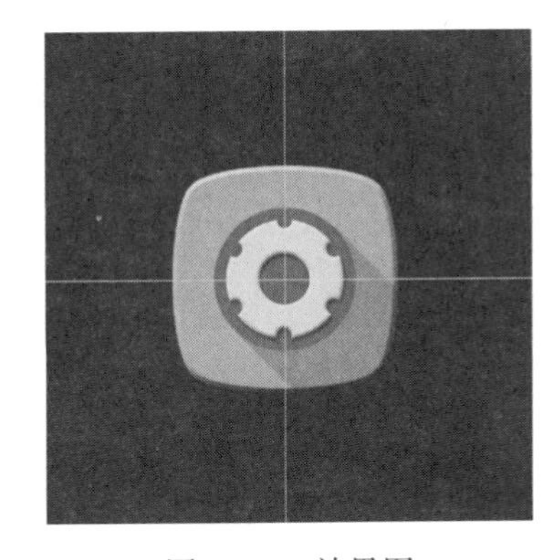

图9-77　效果图

图9-78　绘制正方形

3）在此基础上，可以使用椭圆的矢量工具，在刚绘制的正方形上、下、左、右四个方向，绘制出椭圆，并使四个方向上绘制出的椭圆中线与正方形的边线重合，从而绘制出如图 9-79 所示的图形。

绘制椭圆形时，不必依次绘制，可以绘制完成一个之后，按住〈Alt〉键，单击当前的椭圆进行拖拽，从而复制出一个椭圆。还可以重复这一方法，通过拖拽复制出椭圆，再结合快捷键〈Ctrl+T〉来进行形状的旋转变换。选择使用旋转变化中的旋转 90°，即可完成这一步的图形制作。

在日常制图过程中，要灵活使用之前所学的便捷方法，进行图形的快速绘制，并结合相应的快捷键提升绘图效率。

4）现在把所有绘制出的图层整合，进行合层操作（在图层面板中，选中所有图层，使用快捷键〈Ctrl+E〉进行合层），如图 9-80 所示。

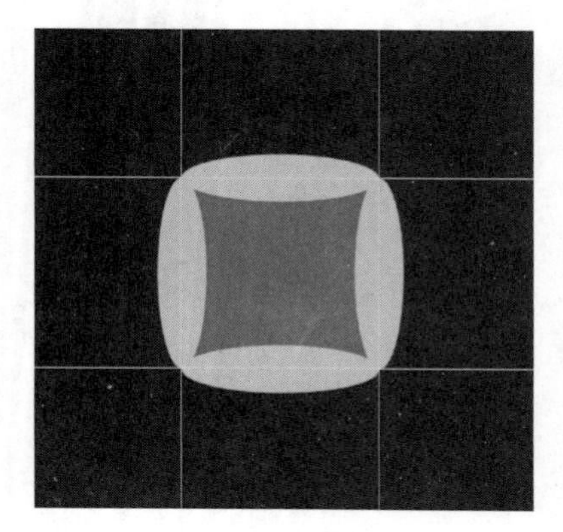

图 9-79　绘制椭圆

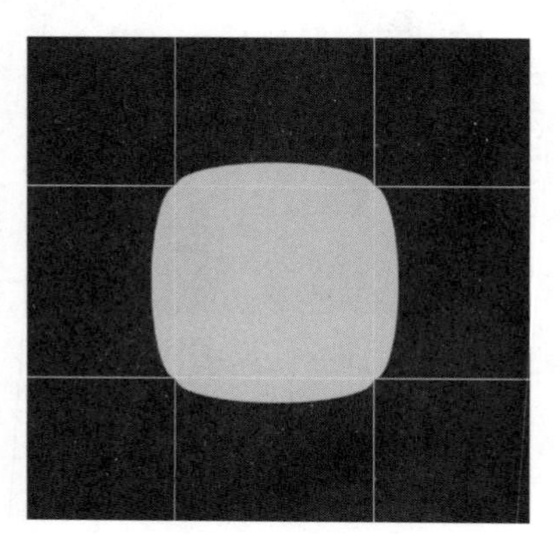

图 9-80　合并图层

5）使用工具栏中的“路径选择工具”（图 9-81），框选上面绘制出的正方形和四个椭圆，这时可以清晰地看到全部形状的路径（图 9-82）。

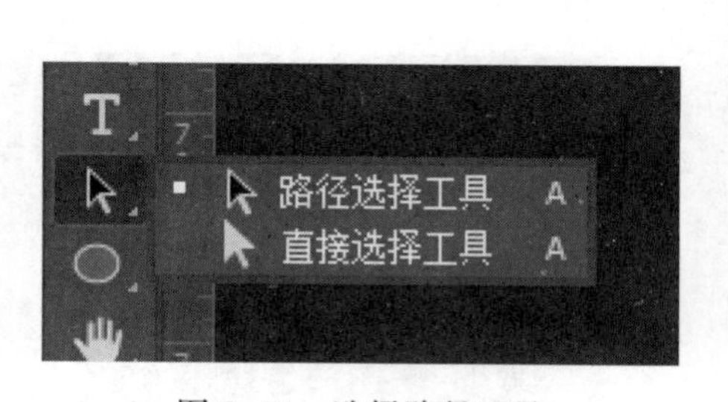

图 9-81　选择路径工具

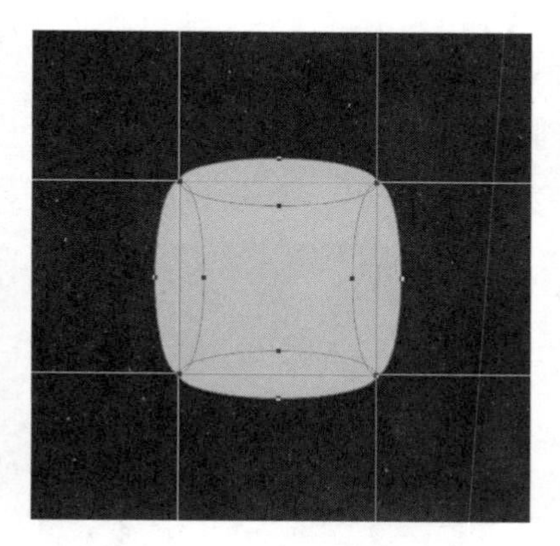

图 9-82　选择路径

6）在路径选择工具的选项面板中，找到路径操作按钮（图 9-83），打开选择“合并形状组件”按钮，即可完成上一步所框选的路径的整合，在弹出的对话框中单击“是”按钮即可（图 9-84）。

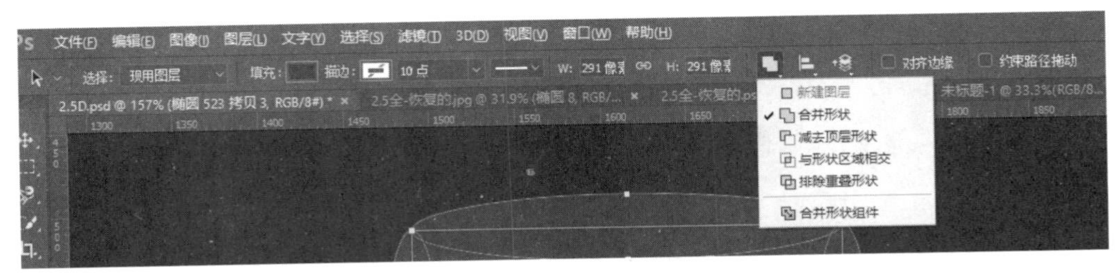

图 9-83　合并形状

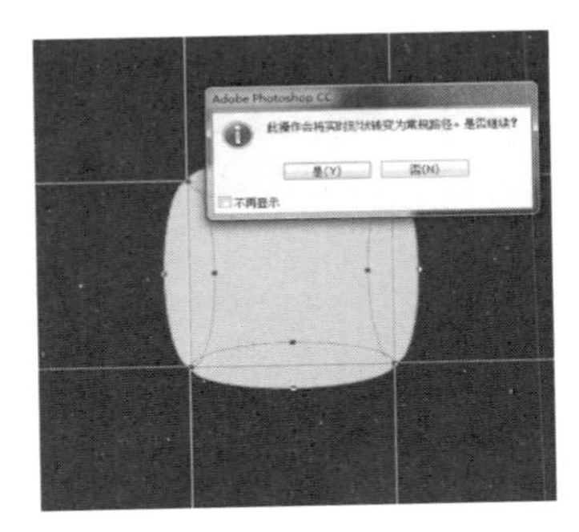

图 9-84　整合路径

7）再次更换颜色。在图层面板中找到进行合层后的图层，然后双击图层缩览图，打开当前图层的拾色器，使用颜色# f28214，进行色彩的填充（图 9-85）。

8）接下来对以上形状加入投影效果。在图层面板中，首先找到该图层，然后双击打开图层样式，选择投影属性，然后将投影角度改为 90°，适当调整投影大小与距离。

9）完成以上步骤后，开始绘制齿轮图标，并加阴影。首先分别拖拽出水平方向和垂直方向上的参考线，找到中心点（图 9-86）。

图 9-85　填充

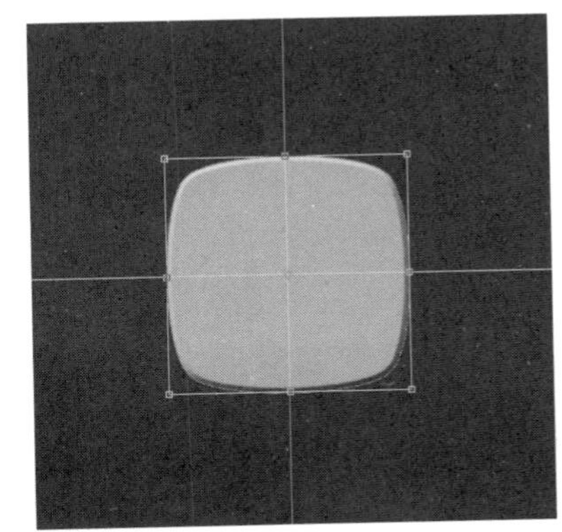

图 9-86　定位中心点

通过使用快捷键〈Ctrl+T〉，快速找到正方形的中心点，从而确定拖拽出的参考线是否在正方形的中心。

10）选择椭圆矢量工具，在中心点位置进行拖拽，随后按住〈Alt〉键，绘制出由中心点向外扩展的圆形，并将其填充为# 8c4e0f（图 9-87）。

11）复制一个圆形，填充为白色并缩小一定比例（图 9-88），再选择椭圆工具，在白色的圆形上方绘制一个小圆。

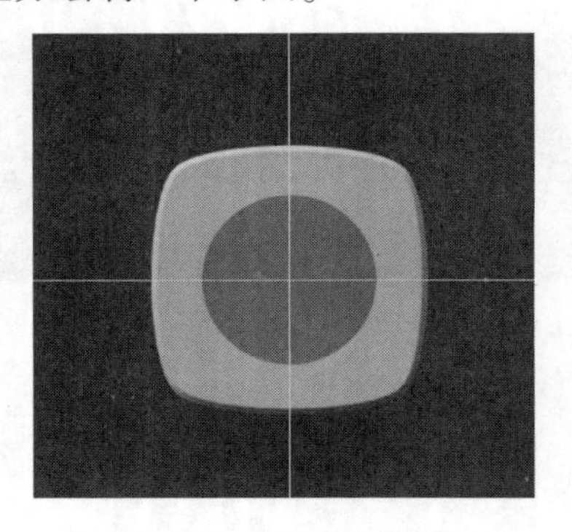

图 9-87　绘制中心圆

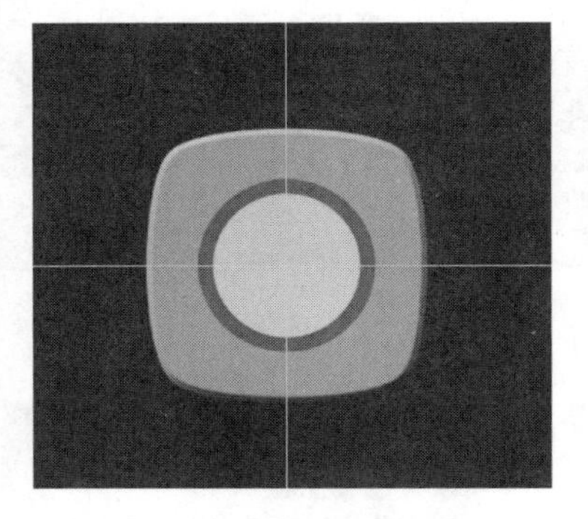

图 9-88　复制圆形并缩小

12）使用椭圆工具，选择减去顶层形状，选中绘制出的小圆，使用快捷键〈Ctrl+Alt+T〉，将小圆的中心点拖出，放置在图 9-89 所示位置。

13）设置旋转角度为 45°，再次结合快捷键〈Ctrl+Shift+Alt+T〉，对小圆进行旋转复制（图 9-90）。

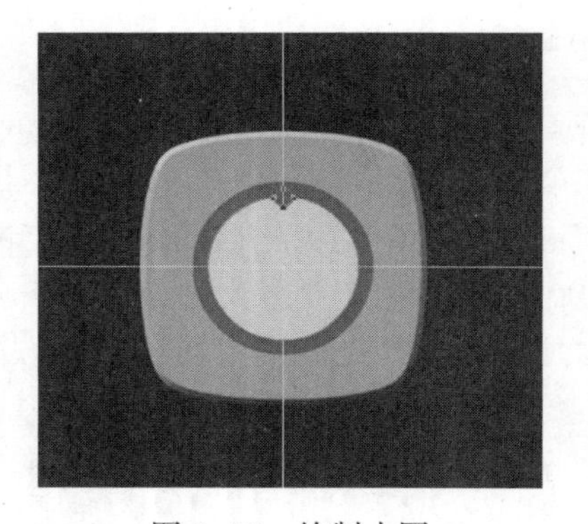

图 9-89　绘制小圆

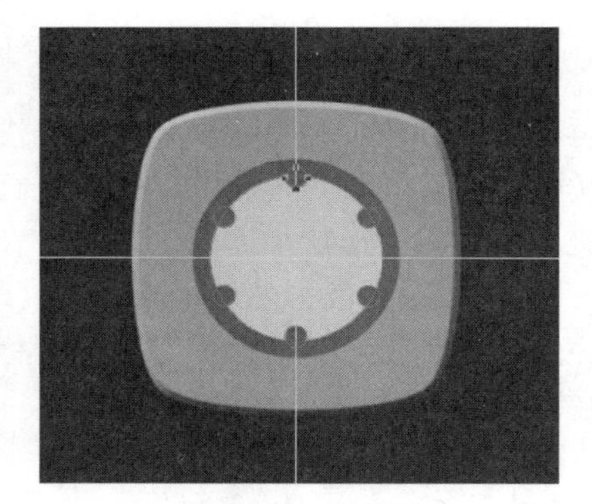

图 9-90　复制小圆

14）选择椭圆工具，执行减去顶层形状，在图形中心画出一个圆形（图 9-91）。

15）这时对制作的齿轮加以图层样式的装饰，运用斜面和浮雕效果、投影效果使其悬浮（图 9-92）。

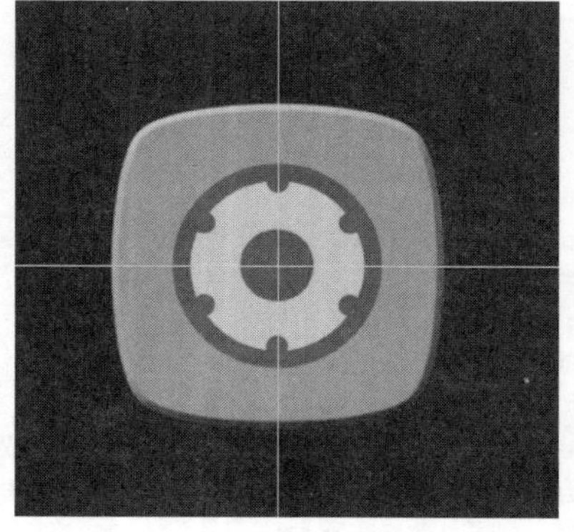

图 9-91　绘制中心圆

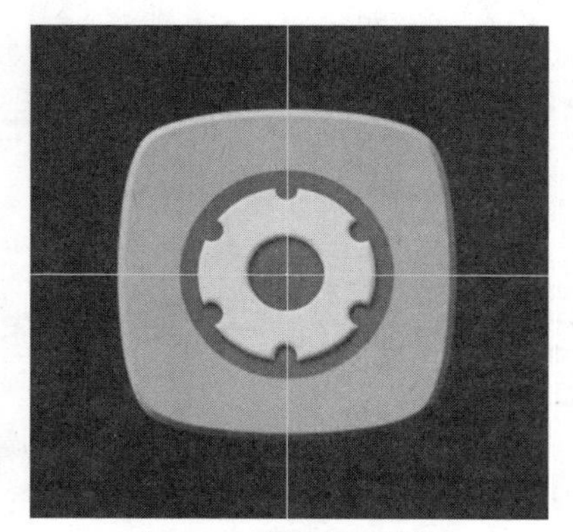

图 9-92　添加图层样式

16）给绘制好的齿轮一个圆形的底背景。接下来，开始绘制投影，先使用钢笔工具勾出投影区域，再使用画笔在该区域内画出投影，这时就得到了最终效果（图9-93）。

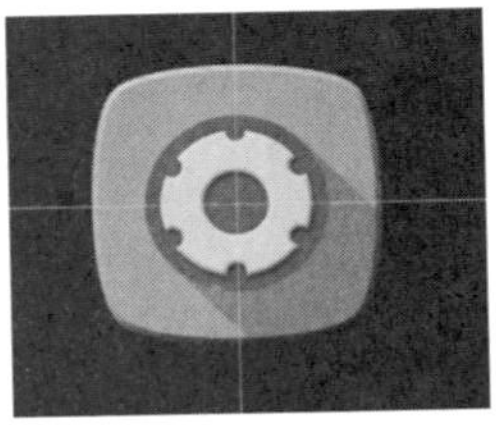

图9-93　使用画笔画入投影

9.4.3　钟表图标设计

第一步：设置图标底座的制作方法，与手电筒图标底座制作方法相同（图9-94和图9-95）。

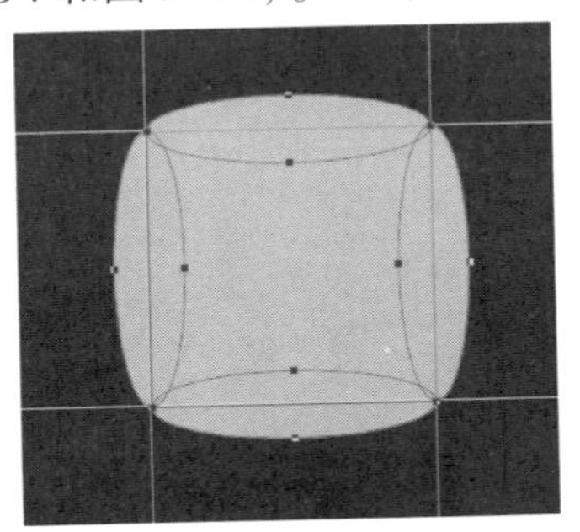

图9-94　绘制底座

图9-95　填充颜色

第二步：表盘的制作。表盘由一个圆形和若干矩形组成。先用椭圆工具画出一个圆，打开填充和描边，调整大小、颜色和描边粗细，添加图层样式，做好渐变叠加和投影，渐变叠加为90°线性渐变，这样让表盘更有质感和立体感。做好表盘底座，绘制参考线，用矩形工具画出一个矩形，调整大小和位置，按〈Ctrl+Alt+T〉旋转复制矩形图层，按住〈Alt〉键将矩形中心移动到表盘中心，设置旋转角度30°按〈Enter〉键两次确定，多次按〈Ctrl+Shift+Alt+T〉进行旋转复制（图9-96）。

第三步：时针、分针和秒针的制作。时针、分针和秒针都是由三个矩形和一圆形组成的。用矩形工具画出一个矩形，调整大小，使用自由变换工具〈Ctrl+T〉，按住〈Alt〉键将圆心放到表盘中心的位置，旋转45°。做好时针，复制时针图层，调整大小，以同样的旋转方法制作分针和秒针（图9-97）。

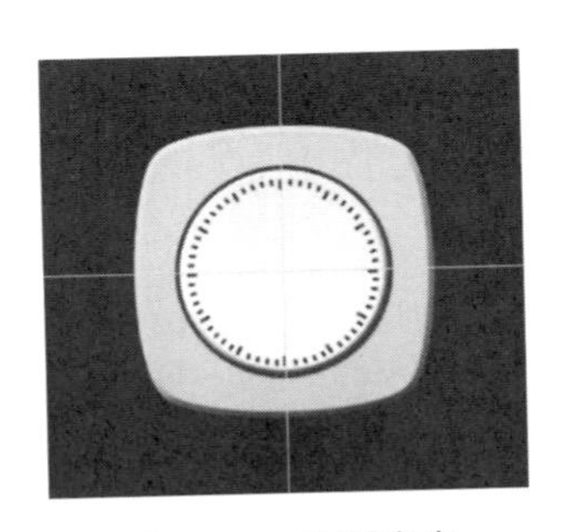

图9-96　绘制表盘

图9-97　绘制指针

第 10 章

使用画笔

10.1 画笔的选用

在 PS 中，画笔工具就是用来绘制图画，进行描绘的工具。它是 PS 软件最基本也是最常用的绘制工具，在 PS 中应用非常广泛。实际上它并非简单意义上的画图，在使用 PS 绘制图像时，其中有很多操作都需要结合画笔工具来实现，因此将画笔工具作为 PS 操作中非常重要的内容来学习与实践。

10.1.1 硬度和大小的设置

在 PS 的工具栏中找到画笔工具，选中即可使用。也可以使用快捷键〈B〉（图 10-1），这时光标会变为一个铅笔的样子，PS 的工具选项栏中就会出现一些有关画笔设定的功能选项（图 10-2）。单击向下箭头或直接单击箭头左边的圆点，即可下拉展开关于画笔的设置面板，分别会展现画笔的笔刷大小和画笔的硬度参考值，在这里可在画笔设置中拉动“大小”下方的滑块，即可对画笔的大小进行调整。同样，在画笔设置面板中，“硬度”下方也有一个滑块，拖动这个滑块可以调整笔刷的硬度。除此之外，还可以在这两个选项后方的输入框中直接输入数值，调整画笔的大小或者硬度。当然也可以单击下方的圆形，选用一些系统固定的画笔大小和画笔硬度。在调整画笔大小时，可以使用调整画笔大小的快捷键〈]〉和〈[〉，以节省作图时间，提升绘图效率。这里需要注意的是，大写锁定键处于打开状态时，无法看出笔刷大小是否进行过调整。所以在使用快捷键进行画笔笔刷大小的调整时，最好关闭大写锁定。通过这样的方法，可以快速调整画笔的笔刷大小。同时，也可以按住〈Alt〉键并同时长按右键左右移动鼠标调节笔刷大小，上下移动调整笔刷硬度。这里需要注意的是，通过快捷方式进行数值增减，并非都是 1 像素，在不同的数值区间内各不相同。如果需要精确改变像素大小，则需要输入具体数值或拉动滑块。在改变画笔大小和硬度数值时，光标也会随着数值的变化而发生相应变化（图 10-3 和图 10-4）。PS 中的画笔大小与光标的大小成正比，即画笔的数值越大，光标越大；数值越小，光标越小。

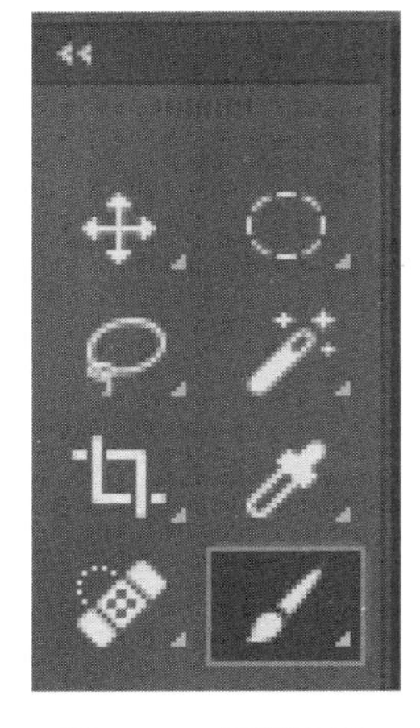

图 10-1　画笔工具

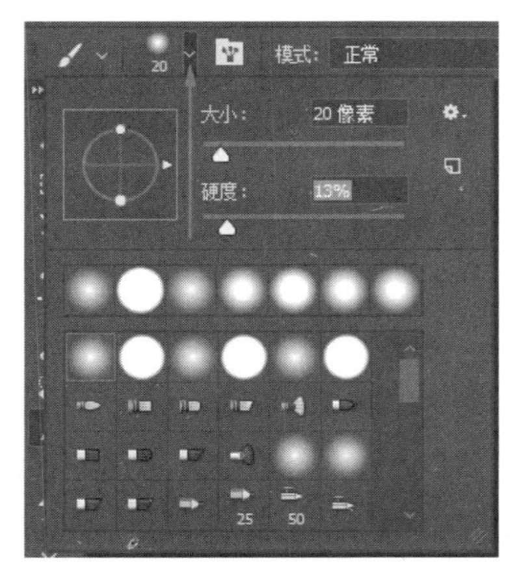

图 10-2　画笔工具栏

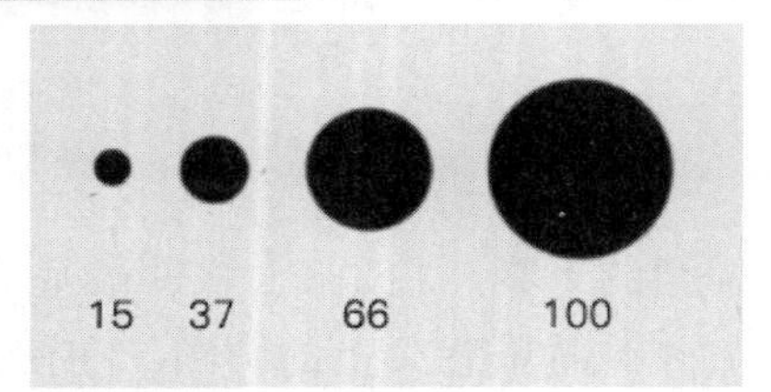

图 10-3　画笔大小

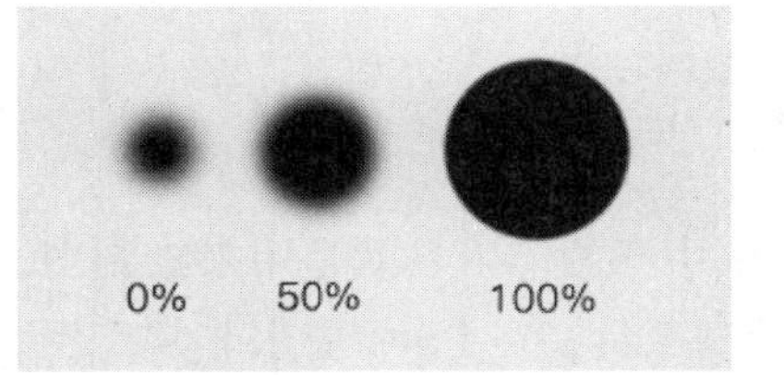

图 10-4　画笔硬度

10. 1. 2　画笔的快捷键组合

画笔工具位于 PS 左侧的工具栏中，快捷键为〈B〉或〈Shift+B〉，这里 PS 设计者为了提高用户对工具的使用效率，而将四个同类型的工具都组合在了同一个工具栏中，被归纳在一起的工具都会使用相同的快捷键〈B〉。选择〈B〉时，会出现四个同类型的工具，最终以最后使用过的工具作为默认工具，这时可以使用快捷键〈Shift+B〉，在四个同类型工具中进行工具的切换（图 10-5）。

图 10-5　画笔工具

色彩设置的快捷键为〈D〉，可以还原到默认色彩设置，即成为前景黑色与背景白色的效果，这时再使用画笔。这两个画笔快捷键掌握后可以大大地提高设计的效率，当然除使用快捷键，还可以单击工具栏，出现侧拉列表后选择需要使用的工具。

10. 1. 3　画笔的预设参数

在选择画笔〈B〉后，PS 的公共选项栏中会出现一些关于画笔的设定选项，单击后在图 10-6 画框处按〈F5〉键，会弹出预设对话框（图 10-7），这里为画笔的详细设定框。

图 10-6　画笔工具栏

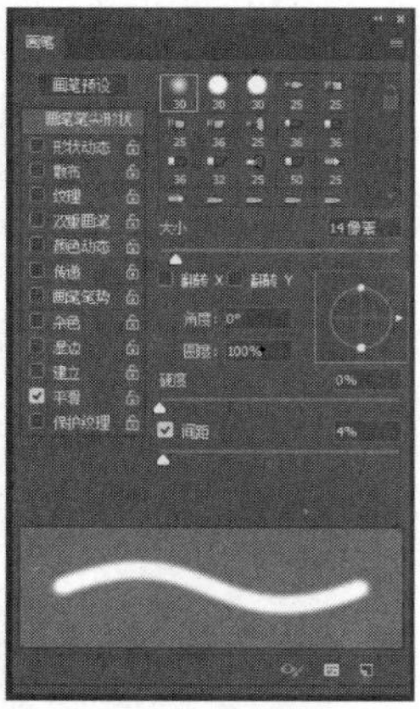

图 10-7　画笔面板

在画笔预设框中常用的有笔刷的预设选项，单击预设框中左边的画笔笔尖，在右边就会出现相对应的笔刷形态，然后可以根据作图需要选择相对应的笔刷样式。注意：在笔尖形状以下的选项中，只勾选“平滑”选项，其他选项为未选中状态。在画笔预设框右下边可以看到画笔大小的设定、画笔硬度的设定及画笔间距设置。这三项均可用鼠标拖动滑块来调整画笔参数，也可以通过手动输入数值进行调整。画笔大小和硬度在之前已经讲过，下面介绍画笔间距。

在预设框的最下方有设置好画笔属性后的预览框，在调整画笔大小、硬度、间距参数的同时，预览框中的画笔大小、硬度、间距会随右上方的预设参数的改变而改变（图 10-8）。

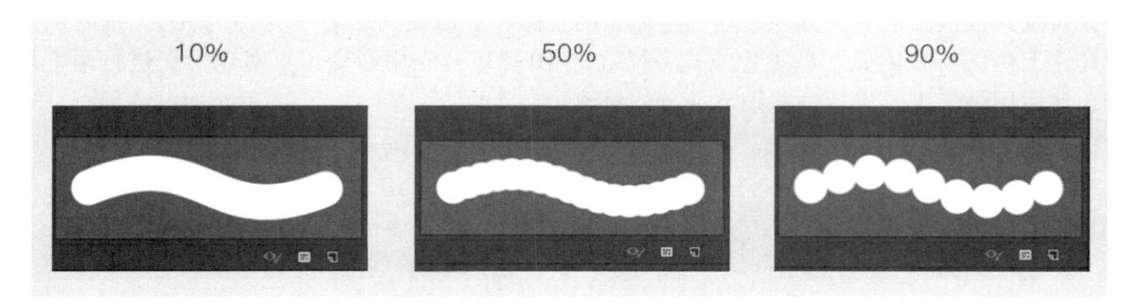

图 10-8　画笔调整

在使用较大画笔时，需要注意对画笔间距的调整，以免出现波浪边缘。通过控制画笔的形状（圆度）可以调节画笔的形状和角度（方向，图 10-9）。画笔在 100%的状态下，会呈现出一个正圆的形状；50%的状态下会是一个椭圆；0%的状态下是一个扁平的形状。形状不同的画笔会绘制出来不同形态的笔触。还可以根据需要设置画笔的角度。设置参数时可以通过手动输入参数调整，也可以用鼠标拉动圆弧上的两个圆点改变画笔形状，在圆弧框内任意地方单击并拖动可以改变画笔角度。

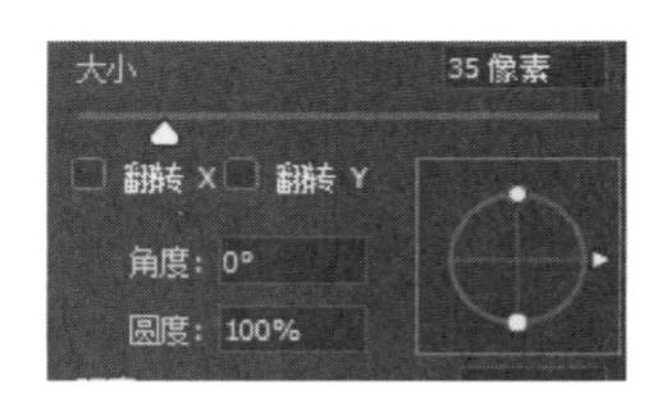

图 10-9　画笔形状与角度调整

10.2　超写实破壳鸡蛋绘制

接下来绘制一个比较逼真的破壳鸡蛋（图 10-10）。制作鸡蛋需要将鸡蛋分为描边、内壳、外壳、蛋清、蛋黄及高光几部分。

1）首先建成一个 1200×650 像素大小的画布，背景设置为浅灰色，将原图拖拽进入，因为需要吸色，这样可以保证与原图颜色尽可能一致。首先制作蛋壳最外层的白色描边，运用钢笔工具，将填充关闭，描边设置为纯色填充，描边大小为 2 像素，锚点与锚点之间的连接组成“描边”（图 10-11）。

图 10-10　效果图

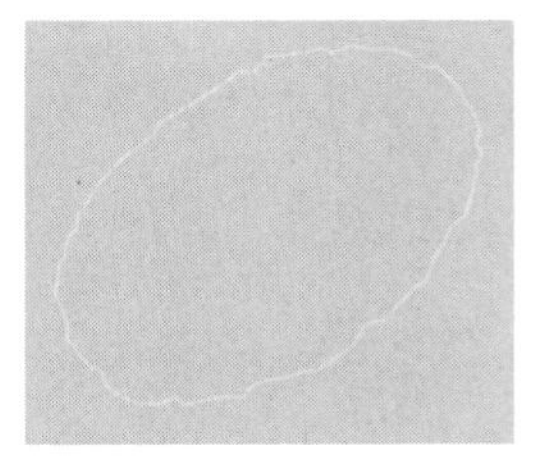

图 10-11　绘制白色描边

2）复制制作好的“描边”，命名为“内壳”。将描边关闭，填充打开。为了让蛋壳的颜色更加均匀，色彩效果更加逼真，运用画笔工具快捷键〈B〉来上色，在上色之前，右键单击“内壳”图层，栅格化并锁定透明像素，可以结合〈Alt〉键转化为吸管工具后上色（图 10-12），上色时可以先使用渐变工具进行整体大色块的上色，然后再栅格化图层后使用画笔工具进行颜色的细微调整。

3）接下来制作鸡蛋的“外壳”。运用钢笔工具，快捷键为〈P〉，单击锚点时不要松开手，长按并拖拽出把手，首尾相连确定一条闭合路径，修改图层名字为“外壳”。这时需要对外壳上色，与“内壳”的上色方式一样（图 10-13），先用渐变工具对鸡蛋壳进行渐变填充，然后用画笔工具进行一些细节部分的修改。

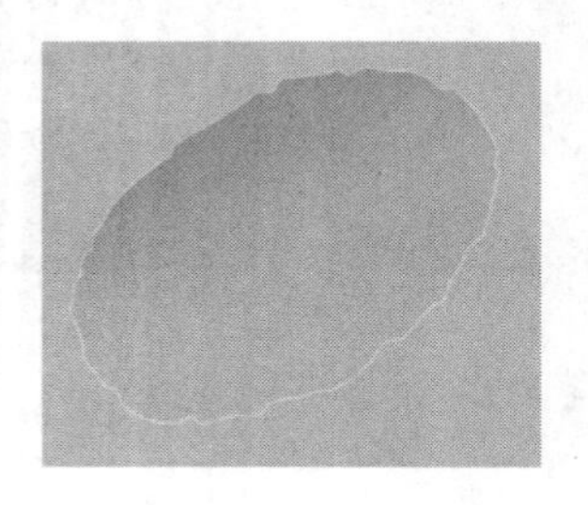

图 10-12　上色

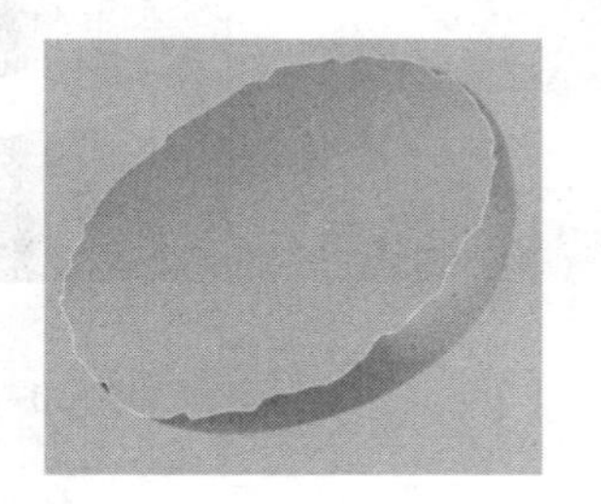

图 10-13　外壳上色

4）制作“蛋清”运用椭圆工具、快捷键〈U〉进行变换〈Ctrl+T〉制作出基本外形，同理对“蛋清”上色（图 10-14），需要注意的是要保证“蛋清”的质感，所以需要关掉“透明像素”，对“蛋清”进行模糊处理，单击“滤镜”>“模糊”>“高斯模糊”即可完成对蛋清的模糊处理。

5）制作“蛋黄”。运用椭圆工具、快捷键〈U〉进行变换〈Ctrl+T〉制作出基本外形，同理对“蛋黄”进行上色（图 10-15），“蛋黄”需要与蛋清有一些微妙关系，所以我们在“蛋清”的图层上给“蛋黄”制作一些阴影，同样要用画笔做很细微的调整。

6）制作“高光”。运用矢量工具、圆的快捷键〈U〉以及钢笔快捷键〈P〉，绘制出基本的形状，然后进行羽化，选择“属性”>“羽化”，并结合图层蒙版对高光进行擦拭，做一些细微调整。

7）制作“阴影”。运用圆的快捷键〈U〉，选择黑色，然后进行羽化，选择“属性”>“羽化”，将其放在背景上（图 10-16）。

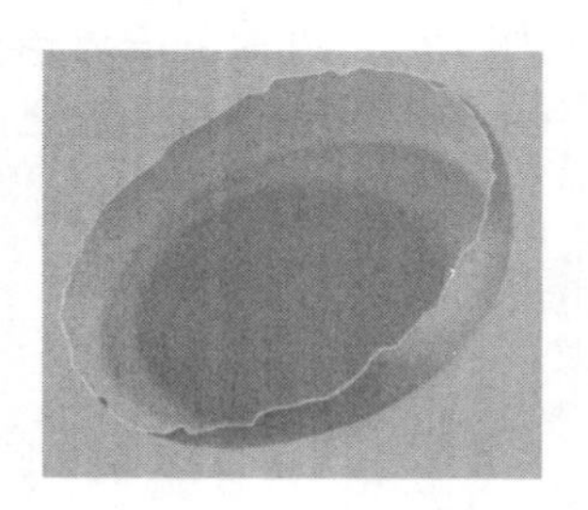

图 10-14　给蛋清上色

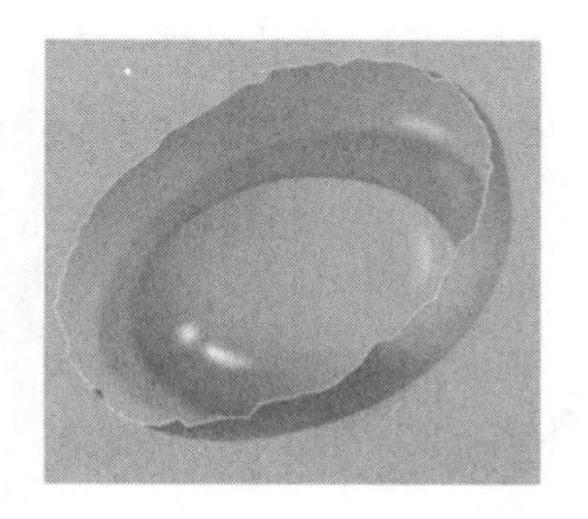

图 10-15　给蛋黄上色

图 10-16　效果图

第 11 章

图层蒙版的应用

11.1 初识图层蒙版

11.1.1 图层蒙版的定义

图层蒙版可以理解为非破坏性地对当前图层中的内容进行隐藏，显示我们需要的部分。当然也可以理解为给当前图层蒙上一层玻璃纸，玻璃纸有三种样式，即透明的、半透明的和完全不透明的。可以使用各种绘图工具对图层蒙版进行涂色（只能涂黑白灰色，如果使用了有色彩系，系统会默认为灰色）。涂抹黑色的区域是对当前图层中的内容进行隐藏，相对的蒙版也会变成不透明的；涂白的区域是对当前图层中隐藏的区域进行显示，相对的蒙版也会变成透明的；涂灰是对当前图层进行半透明的隐藏，蒙版会变成半透明的状态，其透明程度是由灰色的深浅所决定的。总之，图层蒙版对于 UI 设计师来说是一项很重要的功能。

11.1.2 图层蒙版的作用

1）图层蒙版也是一种选区，但它与之前讲到的选区是不同的。图层蒙版的主要目的并不是修改选区，而是要对其进行保护。被蒙版隐藏的部分可以进行多次修改，并且不会对图层产生任何破坏。

2）蒙版虽然是选区，但它跟常规的选区有很大的不同。常规的选区是对当前选区中的内容进行操作处理，对其进行再次修改时会破坏之前的图层内容。而图层蒙版是相反的，它基于对原图层进行保护，无论怎样对蒙版进行修改都不会影响原图层。首先在 PS 中的图层蒙版只能用黑白色及中间过渡色（灰色）来展示。在蒙版中的黑色涂擦区域，就是对当前图层的内容进行隐藏，从而显示下方图层中的内容，蒙版中的白色则是显示图层中隐藏的内容。使用蒙版中的灰色进行擦拭，会发现图层变为半透明状，当前图层下方的内容也会隐约显示出来。

11.1.3 图层蒙版的建立与删除

图层蒙版的作用是非破坏性地隐藏图层中的内容。现在来明确几个关于蒙版的基本知识：

1）蒙版是用来屏蔽（隐藏）图层内容的，不会破坏图像，可以使用钢笔等工具勾勒出任何形状，以达到预期效果。

2）蒙版不可叠加使用，一个图层只能有一个蒙版。

3）蒙版可作用于图层或图层组。

既然蒙版是用来屏蔽某些区域的，而指定区域的有效手段就是创建选区，因此在实际生活中几乎都是通过选区建立蒙版的。

如何快速建立蒙版呢？下面介绍两种方法。

1）通过观察可以发现，在图层面板的最下方会有一个黑白两色的矩形按钮，选中要添加蒙版的图层，然后单击该按钮，就为当前图层添加了图层蒙版。需要注意的是，无论前后背景色之前是什么颜色，当为其中一个图层添加图层蒙版后，前后背景色都会默认为黑白色，如果前景色之前是彩色系，那么会默认为灰黑色或者灰白色。

2）在菜单栏中选择图层选项，在弹出的列表中选择图层蒙版选项，在图层蒙版选项中有“显示全部”和“隐藏全部”两个选项，选择“显示全部”会将图层中的所有内容全部显示出来，其蒙版效果是完全透明的；选择“隐藏全部”会将图层中的全部内容进行隐藏，其蒙版效果是完全不透明的。

下面结合以上的理论知识举个例子。

将伞状图形用 PS 打开，使用钢笔工具给图片中的伞状图形建立选区，单击图层面板下方的“新建蒙版”按钮，这样就会将选区中的内容留下，选区外的内容隐藏，也可以通过菜单栏选择“图层” > “图层蒙版” > “显示选区”命令，从而建立一个蒙版，将原选区内的区域保留，选区外的内容隐藏（图 11-1）。

图 11-1　隐藏选区

蒙版使用黑色和白色来表示“没有”和“有”，即黑色区域屏蔽图层内容，白色区域显示图层内容，其余灰度色为不同的半透明程度。

如图 11-2 所示，在图层面板中按住〈Alt〉键，单击蒙版缩览图，相当于将其在通道面板单独显示。重复该操作或按快捷键〈Ctrl+2〉，可回到正常显示状态。

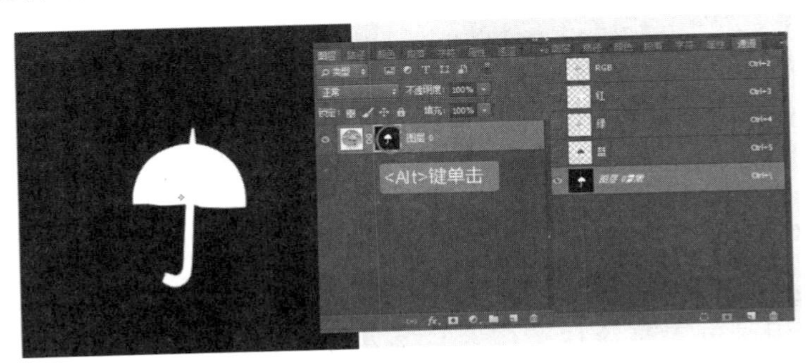

图 11-2　显示正常状态

在没有选区的情况下，可以通过图层的透明区域建立蒙版，方法是选择带有透明区域的图层后选择“图层”>“图层蒙版”>“从透明区域”命令。不过该方法实用性较低，因为使用蒙版一般都是为了获取透明区域，而既然原图层中已经包含透明区域，就不必多此一举。

除此之外，还可以通过“图层”>“图层蒙版”>“显示全部/隐藏全部”命令建立一个全白或全黑的蒙版，一般是为了使用绘图或其他工具对蒙版进行加工。

图层蒙版的删除很简单，在图层面板中直接将蒙版缩览图拖动到下方的垃圾桶图标上即可，注意不要将整个图层删除。通过“图层”>“图层蒙版”>“删除”命令或蒙版右键菜单均可以实现。区别在于前者会出现确认对话框，而后者直接删除。

11.1.4　图层蒙版的应用与停用

虽然基于可编辑性最大化原则应尽量保留原图以备不时之需，但如果已经确定不再需要被屏蔽部分的图像时，可通过应用蒙版将该部分删除（图 11-3），在图层面板中的蒙版缩览图上右击，选择“应用图层蒙版”或“图层”>“图层蒙版”>“应用”，图层中原先的背景就被删除了。

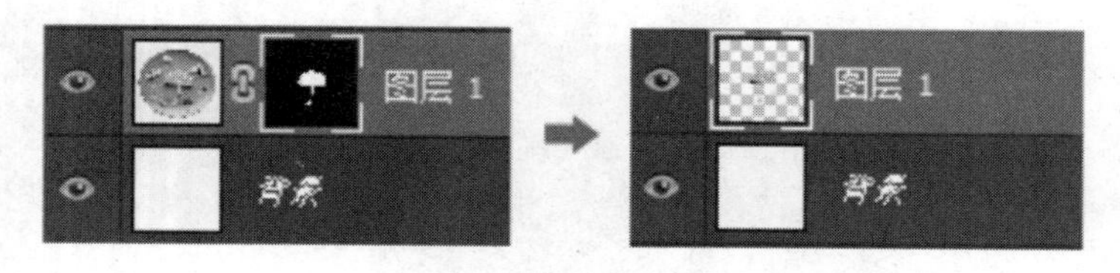

图 11-3　删除背景

应用蒙版后的图层又回到无蒙版的状态，此时可以再为其建立新的图层蒙版。虽然从理论上来说，只需要一个蒙版即可完成对图层的所有屏蔽需求，但如果兼顾原蒙版造成麻烦时，可选择应用原蒙版后再建立新蒙版进行操作，当然这对于图像是有损失的。

如果希望看一看原图在没有蒙版时的样子，可选择停用蒙版（图 11-4）。按住〈Shift〉键单击蒙版缩览图即可，被停用的蒙版将会出现明显的红叉标记。再次单击（不需要按住〈Shift〉键）蒙版缩览图即可恢复启用。

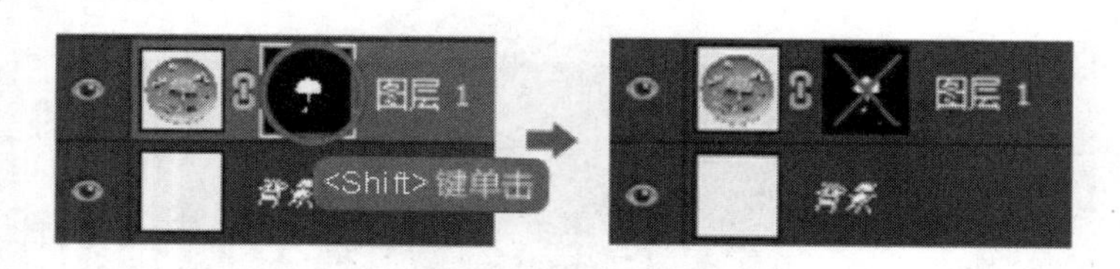

图 11-4　停用蒙版

需要注意的是，在停用蒙版的状态下依然可以对蒙版进行相关操作，如将其载入选区等，也可以使用画笔工具涂抹蒙版，只是在停用状态下所做的涂抹在图像中看不出来。

11.2 城市夜景图层蒙版合成案例

1. 案例一：城市漂流瓶

1）将城市夜景图片和漂流瓶图片放置在 PS 中（图 11-5）。

图 11-5 放置素材

2）调整图层顺序，将城市夜景图剪贴到漂流瓶中（图 11-6）。

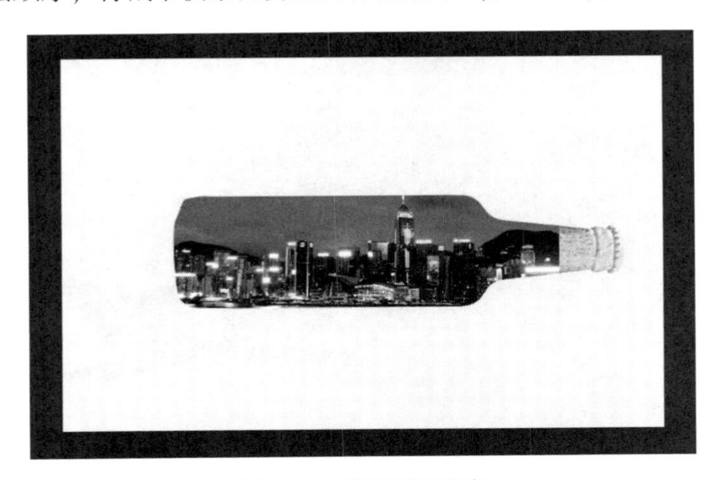

图 11-6 调整图层顺序

3）给“城市夜景”图添加图层蒙版，选择画笔，调整硬度，黑色为隐藏，将周围擦除直至可以看出“酒瓶”的轮廓，最终效果如图 11-7 所示。

图 11-7 最终效果

2. 案例二：横穿纸箱的飞机

1）打开 PS，将纸箱与飞机素材添加到新图层中（图 11-8）。

图 11-8　打开素材

2）给飞机图层添加图层蒙版，并用钢笔勾勒出飞机与纸箱正面的重叠部分（图 11-9）。

图 11-9　勾出重叠部分

3）将选中的区域转化为选区，使用快捷键〈Ctrl+Enter〉（图 11-10）。
4）单击选中飞机的图层，使用〈Delete〉键删除选区中的内容（图 11-11）。
5）通过以上步骤即可得到飞机穿过纸箱的效果。

图 11-10 转化为选区

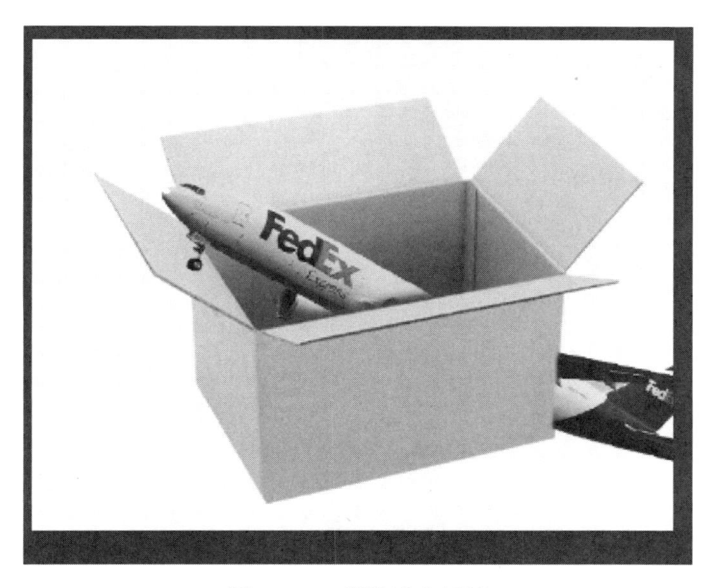

图 11-11 删除选中区域

第 12 章

滤镜的高级应用

12.1 素描画像制作

在讲解案例之前先简单了解一下滤镜。

PS 滤镜包括两种：一种是安装时自带的，这种滤镜给设计师提供了很好实现设计感想的空间，给初次接触的学者提供了很好的修图功能；另外一种是需要安装才能使用的第三方滤镜，如 KPT、PhotoTools、Eye Candy、Xenofex、Ulead effect 等，第三方滤镜种类大概有 800 种以上。滤镜之所以被很多爱好者痴迷，正是因为其种类繁多，功能齐全。

滤镜的作用是对图像进行一些特殊效果的处理，主要分为相机滤镜、外挂滤镜和其他滤镜等。滤镜使用时只需要从菜单栏中选择滤镜功能（图 12-1），再选择要执行的相应命令即可。

Ps 文件(F) 编辑(E) 图像(I) 图层(L) 文字(Y) 选择(S) 滤镜(T) 视图(V) 窗口(W) 帮助(H)

图 12-1 滤镜功能

在滤镜菜单中有很多功能（图 12-2），如风格化、模糊、锐化、渲染、杂色等，然后在风格化、模糊、锐化滤镜等功能下又有多个滤镜，每个滤镜各有不同的适用范围。

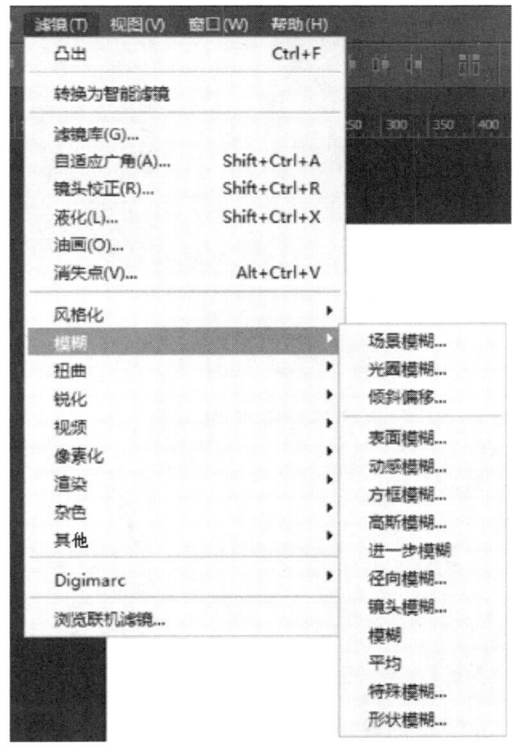

图 12-2 滤镜菜单中的功能列表

需要注意：在滤镜（包括风格化、模糊功能及其他）中有许多单位为像素的选项，使用该功能时它们所产生的效果程度，要参考原图的像素尺寸。例如，在 500×600 像素的图像和 5000×6000 像素的图像中，分别用 30 像素的模糊程度，其效果在小画布图像中可能已经很明显，而在大画布图像中的效果就可能微乎其微。由于数码相机的设备配置较高，其相片的像素尺寸都较大，因此在处理数码相片时要注意使用适当的数值，也可以先缩小相片再进行其他滤镜功能的处理。

滤镜功能与通道、图层工具共同使用，才能使界面的整体设计达到我们想要的效果。如果我们想把滤镜运用得炉火纯青，除了自身的美术基础外，还需要熟悉工具并熟练使用，以及丰富的想象力，这些都直接影响最终效果。

12.2　女人海报—3D

通过 PS 可以进行高效的平面设计。接下来使用 PS 制作一张海报，通过这样的方式来更深入地了解 PS。首先将图 12-3 中女孩的图片在 PS 中打开。然后使用裁剪工具对图像进行裁剪调整，使图片位于中心位置并且四周留有空白（图 12-3）。

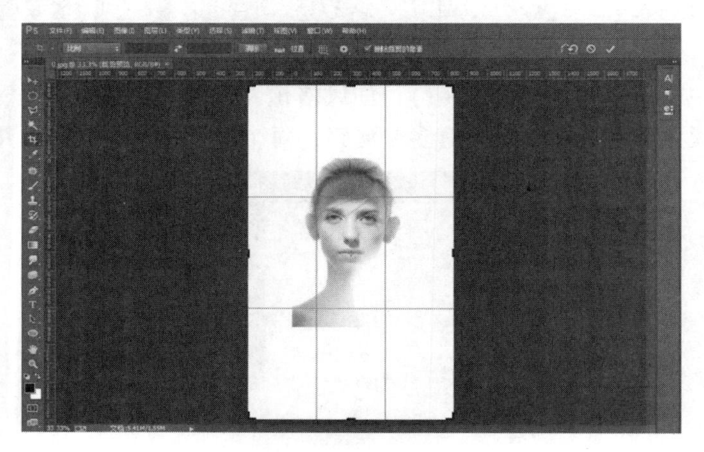

图 12-3　裁剪后的图片

在菜单栏中打开“滤镜” > “风格化” > “凸出”，对图片进行设置（图 12-4）。

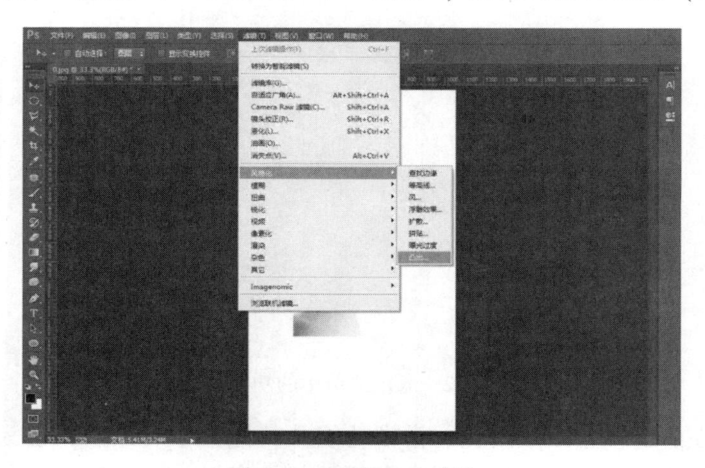

图 12-4　选择凸出效果

选择“凸出”后会弹出一个“凸出”对话框，设置“类型”为“块”，“大小”为 6 像素，“深度”为 80，并且选择“随机”（图 12-5）。

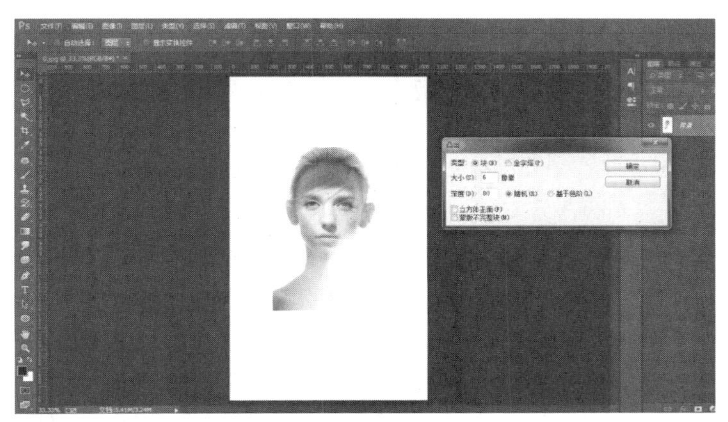

图 12-5　设置数值

设置完成后，单击“确定”按钮，这时图片就变为充满凸出方块的效果（图 12-6）。

图 12-6　凸出的效果

然后打开“曲线”，通过“曲线”调整图像颜色对比（图 12-7）。

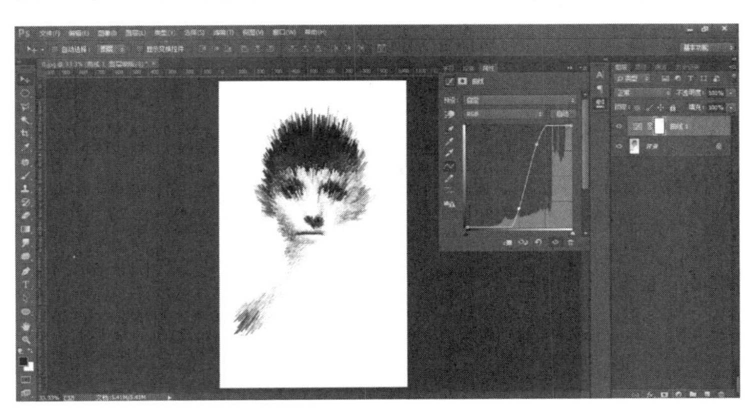

图 12-7　调整图像颜色对比

这时图像就处理完成了，然后使用裁剪工具“C”对图像进行裁剪，将图片裁剪到一个合适的范围（图 12-8）。

图 12-8 裁剪图像

使用矩形工具“U”，“填充”设置为“无”，“描边”设置为“实色”，颜色为粉紫色。再将该矩形框放置到图中合适的位置（图 12-9）。

图 12-9 添加矩形

这时候将该矩形框栅格化处理，用橡皮工具将超出矩形框的部分擦除（图 12-10）。

这时需要给矩形框进行变色，锁定透明像素后，用画笔工具“B”，将画笔硬度调整为零，然后选择要改变的黄色进行涂抹（图 12-11）。

接下来在图片右下角制作一个粉色半透明的矩形，并放在方框底部。再制作一个粉色长条，栅格化图层，锁定透明像素进行上色（图 12-12）。

添加文字，修改文字粗细、字体，然后将文字栅格化，同样用画笔进行颜色添加，画笔硬度为零，进行过渡涂抹（图 12-13）。

最后在图片下方添加两行小字，采用的颜色与整体颜色保持一致，为粉紫色（图 12-14）。

图 12-10　擦除重叠区域

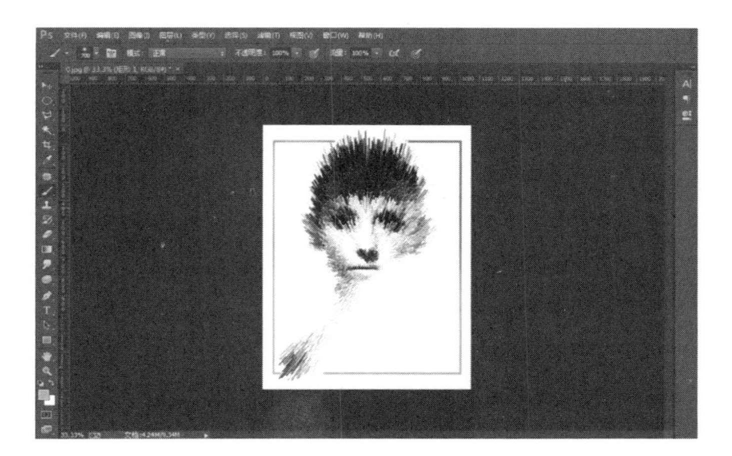

图 12-11　矩形框换色

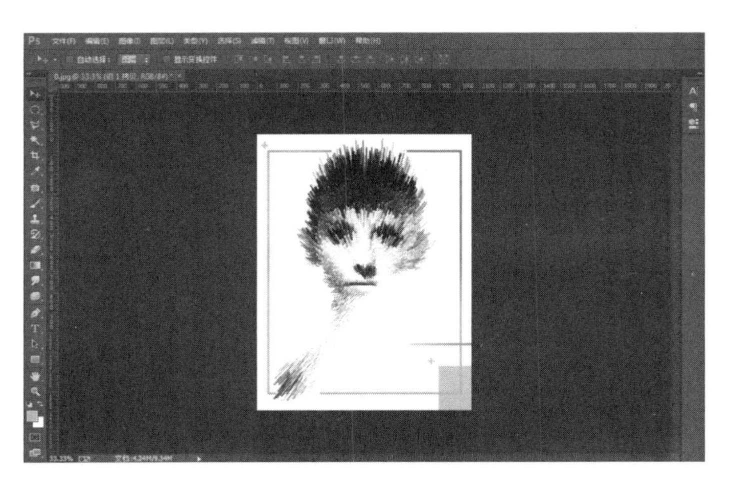

图 12-12　制作粉色长条

图 12-13　添加文字

图 12-14　添加装饰文字

第 13 章

其他工具应用

13.1　图案的使用

13.2　修复工具组

13.3　调整色彩

13.1 图案的使用

在学习定义图案之前，首先要了解并掌握笔刷的定义，这是非常有必要的。笔刷工具是一些预设的图案，它可以借助画笔的形式直接使用，即该工具可以在不同的地方，通过不同的方式，但是可以使用相同的内容。图 13-1 所示为使用同一株小草做画笔预设，通过画笔预设既可以用画笔工具画出小草形状的新内容，也可以用橡皮擦工具擦去图层中小草形状的区域（图 13-2）。

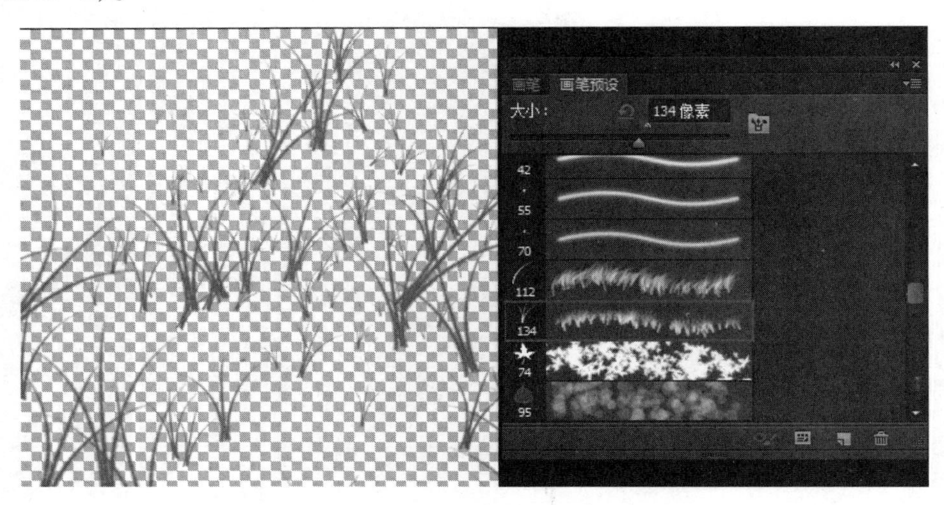

图 13-1　画笔预设

图 13-2　橡皮擦的使用

13.1.1 图案的定义

图案的定义就是打开一幅图像，使用矩形选框工具选取想要的部分区域后，单击“编辑”>“定义图案” 命令即可（图 13-3）。定义图案的选取只能选择矩形（图 13-4），并且不能羽化操作完成后定义；否则定义图案的功能就无法使用，如果建立选区直接定义图案，那么整幅图像就作为图案。

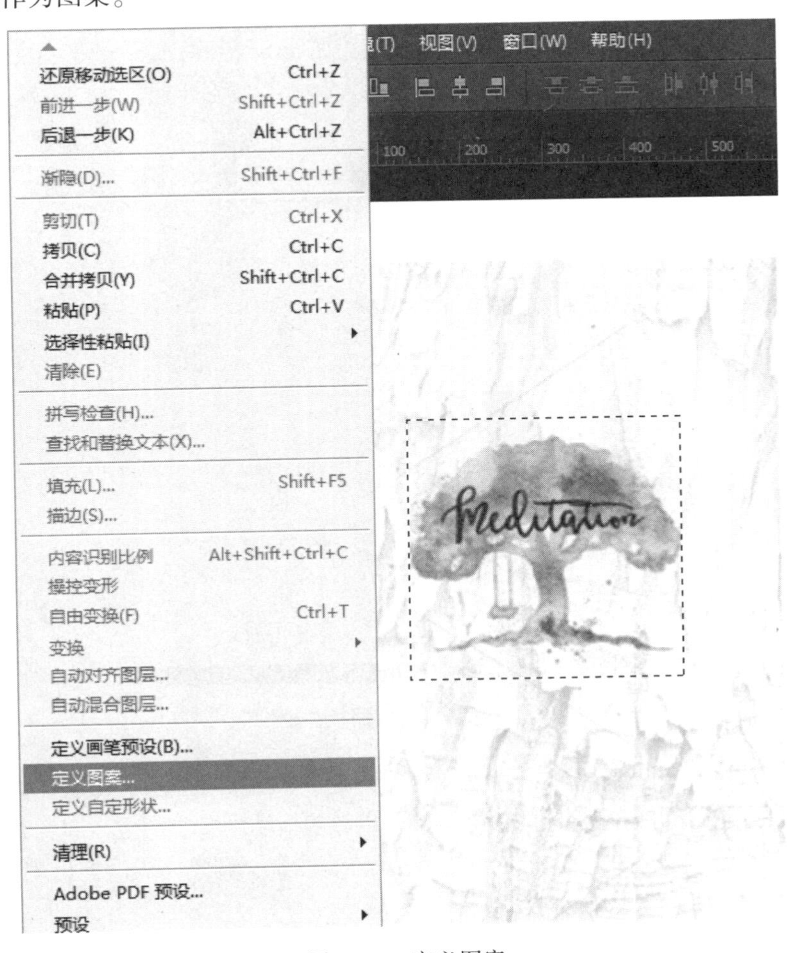

图 13-3　定义图案

图 13-4　定义图案名称

如果定义图案时，我们没有创建选区，就相当于全选的效果，即〈Ctrl+A〉，这样将会使整幅图像作为图案进行定义。

定义图案完成后就可以使用定义图案了，一般来说，定义图案都是用来填充图层的，首先新建一个图层快捷键〈Ctrl+Alt+Shift+N〉，如果不新建图层，它会自动生成一个图层；如果新建图层，系统会默认直接将新建的图层变为图案填充图层。

单击图层面板下方的“创建新的填充或调整图层”按钮（图 13-5）。

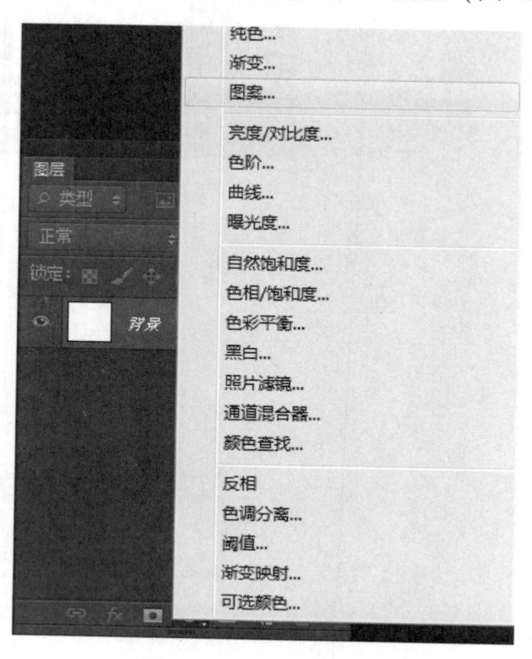

图 13-5　图层面板弹框

选择图 13-5 中的“图案”选项，这时系统会新建一个图案填充层，然后在设定中选择之前定义好的图案进行填充，并且在这样的情况下，可以数遍拖动画布中图像，改变其填充位置，单击“贴紧原点”按钮，就可以使拖动的图案回到其初始位置，调整完成后便出现如图 13-6 所示的效果。

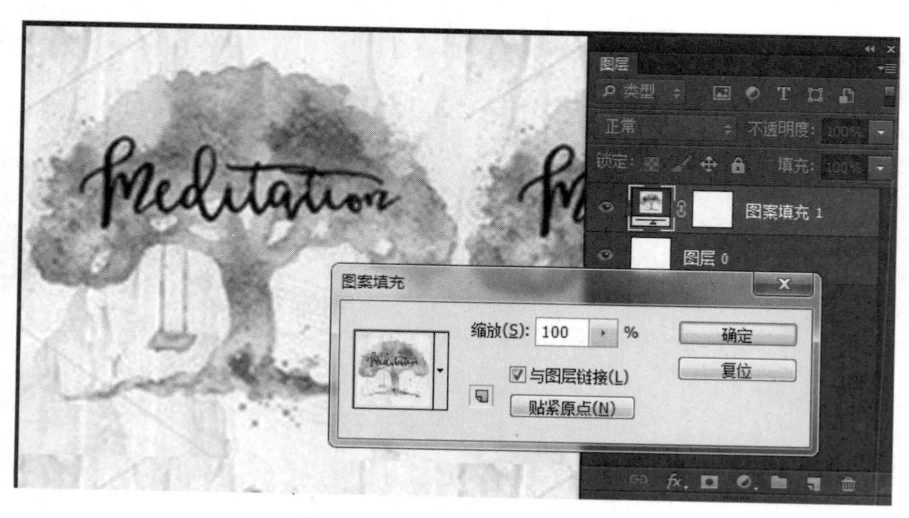

图 13-6　“图案填充”对话框

如果对当下图案的填充不是很满意，可以调整图案的缩放值，这样就可以让画面看起来比较丰富。需要注意的是，想要改变所填充图案的尺寸大小，就必须在图案填充的设定中更改其缩放的数值，其中自由变换工具〈Ctrl+T〉对图案填充层是没有效果的。最终完成的图案效果如图 13-7 所示。

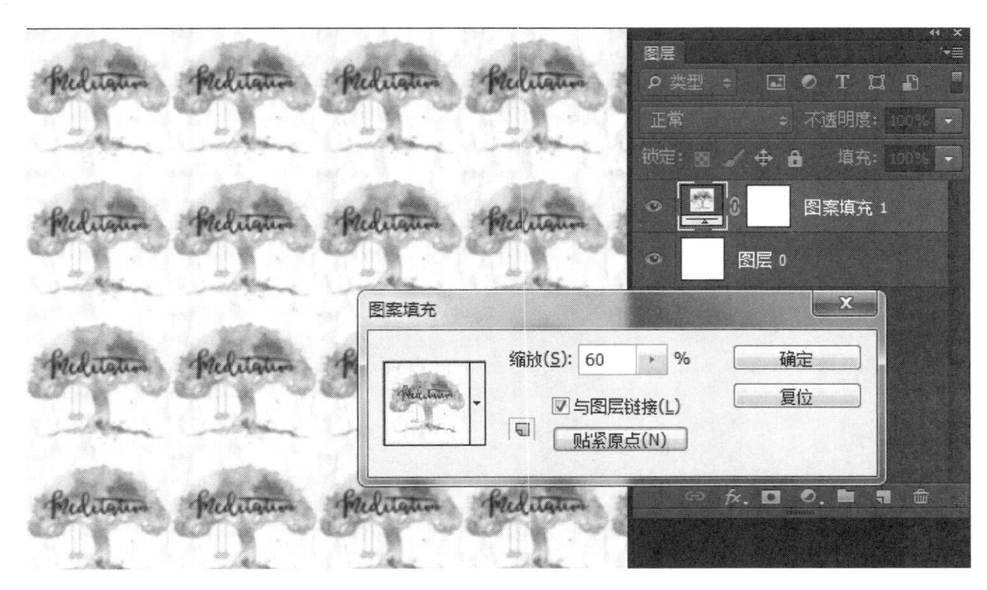

图 13-7　调整缩放值

从图 13-7 中可以看出，图案填充效果是利用单个图案对整个图层进行平铺。把单个图案进行重复使用，也可以将图案之间设置成有缝隙的，这样的效果类似板砖拼接。实际上图案平铺也可以做出很棒的效果，这将会在以后的学习中了解到，目前让大家先了解定义图案的功能。相信在以上的学习中，大家已经可以使用定义图案这个工具了。

接下来学习关于制作首尾相连的“无缝平铺”的图案效果。这就要求在定义图案时，图案必须是带有透明像素的图像。图 13-8 所示为经过处理的图像 Flower. jpg，将其定义为图案，在图片树叶上应用平铺效果。想要达到如图 13-8 所示的类似效果，在定义图案时要将其调整到合适的尺寸，或者在平铺时设定合适的缩放比例。

在制作的过程中，也可以利用平铺的特性结合蒙版与图层样式等功能，设计出由图案填充所形成的文字效果。也必须设置投影样式，这样可以将字体的形态衬托出来，增强文字的边缘感（图 13-9）。首先输入所需的文字，随后给文字图层填充白色后，将混合模式改为正片叠底。这时会发现看不见文字了，给文字图层添加投影，就可以清晰看见文字图层的轮廓了；最后再对文字图层进行图层样式效果中图案叠加的效果，选择之前已经定义好的图案进行填充即可；也可以利用前文学到的方法，先给图层进行“创建新的填充”或者在“调整图层”按钮中选择“图案”选项，对其进行填充。适当调整图案填充的缩放值，然后利用剪贴蒙版工具，将填充好的图层剪贴到文字图层中，也可以达到图 13-9 的效果。

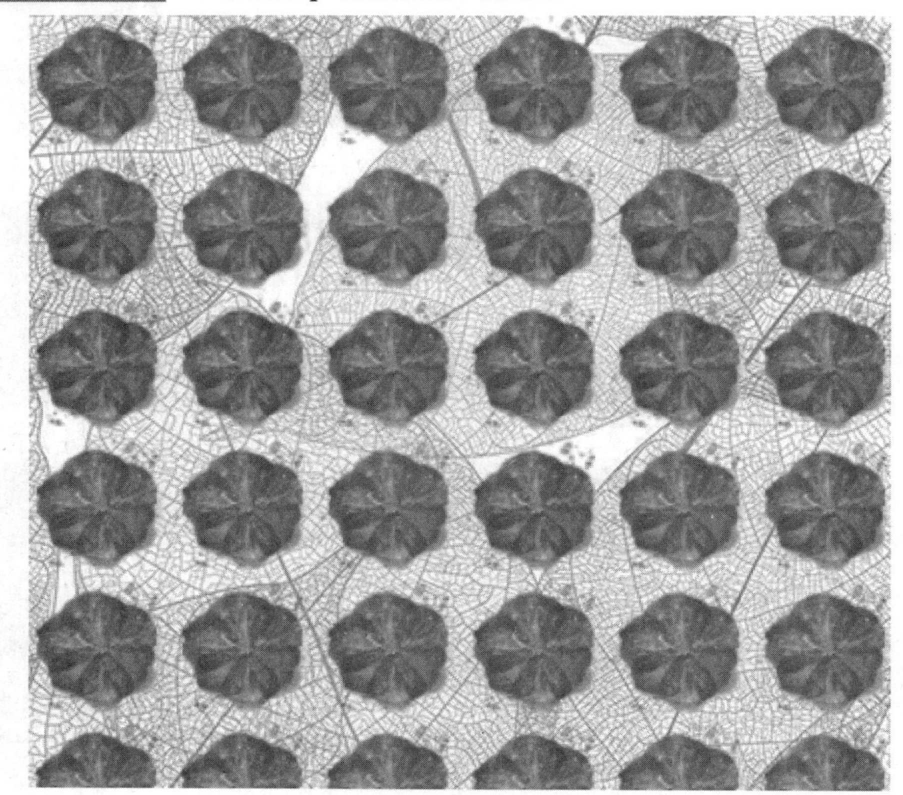

图 13-8　无缝平铺

图 13-9　图案填充的文字效果

如果大家完成了图 13-8 的示范，那就说明大家已经明白了定义图案怎么用了。也可以结合我们学到的其他功能，做出更好的效果，大家可以自由发挥潜力，做更多的尝试。

13.1.2　图案的填充方式

如果在绘图的过程中，想要把自己准备好的素材或是图形图像填充到图形中，就得先定义 PS 中的图案填充，将想要的图案载入填充效果中，然后双击图层，打开图层样式中的“图案叠加”，找到定义好的图案，选择使用即可；也可以选择修复画笔工具的图案属性，图案图章工具的属性，用这些工具对其进行填充。总之，每个工具都各有千秋，每个工具都有其独特的优缺点，要学会利用各种工具，以达到想要的设计效果。

这里介绍一下修复类工具中的图章工具，将图章工具单独列出来介绍，主要是因为其使用方法比较特殊。

通俗地说，仿制图章工具“S”相当于日常生活中的“复印机”，其主要作用是将图像中的某个位置的样子一模一样地搬到另一个位置上，并且使两处的内容保持完全一致。同理在复印文件时需要原件，所以在使用仿制图章工具时，要先确定或者定义采样点，然后将其复制过来。

按住〈Alt〉键然后单击图像的某处松手，这样就定义了采样点。需要知道的是，当页面中有多个图层存在时，必须在该图像所在的图层取样；反之，取到的只是其他图层的样。如图 13-10 所示，按住〈Alt〉键数遍单击 Rose.jpg 中的玫瑰后松手，将鼠标移动到另外的地方按下并且拖动鼠标，通过观察会发现这朵玫瑰被复制过来了，并且在按下〈Alt〉键时光标会自动变成十字状；当鼠标开始拖动时，会发现在原图位置出现了一个十字线，它会跟随着鼠标的移动而在原先位置进行相应的移动，可作为图片复制的参考。

图 13-10　仿制图章

通过以上案例，可以观察到图章工具是基于画笔的用法设定的。最终的复制效果不仅仅与鼠标的拖动及轨迹有关，也与当前画笔的设定（画笔的硬度、大小、不透明度，笔刷的形状）有关。在使用图章工具时，建议使用笔触柔和的圆形画笔，直径最好不要超过物体的实际宽度。在复制图像的过程中，注意观察其复制效果，随情况改变笔刷的大小。

在使用时需要注意的是，定义采样点后界面中不会有任何提示，在复制的过程中，也可以随时按下〈Alt〉键，在图像的其他位置更改采样点，当然也可以在不同的图像之间进行复制。

接下来介绍用仿制图章工具修复图像的方法。使用仿制图章工具（又称橡皮图章）的复制功能，可以修复图像中的一些缺陷。如将图 13-11 中的地标和电线杆去除，只剩下图中的人物和风景，这样就可以达到净化图片的效果（图 13-12）。

图 13-11　原图

图 13-12　去除后的效果

通过以上的案例可以知道，在使用仿制图章工具修复图像时，也是有一定的技巧的，不难看出在利用仿制图章工具修复的最大前提是可以利用页面中的部分元素，接着是采样点的选择及复制的顺序。另外，要注意观察页面中的各个元素是否被我们的复制打破，如图 13-12 将画面中的地标去除后，将会被打破后边树木的平衡，此时就要利用画面中存在的茂密树叶将其进行重建与融合。

在去除页面中的相应物体后，特别需要留心观察该物体原本所拥有的附带样式（如投影、光芒、色彩等)，这些东西是否会对整体的画面造成影响。例如，我们在去除水中的船只时，必须将船只的倒影也去除掉；去除夏日马路上的人物时，也必须将人物的影子去除。同时我们在使用图章工具修复图像时，最需要的还是设计师的耐心和细心。设计师在做设计工作时，应该追求像素级的完美，争取把每一个细节都处理好，使页面达到最好的效果。事实上在很多找茬游戏中，就是利用图章工具在页面中的一些细微之处稍做修改或者不做修改，让观察者找出其中的不同之处，制作所需要的各种素材。

如果大家都已经会使用仿制图章工具了，那么相信大家在以后的页面设计中也会运用到，它可以便捷地复制一些图像并且将其很好地融合在页面中，使整体页面协调统一。

另外，当画面中有大面积的东西，需要将其清理，如在一个河滩中有大量的动物，这就需要我们进行大面积的复制操作，由于可以利用的区域有限制，经常需要重复定义并且使用同一个采样点。如果将页面中同一处的草地复制到其他地方，必须注意要避免形成连续性（如同一排草的姿势都是相同的)，这样会使页面整体不协调。解决办法就是参考其他区域或者附近区域的图像，将其设置为取样点，然后再修复页面中需要连续修复的地方。

在修复时，也要注意所用笔刷的大小及硬度，一般在没有边界分明的情况下，使用较软的笔刷；而在图像色彩边界分明的情况下，使用较软的笔刷会导致整个页面模糊，这时就应该使用较硬的笔刷。

接下来介绍图案图章工具，这个工具听起来与定义图案有关。选中图案图章工具，在公共栏中就会出现图案图章工具的工具框，可以在图案列表中更改图案的名称或者删除不需要的图案（图 13-13)。

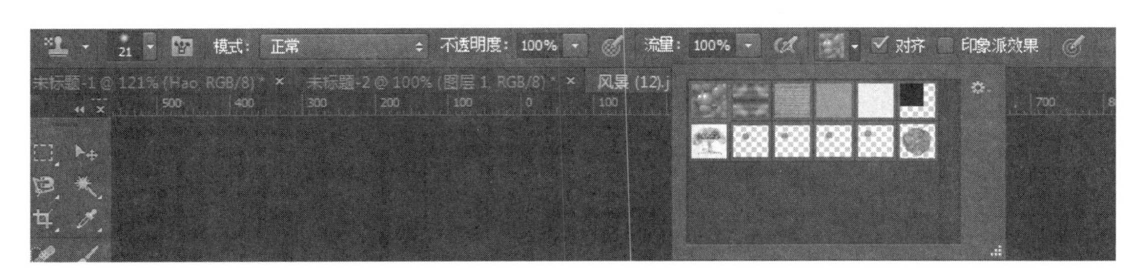

图 13-13　图案图章工具

使用图案图章工具时不需要定义采样点，所以使用起来会特别简单。选中所需的图案后，可以像使用画笔工具一样在图像中拖动鼠标。在通常情况下，如果页面中图像的区域大于选中的图案尺寸，那么页面中的图案会重复出现，图 13-14 就跟瓷砖的拼贴效果一样。

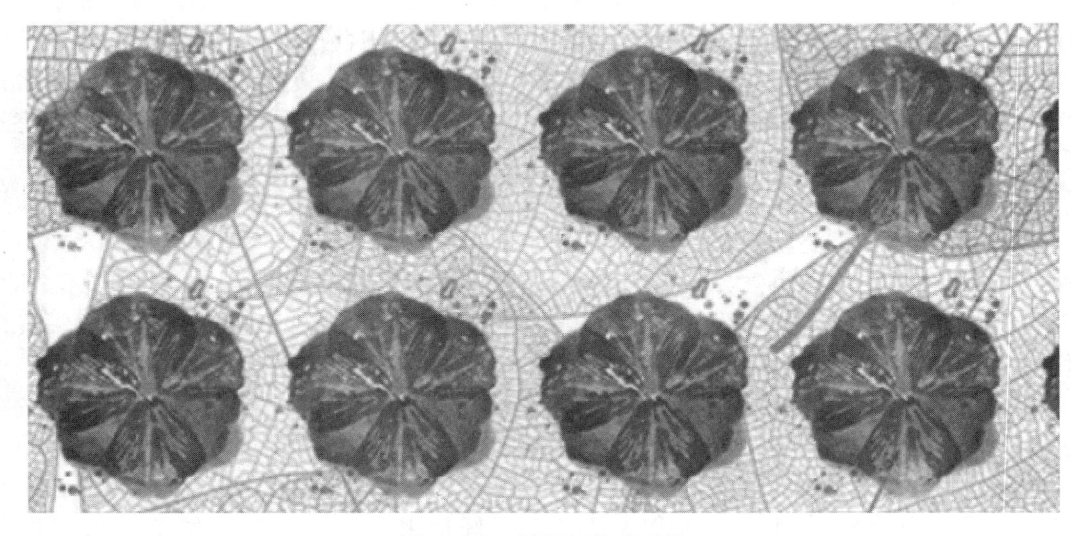

图 13-14　用鼠标拖动画笔

此外，如果想要确保分几次绘制图案可以保持连续平铺的效果，就可以打开图案图章公共栏中的“对齐”复选框按钮；同理，如果关闭，那么分几次绘制的图案彼此就没有了连续性（图 13-15）。

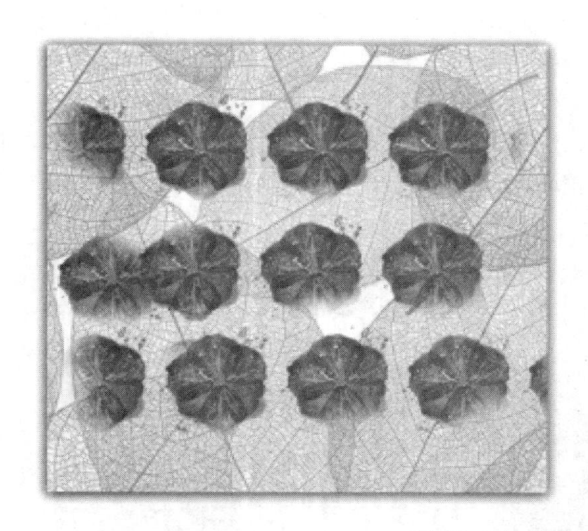

图 13-15　“对齐”复选框按钮的使用

最后，图案图章工具中也有混合模式的选项（图 13-16）。但是建议不要使用该工具中的混合模式，因为运用该效果后就不能修改图像了。如果在普通模式下，在绘制的新图层上使用混合模式，当不想用该效果时，可以直接选中该图层选择混合模式中的正常选项即可恢复图层原先的样式，使其拥有更多的可编辑余地，便于图像的修改。

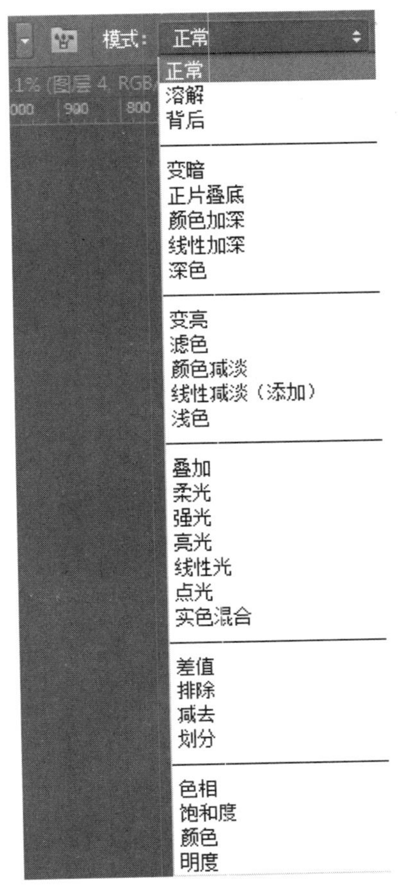

图 13-16　图案图章工具的混合模式

13.2　修复工具组

13.2.1　修复画笔工具

从前文了解到，虽然仿制图章可以修补图像，但是其主要功能是复制。因此，当遇到色彩差异较大的图片时，其融合度也就比较差（图 13-17），将图中的玫瑰花复制到蓝色的色彩墙上，将会得到图 13-18 所示的效果。

所以即便是在同一幅图像中进行仿制图章的复制，也很有可能因为页面中局部的色彩差异，导致页面出现图 13-18 的情况，因此应该使用更加专业的修复工具，如修复画笔工具、污点修复画笔工具、修补工具、内容感知移动工具和红眼工具。

修复画笔是一个非常强大且实用的工具，使用修复画笔在对原始图像进行采集后，将光标移至目标位置执行单击命令，即可快速地将图像源复制到目标位置，并与周边的图像进行融合，使整个画面看起来更加自然，不会产生明显的修改痕迹。

图 13-17　两张原图

图 13-18　复制后的效果

刚才我们提到，使用修复画笔工具，不仅需要源图像，还需要确定目标的位置。如想要消除图 13-19 中女人脸上的污斑，就需要先进行观察，确定与污斑周围相近的区域，然后结合〈Alt〉键进行取色，再移至要修复污点的区域单击即可对其进行消除（图 13-20）。

图 13-19　使用修复画笔前

接下来再展示一个用修复画笔工具达到效果的例子（图 13-21），从图中可以看出将人物眼睛下方的黑眼圈及鼻翼两侧阴影、苹果肌与皱纹等都做了处理，使人物的整个面部看起来更有精神。

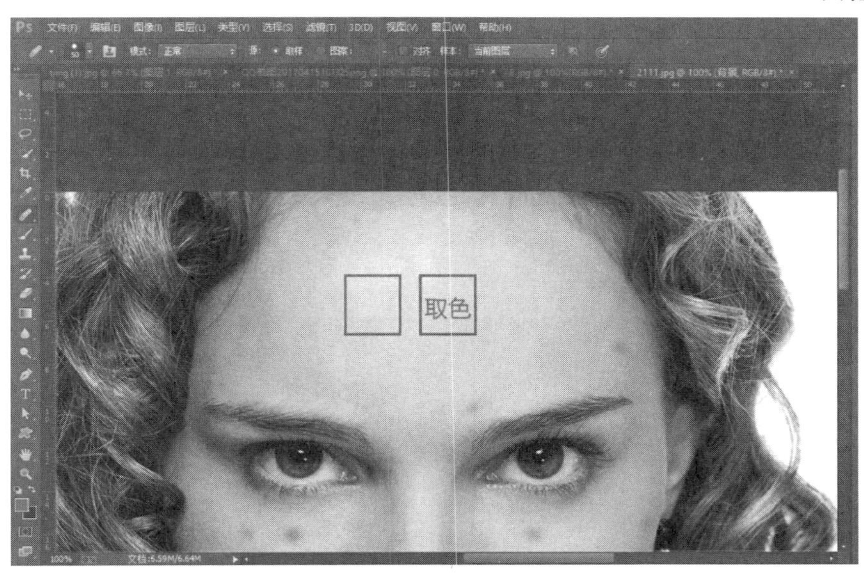

图 13-20　使用修复画笔工具后

图 13-21　使用修复画笔工具去除脸部的细纹等

从上述的案例中可以看出，修复画笔工具比较适合区域形状简单且颜色比较相近的场合。还可以发现修复画笔工具与画笔笔刷的使用也是相关的，尤其是基于画笔笔刷进行设计与使用的，这个特点在使用修复画笔工具时很难控制好所绘制的区域边界。如果使用画笔工具的工作区域比较精细，那就很可能将一些邻近区域的内容也复制进去，虽然使用较小尺寸的画笔可以改善图像效果，但是也同样会增加工作量，降低工作效率。

13.2.2 修补工具

修补工具是基于选区的，因此它可以修改有明显大面积瑕疵缺陷的图像，可以很好地解决复杂区域的修补问题。我们只需框选需要修复的区域，然后将其拖动到附近无瑕疵的区域就可以实现修补。修补工具可以用来修复面积比较大的瑕疵，如万里晴空中的云朵（图 13-22）。

图 13-22　修补工具使用前

在“修补”选项栏中单击“源”单选框（图 13-23），将指针移动到目标区域上并将要修补的区域框选出来（图 13-24）。

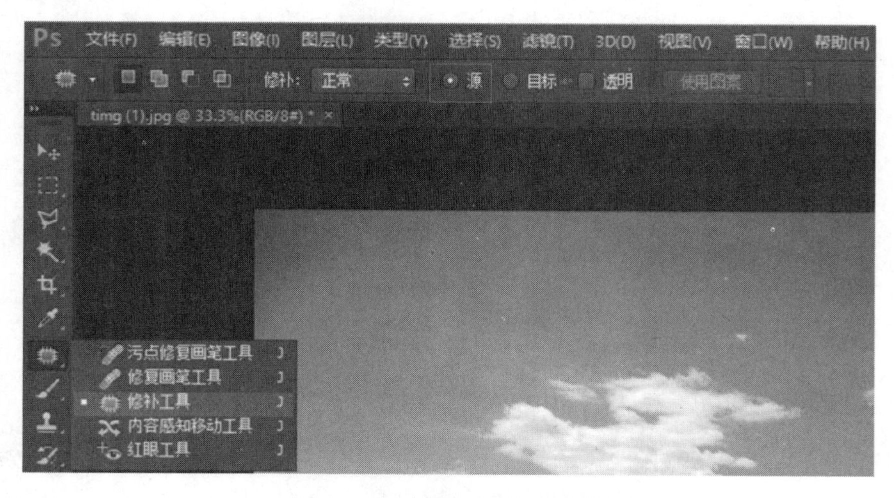

图 13-23　选择“源”单选框

移动指针到选区内，然后按住鼠标左键向颜色较近的地方拖动（图 13-25），松开鼠标后即可将目标区域的白云修补好（图 13-26）。

图 13-24　选择云朵

图 13-25　移动选中的云朵

图 13-26　修补好后的效果

总而言之，修补工具具有两种使用方式，一种是“将要被修改”，另一种是“去修改某处”，这两种方式都是针对现有的选区内的图像而言的。同时在公共栏中可以看到选区的运算方式，即正常的选择、加选、减选还有相交，这表明修补工具的选区也可以进行修改。当然也可以自行创建好选区，再利用修补工具进行操作，最终效果都是一样的。

13.2.3 污点修复画笔工具

污点修复画笔工具，在 PS 中常用于处理照片。修复画笔工具可以快速去除图片中的污点。在使用污点修复画笔工具时，调整好画笔大小，移动鼠标到需要修复的位置单击完成修复（图 13-27）。

图 13-27　选择污点修复画笔工具

选择污点修复画笔工具，将鼠标移到红框区域（色斑所在的位置），单击色斑（图 13-28），色斑消失得到美化后的图片效果如图 13-29 所示。

图 13-28　移动鼠标到红框区域

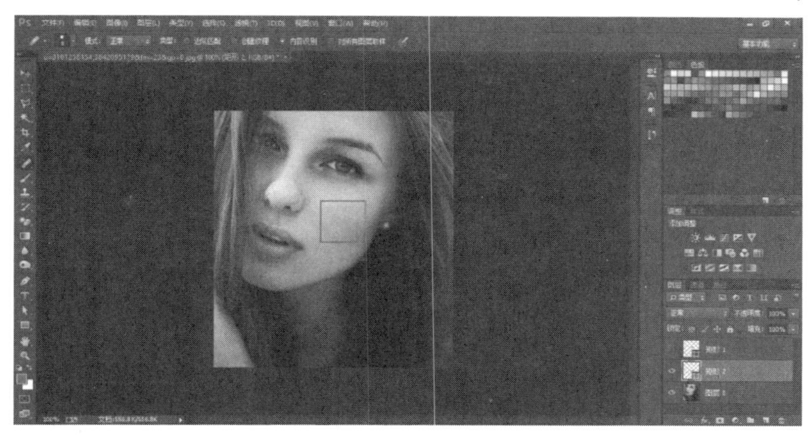

图 13-29　美化后的效果

13.2.4　内容感知移动工具

内容感知移动工具可以将图片中的某个人物或者物体，移动到图像中的任何位置，经过 PS 的计算，完成合成效果。

1）按〈Ctrl+O〉键，打开一幅素材图像（图 13-30）。

图 13-30　打开素材图像

2）在工具栏的修复工具中选择内容感知移动工具。在图像中，拖拽绘制出一个选区，直接对选区进行拖拽，将区域中的内容移出图像即可达到效果（图 13-31）。

移动到合适位置后，松开鼠标，按〈Ctrl+D〉取消选区，原来选区内的图像自动融合（图 13-32）。

图 13-31　属性栏选择移动

图 13-32　移动后的图像

重复执行上面的步骤，得到最终效果图。内容感知移动工具属性栏中的“模式：扩展”功能是对选区内图像的复制（图 13-33）。

图 13-33　最终效果

13.2.5　红眼工具

红眼工具用来消除照片中由闪光灯引起的红眼现象（图 13-34）。

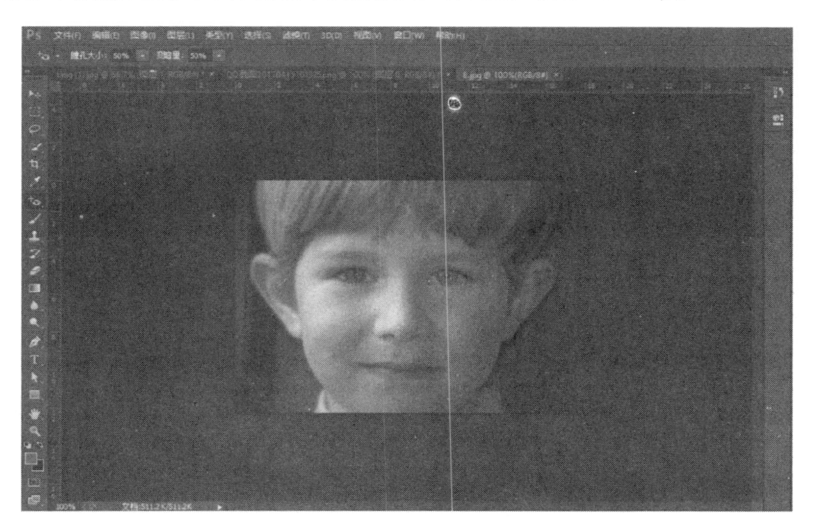

图 13-34　使用红眼工具前

选择工具单击红色眼珠区域，眼珠变黑（图 13-35）。

图 13-35　使用红眼工具后

13.3　调整色彩

13.3.1　亮度与对比度

对于一些画面较暗图片的处理，通常会用到亮度/对比度这一命令，今天我们就对亮度/对比度做一简单的讲解。

亮度是指画面的明亮程度和人对光的强度的感受。对比度指的是画面中的明暗对比，即在一幅图像中明暗区域最亮的白色和最暗的黑色两者之间的差异程度，即一幅图像灰度反差的大小。其差异程度越大，代表对比度越大；差异程度越小，代表对比度越小。对比率一般在 120:1 时，就可很容易地显示生动、丰富的色彩；当对比率高达 300:1 时，便可支持各阶的颜色（图 13-36）。

执行调整亮度/对比度的命令时有三种途径。其一，“图像”→“调整”→“亮度/对比度”，操作时可以通过拖动滑块来调节亮度/对比度的参数，也可以通过手动输入数值来调整参数（图 13-37）；同时也可以通过“图像”→“调整”→“曲线”来完成（图 13-38）。其二，在图层面板下创建新的填充，或打开“调整图层”按钮，调整亮度/对比度或曲线来完成。操作方法与图像中的操作方法相同（图 13-39）。

在这需要注意的是，亮度/对比度虽然是用来直接调节图像亮度和对比度的工具，但是它不能区分图像中的阴影、中间和高光部分，是对图像整体进行亮度/对比度的调整，所以常会导致效果有所偏差。而曲线可以进行分区局部调整，可以得到实际想要的效果。

图 13-36　图像对比

图 13-37　手动输入调整数值

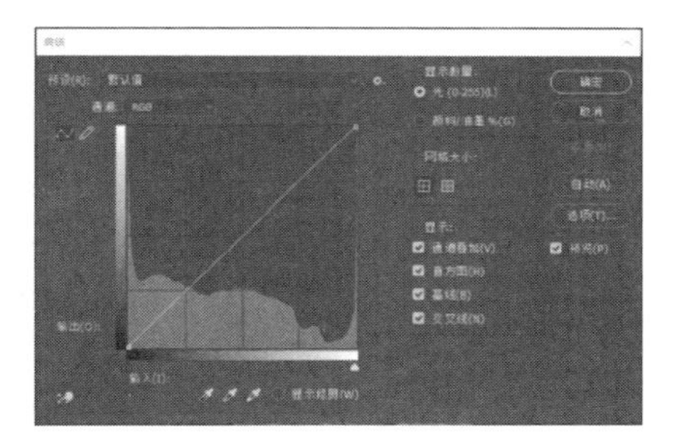

图 13-38　调整曲线

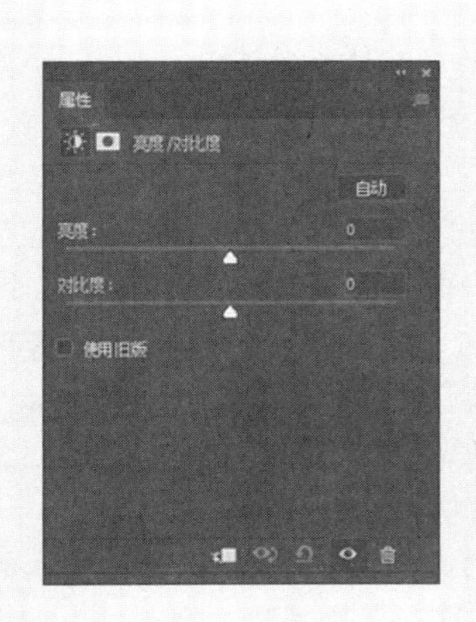

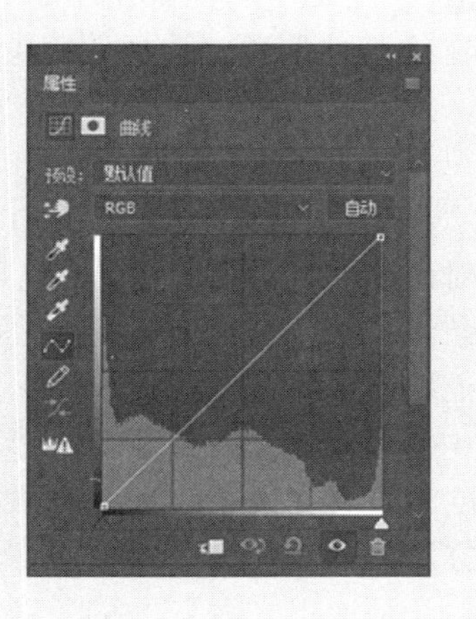

图 13-39　在图层面板下调整曲线

13.3.2 曲线和色阶

虽然 PS 中有不少工具和方法可以调整图片色彩，但是一般最基础和最常用的就是曲线工具。曲线和其他调整工具的使用方法都差不多，只要学会了曲线，其他调整工具也就触类旁通了。

在使用曲线操作时，一般单击“图像”“调整”“曲线”或按快捷键〈Ctrl+M〉，出现图 13-40 所示的“曲线”对话框。

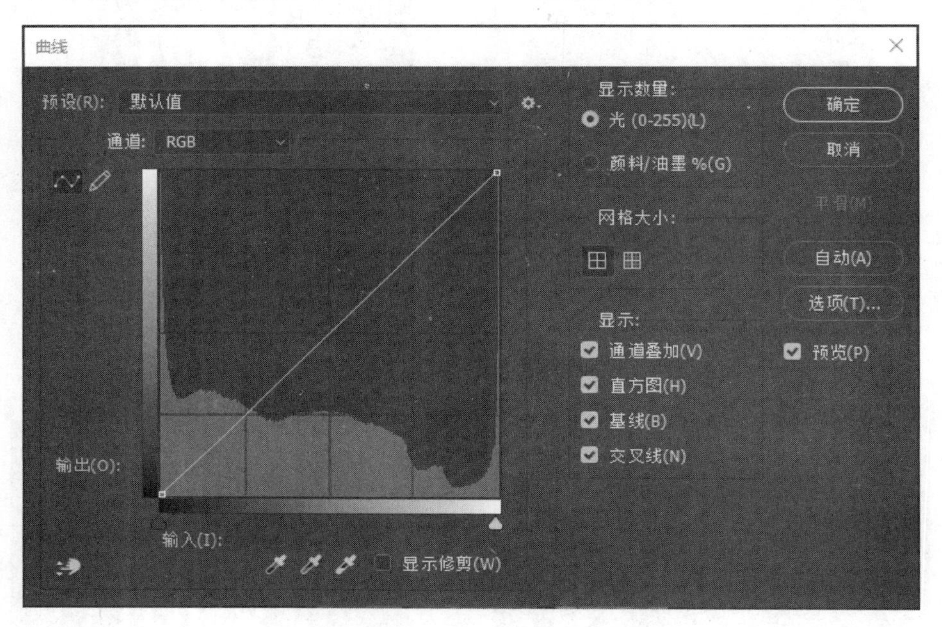

图 13-40 “曲线”对话框

使用曲线时，对话框左上方的预设，在一般情况下保持默认值即可，根据特殊情况需要选择其他参考值。“通道”目前都使用的 RGB 颜色通道，后面需要使用单独的颜色通道时，可在“通道”中换其他选项。选择使用编辑方式，不是绘制方式。左下方的“显示修剪”复选框保持默认关闭状态即可。“预览”复选框保持开启状态，否则无法看到图像的实时效果。

右下方的“显示”栏中，除了“直方图”复选框保持关闭状态，其他三个复选框均保持开启状态，对话框中曲线设置区域，呈 45°角走向的线段就表示图像中各个亮度级别，右下方黑白渐变条为 *X* 轴，表示绝对亮度，即 0.255 的一系列。曲线下方，左下端表示图像的暗调区域，右上端表示高光区域，其他表示中间调。

此时（图 13-40）45°线段表示：图像中的高光对应绝对高光（临近 255），图像中的暗调对应绝对亮度的暗调（接近 0），为曲线的初始状态。

位于左上方黑白渐变条为 *Y* 轴，表示变化的方向和程度，对于曲线上的某个点来说，往左上方移动，就是加亮（最高 255），往右下方移动就是减暗（最低 0），其范围也属于绝对亮度。

使用曲线时，在曲线上单击可以增加一个控制点，按住控制点向左上方移动，就是加亮，向右下方移动就是减暗，勾选“预览”就可以看到调整曲线前和调整曲线后的对比效果。如果要删除控制点，将其按住拖到曲线区域外即可。

在移动控制点时，曲线区域的左方和下方会有“输入”和“输出”两个数值。这两个数值随着移动曲线的移动，其参数值也会随之发生变化。

色阶是 PS 中调整图像必不可少的调整工具，具备与曲线类似的功能。在使用色阶工具时，可在两个地方执行操作，其一，单击“图像”>“调整”>“色阶”就会出现如图 13-41 所示“色阶”对话框，快捷键为〈Ctrl+L〉。操作方法可以通过鼠标拖动滑块进行左右移动调整参数，也可以通过手动输入数值更改参数。

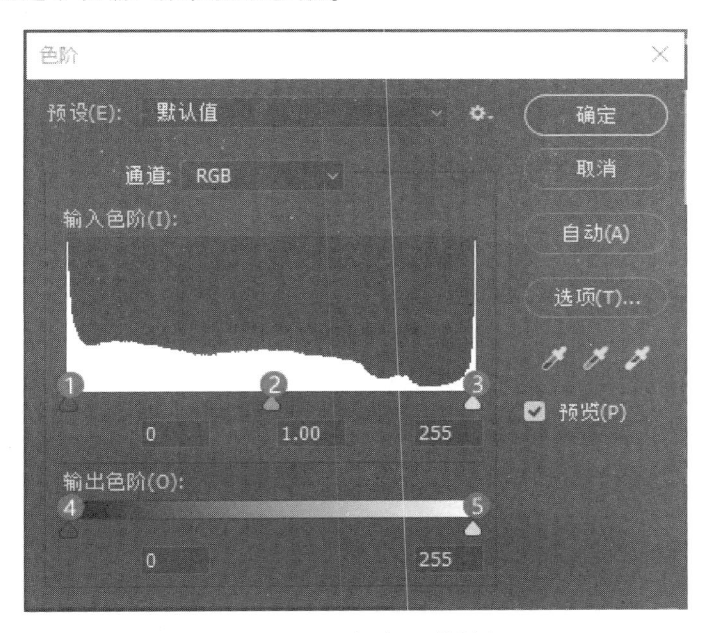

图 13-41 “色阶”对话框

在“色阶”对话框中，上下共有 5 个滑块箭头和对应的参数值，从左至右依次为：1 表示黑场，2 表示中间调，3 表示白场，4、5 表示输入色阶的黑场和白场。最右的那个滑块代表其以右的部分调整为 RGB 均为 255，也就是白色，最左那个代表其以左均为 0，即均为黑色，中间代表平衡。

其二，单击图层面板下的创建新的填充或调整图层按钮中的色阶就会出现如图 13-42 所示的色阶弹框，操作方法与第一种方法相同。

两种方法有相同之处，也有不同之处。相同之处在于操作方法相同。不同之处在于：其一图像中的色阶只对当前图层起作用，不对其他图层起作用，且调整后不易修改；其二在使用图层面板中的色阶时，它会自动形成一个带蒙

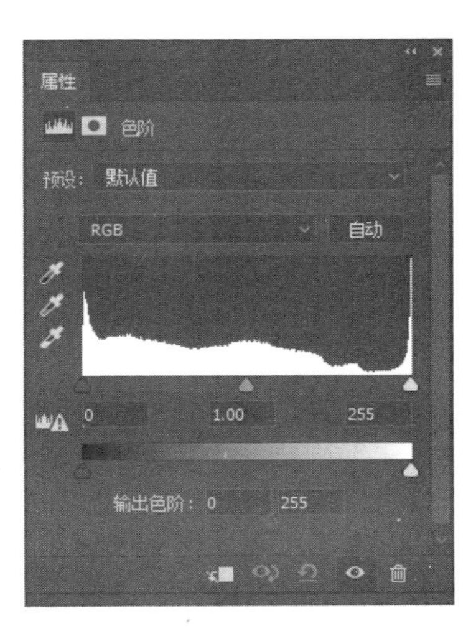

图 13-42 图层面板下的色阶弹框

版的图层，它不仅对当前图层起作用，而且对以下所有图层都起作用，所以要想它只对当前图层起作用，而不对其他图层有影响，就将色阶图层剪贴进当前图层，并且还能使用蒙版结合画笔工具对调整后的效果进行修改。

色阶调整工具具有与曲线调整工具类似的功能，所以色阶也可以用来调整图像的亮度/对比度（图 13-43）。

图 13-43　调整亮度/对比度

色阶也可以用于通道抠图中，通过调整主题物与背景的对比程度，拉大对比，使黑色更黑，白色更白，这样有利于抠出一些比较复杂的图像（图 13-44）。

图 13-44　色阶用于通道抠图

13.3.3　色相/饱和度

在 PS 中“色相/饱和度”功能是非常重要并且常用的色彩调整命令。它可以调整整个图像色彩样式，使图像看起来焕然一新。在使用这个工具之前，首先要了解色彩的色相、饱和度和明度的概念。

首先色相是色彩的首要特征，它是区别不同色彩的最准确的标准。任何色彩除了黑白灰颜色之外都具有色相属性。而原色、间色和复色就构成了色相（图 13–45）。

图 13–45　色相

饱和度是指色彩的鲜艳程度，也称色彩的纯度。饱和度取决于该色中含色成分和消色成分（灰色）的比例。含色成分越大，饱和度越大；消色成分越大，饱和度越小（图 13–46）。

图 13–46　饱和度

明度可以简单理解为颜色的亮度，是眼睛对光源和物体表面的明暗程度的感觉，主要是由光线强弱决定的一种视觉经验，不同的颜色具有不同的明度（图 13–47）。

图 13–47　明度

在执行色相/饱和命令时，可在两个地方进行操作。其一，打开“图像”“调整”“色相/饱和度”工具，快捷键为〈Ctrl+U〉，则会出现“色相/饱和度”的对话框（图 13–48）。

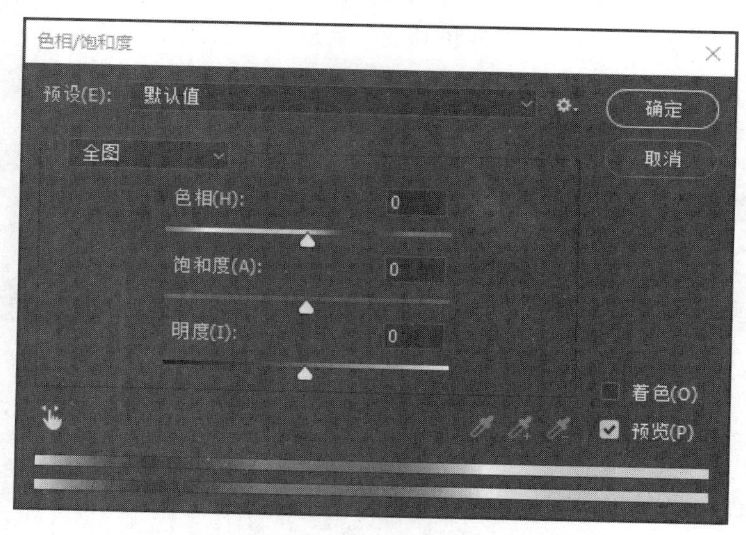

图 13-48 “色相/饱和度”对话框

打开“色相/饱和度”对话框后，预设一般保持默认值或自定义，在需要时可以选择其他选项。在调整图像时，可以通过色相/饱和度/明度三个数值来进行调整，调整时可以通过左右拖动鼠标滑块来进行，也可以手动输入参考数值来进行。

在这里需要注意的是，在整体调整图像的色相/饱和度时，可以在上方全图的命令下调整色相/饱和度/明度（图 13-49）。

图 13-49 调整整体图像色相/饱和度

只改变某个颜色，就可以将上方的全图改成需要调整的颜色，选择的颜色不一定准确。为了准确选择颜色，需配合吸管工具直接吸取图像中需要调整的颜色，调整色相/饱和度/明度。偶尔选择的颜色不一定将全部的单色都调整过来或者将其他颜色改变，这时就可以使用加选吸管或减选吸管（图 13-50）。

要想改变某个局部区域内的颜色，就要配合选区工具，使用选区工具框选需要调整的区域，调整色相/饱和度/明度（图 13-51）。

图 13-50　加选吸管和减选吸管的使用

图 13-51　改变局部区域颜色

13.3.4　色彩平衡

色彩平衡是 PS 中调节图像颜色时经常会用到的一项命令，也是图片处理的重要环节。它其实可以看成是曲线工具的另一种表现形式，只不过曲线用起来更加方便且随意，但是却不好控制，色彩平衡可以调整其数值。它的作用是改变图像颜色的构成和图像色彩过于饱和或饱和度不足时，通过调节可以使图像达到色彩平衡的效果。当然也可以根据自己的喜好和制作的需求，调整色彩，更好地突显画面效果（图 13-52）。

执行该命令，同样可以在两个地方进行操作。其一，单击“图像”“调整”“色彩平衡”工具，就会出现“色彩平衡”对话框（图 13-53）；或者使用快捷键〈Ctrl+B〉。调整色彩平衡可以用鼠标左右拖动色彩滑块进行调整，也可以在数值框内手动输入调整。

其二，单击图层面板下的创建新的填充或调整图层中的色彩平衡工具，就会出现如图 13-54 所示的”色彩平衡“对话框，操作方法与第一种方法相同。

色彩平衡将图像色彩分为青色、洋红、黄色三种，并统一将色阶划分为暗调、中间调和高光三个色调范围。调整范围不同，图像改变的效果就会不同。当色彩滑块滑到相应的颜色附近时，图像中就会相应地出现该颜色，该颜色的互补色也会在图像中相应减弱。在调整不

图 13-52　调整色彩平衡

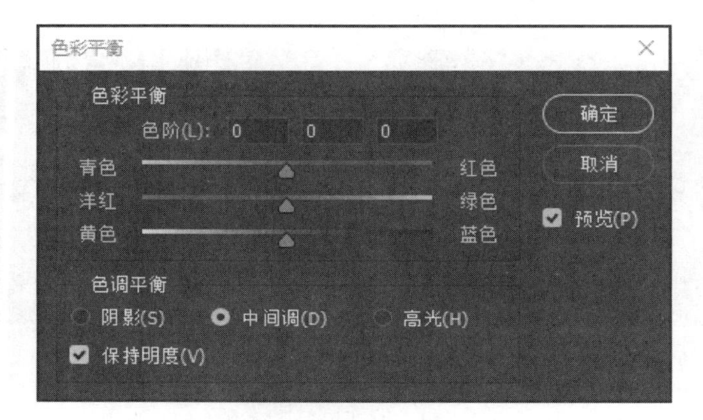

图 13-53　色彩平衡弹框

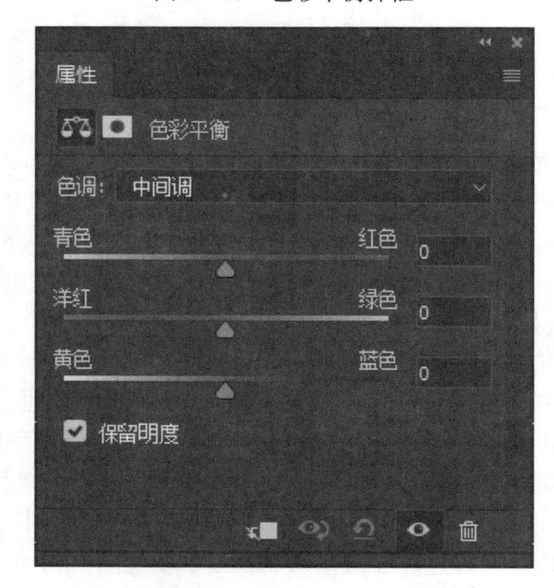

图 13-54　图层面板下的“色彩平衡”对话框

同的色彩条时，色彩条上方矩形框中的数值会在-100~100之间不断变化，而这三个矩形框中的数值分别表示 R、G、B 通道的颜色变化。位于选项栏下方的“保持明度”选项，可保持图像中的色调平衡。根据 RGB 颜色的加色原理可以知道，当对颜色进行加色时，明度会提升，图像的整体色彩会变亮；当对其进行减色时，明度会降低，图像也会整体变暗。为了可以及时查看调整颜色的效果，以及保持图像整体的光度值，在调整图像的色彩平衡时，位于对话框右侧的“预览”复选框都处于选中状态。

13.3.5 反相和去色

去色工具和反相工具都是 PS 中常用的图片处理命令。去色就是将图片进行去色处理，也就是将有色图片变为黑白图片。但是去色和灰度有什么不同呢？在这需要注意的是去色和灰度的区别。去色调整命令将图像中所有的颜色饱和度变为 0，图像各种颜色的亮度不变，图像的色彩模式不变。灰度图只有两种颜色，不能再添加另外的颜色，当图像变为灰度模式时，还可以转换为其他的模式。

执行该操作，单击“图像”<“调整”<“去色”命令，将图片进行去色处理，图片去色完成（快捷键为〈Shift+Ctrl+U〉）。

反相就是将图像的颜色翻转成为反转色，也就是说将图片中的白色区域变成黑色，黑色区域变成白色，也就是所谓的黑白颠倒。

想要执行反相操作有两种方式：第一种就是在菜单栏中执行“图像”>“调整”>“反相”命令，对图像做出调节；第二种方式就是直接使用反相操作的快捷键〈Ctrl+I〉。执行反相命令后，图片颜色与原图像的颜色呈现的是对比色，白色显示为黑色，红色显示为蓝色。

第 14 章

综合案例应用

14.1 图像合成

图像对于大多数人来说都很熟悉，遇到处理图像或者设计海报等工作时，往往需要设计师能够将图片进行一定的组合调整，使其成为一幅完整的设计作品。其实 PS 从本质上来说属于合成软件，其他功能（如滤镜、色彩调整等）也是服务于此的，而大多数的设计作品也都是以合成效果为主的。在实际的操作中，图像合成就是利用素材将其进行移花接木的合成操作，从技术上来说其实并不复杂，无非就是图层混合模式和图层蒙版的合理应用，而其真正的核心是作品创意。

图像合成意思就是将照片中的拍摄物体，从照片中分离出来，然后将两者进行重新组合，以达到新的构图目的一种创作方式。图像合成和图像处理（狭义）不同，后者的图像表现内容是不会发生变化的，只是表现形式（曝光、色彩等）发生改变；而图像合成，其作品的内容和构成及视觉效果会发生质的改变。二者同属于广义上的图像处理范畴。简单点说，图像合成就是抠图换背景这类改变内容的工作。

14.1.1 制作逼真木质纹理

1）首先在 PS 当中新建 800×600 像素的图层（图 14-1）。

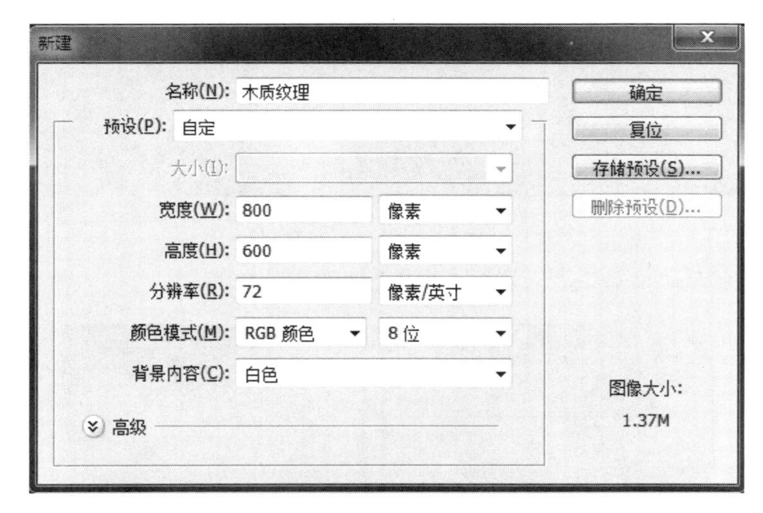

图 14-1　新建画布

2）前景色选择#72361e，在画布中填充前景色颜色（在这可以根据自己心目中想要的效果选择颜色，图 14-2）。

在图层面板新建一个图层并将其命名为“Grain”，然后将前景色和背景色颜色调整为默认状态（在英文输入法状态下，按下键盘上的〈D〉）则可以看到效果（图 14-3）。

图 14-2　填充前景色

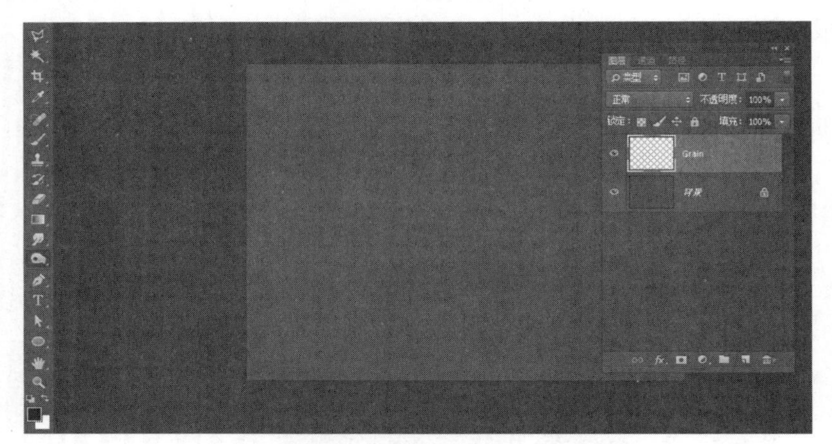

图 14-3　恢复前后背景色

3）添加“滤镜”>“渲染”>“云彩”>“效果”（图 14-4）。

图 14-4　添加云彩效果

4）将图形进行拉伸的操作，其快捷键为〈Ctrl+T〉，然后在工具选项栏中的 H（高度）里输入值 600%，完成对于图像的拉伸。然后在滤镜中对其执行动感模糊的操作，角度设定为 90°，然后距离设定为 200 像素，操作完成后即可达到图 14-5 所示效果。

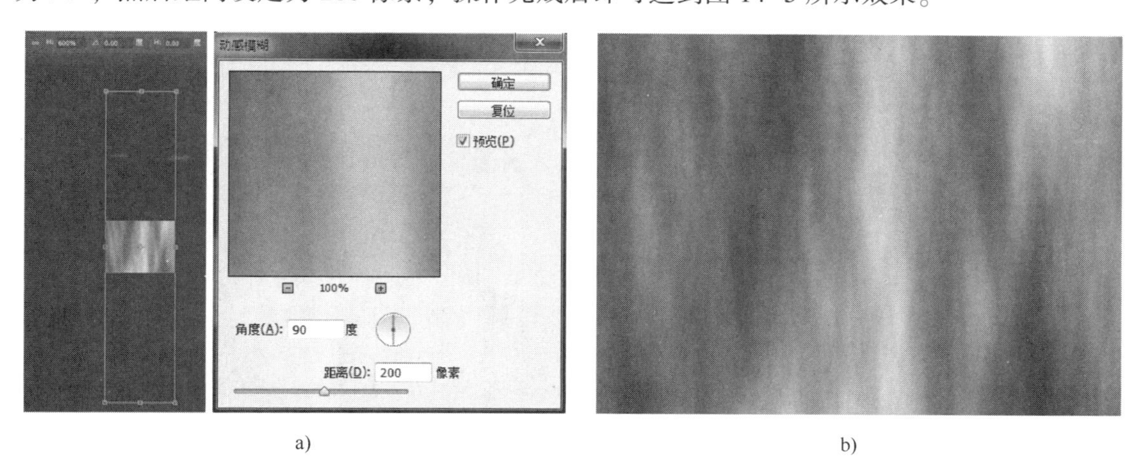

a)　　　　b)

图 14-5　动感模糊

a）设置动感模糊　b）动感模糊效果

5）我们在图像里找到色调分离，设定值为 25，然后回到滤镜打开“滤镜”>“风格化”>“查找边缘”。为了让木纹效果更佳，我们需要打开色阶〈Ctrl+L〉，调整后可以看到木纹效果在屏幕当中更明显了（图 14-6）。

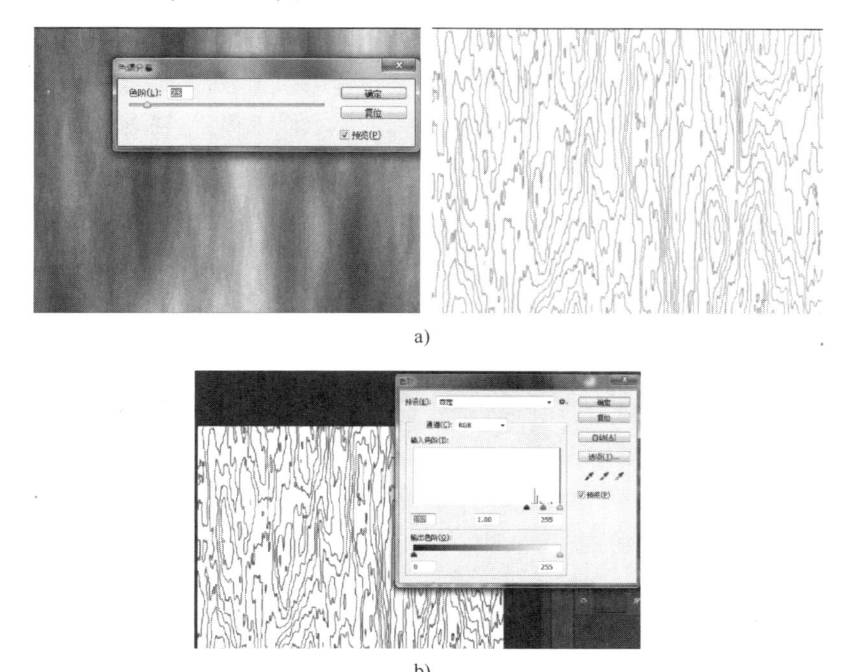

a)

b)

图 14-6　设置色调分离效果

a）设置色调分离效果　b）调整色阶

6）为了让木纹效果更加逼真，我们需要再次回到路径为其添加杂色，增加更多的木质纹理效果“滤镜”>“杂色”>“添加杂色”，数量为 50%（图 14-7）。

7）接下来我们要使木质纹理柔和自然需要进行模糊处理，打开“滤镜”>“模糊”>“动感模糊”，角度选择 90°，距离为 12 像素（图 14-8）。

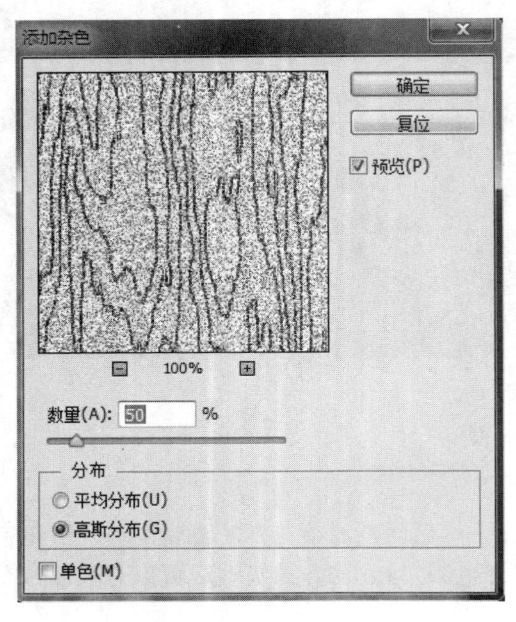

图 14-7　添加杂色效果

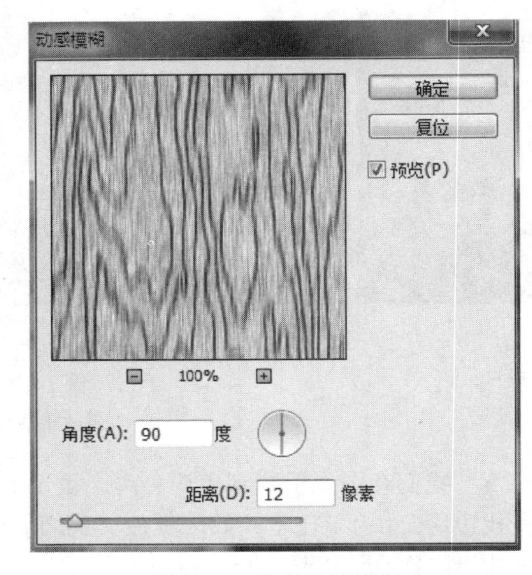

图 14-8　设置动感模糊

8）最后将 Grain 图层的混合模式调整为正片叠底，木质纹理就完成了（图 14-9）。

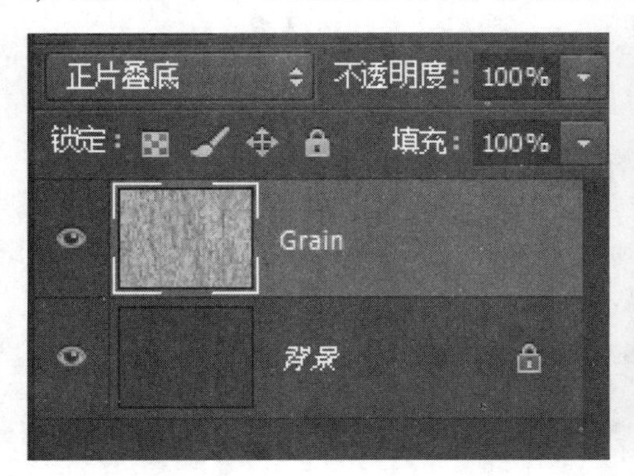

图 14-9　调整混合模式

14.1.2　制作禁烟公益海报

将用到的素材准备好以后，我们开始进行禁烟公益海报的制作。

1）首先将素材图片中的手抠出来，然后放到灰黑色渐变的背景上（图 14-10）。

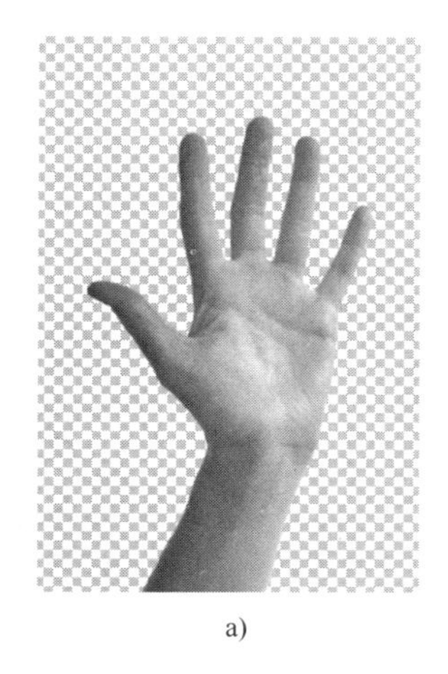

a)

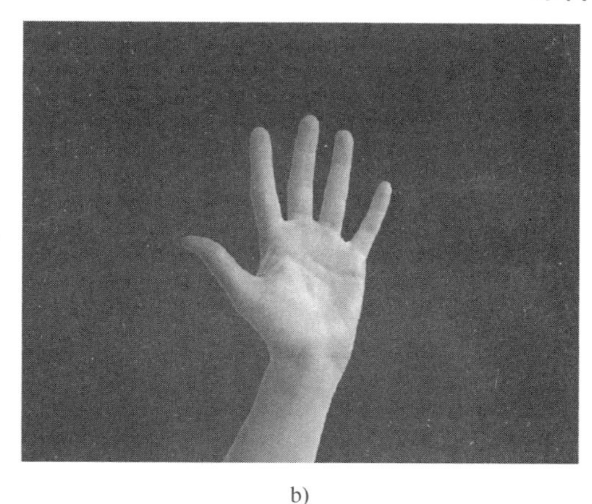

b)

图 14-10　制作公益海报
a）抠出手　b）放置到黑色背景

2）再将准备好的烟灰素材抠出来，并调整好尺寸放置于手指的位置；将食指手指指头擦掉一部分，然后将烟灰调整到手指的位置，用图层蒙版将烟灰多余的部分隐藏；最后将画笔硬度值调小，使指头与烟灰过度自然一些，其余指头执行相同的操作（图 14-11）。

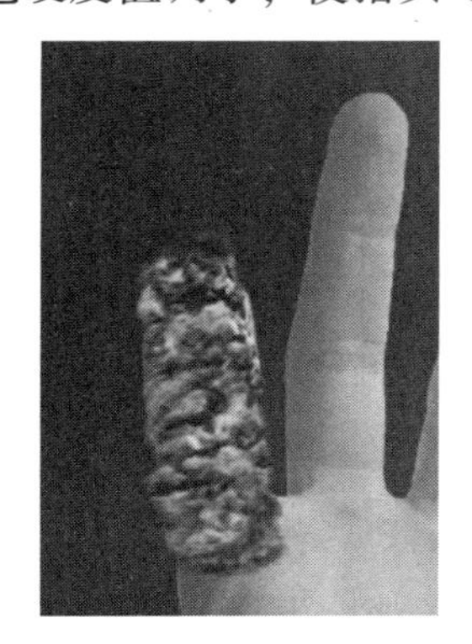

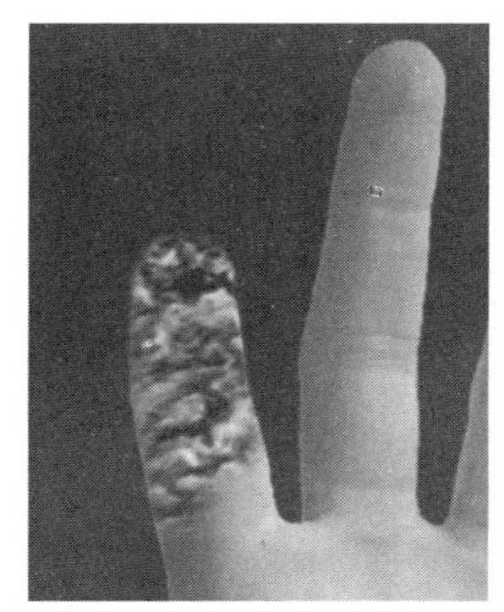

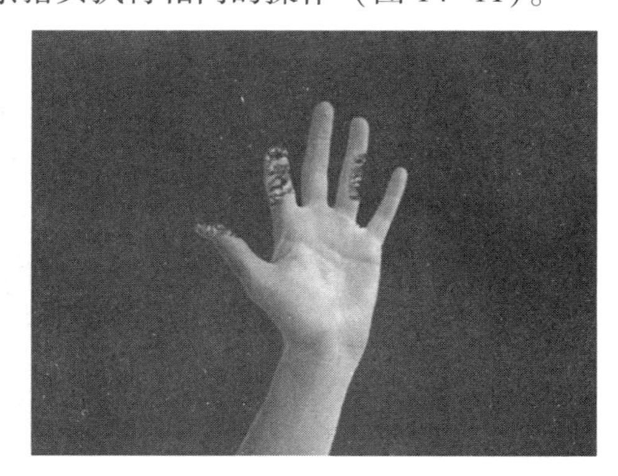

图 14-11　将烟灰与手指结合

3）调整完成后分别将三处的烟灰效果进行对比度和亮度的调整（图 14-12）。

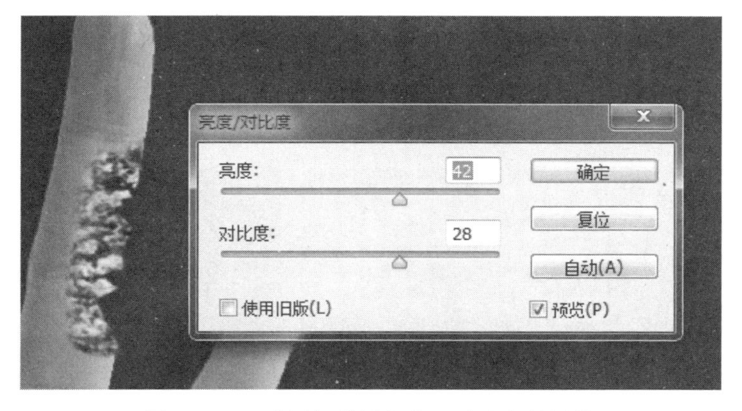

图 14-12　对烟灰进行亮度、对比度的调整

4）调整一下手所在图层的曲线，使其看上去偏于暖色（图 14-13）。

5）将白烟放置到烟灰部分，调整好位置及效果（图 14-14）。

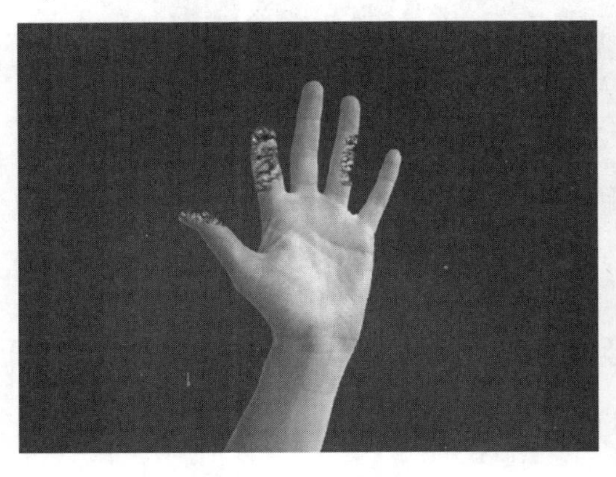

图 14-13　调整曲线

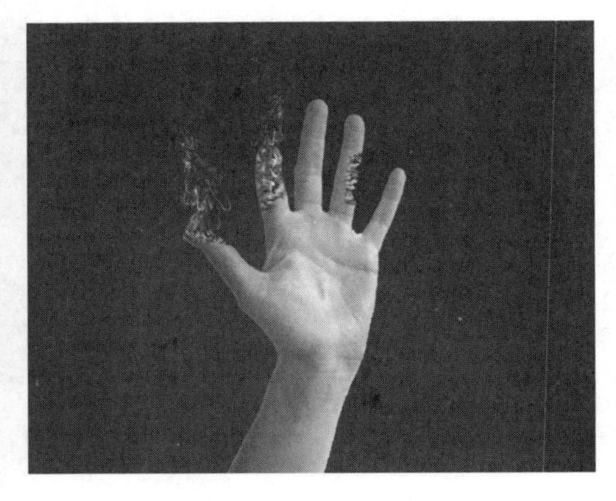

图 14-14　放置白烟

6）将手指细节部分框选后调整曲线，使其看起来像被燃烧的感觉，对手部其他细节执行同样的操作（图 14-15）。

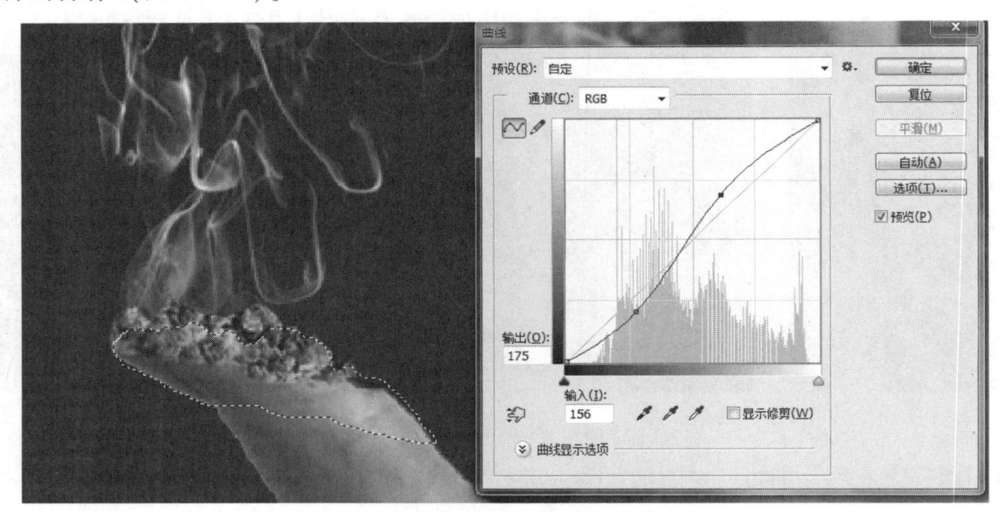

图 14-15　调整细节

7）将禁烟标志放置到手掌合适的位置，然后进行滤镜液化处理，使其看起来像粘在手上一样，调整完成后将混合模式调整为叠加（图 14-16）。

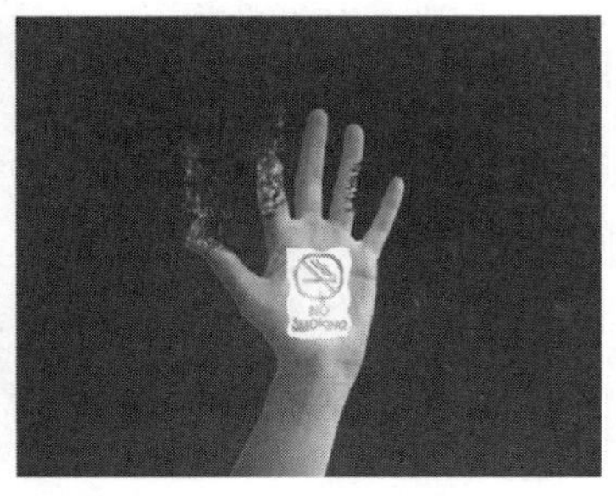

图 14-16　放置禁烟标志进行调整

8）找到禁烟标志的图层并建立选区，调整其色相饱和度及透明度；最后再将禁烟标志的不透明度做出调整，最终效果就完成了（图 14-17）。

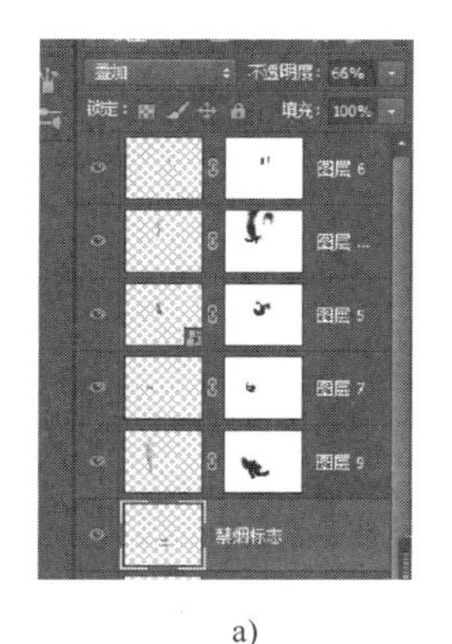

a)

b)

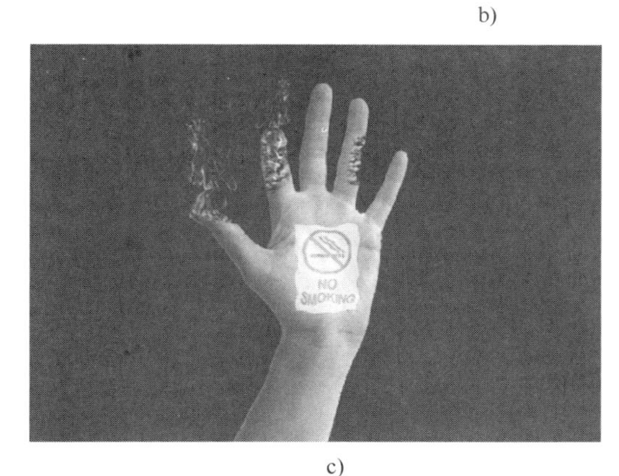

c)

图 14-17　调整

a）禁烟标志图层　b）调整色相饱和度　c）最终效果图

14.2　肖像处理

肖像处理作为 PS 的主要用途之一，肖像处理的技巧在设计及生活中被广泛应用。之前所学的那些大都是对普通图片的调整，其原始像素质量一般，效果也不是很好。现在很多艺术照、证件照等效果的呈现都是对肖像处理的应用，经过处理可以使肖像看起来更加逼真完美；包括对于照片整体风格的调整，通过整体调整处理还可以使照片呈现出一定的艺术感。

肖像处理主要作用是祛瑕、磨皮、嫩肤、矫形和亮眼等。

14.2.1　欧美人物磨皮教程

人物照片的处理中的磨皮技巧是比较重要的，在生活中颇为适用，该技巧也被很多摄影工作室采用，效果很棒。接下来就以图 14-18 为例来展开讲解。

1）首先将该图片在 PS 中打开，然后打开通道面板，在通道当中选择疤痕和皮肤对比较强的颜色通道并对其进行复制（图 14-19）。

图 14-18　案例

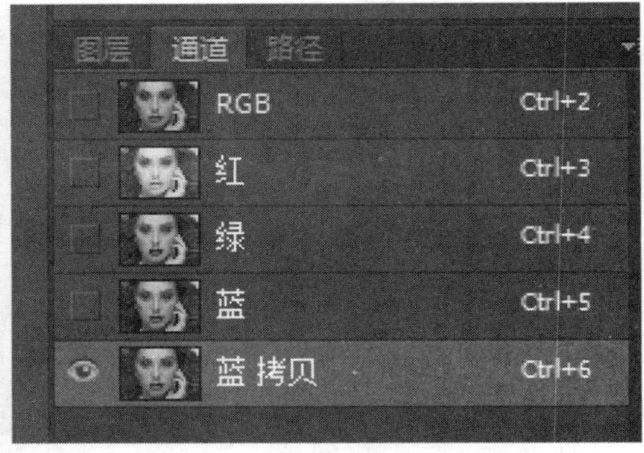

图 14-19　通道面板

2）然后在通道面板中打开“滤镜”>“其他”>“高反差保留”，半径值设定为 6 像素，即可看到效果（图 14-20）。

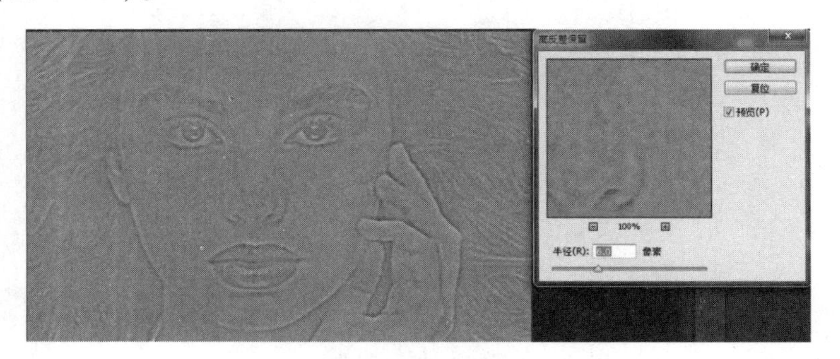

图 14-20　“高反差保留”对话框

3）继续停留在通道面板，单击菜单栏中“图像”>“应用图像”>“混合模式”，在混合模式中选择线性光，反复执行同样的操作，操作几次后最后一次操作模式调整为叠加，确定更改（图 14-21）。

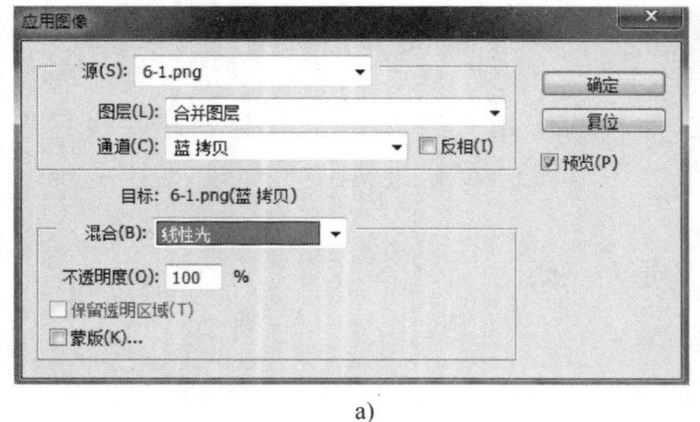

a)

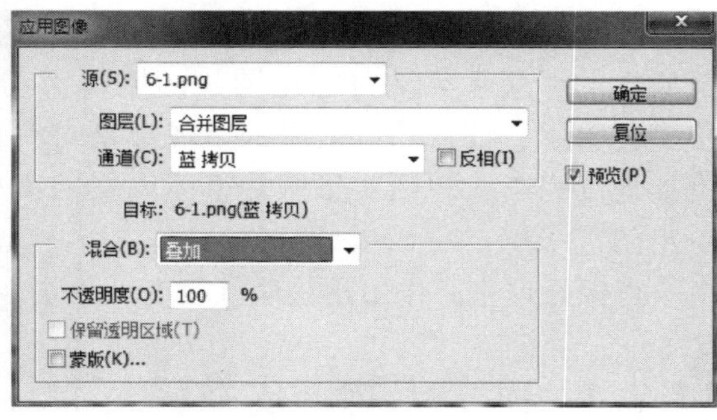

b)

图 14-21　“应用图像”对话框
a）设置线性光　b）应用图像面板参数设置

4）继续在该通道按下〈Ctrl〉键单击缩览图，创建好选区，然后反选〈Ctrl+Shift+I〉，回到图层面板并将“疤痕”图层选中，即可看到疤痕区域选中，按下〈Ctrl+M〉调出曲线在曲线面板进行微调，对“疤痕”图层添加图层蒙版，将不需要进行疤痕修复的部分隐藏掉（图 14-22）。

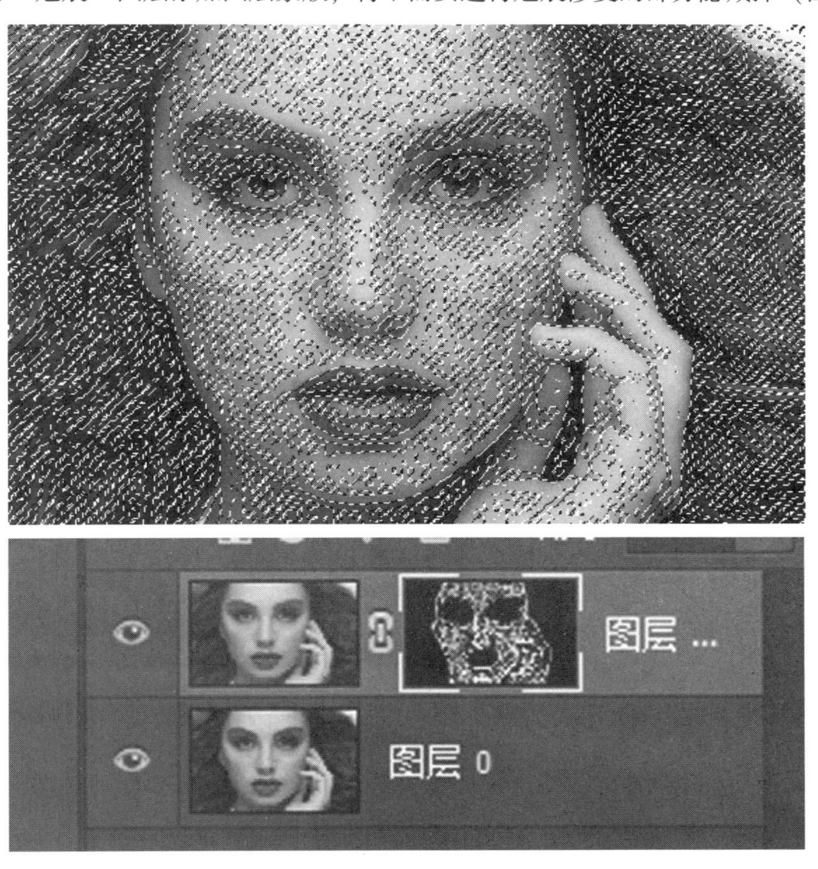

图 14-22　隐藏部分画面

5）隐藏后按〈Ctrl+Shift+E〉(盖章)，或者打开“图像”>“调整”>“色相饱和度”〈Ctrl+U〉，将饱和度稍微降低，继续调整色彩平衡〈Ctrl+B〉，调整后的磨皮效果就展现在我们眼前(图 14-23)。

a)

b)

图 14-23　磨皮

a）调整色相、色彩平衡　b）磨皮效果

6）最后将脸部的小细节运用污点修复工具进行最终修复，最终效果如图 14-24 所示。

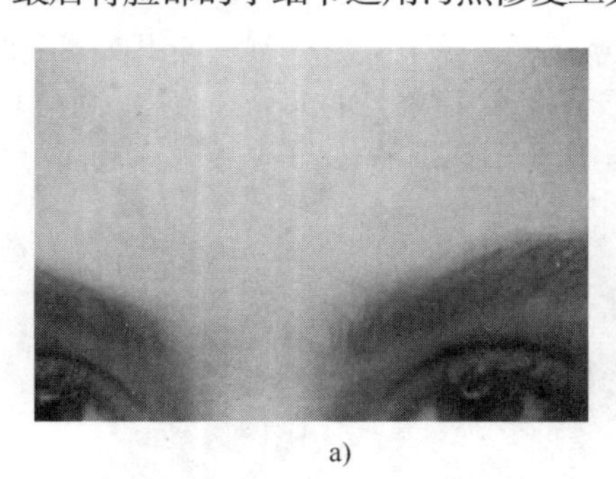

a)

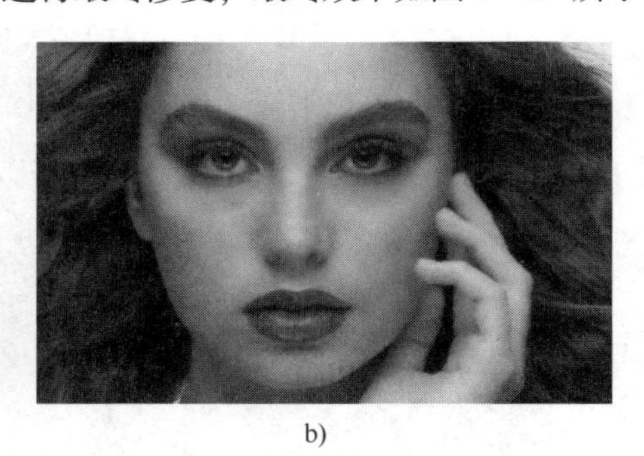

b)

图 14-24　修复
a）小细节处理图　b）最终效果

14.2.2　人物素描效果制作

素描是一门独立的艺术，具有独立的价值和地位，是绘画的基础。大家熟知传统素描都是以铅笔、炭笔、钢笔等素描工具来完成的，不同的工具直接影响绘画效果。素描主要以线条来绘制物体结构、明暗的单色画。虽然是单色画，但是它具有较强的表现力，能表现出体积、空间、结构、质感和动作。

在智能化的今天，利用 PS 软件也可以做出素描效果的绘画。

接下来带大家学习一下人物素描效果的制作方式。绘制完成后的效果如图 14-25 所示，在学习完成后就可以给自己处理出一张出色的素描效果照片了。现在就开始进行素描效果的处理：

1）首先准备一张想要处理的照片（如果照片背景为纯色处理后的效果会更棒，图 14-26）。

图 14-25　人物素描效果

图 14-26　原始照片

2）在 PS 中将该图片复制一层，然后单击“图像”>“调整”>“去色”，或者按下〈Ctrl+Shift+U〉(图 14-27)。

3）将去色后的图片效果复制一层出来，然后“图像”>“调整”>“反向”，或者按下〈Ctrl+I〉，然后将图层混合模式调整为线性减淡，混合模式调整为线性减淡后即可看到类似一张白纸的效果（图 14-28）。

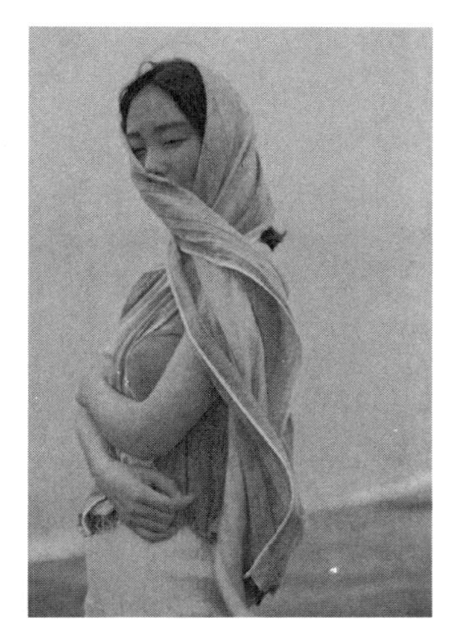

图 14-27　图像去色

图 14-28　调整混合模式

4）打开“滤镜”>“其他”>“最小值”，然后将半径值调整为 2 像素，即可看到效果(图 14-29)。

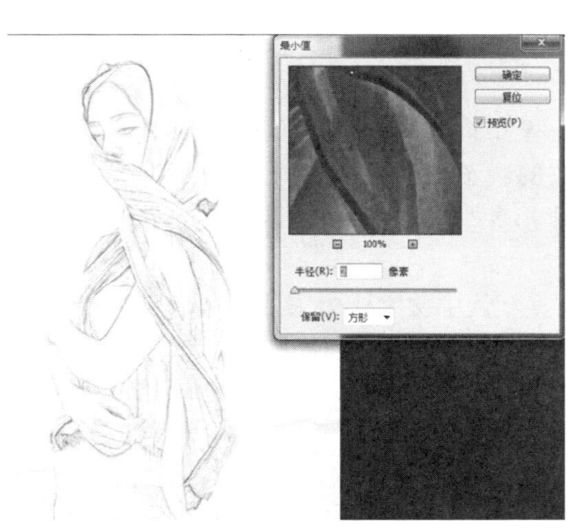

图 14-29　调整最小值

5）打开图层样式在混合选项中，调整下方本图层左右两侧的滑块，在调整时按下〈Alt〉键，调整单个滑块效果（图 14-30）。

6）继续打开“滤镜”>“模糊”>“高斯模糊”，高斯模糊的值可以自行设定，然后再将混合模式调整为线性加深，最终效果如图 14-31 所示。

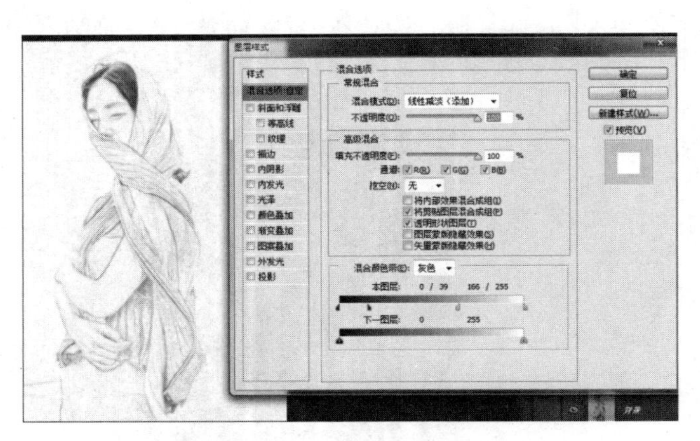

图 14-30　调整图层样式

图 14-31　最终效果

14.3　网页设计应用

网页设计分为企业站的设计和商家站的设计，前者是为了做品牌宣传，后者则是做产品的销售。

14.3.1　网站设计的页面构成

网站是用来传达企业希望向浏览者展示的信息，通过精美的图片、文字、动效等元素将所要传达的信息高效的展示给浏览者，让浏览者有良好的用户体验、获取详细的信息，同时也可以传递企业形象。一个完整的网站通常由首页、列表页、表单页、单页这些页面组成。

网页设计的字体规范：默认中文字体为宋体、微软雅黑或华文细黑等；默认英文字体为 Helvetica、Arial、Verdard（无衬线）、Georgia、Times New Roman（衬线体），文字样式为平滑，字号大小如图 14-32 所示。

正文字体	小标题	导航文字	大标题
12/14px	16/18px	16/18px	20/24px以上

12px字（正文、最小文本）
广告内容、辅助信息或者正文样式为无

图 14-32　字体规范

（1）首页　首页是网站的第一个页面，是浏览者第一个看到的页面，所以首页的好坏决定了浏览者对于网站的第一印象。首页通常是由导航部门、Banner 区、展示内容区、底部信息这四部分组成。

首页一般是根据内容层级的先后顺序进行布局的。导航栏在网页中是一组超链接，链接的目的端是网页中的重要页面。导航部分包括 logo、品牌名称、导航信息内容、其他重要操作；Banner 部门通常为广告设计，以品牌、服务、理念、产品展示为主。展示内容区通常为产品、服务、品牌、新闻等相关内容排版区；底部信息区，企业站通常为版权信息，加以少量的重要操作；电商站包含的内容略多，会有售后、购买、客服等相关信息。

整个页面部分网站内容应该从需求内容着手，将用户最需要的放入首页展示，也可以将导航中最重要的信息展示在首页。

文本是网页中最重要的信息载体和交流工具，网页中的主要信息一般都以文本形式为主。

图像元素在网页中具有提供信息并展示直观形象的作用，有些会配合文字使用，静态图像在页面中以图片展示为主，通常为 JPEG、PNG 或矢量格式为主；动态图通常为 GIF 图为主；声音是多媒体和视频网页重要的组成部分；也会有部门视频文件展示。

图片的使用规范：高清大图无水印、等比例缩放，不要使用马赛克效果的图片，多用褪底图。

标题的塑造多利用排版、字群关系、重复、对比、亲密、对齐。

关于导航设计是根据不同的信息（内容）特点及信息量进行利于阅读和操作的设计。

关于导航分类的详细介绍：

1）主导航：网页的中枢，网站整个信息和功能的划分与集中体现。

2）分页导航：经常出现在列表中，一次可展现的结果数目通常有限制，超出限制的结果将在新页面展现，最简单的分页导航就是带页码的分页导航。

3）浏览路径面包屑：展示了用户访问网站的路线，由一大串的元素和节点组成，每个节点都与指向先前访问过的页面或父级主题相连。节点间以符号分隔，通常为大于号（>）、竖线（|）或者斜线（/）。

4）垂直菜单：通常置于网站二级页面的左边或者右边的一系列链接，垂直菜单较横向的导航更灵活，易于向下扩展，且允许的标签长度较长。

5）树状导航：常用于二级页面中的三级内容展示，常结合风琴式布局进行展示。

6）站点地图（页面最底端）：它不是地图。它为网站提供附加信息的迅速总览，适用于有大量内容和广泛用户群体的网站，应用比较简单易于扫视，页脚网站地图是现今大中型网站采用的方式。

7）标签云：所有链接按字母排序，按照标签热门程度确定字体的大小和颜色。

8）页脚包含站点地图、重要功能按钮、版权信息、留言输入框、联系方式、logo、地图等。

在网页设计中导航的设计规范（根据 7 加减 2 原则的设计规范）：

导航高度：80~100 像素之间，透明背景；

导航文字：16 像素、18 像素、20 像素；

Banner 图：700~1000 像素之间。

下边是一个首页的展示（图 14-33）。

（2）二级页面　以用户有效、快捷的操作流程及交互设计，通过首页延展二级页面。一般是由导航引出网站二级页面的设计。根据用户的需求、网站的导航进行二级页面的提练，根据网站中的功能，然后设计每个功能的相应模板。

以下是关于企业站的二级页面的布局：

二级页面的布局（二级页面导航、内容区域、附加广告链接区域、Banner）内宽保持一

导航栏
品味优质生活
ENJOY LIFE
IN THE LIPS OF HAPPINESS
Banner区
内容区
芒果蛋糕
COFFEE
Taste life
20/08
页脚

图 14-33　首页展示

致；二级页面 Banner 比首页的 Banner 至少低一半；二级页面的布局方式为 L 型布局、通屏式的布局方式（二级导航可有可无）。

单页面：单页面通常展示的是网页的详细内容（关于、说明、须知），如产品详情、关于企业、企业文化、服务说明、使用说明、服务须知等类型的页面。展示的内容范围少，但是内容较详细（图 14-34）。

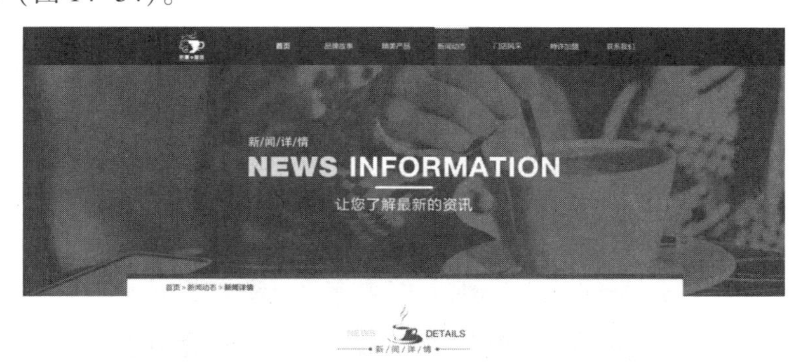

图 14-34　单页面展示

其具体内容如下：一般以文字、图片及视频的展示为主，有时候会出现少量链接内容介绍类的功能；无页面跳转（不具备分页导航）；以文字、图片、视频按钮链接为主；网页的高度会随内容的多少进行缩放。

文章系统（新闻、日志、资讯）：一般用来展示以新闻条目为主的内容，分为文章列表页（新闻目录、分页导航）和文章详情页（视频、图片、文字、分享、评论、新闻、跳转按钮）。

图文系统（产品、案例）：一般用来展示以产品案例、视频为主的内容，分为图文列表页（分页导航、图片目录为主）和图文详情页（图片、文字、分享、评论、视情况加入少量分页导航）。

表单系统即表单页，分为两种类型，表单填写页和表单查询页，主要用于用户留言、评论、登录及注册等页面。表单页是网站与浏览者互动的一个媒介，通过表单页可以使企业对浏览者有更多的了解，同时也能促进两者之间的交流（图 14–35）。

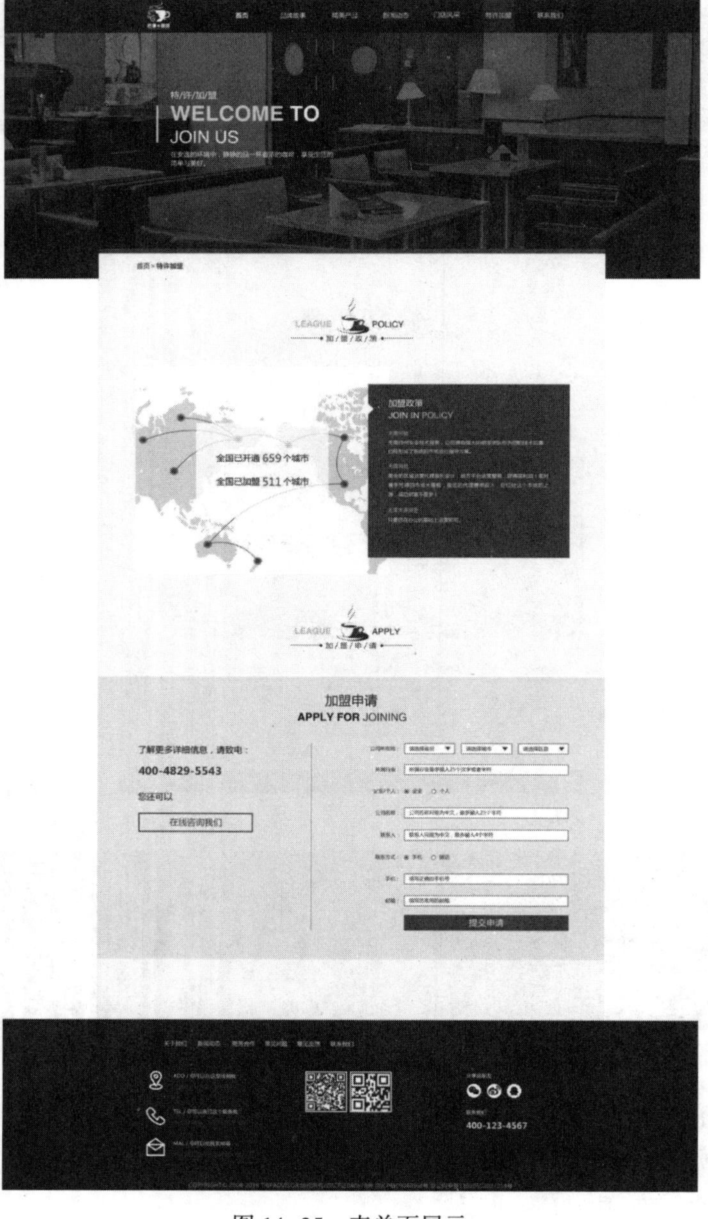

图 14–35　表单页展示

招聘系统分为照片职位列表页、招聘职位详情页和个人信息填写页。

以上这些内容是关于企业站设计的详细介绍。

(3) 电商网页制作与设计　关于电商网页制作与设计，首先我们先了解一下电商网站。

1) 分类。电商网站分为平台电商和垂直电商两类。其中，平台电商的交易方式涉及卖方/买方/第三方，其主要代表有天猫、淘宝的旗舰店；垂直电商的交易方式主要是买卖双方，即点对点，如苹果官网。

2) 起源。电子商务起源于 1990—1993 年，正是电子数据交换时代，成熟于 2009 年以后。电子商务是指在全球各地广泛的商业贸易活动中，在互联网开放的网络环境下，基于浏览器和网站为应用方式进行的各种商贸活动。最终实现消费者的网上购物、网上交易、在线电子支付、各种商务活动、交易活动及相关的综合服务的一种新型的商业运营模式。

3) 电子商务的构成。卖方—产品—买方—银行及信用中介—仓储—物流。电子商务的特点：方便、整体、协调、安全，其中方便主要是指足不出户就可以购买自己心仪的产品。

4) 电子商务的主要功能构成。

导航：主导航、侧导航、站点地图、分页导航、面包屑、Banner、钻展；

直通车、推广推荐、产品列表、产品详情、登录注册、购物车、订单、个人中心。

5) 电子商务的主要功能流程。

产品浏览>新用户注册>登录>精选商品>放入购物车>确认信息>填写表单>选择付款方式>生成订单。

世界著名的网页易用性专家尼尔森曾经有报告显示，首屏的关注度为 80.3%，首屏以下的关注度仅有 19.7%，这两个数据足以表明首屏对每一个需要转化率的网站都很重要。尤其是电商网站，要求首屏尽量放置关键信息（钻展及导航、购物车等），其中转换率=交易次数/访问量。

6) 电子商城头部设计。

头部登录/注册、个人信息、个人中心、购物车（收藏、提示、订单、查看购物信息）、logo、整站搜索及热门搜索、导航。

电商网站普遍有两个导航，分别是网站头部的总导航和侧边的分类导航。一般来说，总导航会比较笼统地展示网站商品，而分类导航则会比较详细。总部导航的内容不宜过多繁杂。

导航的内容很重要，一旦导航有了很大的变化，会让用户在无形中产生一种陌生感和距离感，所以导航在网站改版时不宜轻易改变。随着网页的下滑主导航的位置可固定不变，这样便于用户进行产品切换（如淘宝网）。

侧导航展示（局部导航），它常位于网站主导航下侧及 Banner 左侧位置。在做导航设计时，设计师应该把使用对象都看成是新用户，或是没有耐心的用户。

Banner 图：钻展及广告的制作。需要注意的是，Banner 图的设计需要有给力的文案、信息突出以及明确目标群，其特点是数量多，且实时性强。钻展及广告制作的最终目的是点击率与转化率。

广告活动：增加二次交易和转化率。

7) 电子商城的首页内容板块设计。

内容主体区域：产品分类（行业优先、客户优先原则）、主打产品展示、热门推荐。品牌分类、热卖排行、使用功能分类。

布局：宫格式图文排版、栅格化设计、自定义栅格化设计。

底部设计：联系方式、站点地图、版权信息、附加导航（联系我们、关于我们……）及服务专区。

8）电商页的二级页面设计。

主要板块：个人中心（登录页、注册页、订单页）、购物车、产品详情、直通车/推广推荐。

列表页：列表页是网页的二级页面，通常是用来展示一些信息或者产品的，一般是用来跳转的链接。列表页能够最大程度地展示产品类别，当然所展示的信息不够详细。列表页一般有行列排列、瀑布流和特别款突出这几种类型（图 14-36）。

如果商品种类数量多且繁杂，归归整整的行列排列方式，更利于用户找到浏览规律；瀑布流的形式，更多用在流行时尚领域的电商中及专题页（展示数量有限）；特别款突出的方式，可以为一些节日活动的宣传促销而准备。

商品列表页主要包含的设计内容：

展示基本信息：商品列表页相对于其他页面会显得有些拥挤，因此简明扼要的图片、商品名称及价格说明、购买人数就已经能够满足用户在该页面的需求了。

鼠标悬停时产生的交互效果：很多网站都会忽略鼠标悬停时产生的交互效果，虽然只是一个很小的效果，但他存在的意义却远不止于此，它甚至承载了一份网站与用户之间的互动效果，做页面时应该把鼠标滑动的效果一并显示出来，包括变色、色框、JS 效果（放大或者左右位移等）。

出现适量的附加信息：在商品列表页简单、简洁的基础上适量增加一些对用户挑选商品有帮助的附加信息，可以起到锦上添花的作用，类似于相关产品或者同类产品的不同角度，或者评论和快速购买、加入购物车等效果，目的在于尽量减少用户的操作流程。

始终带给用户指引：网站应该始终为用户提供指引，带给他们明确的方向感。

设置相关推荐，促成更多消费：用一种商品，推动另一种商品的销售，这是电子商务网站中的惯用营销手法，网站应该试着用柔和的方式传达相同的意思。

用特色商品激发购物欲：

减少操作步骤。在商品列表页中，在列表页上直接显示“加入购物车”。DHC 官网实现了这一操作，让用户能够直接选择商品的数量和种类。

从众效应，从众心理是网上购物人群的普遍状态。因此，买过该商品的顾客此刻做出的评价对于用户来说很有说服力，商家可以利用这一点在首页列表的设计上做出一些文章。

除了商品列表页的设计，也有商品详情页的设计，以下做一个简单的介绍：

商品详情的构成元素，商品信息［图片（多角度）、放大镜、名称、价位、参数、基本信息、筛选项］、加入购物车、立即购买、商品显示瀑布流（图片和文字叙述为主）、相关推荐（直通车或者相关商品推荐）、浏览记录（评论区域及附加信息），以下是关于商品详情页的一个展示（图 14-37）。

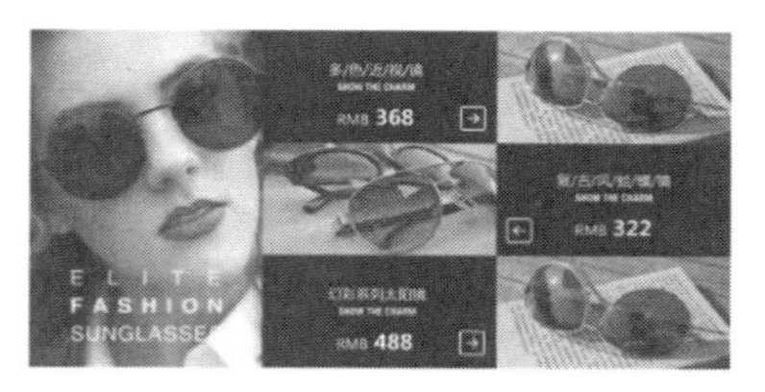

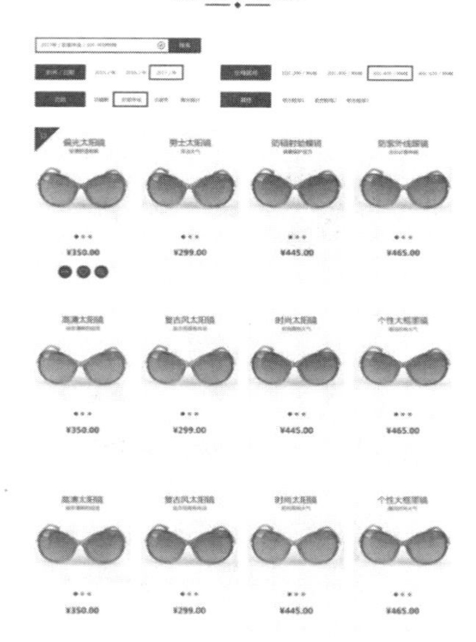

图 14-36　列表页展示

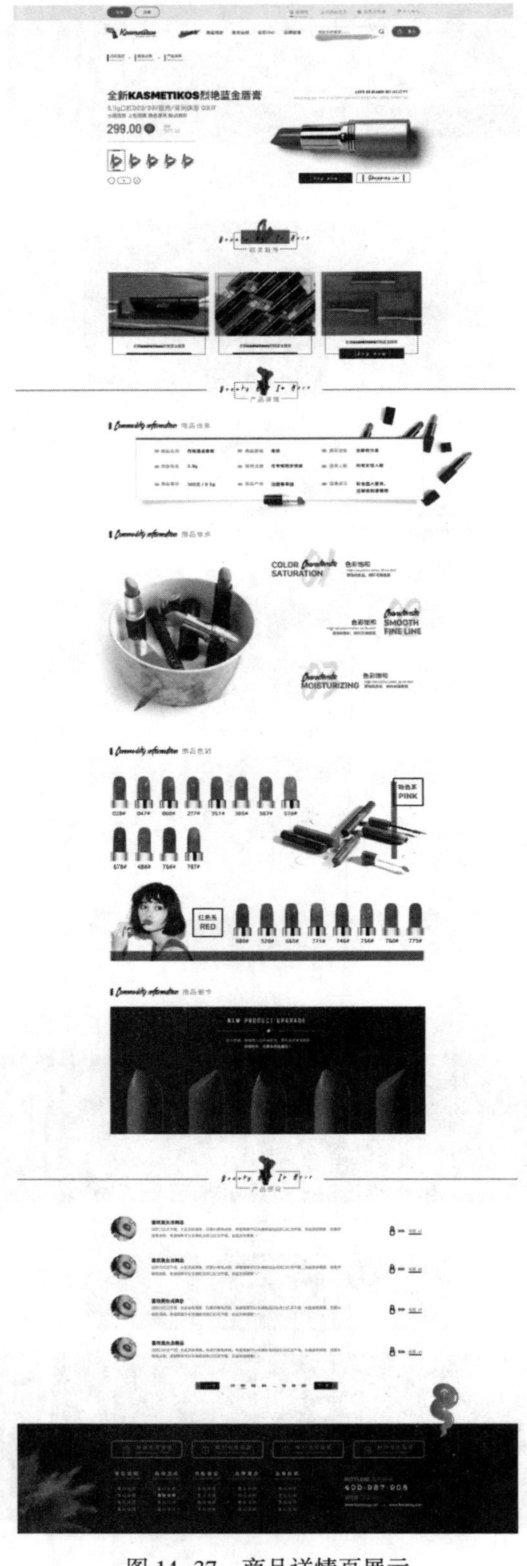

图 14-37　商品详情页展示

（4）关于登录、注册页面设计时的注意事项

简洁留白：用户不喜欢思考和寻找，他们希望所有自己需要的内容都清晰地摊在眼前，甚至眼前只有自己需要的内容。这样的细节需注意，在电商登录页的设计中，留白是一种挽回用户心情的好方法。

减少登录页中的广告信息：电商网站的主要目的是尽可能地多推广。

标题的精彩性：勇于做一个标题党。

语言简化精准，避免啰嗦：登录页面上的文案还是应该简单一点，用一些一看就能懂，而且没有歧义的文字。

有趣、美观的辅助页面设计。

撰写充满号召力的文案。

尽量减少表单区域。

使用电子邮件登录：目前有手机登录和邮箱登录两种主要登录类型。

加上忘记密码“链接”，它无须放在显眼的地方，但是它应该紧靠用户登录表单，以备不时之需。

“忘记密码”功能流程：一是邮箱找回，二是手机找回（如有货网）。

（5）关于登录、注册页面的设计技巧

1）有效地说服用户进行填写。

首先告知用户为什么要填写表单，他能获得什么，让用户看到把信息给你的好处。注册新账户创建并登录到您的个人账户。除了告诉用户填完整个表单可以得到什么好处，还可显示，让他填写某一项信息是出于怎样的考虑。

2）合理组织信息。

可以用框线、空间间隔、颜色的不同，按照不同信息的类别、属性，进行区块的划分，用步骤条指示当前的进程。通知为蓝色，警告为黄色，错误为红色，成功确认为绿色。

3）用户节省时间。验证码和二次确认密码等比较费时；预防错误，实时修正，错误提醒，自动判断。进行有效的及时校验，让用户能及时修改、补充缺漏的信息；用户输入手机号码时能够判断其输入的号码是否正确，能够让用户及时修改号码；当用户输入的用户名出现错误时，系统会自动提示该用户名不存在，修改成正确的用户名后，就可以输入相应的密码，当用户名与密码都输入正确后系统则会跳转至相应的页面。

4）引导性的语言必不可少。问题出现时，清楚地说明问题出现的原因。以下是关于登录页面（图 14-38）和注册页面（图 14-39）的展示。

（6）关于电商网站个人中心的设计

1）首先，在做该页面时我们应该先了解个人中心页面的作用，它主要是用于管理会员信息，包括用户的交易信息、服务信息及账号管理等；保障用户信息的安全性、涉及用户隐私和业务升级等信息。

2）其次是关于个人中心的纵览，页面中会出现适度的热门推荐，将二次交易进行到底。

3）然后是关于购物车的设计，购物车的主要功能是记录和汇总用户的商品信息，删除、编辑或者删减已经挑选好的商品，也是交易流程中必不可少的一个环节，所以在做这些页面设计时我们一定都要想好、设计好，这样才会让用户有一个好的体验。

图 14-38 登录页面展示

图 14-39 注册页面展示

4）接下来是关于购物的一个交易流程的介绍，其中重点功能位于顶部（交易流程时间轴的使用）。用户单击直接购买按钮时，会出现“填写信息表单”的内容框（包括用户的个人信息、具体地址、联系方式、支付方式和商品的配送时间、快递方式等）；当用户信息填写完成后，我们要审核检查订单信息，信息确认无误后就可以直接提交订单了。此时，如果用户选择的是货到付款的支付方式，那么这个购物流程就已经完成了；如果用户选择的是在线付款或者是第三方支付方式等，页面会跳转到相应的支付中心操作。最后，订单支付成功，订单完成。

5）最后是关于进入购物车进行购买的方式。用户在浏览商品，喜欢这个商品，可以单击商品上的相关按钮加入“购物车”；然后用户可以进入购物车页面筛选所需商品进行结算；接下来便是填写用户信息的表单（个人信息、收货地址、联系方式、支付方式和配送时间的选择及快递方式）；随后便是提交订单页面，其过程同第 4）点中的过程是一样的。

以下便是个人中心页面的展示（图 14-40）。

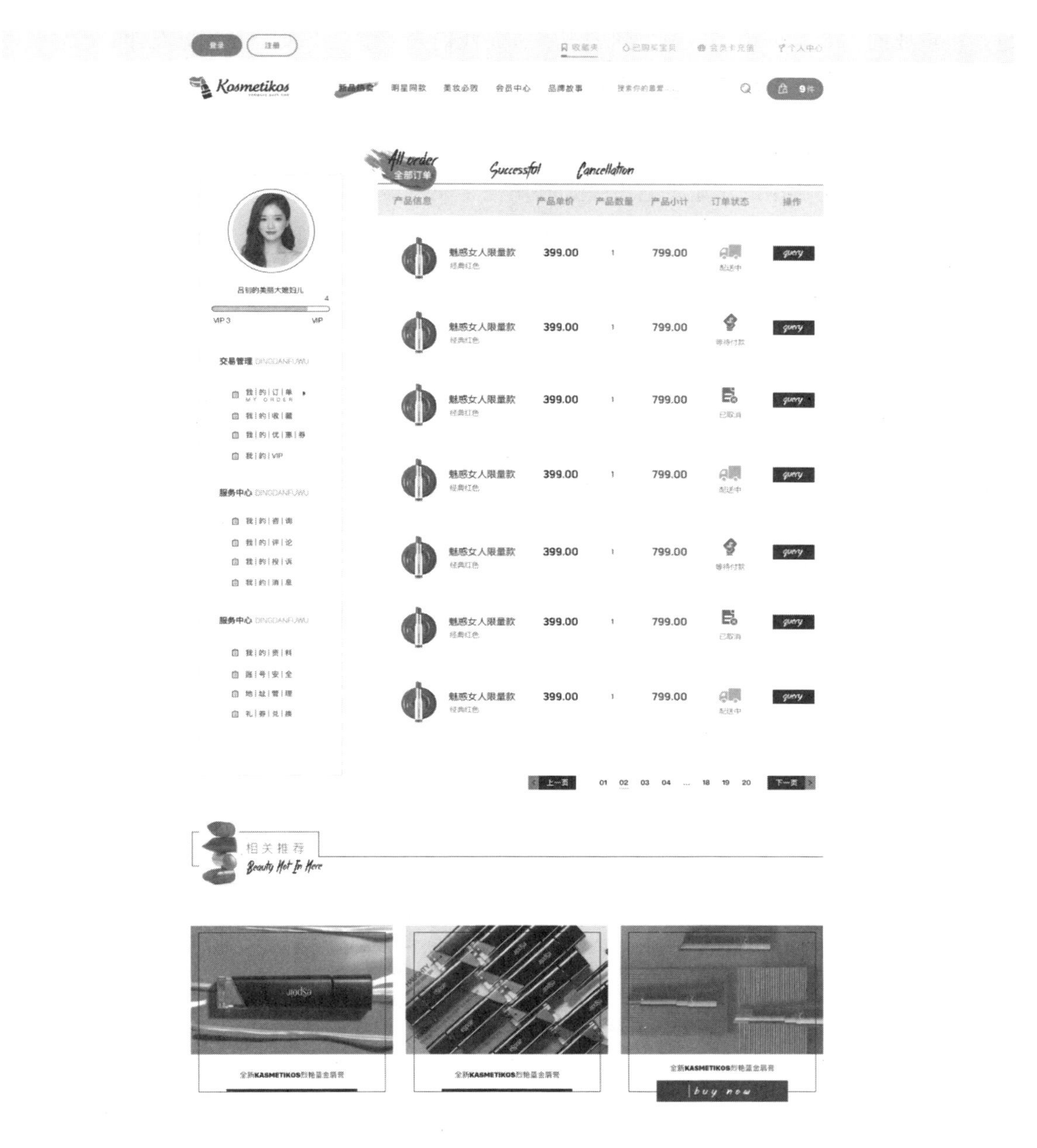

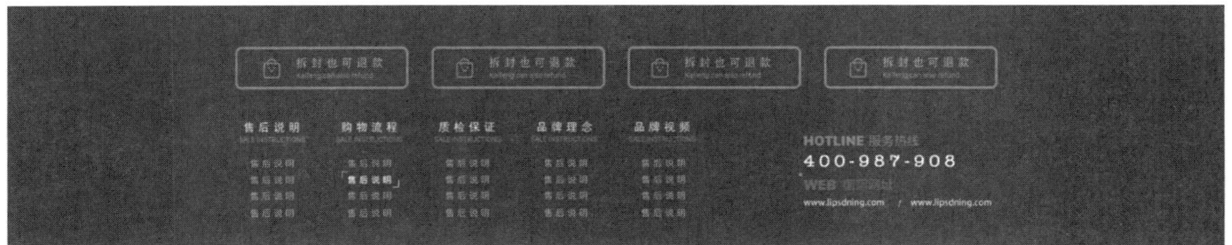

图 14-40　个人中心页面展示

（7）关于电商网页活动页面的设计　在电商网页的设计中，活动页面即专题页的设计也是很重要的，专题页相当于一个列表页。首先我们先了解一下关于专题页设计的概念，专题页是承载各种形式的节庆促销、宣传推广、营销产品发布等活动的页面，其内容与形式多种多样。

典型的静态活动页面通常用 Banner+标题再配以活动入口的展示形式，今年天猫的喵星球抢红包活动就是典型的例子。它主要是利用一个主题来策划一个页面或者一个活动流程。其主题鲜明、目的明确、时效性强并且更新较快。

专题页设计的目的主要是吸引用户的目光。

1）品牌运营展示或者企业文化，对产品的某一性能或优势或者政策方面进行详细剖析诠释。

2）活动运营统一的特征是生命周期短，它主要是为了拉动转化率而策划的即时性活动，适用于日常的大促或者是节日福利。

关于活动运营专题（图 14-41），其优点是活动氛围比较强，而且视觉冲击力强。设计不仅较为活泼、用色大胆，而且其设计元素夸张吸睛，适合相对应的用户群，能够有效地刺激购买，从而促进用户购买转化率。它的不足之处是涉及元素繁多，用户易产生视觉疲惫，不适合商家长期运营，时效性较短。

图 14-41　活动专题页展示

图 14-41　活动专题页展示（续）

关于品牌运营的专题页，其优点是设计元素更为国际化，并且清晰有条理，更加适合长周期的性能宣传，适合 tob（对企业的宣传，设计公司针对的是企业）用户，它能带动品牌的影响力，比较适合当下流行的响应式网页设计。缺点是运营范围相对窄一些，因此其重点在品牌宣传而不在营销上。

14. 3. 2　网页的设计原则

在网页设计中，为了达到很好的视觉效果，在我们发挥创造力、设计感的同时，不能忘了网页设计的原则。只有在网页设计原则的基础上进行设计，才能设计出规范而又美观的页面。网页设计的原则是对比、对齐、重复、亲密。

（1）对比　在网页设计中，为了吸引用户眼球，突出页面特点，可以使用对比来进行一些元素的设计。例如，深色浅色的颜色对比，文字的字号大小及字体对比，图片大小虚实局部遮盖的对比等（图 14-42）。

（2）对齐　在设计过程中，一般情况下各个元素之间都有着或多或少的联系。页面上文本对齐一般是同一种对齐方式，如果同时有左对齐和右对齐，那么这两个文本也必须要有对齐方式。一般对齐方式有左对齐、右对齐、居中对齐（图 14-43）。

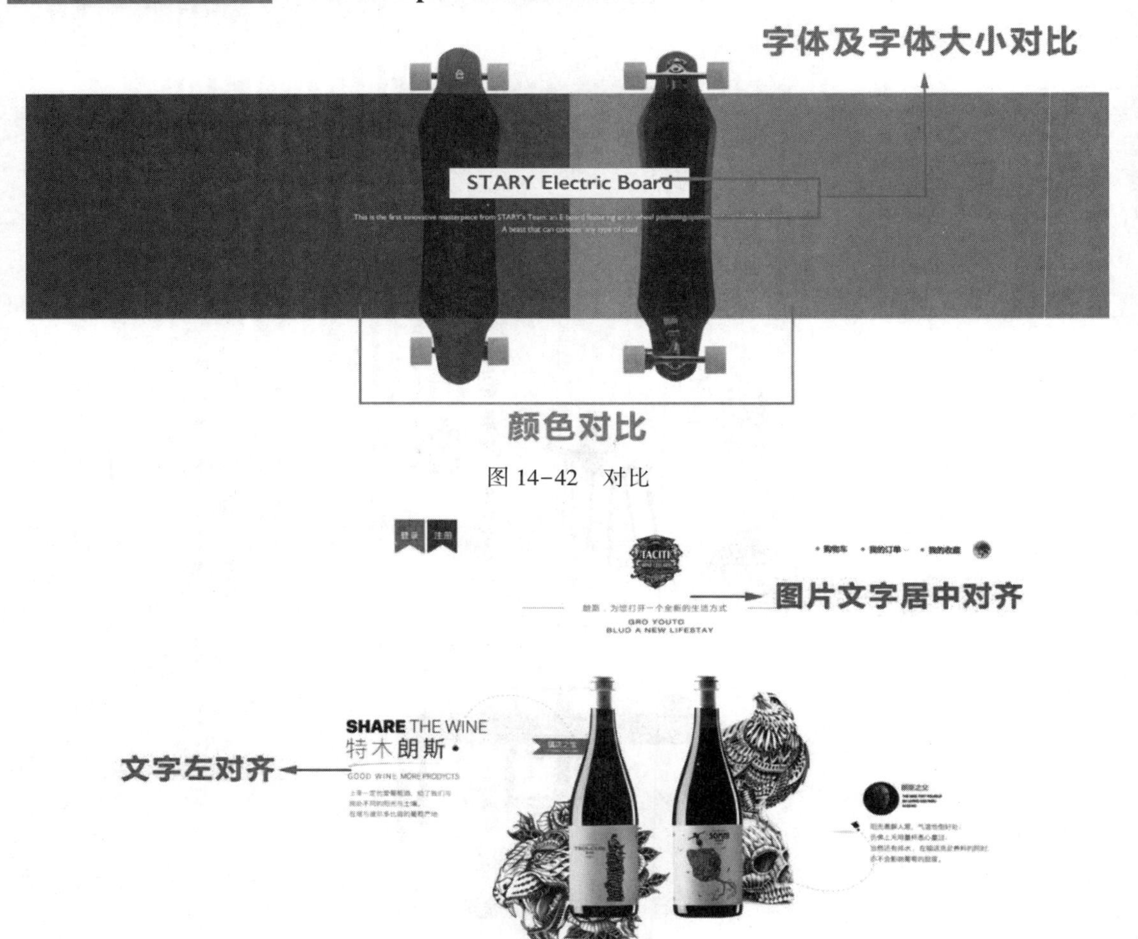

图 14-42　对比

图 14-43　对齐

（3）重复　在整个设计作品中，为了保证页面统一、风格一致，会经常用“重复”来强调整体风格。重复包括字体字号、图片风格、颜色统一、对齐方式的等（图 14-44）。从图中可以看出，在这个导航栏中，文字下方的纹理重复多次使用，数字（壹、贰、叁、肆、伍）的字体也是一致的，包括设计的风格都是运用了重复。

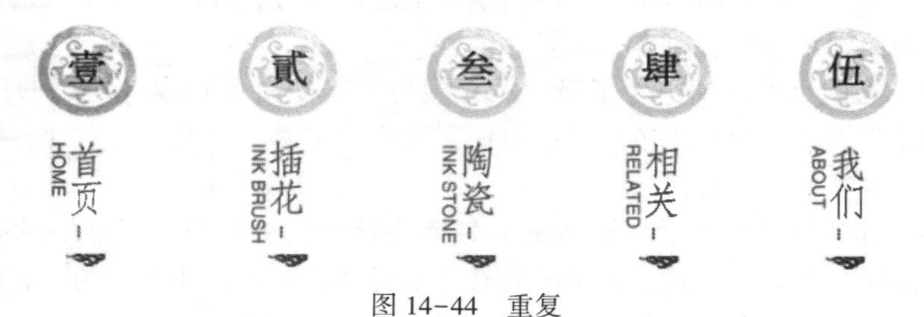

图 14-44　重复

(4) 亲密　将相关的元素组合在一起，做到有疏有密，相互接近或者相互疏远。“留白”就是在亲密关系下出现的一种设计方式（图 14-45）。

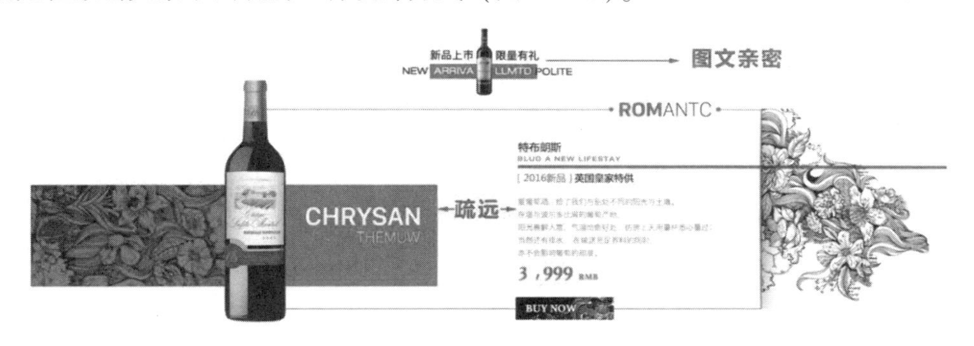

图 14-45　亲密

14.3.3　互联网网页的首页设计

作为网页的重要页面，对首页的设计决定了整个网站的设计风格，一个精彩的首页会大大提高浏览者的兴趣。那么，我们就来制作一个咖啡企业的首页。首先，我们先来分析用户需求，这个网站是做什么用的？是主要用来宣传企业文化，还是用来宣传展示企业？分析企业整体文化，是高档次的还是亲民的？既然是关于咖啡的网站，那么分析咖啡的主要特征：高档、低调、时尚、咖啡色等。经过一系列分析，我们决定做一个高档沉稳风格的网站，主打色为咖啡色，主要宣传企业文化、导航内容。首先我们先建立一块 1920×6000 像素的画布。在画布上，为了适配大多数用户的显示器尺寸，我们在中间位置取 1200 像素的宽度为网页的内容区域。经过企业分析及功能分析，根据 7 加减 2 原则决定导航栏一共有 7 个项目，设定导航的宽高、颜色及样式，以简洁大方的风格为主（图 14-46）。

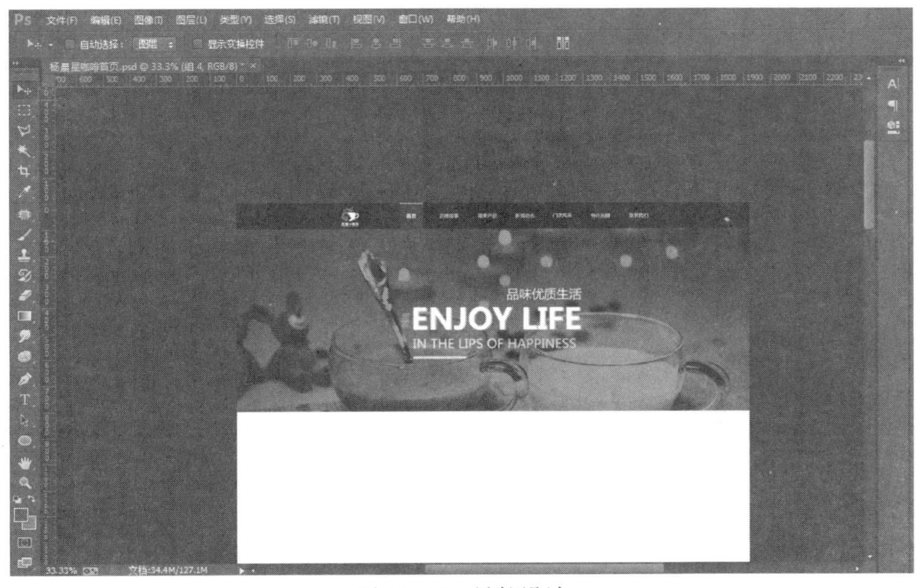

图 14-46　导航设计

接下来做 Banner 部分，因为整体选择的为咖啡色和黑色色调，那我们对 Banner 图的选择也应该偏向这些方向，同时对 Banner 进行一些排版，当然不要太复杂，否则会有点烦琐（图 14-47）。

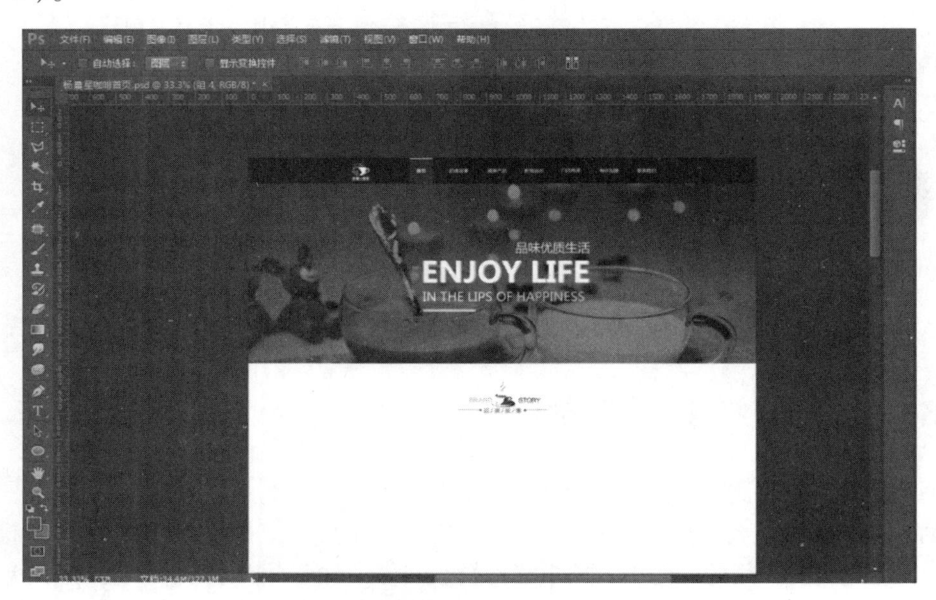

图 14-47　Banner 设计

接下来我们设计一个有特色的、有设计感的标题来开启接下来的内容（图 14-48）。

图 14-48　标题设计

接下来做第一个内容部分，采用图文结合的方式，简洁地介绍咖啡的历史及内涵（图 14-49）。

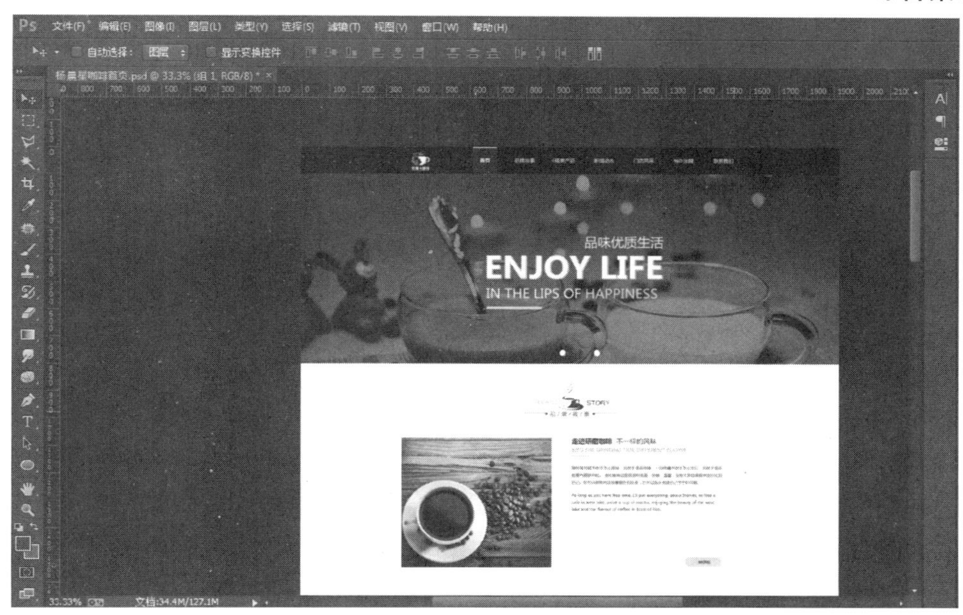

图 14-49　内容部分，图文结合

紧接着使用宫格式的布局方式介绍我们主要推送的产品，宫格式既可以丰富页面，也可以较多地展示产品。这些产品将是我们的特色及销售火爆的产品，配合精美的图片，增加用户的点击率（图 14-50）。

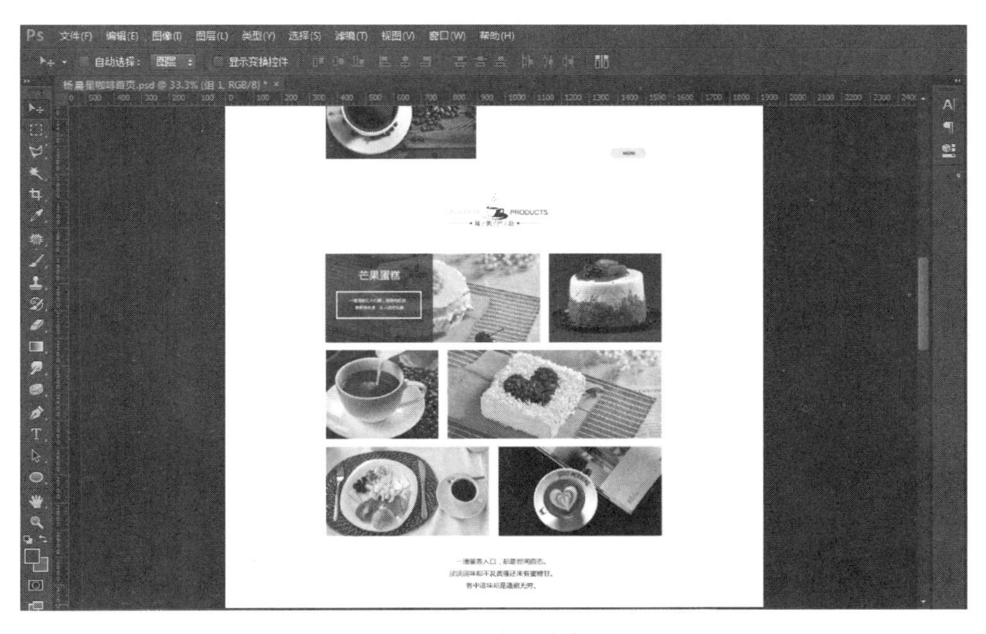

图 14-50　宫格式布局

然后我们放置一个整体的部分，会形成很好的页面对比，整个页面显得有疏有密，从而很好地丰富了页面的布局（图 14-51）。

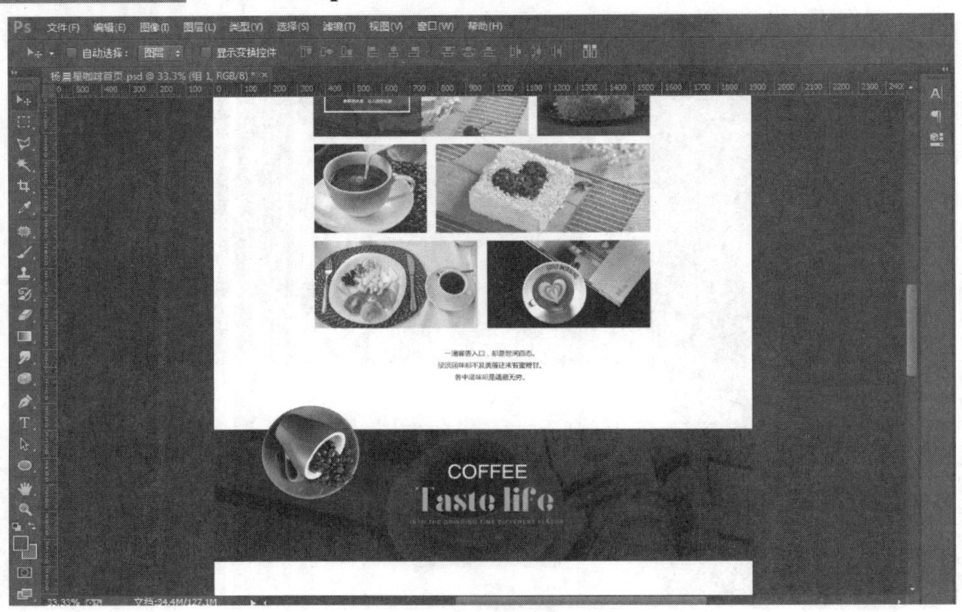

图 14-51　丰富页面布局

接下来再展示一些企业的新闻动态。行业动态及关于企业专家的介绍，让用户更多地了解公司（图 14-52）。

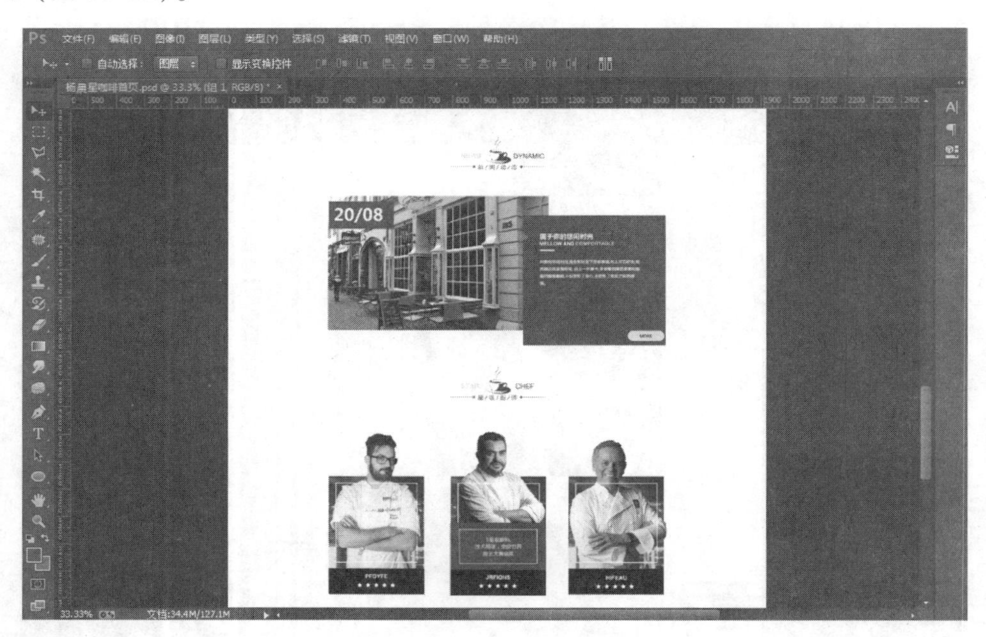

图 14-52　企业新闻动态

最后制作页脚部分，同样还是简洁大方的风格，在此基础上可以加一些小元素，使整个页脚部分不至于太死板（图 14-53）。

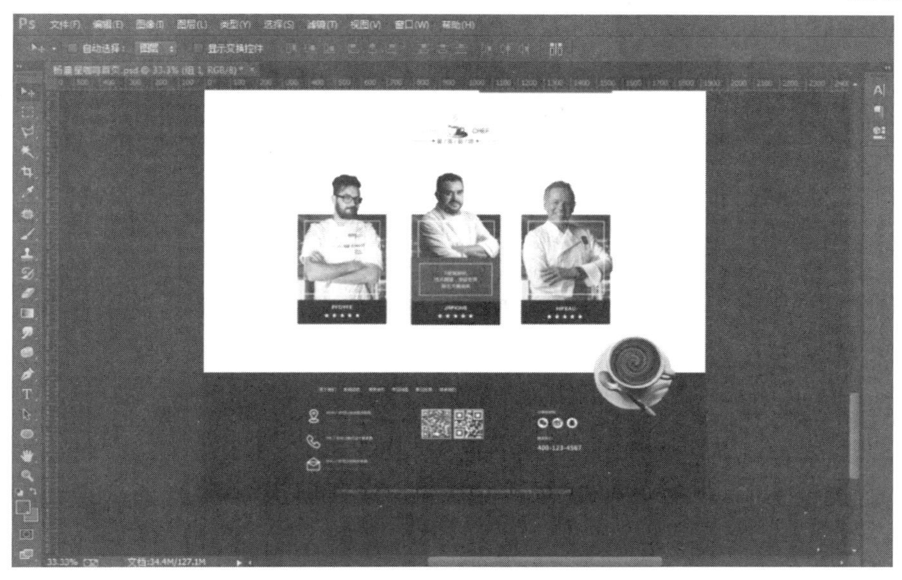

图 14-53　制作页脚

这个网页就制作完成了，整体风格是一致的，但是我们在风格统一的基础上还增加了许多小元素来丰富页面。同时，整个页面有疏有密，舒张有度，让人不会产生视觉疲劳，页面布局也更加的合理。

14.4　移动 App 界面设计

14.4.1　移动界面设计规范

接下来将带大家认识一下移动端界面的设计规范，分别从手机分辨率、字体规范、控件尺寸和图标尺寸来展开学习。

在这里主要以 iPhone6/iPhone6s 的分辨率作为我们主要的设计尺寸，首先我们需要了解的就是 iPhone6/iPhone6s 的分辨率为 750×1334 像素。打开 PS 之后在新建面板中设定一个名称为界面、宽度为 750 像素、高度为 1334 像素、分辨率为 72 像素/英寸的页面，新建完成后单击“确定”按钮即可（图 14-54）。

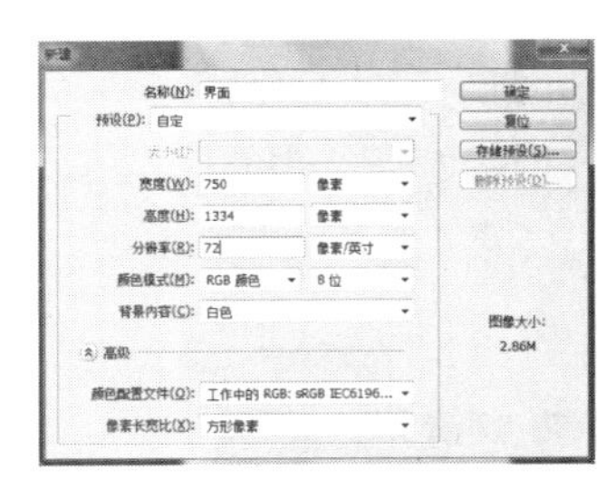

图 14-54　新建页面

手机界面主要由状态栏、导航栏、标题栏及底部标签栏构成。状态栏高度为 40 像素，主要以居中分布的方式进行展现，在状态栏上主要显示的内容包括当前信号、时间、电量及活动指示器——用来展现当前应用网络的加载状态等。

导航栏高度为 88~100 像素之间，可以使用户清晰地认识到自己所处的位置、功能，通过导航了解到当前界面内容标题。首页导航可以加入个性化的字体或 logo 展示；导航栏中首页导航及二级页面导航有所区别，二级页面为了方便开发使用官方字体；多用来展现搜索框——搜索框的展现非常重要，要起到让用户能产生搜索输入的操作引导。①线框呈现搜索方式；②纯线条展现搜索方式；③直接用图标展现单击后展开搜索框；④导航栏居中对齐；⑤利用分段选择器表现。

在 iOS 系统中一级页面会对应出现底部标签栏，底部标签栏 98 像素，在进入二级页面后底部标签栏就会消失，Tab 栏 4~5 个之间用分段选择器底部展示（图 14-55）。

图 14-55　底部 Tab 栏展示

14.4.2 移动界面设计布局

1. 大屏移动式

大屏移动式的布局方式主要以手指横向滑动产生，其展示量一般不超过 5 张，在展现形式上是主要以视觉的形式突出该产品的功能性闪屏，采用直观、情感化设计方法。

大屏移动式的特点主要有以下几点：其界面主要相对于高端产品使用较多，以推荐详情为主；解放屏幕横向区域、分页闪屏、推荐信息定制方案；该布局方式可以减少界面跳转的层级，操作起来比较简单；当然该布局的信息扩展性较差，信息量受到操作制约展示不可太多，加入缩略信息来弥补页面数量少的缺点；如 Boss 直聘，让产品代替用户做筛选，节省用户时间（图 14-56）。

2. 宫格式排布

宫格式布局方式由网页延展而成，网页中比较常见的就是九宫格的排布方式，该布局主要用来展示图片信息及视频信息。其展现方式分别为卡片式、栅格化设计、瀑布流（长短不一）。

在展现特点上主要以不规则或者规则色块构成，在视觉展现上简单直观，比较适合初级用户，但展现层级不可太多（图 14-57）。

图 14-56 大屏移动式布局展示

图 14-57 宫格式布局展示

3. 列表式

列表式的布局方式可以更好地利用手机界面，该布局方式主要以展示文字信息为主，最早它也是最容易被人接受的信息的展示方式（图 14-58）。它的优点在于可以无限延伸信息、层级较多，当然查找信息也会比较麻烦，该布局方式多结合其他形式使用，如标签式布局。

4. 标签式布局

标签式布局可以在一定程度上减少页面跳转层级，重复利用同一块屏幕；并且能够展现大量信息，多用于界面底部或顶部、没有过多的隐藏信息，在大型网站 App 中使用居多（图 14-59）。

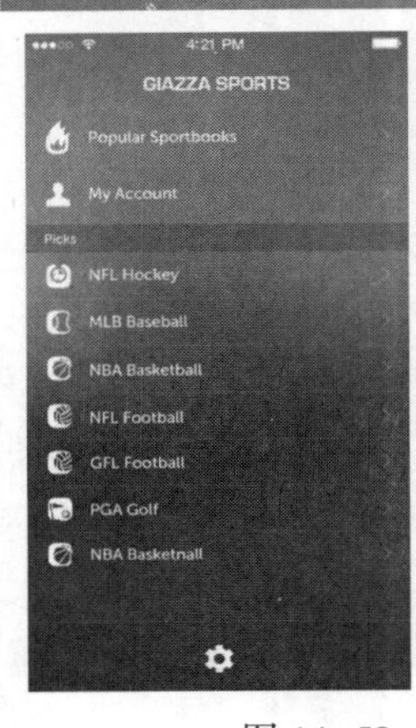

图 14-58　列表式布局

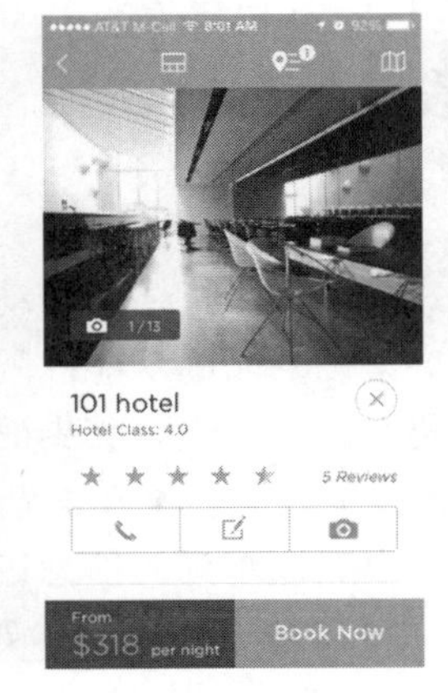

图 14-59　标签式布局

5. 侧滑式布局

侧滑式布局必须要放在首页，但展现内容较多，需要把页面隐藏，该布局适用于中高级用户，由于其页面属于隐藏信息，对客户本身来讲必须要对 App 有一定的了解；同时该布局方式可以减少界面跳转，信息延展性也比较强；一般是左侧滑动优先，结合右侧滑动辅助（图 14-60）。

6. 不规则式布局

不规则式布局多用于高级定制型 App，尤其是个性美观的界面，但是其延展性较差，对于用户的要求比较高，会产生一定的学习成本（图 14-61）。

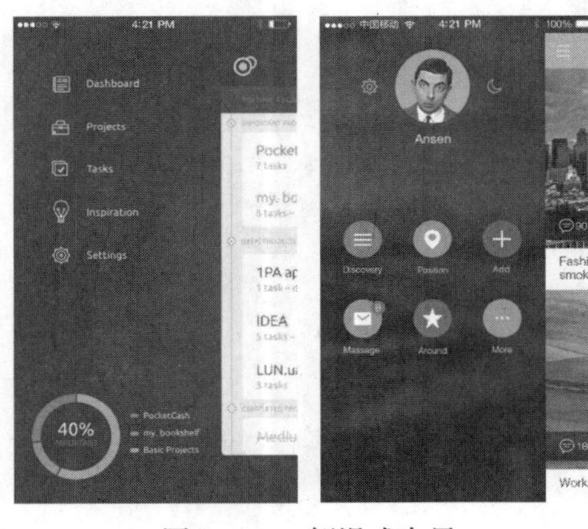

图 14-60　侧滑式布局　　　　图 14-61　不规则式布局

7. 混合式排布

如图 14-62 所示，该布局方式多用于首页，尤其在展现大量信息时，为呈现丰富的界面效果及合理的编排信息，多用该布局。

14.4.3　UI 界面设计方式

PS 是 UI 设计中必不可少的一款软件，在 App 界面设计时，也经常会用到 PS 软件来进行 App 高保真界面的设计，接下来就使用 PS 软件来制作一个电商 App 的首页。

图 14-62　混合式布局

在进行 App 页面设计时，在保证产品的功能性能够最大化实现的前提下，还必须要对页面的视觉效果进行优化。由于我们设计的是电商类型的 App 首页，所以我们参考当下比较热门的电商 App 后，决定使用颜色较鲜艳的红色系作为页面的主体色。

首先，进行状态栏和导航栏的设计，在这里选择了粉紫色的渐变色作为 App 的主体色，按钮控件全部采用反白镂空的风格，搜索框为深色，增加页面的对比效果。页边距为 24 像素，状态栏高度为 40 像素，导航栏高度一般为 88 像素（图 14-63）。我们首先要用画笔画出如图的渐变，用图层样式中的渐变叠加也可以，只是效果没有画笔画出来的自然、美观。其次是关于界面按钮的设计，左边的按钮我们可以使用圆角矩形工具和椭圆工具进行设计；右边的按钮用的是矩形工具画出一个正方形选择描边，关闭填充功能，再将其进行栅格化设计后，剪切一个蒙版进去。中间的标题设计是中英文混排的模式，再加上小圆的点缀，使整个标题更加突出、醒目。

图 14-63　移动界面导航设计

然后进行 Banner 区域的设计，我们选用偏黄色系一些的图为主体内容，再加一些文字的排版丰富整个 Banner 区域（图 14-64）。

接下来进行分类区域的设计，为了方便用户进行分类查找，我们设计了该功能，这样可以使用户更快更方便地找到自己想要的商品，提高用户体验。同样选用渐变风格，圆形的图标，同时保证风格简洁，但是还要在简洁的基础上增加一些细节，如投影、渐变等这些属性。下方可以加一些热门推送，增加点击率（图 14-65）。

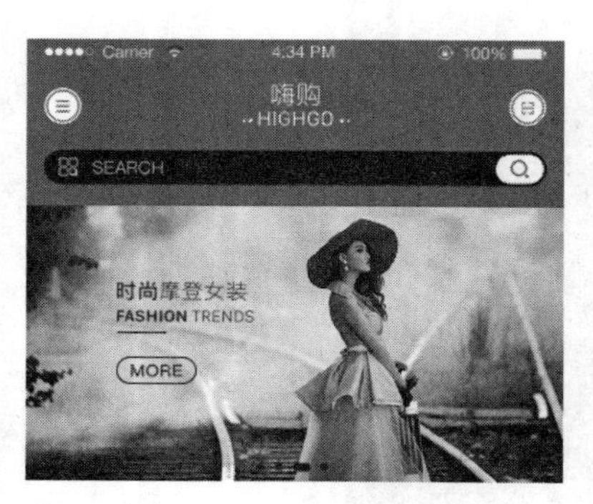

图 14-64　Banner 设计

图 14-65　分类区域设计

接下来做一些侧滑式布局，推送一些热门商品。根据用户平时的浏览历史进行一些商品推送，可以吸引更多的点击量。同时使用侧滑式布局，避免了页面纵向下拉过多，将内容横向延伸，提高用户体验。每个模块都添加了淡淡的投影，在小图标的设计过程中，增加了渐变，使其细节更加丰富（图 14-66）。

然后再添加一个推荐的商品内容区域，设计以简约为主，在模块底部添加粉紫色的色块，不仅可以丰富版面，还可以提高每块内容的辨识度，同时设计时丰富图标的细节部分，使内容更加精致（图 14-67）。

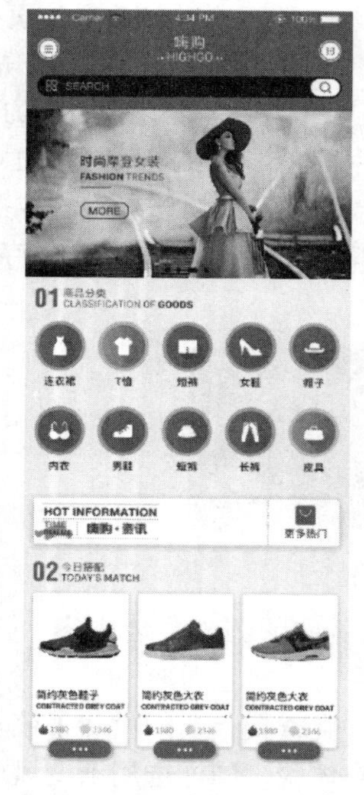

图 14-66　侧滑式布局添加

图 14-67　添加内容区域

最后制作底部 Tab 栏，整体颜色还是与导航栏保持一致，按钮控件颜色继续保持反白镂空的风格（图 14-68）。

这样，一个关于电商的 App 的首页就制作完成了（图 14-69）。

图 14-68　Tab 栏制作

图 14-69　整体 App 界面展示

第 15 章

UI 界面设计之 Illustrator

15.1 初识 AI

AI 的全称是 Adobe Illustrator，同样是美国 Adobe 公司推出的一款图形图像处理软件，与 PS 的不同之处在于，这是一款矢量图形图像的处理软件。AI 是现在使用率较高的矢量图形处理软件，由于它捆绑在 Adobe 旗下，与 Adobe 的其他软件可以交互使用，因此占据了较大的矢量图形处理软件的市场。AI 是当前设计师在处理矢量图形的时候较为常用的软件。AI 已经完全占领专业的印刷出版领域，被广泛地应用于宣传海报的制作、书籍单页的排版、插画的制作等各类领域，除此之外，我们所绘制的一些线稿图也可以借助 AI 中的矢量工具完成绘制。

Illustrator 最大的特征就在于钢笔的使用，我们在之前的 PS 中也接触到了钢笔工具，意识到了钢笔操作的快捷方便，使得我们能够对矢量图形进行高效的处理。同时，它也涵盖了对文字的处理、图形图像的属性修改，是一款可以与 PS 相抗衡的矢量图形处理软件，它在印刷制品设计制作方面被广泛地使用。我们在 Illustrator 中绘制的矢量图形，可以直接使用 PS 进行后期的编辑处理。

15.1.1 AI 的界面认识

AI 界面由菜单栏（图 15-1）、属性栏（图 15-2）、工具栏（图 15-3）、副工具栏（图 15-4）这几部分组成。

图 15-1 AI 界面菜单栏

图 15-2 AI 界面属性栏

在菜单栏中，主要包含了一些重要的大块选项卡，可以通过对这些菜单栏选项卡的选择，下拉出不同的选项，从而进行相应的设置。

属性栏主要是对被选中的图形进行属性的定义与修改，不同的工具具有不同的属性，可以对其进行相应属性的更改。

工具栏中包含在 AI 绘图中使用的所有矢量工具，以及对颜色的定义与修改。

副工具栏主要是对已绘制的图形进行编辑修改，可以对不同的图层进行相应效果的设置。

通过 AI 的界面构成，可以看出它的界面布局与 PS 较为相近，不同之处在于功能及工具。

图 15-3　AI 界面工具栏

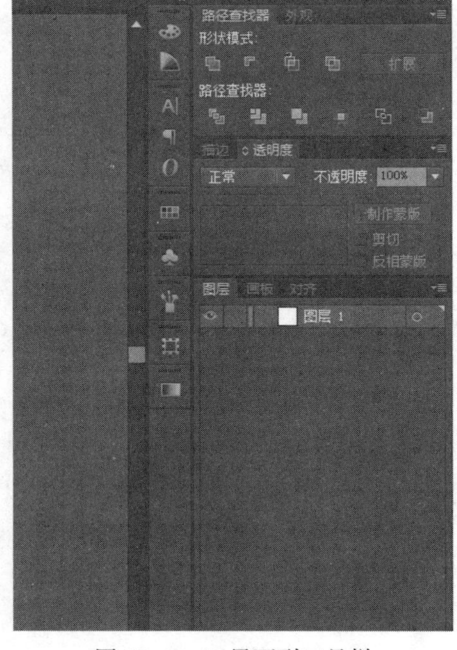

图 15-4　AI 界面副工具栏

15.1.2　AI 的应用领域

AI 常用于出版、多媒体和在线图像的工业标准矢量插画，如卡通造型的绘制、商业插画的绘制、设计 VIS、logo 设计、海报、名片等方面，是一款实用而强大的矢量图形处理软件。

15.1.3　AI 的快捷键

在学习使用 AI 进行矢量图形绘制之前，首先要了解 AI 中经常使用到的快捷键，以便我们快捷高效地使用 AI 软件。

在 AI 中，我们经常使用的快捷键主要分布在工具箱、编辑操作、文字处理、视图处理这四个部分，下面来一一了解这四个部分的快捷键。

1）编辑操作常用的快捷键。

移动工具：V	添加锚点工具：+	矩形、圆角矩形工具：M	视图平移、页面、标尺工具：H
选取工具：A	文字工具：T	铅笔、圆滑、抹除工具：N	默认填充色和描边色：D
钢笔工具：P	多边形工具：L	旋转、转动工具：R	切换填充和描边：X
画笔工具：B	自由变形工具：E	缩放、拉伸工具：S	镜像、倾斜工具：O
图表工具：J	渐变网点工具：U	剪刀、裁刀工具：C	混合、自动描边工具：W
颜色取样器：I	屏幕切换：F	油漆桶工具：K	渐变填色工具：G

（续）

粘贴：Ctrl+V 或 F4	置到最前：Ctrl+F	取消群组：Ctrl+Shift+G	锁定未选择的物体：Ctrl+Alt+Shift+2
粘贴到前面：Ctrl+F	置到最后：Ctrl+B	全部解锁：Ctrl+Alt+2	再次应用最后一次使用的滤镜：Ctrl+E
粘贴到后面：Ctrl+B	锁定：Ctrl+2	连接断开的路径：Ctrl+J	隐藏未被选择的物体：Ctrl+Alt+Shift+3
再次转换：Ctrl+D	联合路径：Ctrl+8	取消调合：Ctrl+Alt+Shift+B	应用最后使用的滤镜并保留原参数：Ctrl+Alt+E
取消联合：Ctrl+Alt+8	隐藏物体：Ctrl+3	新建图像遮罩：Ctrl+7	显示所有已隐藏的物体：Ctrl+Alt+3
调合物体：Ctrl+Alt+B	连接路径：Ctrl+J	取消图像遮罩：Ctrl+Alt+7	

锁定/解锁参考线：Ctrl+Alt+;	将所选对象变成参考线：Ctrl+5	将变成参考线的物体还原：Ctrl+Alt+5
贴紧参考线：Ctrl+Shift+;	显示/隐藏网格：Ctrl+”	显示/隐藏“制表”面板：Ctrl+Shift+T
捕捉到点：Ctrl+Alt+”	贴紧网格：Ctrl+Shift+”	显示或隐藏工具箱以外的所有面板：Shift+Tab
应用敏捷参照：Ctrl+U	显示/隐藏“段落”面板：Ctrl+M	显示/隐藏“信息”面板：F8
显示/隐藏“字体”面板：Ctrl+T	显示/隐藏“画笔”面板：F5	选择最后一次使用过的面板：Ctrl+~
显示/隐藏所有命令面板：Tab	显示/隐藏“颜色”面板：F6	显示/隐藏“属性”面板：F11
显示/隐藏“渐变”面板：F9	显示/隐藏“图层”面板：F7	显示/隐藏“描边”面板：F10

2）文字处理常用的快捷键。

文字左对齐或顶对齐：Ctrl+Shift+L	文字居中对齐：Ctrl+Shift+C	将所选文本的文字增大 2 像素：Ctrl+Shift+>
文字右对齐或底对齐：Ctrl+Shift+R	文字分散对齐：Ctrl+Shift+J	将所选文本的文字减小 2 像素：Ctrl+Shift+<
将字体宽高比还原为 1∶1：Ctrl+Shift+X	将字距设置为 0：Ctrl+Shift+Q	将所选文本的文字减小 10 像素：Ctrl+Alt+Shift+<
将图像显示为边框模式（切换）：Ctrl+Y	将行距减小 2 像素：Alt+↓	将所选文本的文字增大 10 像素：Ctrl+Alt+Shift+>
显示/隐藏路径的控制点：Ctrl+H	将行距增大 2 像素：Alt+↑	将字距微调或字距调整减小 20/1000ems：Alt+←
显示/隐藏标尺：Ctrl+R	放大到页面大小：Ctrl+0	将字距微调或字距调整增加 20/1000ems：Alt+→

3）视图操作常用快捷键。

我们通过使用以上快捷键，可以快速高效地对矢量图形进行绘制和处理，所以同学们在练习的时候要结合这些快捷键，多加练习，才能熟练掌握，在实操中灵活地进行运用，才能利用好 AI 这款矢量绘图软件，让它高效地为我们服务。

15.1.4 AI 的文件格式与保存

文件的格式决定了我们绘制的图形的文件属性，也就是说我们可以通过文件的格式看出绘图所使用的软件，以及它所能被兼容的程序应用。在使用 AI 编辑图稿后，我们可以通过执行“文件”>“存储”命令，就可以进行文件存储。在 AI 中，存储图稿一般有四种基本格式：AI、PDF、EPS 和 SVG（图 15-5）。

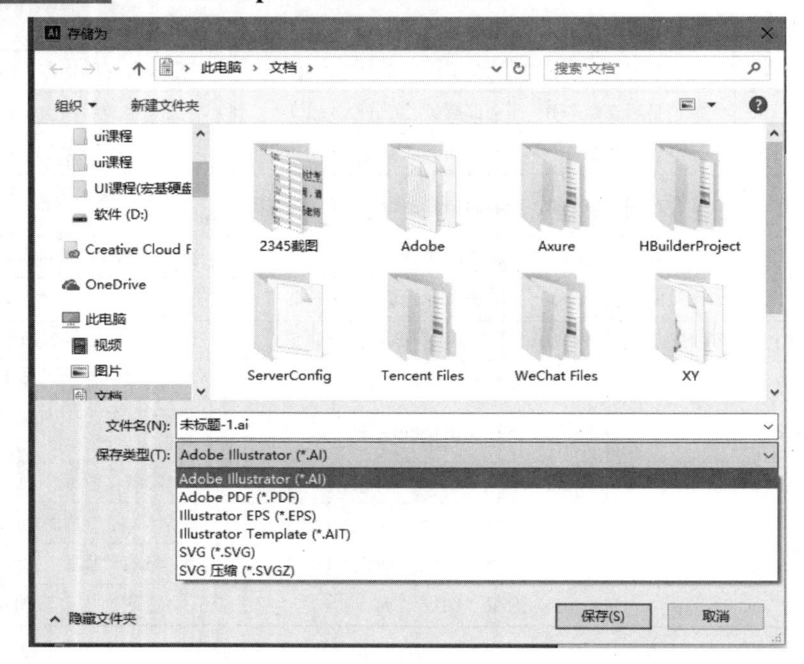

图 15-5　存储格式

AI 格式是 Adobe Illustrator 专属的格式，也就是说我们可以通过 AI 软件直接打开所保存的文件，进行编辑与修改。它所具有的优势是保存下来的文件所占用的磁盘空间较小，能够使用 Illustrator 快速打开，对格式的转化也相当便捷。

PDF 格式是一种支持跨平台阅读的格式，我们可以使用不同的设备阅读，在我们所使用的终端设备上安装 PDF 阅读器，即可打开查看，但这种格式不可编辑修改，因此由这种格式所保存的文档不会因使用设备的不同而发生排版格式的变动，我们可以放心地阅读。

EPS 格式是一种可以在 Illustrator 与 PS 之间进行交替使用的文件格式，这种格式仅适用于 CS5 以上的版本。我们通过这种格式，能够在 PS 中对 Illustrator 所绘制图形进行更改与使用，这种文件格式同时也可以将与文字有关的字库的全部信息进行复制携带。EPS 格式最大的优势就在于不同绘图软件之间的交换性与可编辑性。

SVG 格式是一种可缩放的矢量图形，这是一种开放型的标准矢量图形语言，可以使用任意一款文字处理工具打开查看，同时还可以对它的代码部分进行修改，使其具有交互的功能，从而可以加载到 HTML 中通过浏览器观看。这种格式相较于以上三种格式，优势在于可以被更多更广泛的工具读取与编辑，它不仅可以伸缩，而且尺寸要比 JPEG 和 GIF 更小，压缩性更强，但图像的质量不会下降，同样它的打印质量也不会因为分辨率的不同而不同。我们在上面讲到这种格式还可以通过文字处理工具进行查看，这也就使得这种格式的文本是可选的，也是可搜索的。

如果要将所绘制的图形直接存储为可以使用图片查看器查看的图片格式，也可以执行“文件”>“导出”>“导出为”的命令，从而将文件存储为其他格式，如 JPG、PNG 等，以便于在其他程序中进行使用（图 15-6）。

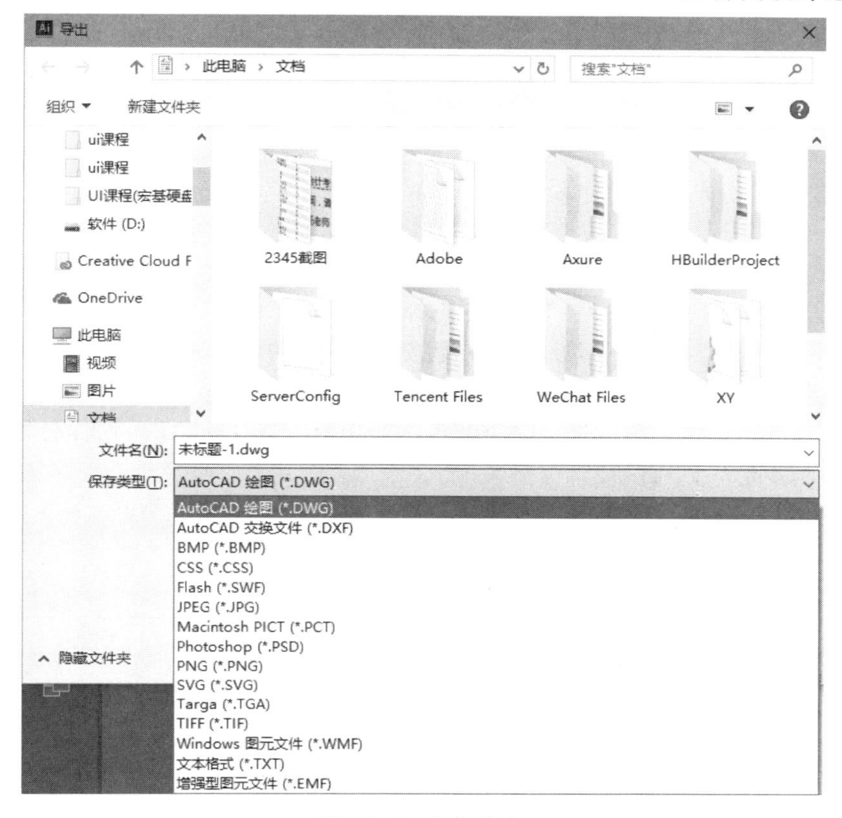

图 15-6　文件导出

进行保存时要注意，如果文件在保存后要用于其他矢量软件进行打开与编辑修改，可以直接保存为 AI 或 EPS 格式，这两种格式可以保留所有的图形元素，以便修改使用，所以在导入 PS 后，其图层、文字、蒙版等都可以继续进行编辑。其中，这里的 PDF 格式只能进行查阅，而不能修改，因此一般应用于印刷出版，不会因为终端的不同使排版发生变化；TIFF 则是一种标签图像的文件格式，这是一种相对较为灵活的位图格式，主要用来存储包括照片及艺术图在内的图像。在微软公司与 Aldus 公司联合研发并投放使用后，TIFF 格式瞬间与 JPEG、PNG 这两种格式一起成为当时流行的彩色图像格式，并广泛应用于各大图像处理软件、桌面印刷与页面排版、扫描、传真、文字处理、光学字符识别（OCR）中；而 JPEG 是我们常用到的图像存储格式，它是一种静止图像的压缩标准，广泛地应用于摄影作品或写实作品的高级压缩，其失真率较低，通过借助可变的压缩比来控制文件的大小，这种方式在一定程度上会使原始图片的质量下降，但这种质量的下降不会影响到正常的阅读；JPEG 一般在计算机或是手机端，通过图像图片查看工具打开，这些图片都属于 JPEG 格式，一般将其缩写为 JPG；GIF 是经过压缩后生成的，不过它是一种无损压缩，一般用于网页文档；SWF 是一种矢量格式，被广泛地应用在 Flash 中，打开后可以看见一个动画并且带有声音，通过相应的软件程序，还可以对动画中的动作效果进行控制，这种格式的文件体积通常都比较小，正是由于这个特性，SWF 格式的文件被大量地运用在网页广告、小游戏及动画等领域中。

15.2 矢量图形的绘制

15.2.1 矩形与椭圆的绘制

通过 AI 软件可以绘制简单的形状，下面介绍使用 AI 绘制矩形及椭圆。首先进行矩形的绘制，创建一个新的文档，设置好后在工具栏中选择使用矩形工具（图 15-7）。然后将鼠标移到画布上，这时光标会变成一个十字，然后单击并且按住不放拖动画出一个矩形路径（图 15-8）。这时给这个矩形路径填充颜色，把填充颜色（图 15-9）选为实色填充（图 15-10）。双击填充颜色的色块即可出现颜色面板，可以选择一个颜色进行填充（图 15-11），这样就可以绘制一个带有填充颜色的矩形（图 15-12）。

图 15-7 选择矩形工具

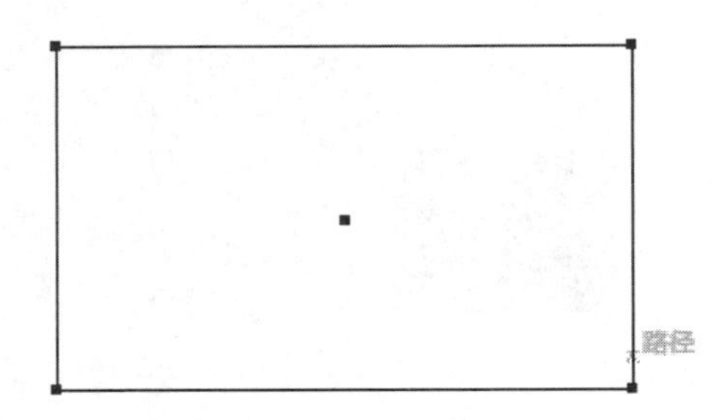

图 15-8 绘制矩形路径

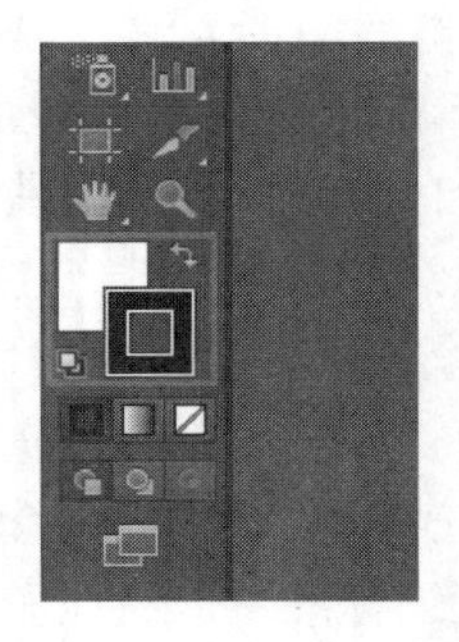
图 15-9 修改填充颜色

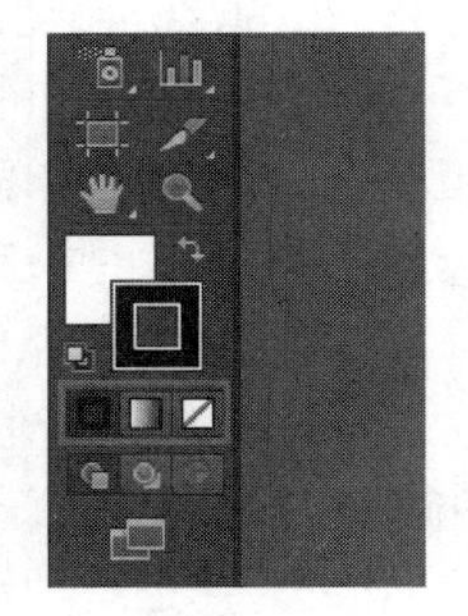
图 15-10 实色填充

在绘制矩形的过程中，如果想要绘制一个正方形，可以长按〈Shift〉键进行图形的拖拽即可。

那么我们要如何来绘制一个椭圆？首先，我们可以新建一个画布，移动光标到工具栏中的矩形工具上，单击并长按鼠标，这时就会出现一个侧拉列表（图 15-13）。选择侧拉列表中的“椭圆工具”，将鼠标移到画布上，这时鼠标光标变成一个十字，单击并长按，拖动鼠标即可画出一个椭圆路径（图 15-14）。这时我们给这个形状填充一个颜色，即可绘制成功一个椭圆（图 15-15）。

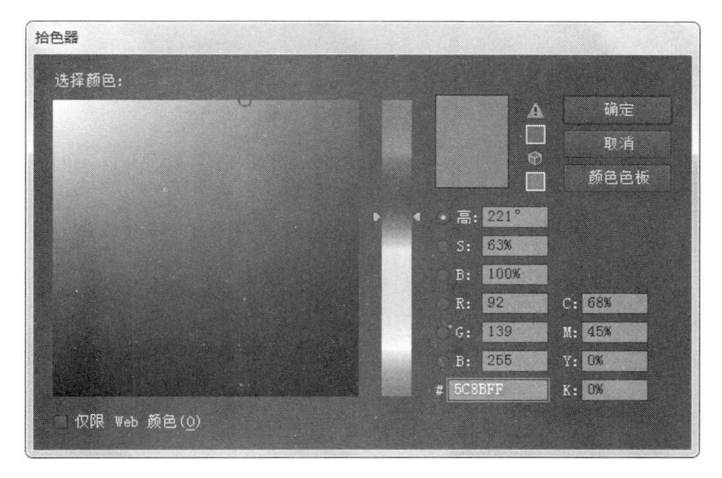

图 15-11　颜色面板

图 15-12　矩形绘制完成

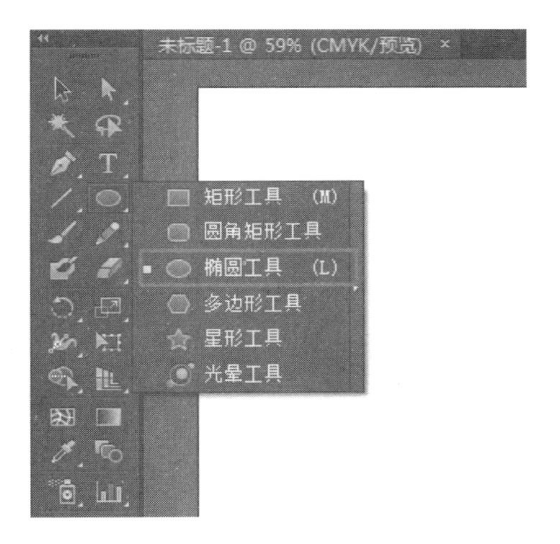

图 15-13　椭圆工具

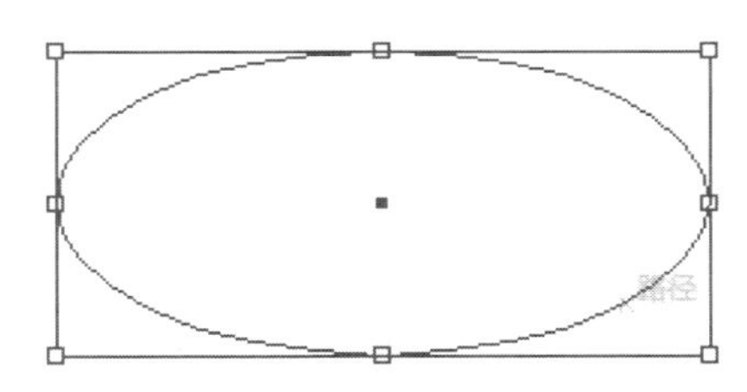

图 15-14　椭圆路径

绘制圆形时，可以结合〈Shift〉键拖拽出一个正圆（图 15-16）；如果已经确定了圆心，则可以按住〈Alt〉键，这时就可以绘制出一个由中心点向外扩散的圆形；按住〈Shift+Alt〉键，则可以绘制出由中心向外扩散的正圆。

图 15-15　填充颜色

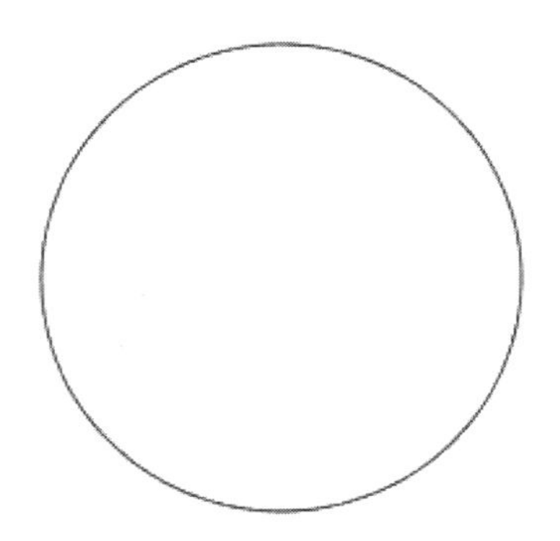

图 15-16　绘制正圆

15.2.2 矩形转圆角

在设计过程中，圆滑的曲线、圆润的角都会给人以舒适的视觉体验。所以为了提升用户在使用时的舒适度，一般要把带有尖角的矩形转化为较为平滑圆润的圆角。那么在制作矩形后，我们如何将矩形的四个角转化成圆角呢？首先选中矩形，单击菜单栏中的“效果”，出现下拉列表（图 15-17），选择“风格化”，在侧方出现的列表中选择“圆角”。这时就会弹出一个可以改变圆角半径的属性框（图 15-18），调整圆角半径，单击“确定”按钮即可。这时就将矩形的四个角改成了圆角（图 15-19）。

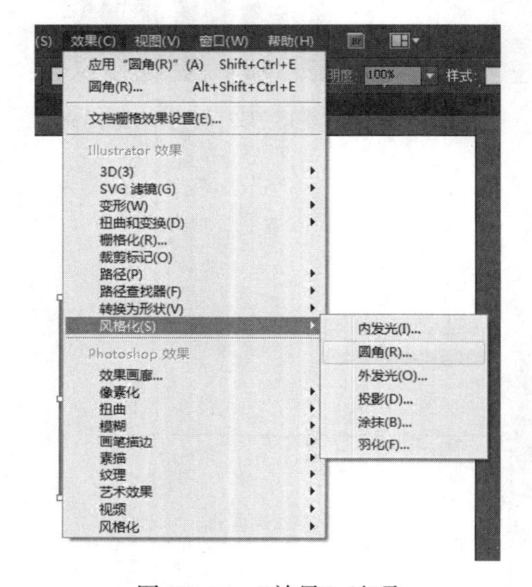

图 15-17 “效果”选项

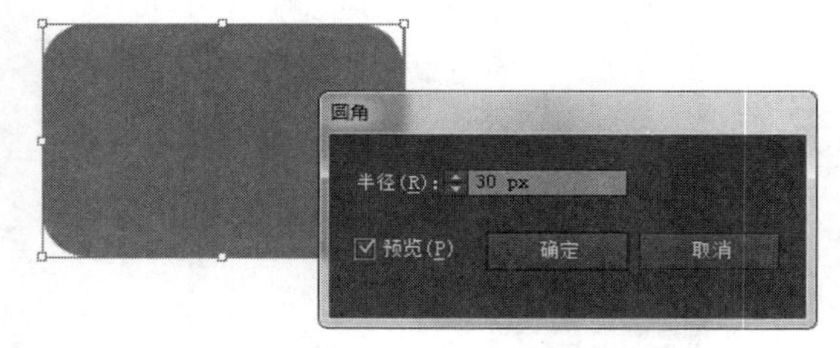

图 15-18 “圆角”属性框

当然也可以直接使用圆角矩形来绘制一个带有圆角的矩形，长按“矩形工具”，出现侧拉列表（图 15-20），可以在侧拉列表中找到“圆角矩形工具”，单击即可选中，之后将鼠标缓慢地移入画布中，这时鼠标光标变为一个十字，单击并长按拖出一个圆角矩形（图 15-21），在拖动的过程中可以按键盘上、下键调整圆角的半径，按左、右键可以变为纯圆或无圆角的矩形。对该形状进行填色即可绘制出一个带有圆角的矩形（图 15-22）。

图 15-19 调整圆角大小

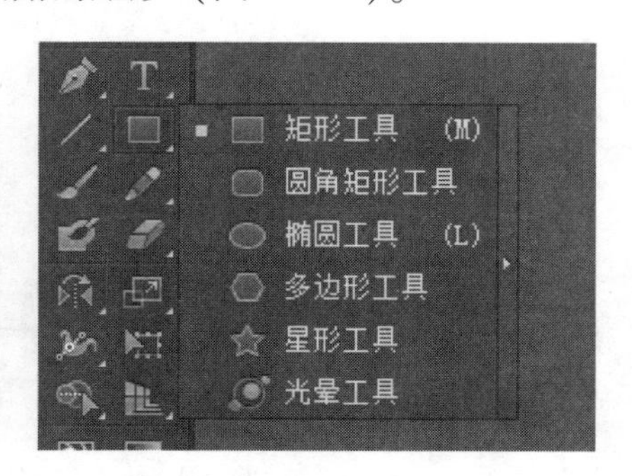

图 15-20 矩形工具

图 15-21　圆角矩形工具

图 15-22　绘制完成

15.2.3　QQ 邮箱图标的制作

用 AI 制作一个 QQ 邮箱图标（图 15-23）。

首先新建一个纯白色的画布，绘制一个圆角矩形，在工具栏中选中“矩形工具”中的“圆角矩形工具”，将鼠标移到画布中，按住〈Shift〉键画一个正圆角矩形，同时用键盘上下键调整圆角半径（图 15-24）。

图 15-23　制作 QQ 邮箱图标

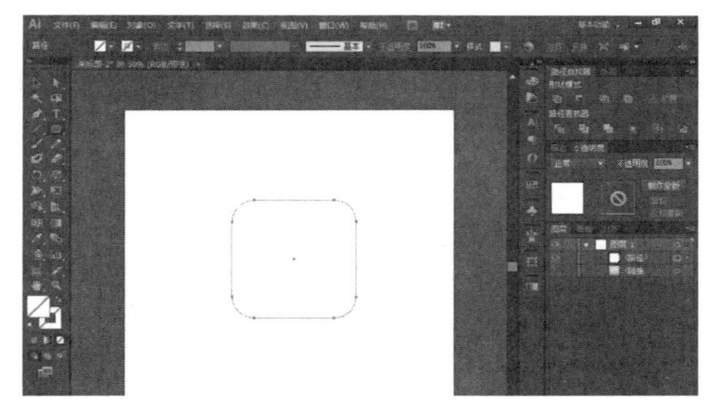

图 15-24　正圆角矩形

确定图形位置，绘制完成后，给这个形状填充一个渐变颜色。将填充改为渐变，在渐变面板中调整渐变的颜色（图 15-25）。选中渐变滑块，用吸管工具按住〈Shift〉键进行原图颜色的吸取（图 15-26）。颜色调整好后，在工具栏中选择渐变工具对渐变的方向及大小进行调整（图 15-27）。

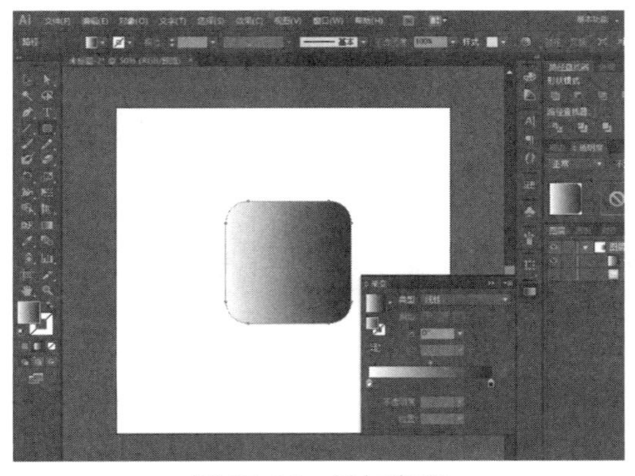

图 15-25　添加渐变

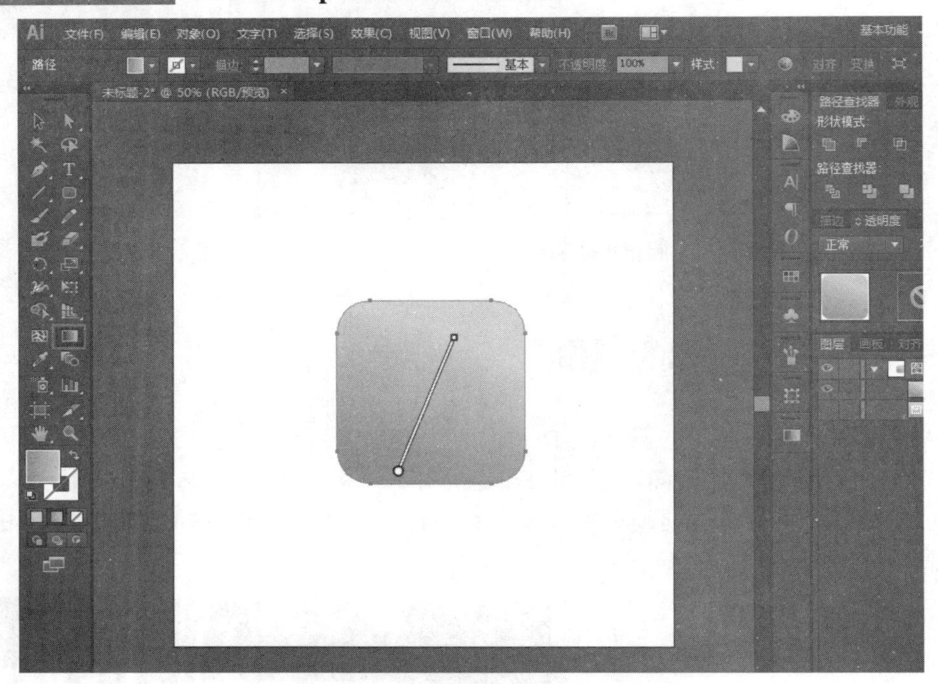

图 15-26　吸取原图颜色进行调整

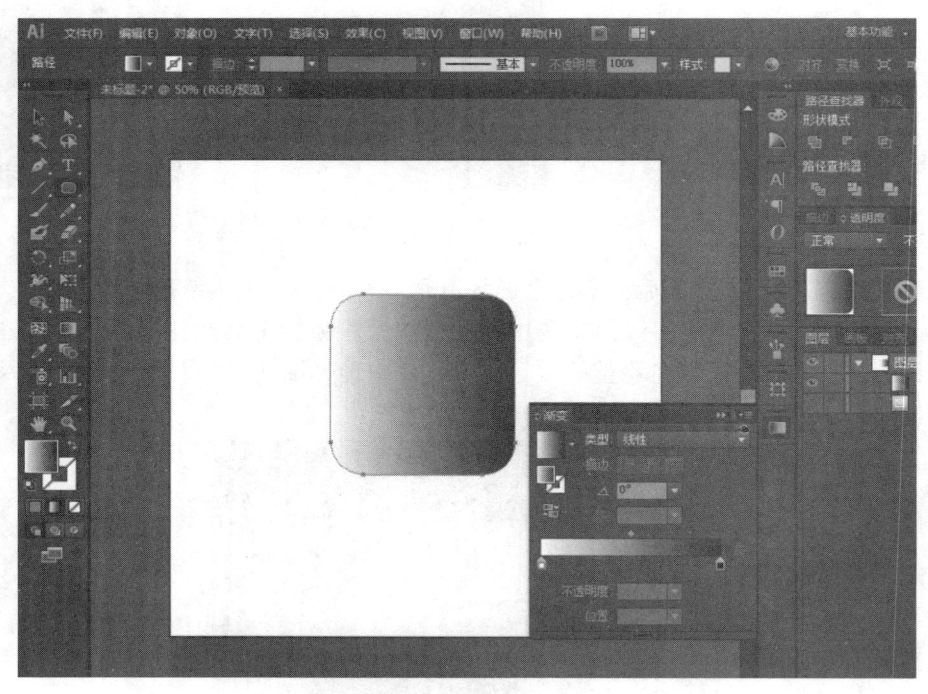

图 15-27　调整渐变方向及大小

在底部圆角矩形做好之后，我们来绘制信封图标。首先绘制一个圆角矩形（图 15-28），选择圆角矩形工具，然后将填充关闭，描边为白色，之后在描边属性面板中调整描边的粗细及对齐方式（图 15-29）。

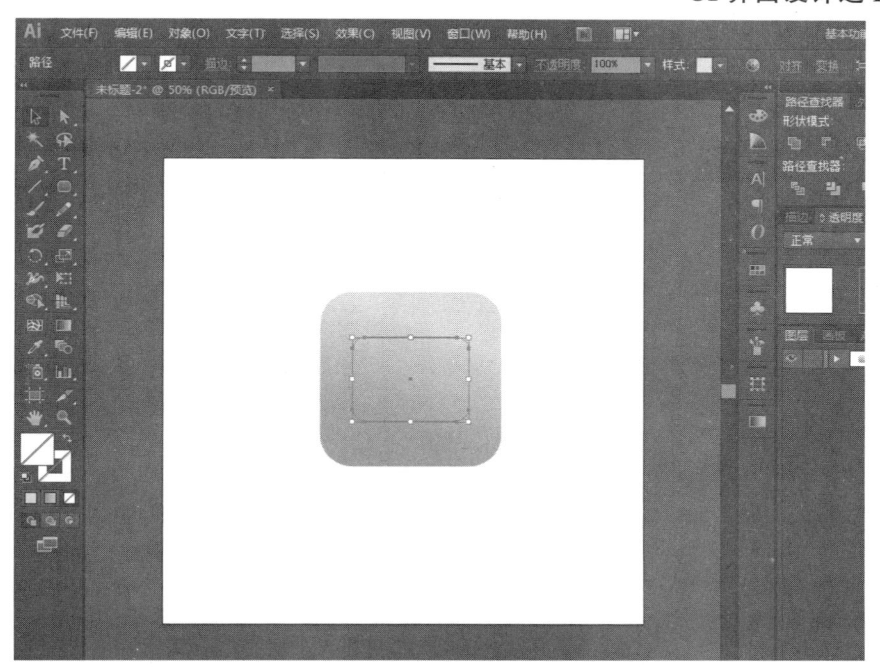

图 15-28　绘制圆角矩形

图 15-29　设置圆角矩形样式

接下来在工具栏中选择直线段工具绘制两条直线（图 15-30），填充无，描边为白色，在描边属性中设置描边端点为圆头（图 15-31）。用选择工具选中直线，调整直线的角度即可完成图标的制作（图 15-32）。

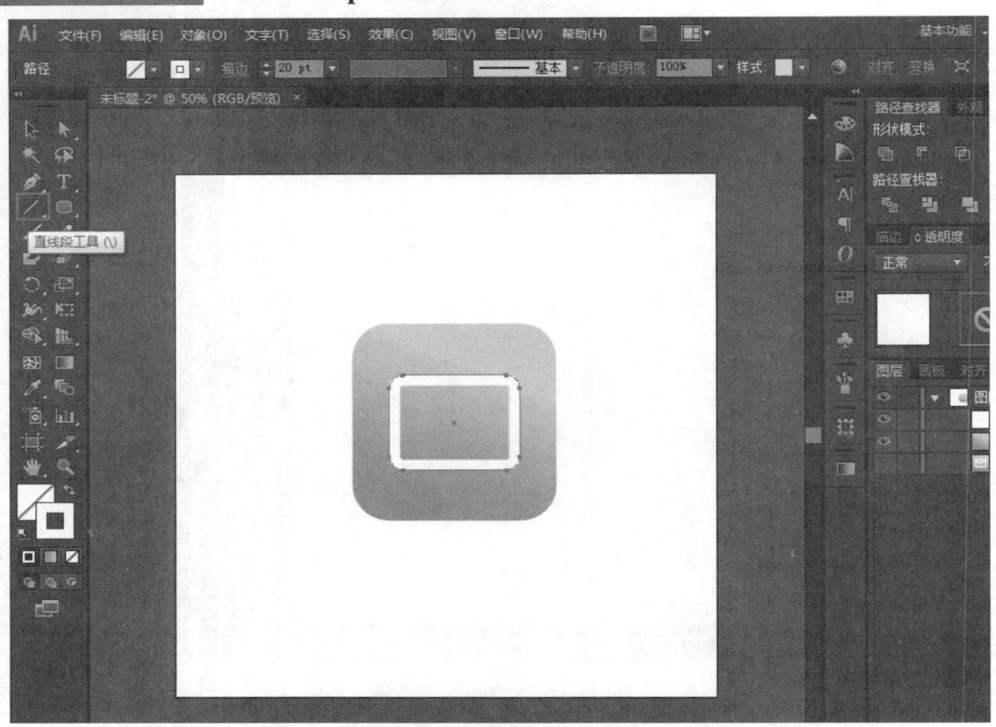

图 15-30　选择直线段工具

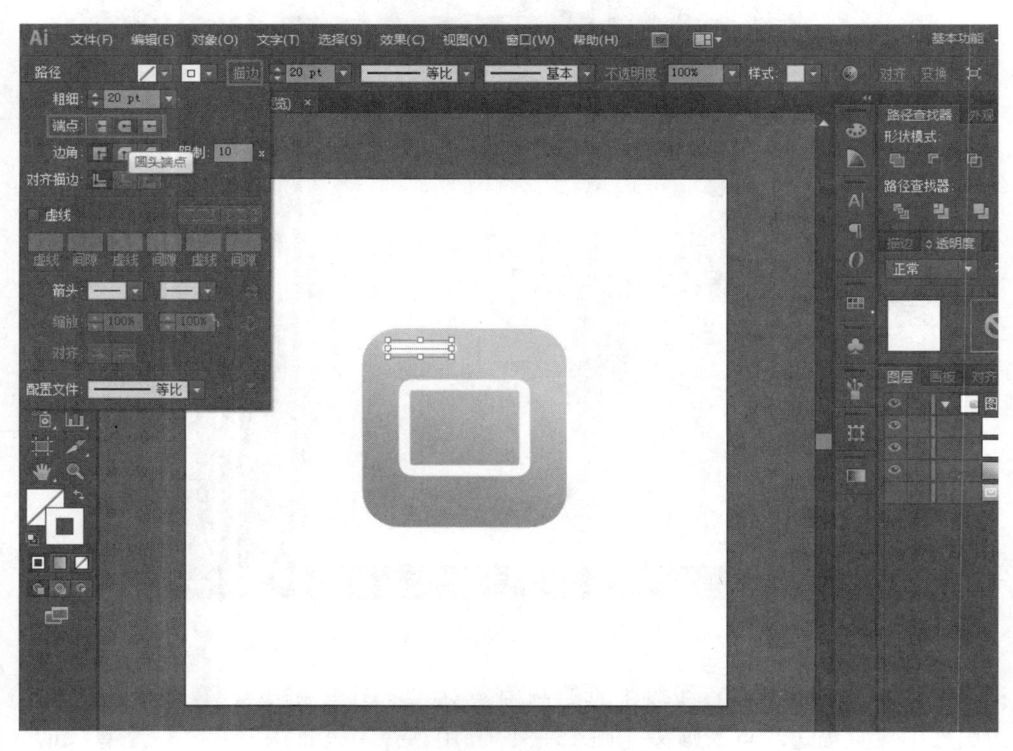

图 15-31　设置直线样式

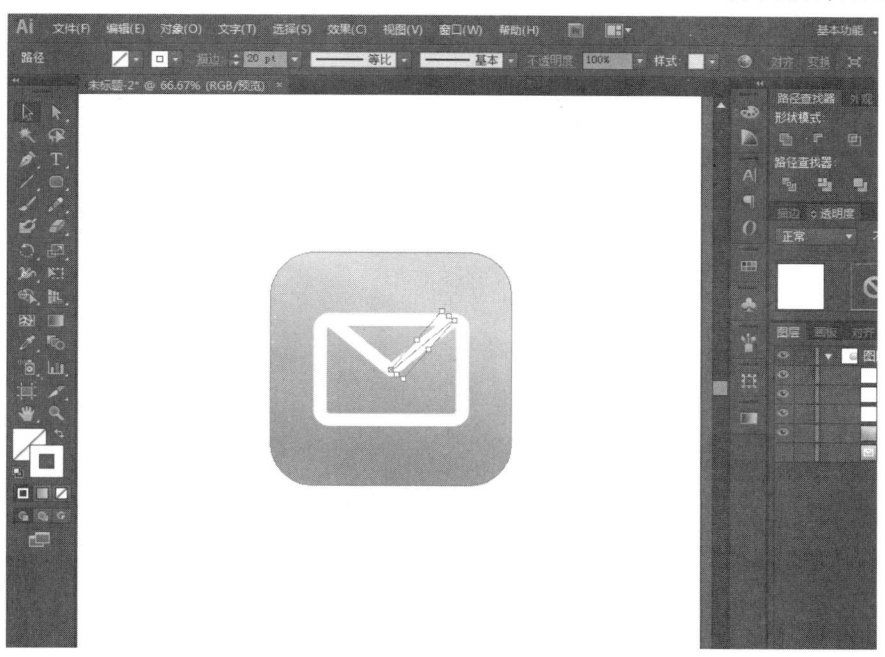

图 15-32　调整直线角度

15.3　描边的应用

15.3.1　剪刀工具的使用

在对图形进行描边后，我们可以使用剪刀工具来对图形的描边进行裁剪，从而达到想要的视觉效果。在画好一个形状后，给形状添加填充及描边，然后选择使用工具栏中的橡皮擦工具，长按后弹出侧拉列表，选择侧拉列表中的剪刀工具（图 15-33）。然后将剪刀形状的光标移到该形状的路径上，单击即可在路径上添加一个锚点，那么这个路径就相当于在锚点这个位置切开一个开口。我们再在所选择的路径上单击，则又会添加一个锚点，那么这两个锚点之间就会形成一个独立的被剪下来的路径，两个锚点之外则是原路径，不过原路径已经被这两个锚点切断了。这时我们就可以单独选取这两个路径（图 15-34）。

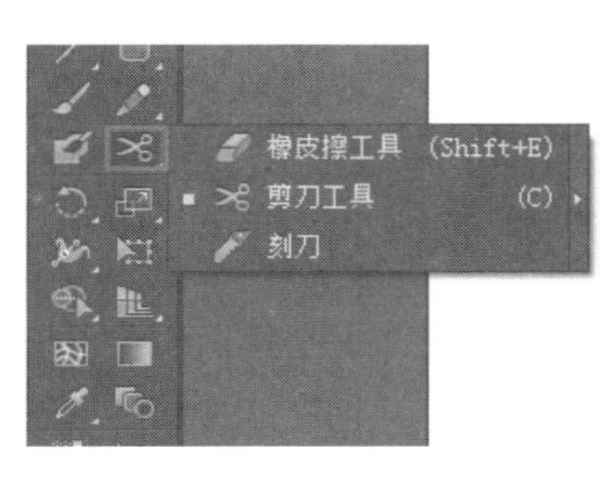

图 15-33　剪刀工具

图 15-34　切断锚点

15.3.2 刻刀工具的使用

刻刀工具也是 AI 中一个特别重要的工具，通过刻刀工具可以将形状进行分割。绘制一个矩形，然后选择并长按橡皮擦工具，在侧拉列表中选择刻刀工具（图 15-35）。将鼠标移到矩形上，按住鼠标左键画一条线，这时该矩形就被分割开（图 15-36），使用移动工具可以将这两个形状单独拖动（图 15-37）。

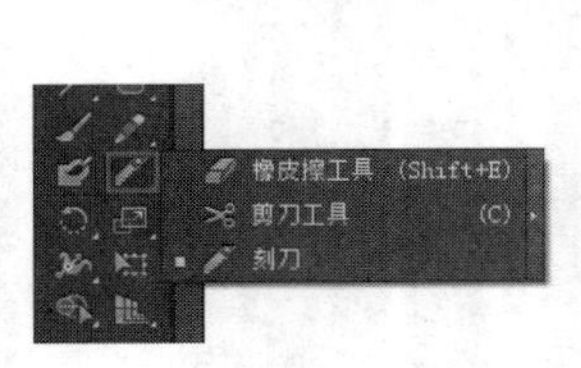

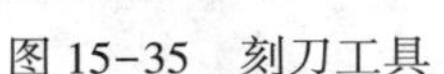
图 15-35 刻刀工具

图 15-36 切割图形

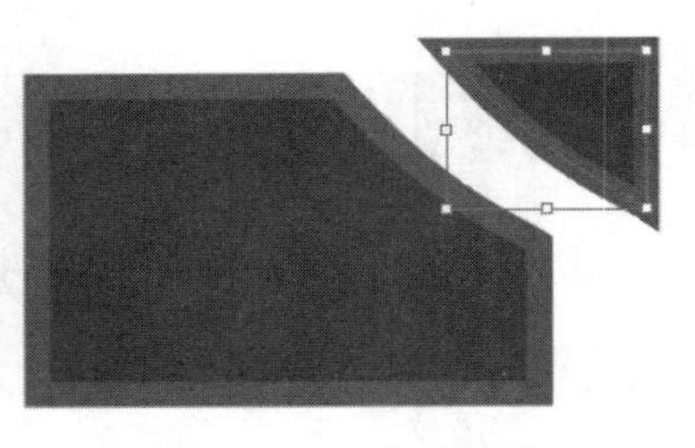
图 15-37 移动图形

由此可以看出，刻刀与剪刀之间是有区别的，剪刀主要是对路径进行裁剪，不会对形状的面产生影响，通过移动工具拖动裁剪后的路径线段，可以看出被移动的元素只是裁剪出来的线段路径；而刻刀工具主要是作用在面上，是对物体的形状进行裁剪分隔，通过移动工具拖动裁剪后的形状元素，可以看出被移动的元素是形状构成的面，而不是线段路径。

15.3.3 MBE 风格图标的应用

MBE 风格是当前比较流行的一种设计风格，早在 2015 年年底，法国设计师 MBE 在 Dribble 上发布了一个个性化的设计效果，这种效果以简约、有趣的 Q 版化卡通形象为主，运用特粗的深色描线、圆滑的线条，加之以鲜明的颜色配合，呈现出一种令人心情愉悦的小萌物。这是一种极具创意的风格，不仅简单好看，而且能够通过矢量绘图软件快速绘制，绘制的内容也通俗易懂，为大众所接受。要想绘制出生动形象的 MBE 萌物，首先就要掌握这种流行风格的绘制特点。

特点 1：线条。

线条是 MBE 最大的风格特点，它使用的线条要比原本的插画更加粗大，并且将间断的线条与大圆点进行结合，把作品诠释得更加闪耀。我们在使用线条时不仅要结合色彩学，还要对作品所给予的情感构架理解透彻，最后加之以熟练的绘图手法与审美。

我们使用线条进行 MBE 风格的设计，一般会产生断点，这样做是因为黑色的粗大线条会产生压抑感，从而削弱内容主题，使我们的物体失去生动的特性，而将线条进行断线处理，能很好地解决这个难题，这些断线的处理不是依据图形进行个数的限定，它们的数量多少是跟位置有直接关系的。

然而对于这些断点的处理并不适用于全部的图形，因此我们要想保持这种设计风格，就要结合视觉需求进行颜色和线条的处理，运用不同的处理手法。

特点 2：溢出。

MBE 风格除断线以外最大的特点就是色块的溢出，其含义是想表达物体通过光照折射出来的阴影。通常溢出的方向都是高光的对侧。MBE 风格的发展初期，运用到的另一个手法就是色块的溢出，这样的手法是基于对单一颜色的色块进行了图像底色的偏移处理，使图像增加了质感，但是在后期的 MBE 中对图形图像的处理复杂度逐渐提高，很多作品的处理难以融合溢出的部分，不仅会使得图形变得突兀，而且破坏了原有的设计思想。

特点 3：色彩。

1）单色系。我们在做 MBE 风格设计时，常用到的色彩一般比较单一鲜艳，通常是一些比较 Q 版化的色彩，结合我们线条所绘制出的形状进行色彩的填充，表达物体的深浅关系，从而达到一定的质感效果，使我们的画面更加协调，所传达的意思更加完整明确。

2）邻近色+补色。除了单一的色彩外，我们在进行 MBE 图形设计时还可以结合图形固有色彩的相邻色彩或是互补色彩进行组合的色彩装饰。在一般情况下，为了避免图形变得花哨，设计色彩不宜超过三种（图 15-38，作者 Andrey Prokopenko，https://dribbble.com/shots/2773490-Balloon）。

图 15-38　图标展示

如果设计想要表达出不同物体之间的某一处不同，可以采用鲜明的对比色彩进行区分，不需要刻意地保持色彩单一。

3）邻近色+类似色。除了上面提到的两种配色方案，还可以结合类似色进行设计，MBE 风格的图形绘制，它的色彩搭配是相对灵活的，不需要墨守成规地进行颜色的选取搭配。下面是一组使用了邻近色与类似色相搭配的设计，来传递新年的气氛（图 15-39，作者 Huang Huayuo，https://dribbble.com/shots/321 3272-New-Shot-01-13-2017-at-03-09-AM）。

4）写实派。还有一种设计手法称为写实，也就是将实实在在的事物加之以配色处理，从而表达出事物在不同环境下的状态，变得更为形象丰富。下面是一组生活中常见的实物，结合了写实的 MBE 表现手法所绘制出的图形（图 15-40，作者 Evan Lu，https://dribbble.com/shots/2877423-Hello-dribbble）。

图 15-39　邻近色图标展示

特点 4：图形。

MBE 的风格，最初是以圆润的圆形加之以一些标点符号所构成的，这些设计风格也一直被沿用到了今天。然而，在后期的视觉传达中，圆形以及圆滑的曲线已无法满足设计师的视觉设计需求，因此在 MBE 风格图形绘制的后期，它的色彩、大小等都进行了演变，并且加入了扁平化的设计风格，使之更加丰富。

很多好的 MBE 风格作品都是由设计师们不断总结、不断实践得来的，并提出了相应的理论支撑，对我们后期的视觉设计提供了帮助。

下面通过使用 AI 软件制作一些漂亮的 MBE 风格图标（图 15-41）。

图 15-40　物体写实设计图标　　　图 15-41　制作图标

首先在 AI 中新建一块画布，选择使用钢笔工具，按照图 15-42 绘制出小火苗的黄色主体部分。

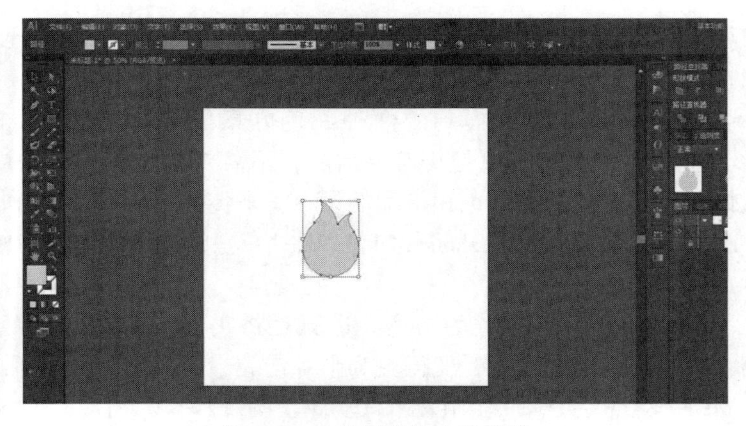

图 15-42　绘制黄色主体部分

然后用钢笔工具绘制出小火苗的阴影部分（图 15-43）。

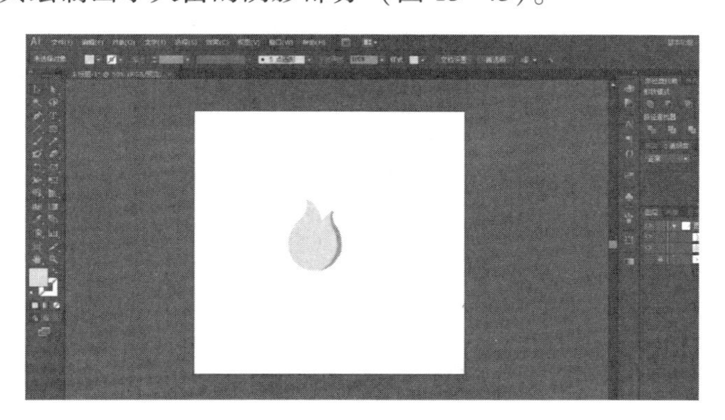

图 15-43　绘制阴影

之后，用钢笔工具绘制出小火苗中间的部分同时改变填充颜色（图 15-44）。

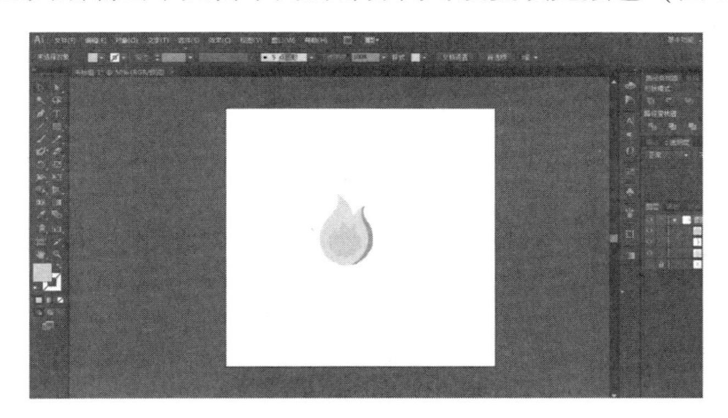

图 15-44　绘制火苗中间部分

接下来绘制小火苗的眼睛，选择椭圆工具，按住〈Shift〉键进行拖动，绘制两个圆，填充为黑色（图 15-45）。

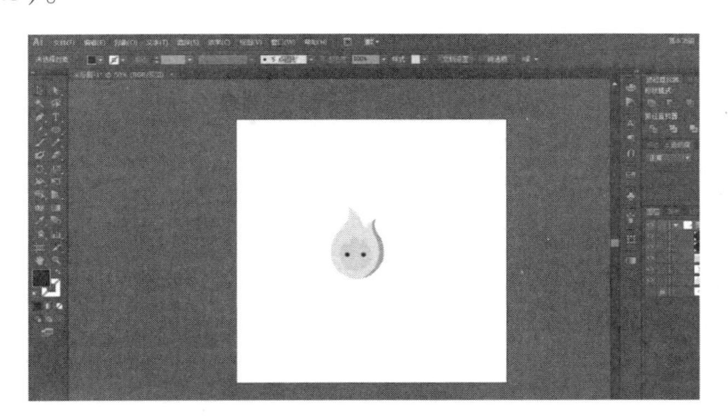

图 15-45　绘制眼镜部分

再绘制小火苗的嘴，先绘制一个椭圆，用“直接选择工具”选中椭圆上方的锚点，向下调整锚点到适当位置即可。再绘制小火苗的舌头，直接使用椭圆工具绘制，填充颜色即可（图 15-46）。

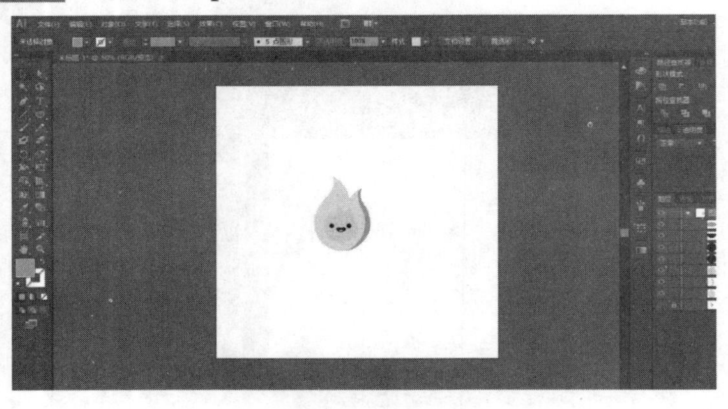

图 15-46　绘制嘴部

这时已经完成小火苗身体部分的绘制，复制小火苗的黄色主体部分，颜色填充设置为“无”，描边为黑色，调整描边的粗细（图 15-47）。

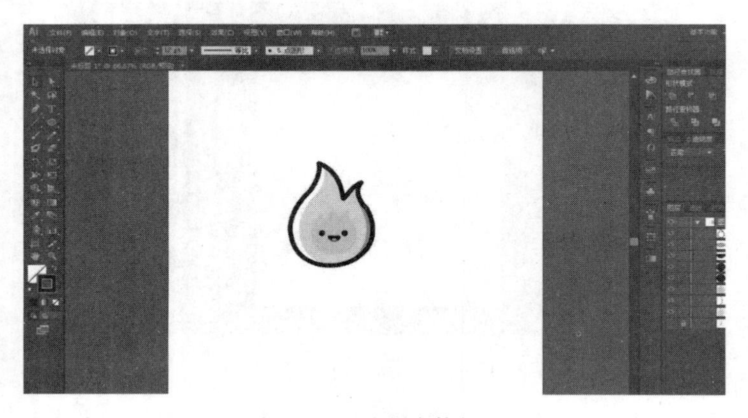

图 15-47　绘制身体部分

用剪刀工具在描边路径上进行裁剪，设置描边端点为圆头端点（图 15-48），最后把四周装饰物加上即可。

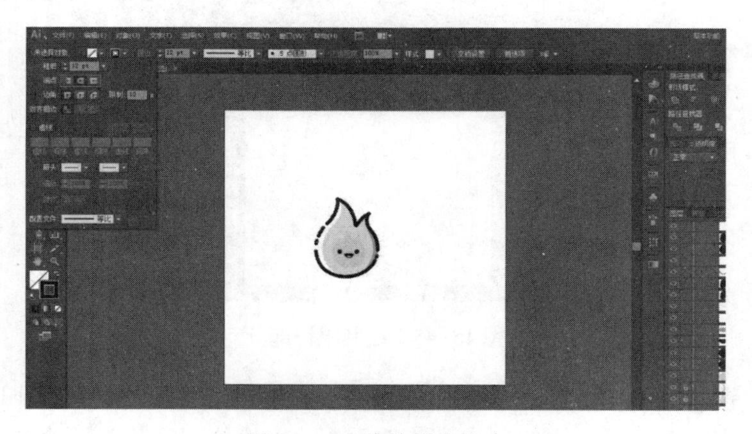

图 15-48　裁剪部分描边

15.4 绘制多彩拟物图标

15.4.1 形状、路径查找器的应用

使用 AI 绘制图形的过程中，有许多图稿看似复杂，其实由许多个简单的图形组合而成，通过图形的相互拼凑或者删减而做出一个个美丽的图形。相对于直接绘制来说，这样做出来的图形会更加标准，并且整体的视觉效果会特别规整。可以使用“路径查找器”来进行图形的拼合或者删减（图 15-49）。

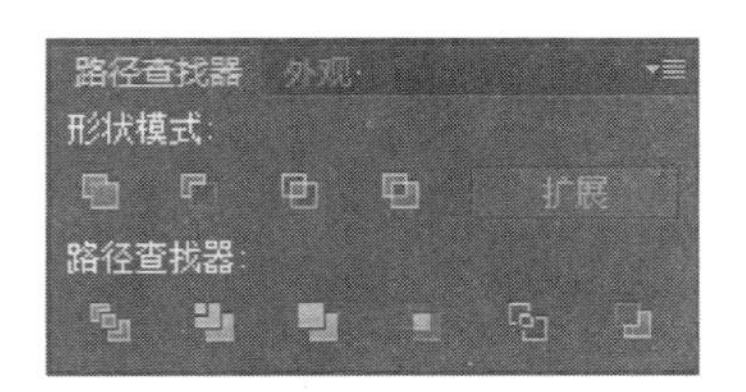

图 15-49 路径查找器

首先在形状模式中，联集是将多个图形合并为一个图形，颜色和描边都会进行融合，融合后图形的颜色及描边由最前面的对象来决定（图 15-50）。

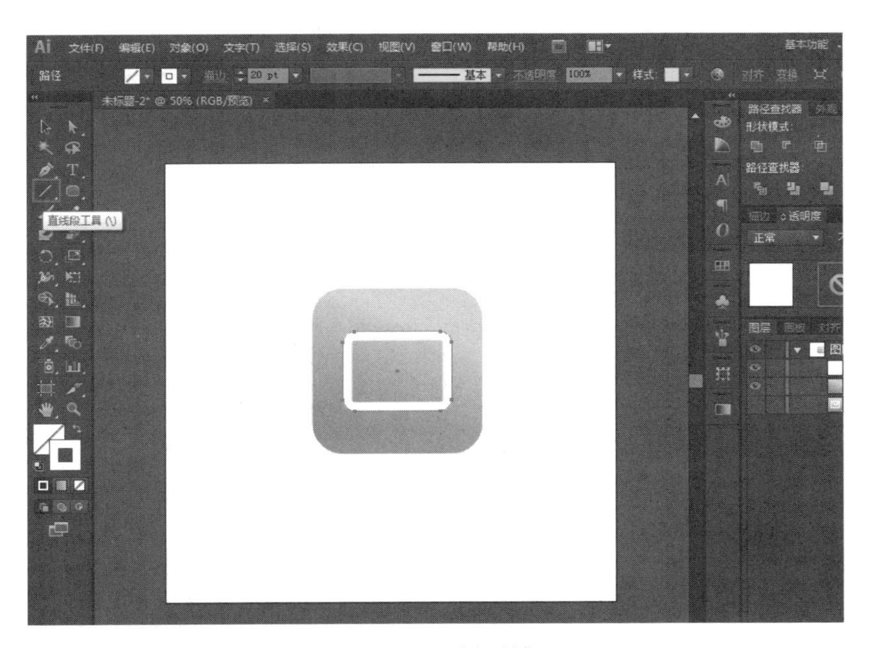

图 15-50 进行联集

减去顶层：是指对两个图形做减法，用最后面的图形去减前面的所有图形，处理后的图形属性与最后面的图形属性一致（图 15-51）。

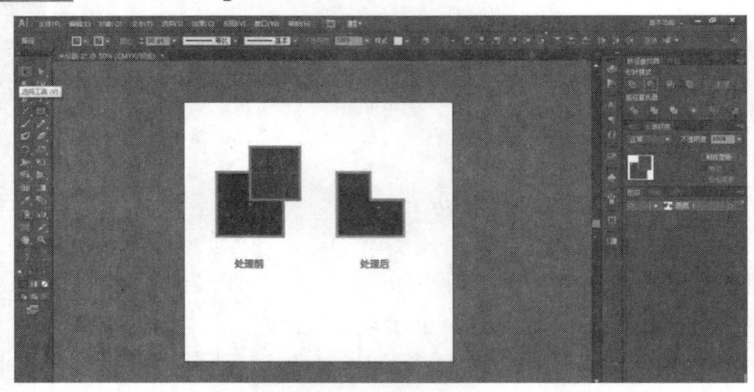

图 15-51　减去顶层

交集：多个图形在一起时，只保留这些图形共同重叠的部分，处理后的图形属性与最前面的图形属性保持一致（图 15-52）。

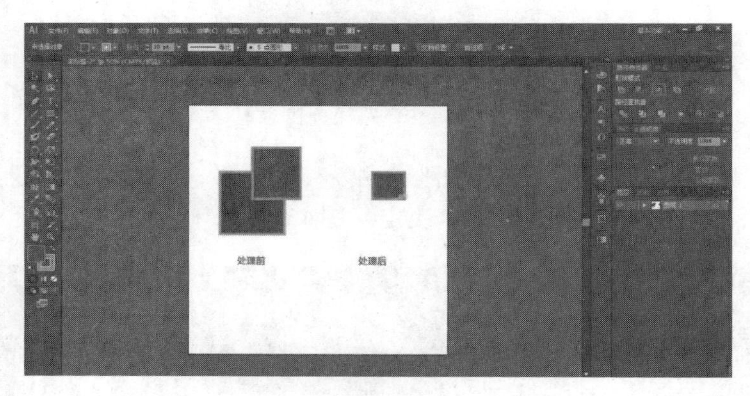

图 15-52　交集

差集：多个图形在一起时，只保留这些图形中没有重叠的部分，删除重叠的部分，处理后的图形与最前面图形的属性保持一致（图 15-53）。

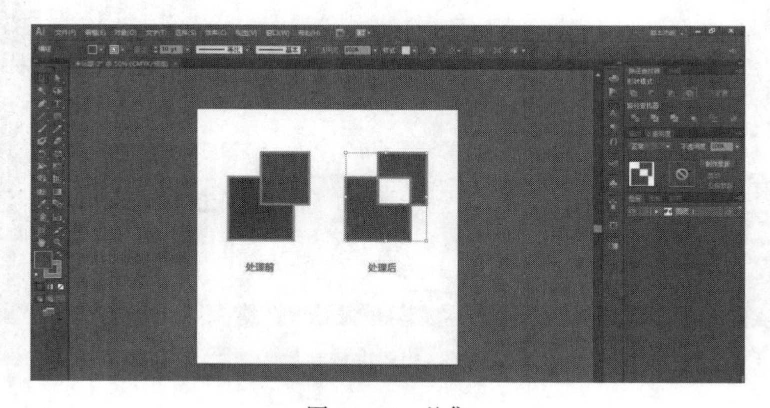

图 15-53　差集

分割：分割可以对选中图形的重叠区域进行分割，分成一个一个单独的图形，分割后的图形依然保持原来的填充及描边，并且会自动编组，可以对它单独进行选取及拖动（图 15-54）。

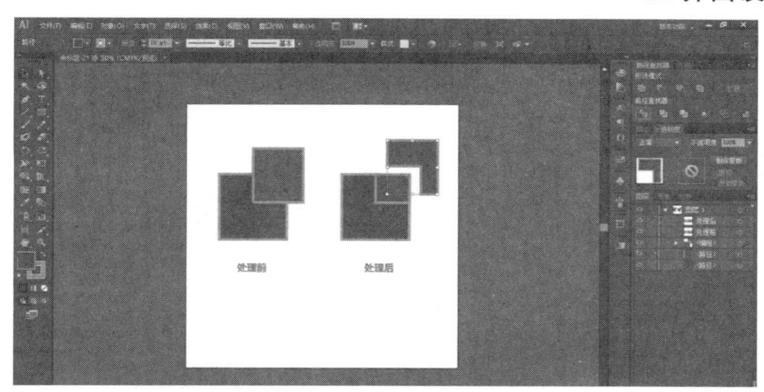

图 15-54　分割

修边：修边可以将图形重叠的部分删除，去掉描边，只保留对象的填充色（图 15-55）。

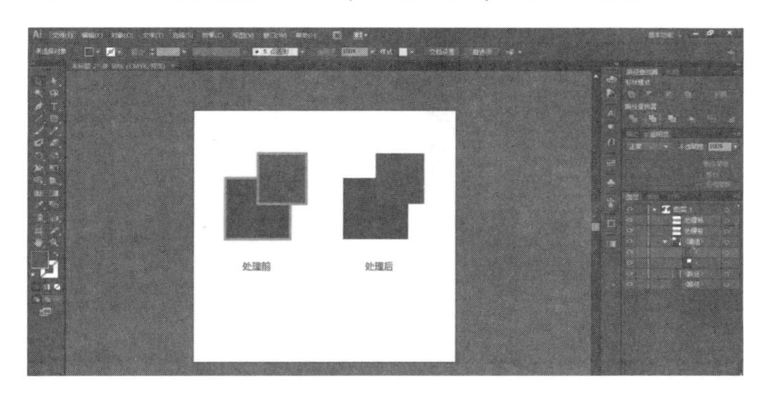

图 15-55　修边

合并：不同的形状进行合并之后，最前面的图形保持不变，后面重叠的部分被删除，同时描边也会被删除（图 15-56），而同样颜色的形状将被合并。

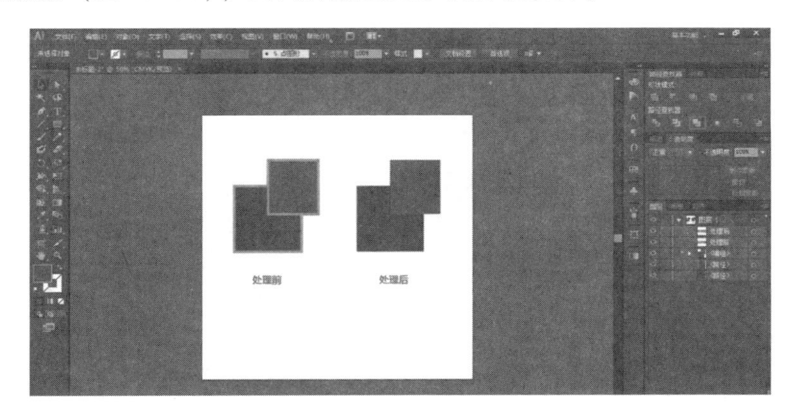

图 15-56　合并

裁剪：裁剪过后只保留图形重叠的部分，删除描边，显示的是最后面图形的颜色（图 15-57）。

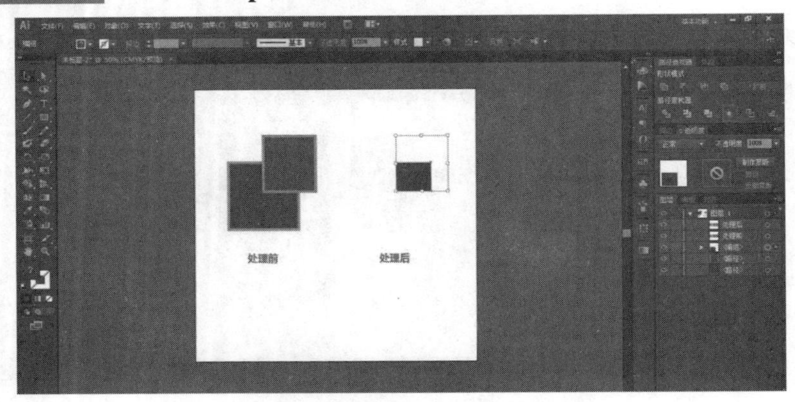

图 15-57　裁剪

轮廓：使用“轮廓”后，图形将只保留轮廓（描边），并且轮廓颜色为该图形的填充色（图 15-58）。

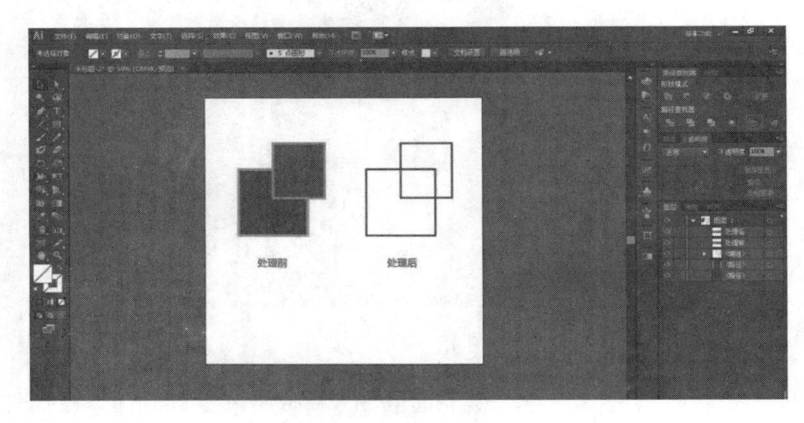

图 15-58　轮廓

减去后方对象：用最前面的图形减去其后方的图形，保留没有重叠的部分，填充和描边同样会被保留下来（图 15-59）。

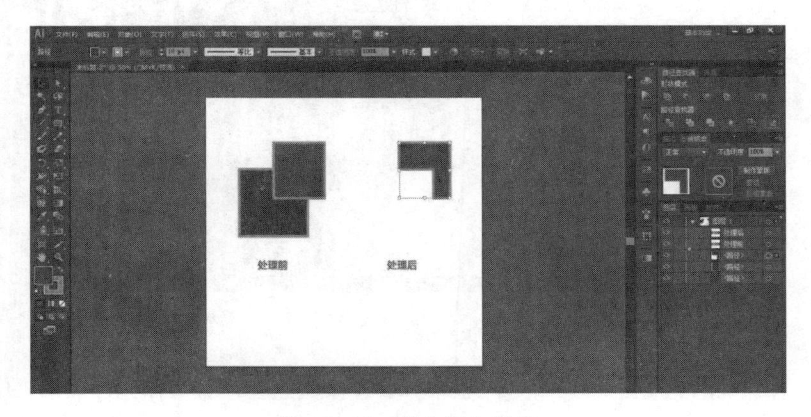

图 15-59　减去后方对象

15.4.2 渐变工具的应用

渐变工具用来创建多种颜色间的变化效果，使多种颜色达到一个平滑过渡的视觉效果，整体视觉更加饱满而具有冲击力。我们在使用渐变工具时，可以将不同的色彩融合到一起，达到自然的过渡效果，表现丰富的色彩。在工具栏底部单击“渐变”按钮（图 15-60）即可填充默认的线性渐变，同时会弹出“渐变”面板（图 15-61）。

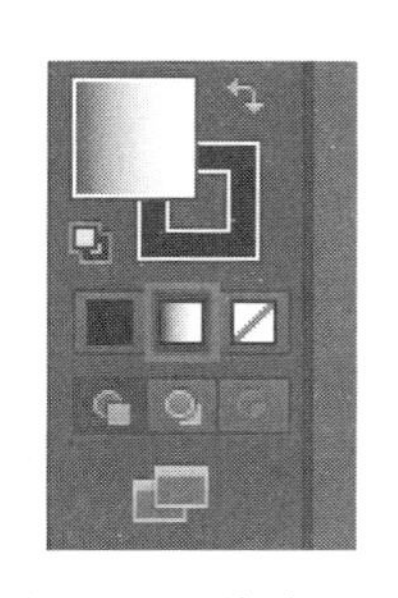

图 15-60　渐变工具

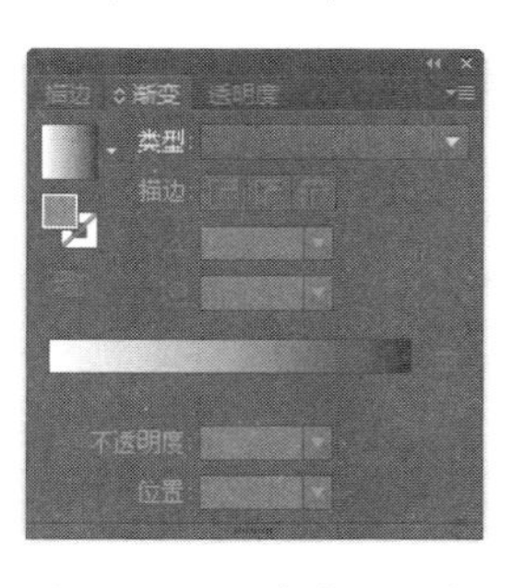

图 15-61　“渐变”面板

渐变菜单：单击“小三角”按钮即可打开渐变菜单，在出现的下拉列表中选择预设的渐变方式。

渐变填色框：可以显示当前所选择对象的渐变颜色。

填色/描边：单击填色可以切换为填色，单击描边可以切换为描边，双击可以打开拾色器。

反向渐变：单击后可以将渐变的填充顺序进行反转。

中点：用来定义两个滑块之间的颜色混合位置，可以对颜色的过渡及范围进行调整。

渐变滑块：拖动渐变滑块可以调整渐变颜色的位置，双击渐变滑块可以修改该滑块当前的颜色，在渐变色条下单击即可创建一个渐变滑块，按住〈Alt〉键拖动滑块即可复制一个相同属性的滑块。

面板菜单：单击后出现下拉列表，可以隐藏该面板。

类型：单击后出现下拉列表，在下拉列表中可以选择渐变样式，默认为线性，可以改为径向。

描边属性：可以将描边的渐变调整为“在描边内应用渐变”“沿描边应用渐变”“跨描边应用渐变”，每种方式都有不同的渐变效果。

角度：可以调整渐变的角度，单击“小三角”出现下拉列表，可以选取合适的角度，也可以直接输入角度后，按〈Enter〉键调整。

长宽比：在进行径向渐变时，可以通过调整长宽比中的数值来调整椭圆的形状。

删除滑块：选中要删除的滑块，单击“删除滑块”按钮，或是选中要删除的滑块，直接下拉拖拽，即可删除该滑块。

不透明度：选中滑块，单击“不透明度”的“小三角”即可出现下拉列表，可以通过选择数值来调整该滑块的不透明度。

位置[位置: 23.12%]：选择中点或者滑块后，可以通过在该文本框中修改数值来改变滑块或者中点所在的位置。

在工具栏中，选择渐变工具（图 15-62）可以调整渐变的起点、终点及填充方向（图 15-63）。

图 15-62　渐变工具

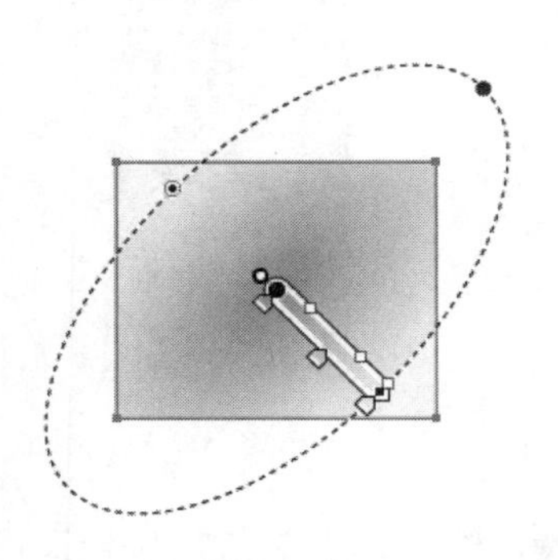
图 15-63　填充方向

图 15-63 所示渐变为径向渐变，中间黑色原点为渐变的原点，拖动原点可以移动渐变的位置；黑色方块可以调整渐变的长度范围；将鼠标放在蚂蚁线的黑点上拖动，可以压扁或者拉长椭圆的形状；将鼠标放在蚂蚁线上可以对渐变进行旋转。

图 15-64 所示渐变为线性渐变，中间黑色原点为渐变的原点，拖动原点可以移动渐变的位置；黑色方块可以调整渐变的长度范围；将鼠标放在黑色小方块外可以对渐变进行旋转。

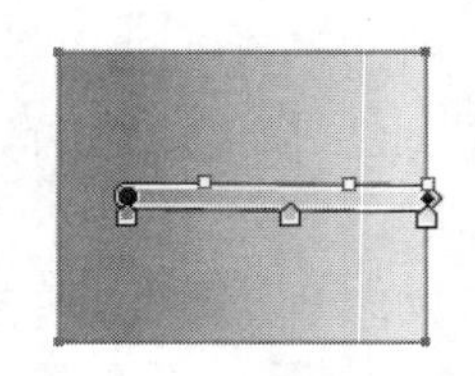
图 15-64　线性渐变

15.4.3　制作渐变小图标

现在来制作一个渐变小图标（图 15-65）。

首先，在 AI 中新建一个画布，选择圆角矩形工具，在画布中单击拖拽，绘制一个圆角矩形，填充如图 15-66 的渐变颜色。

再绘制头部，使用钢笔工具勾勒，填充如图 15-67 所示的颜色。

再用钢笔工具复制小熊的耳朵及耳朵的浅色部分，将这两部分进行编组并且进行对称复制（图 15-68）。

再选择椭圆工具，在适当位置单击拖拽出椭圆，然后对其进行变形，绘制出小熊的嘴部，再次使用椭圆工具，在小熊嘴部的适当位置拖拽绘制出鼻子（图 15-69）。

最后选择两个圆拖拽绘制出小熊的眼白及眼球，复制出另外一只眼睛，调整位置即可获得图 15-70 所示的小熊。

图 15-65　渐变图标

图 15-66　绘制椭圆

图 15-67　绘制头部

图 15-68　绘制耳朵

图 15-69　绘制嘴巴和鼻子

图 15-70　绘制眼睛

15.4.4　制作绚丽相册

使用 AI 软件来制作一个绚丽的相册（图 15-71）。

首先，在 AI 中新建一个合适的画布，选择圆角矩形工具，在画布中制作一个圆角矩形，将其填充颜色选择为白色（图 15-72）。

图 15-71　绘制相册

接下来绘制花瓣的一部分，使用圆角矩形工具，在画布中单击拖拽进行绘制，同时将颜色模式设置为正片叠底，并降低一些透明度，调整花瓣到适当的位置（图 15-73）。

在工具栏中选择旋转工具，按住〈Alt〉键拖动花瓣中心点到白色底的中心，设置旋转角度为 45°，单击复制（图 15-74）。

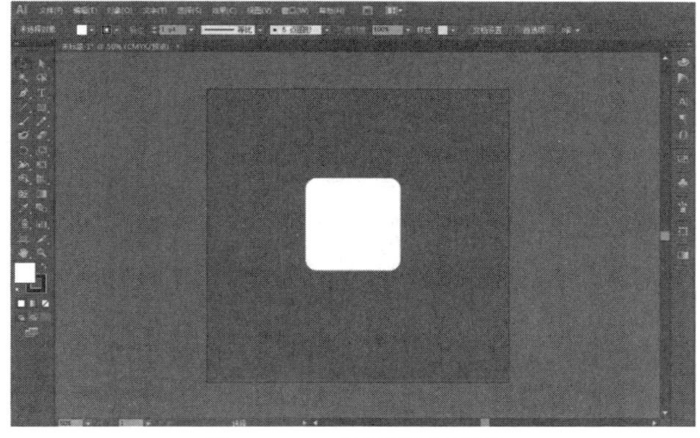
图 15-72　绘制圆角矩形

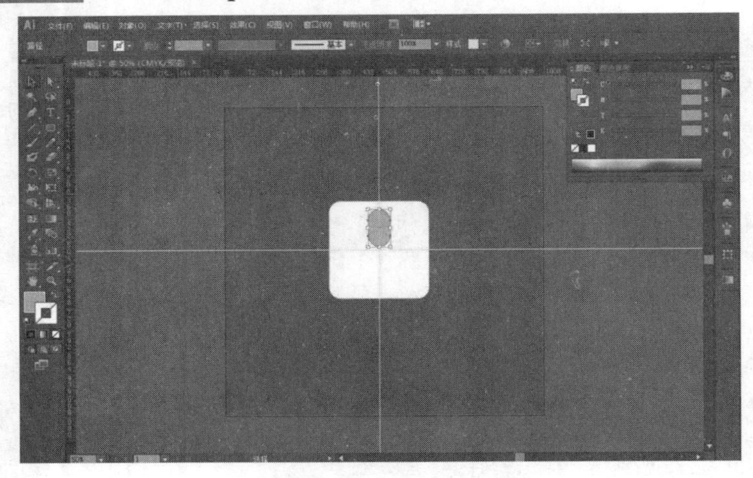

图 15-73　绘制花瓣

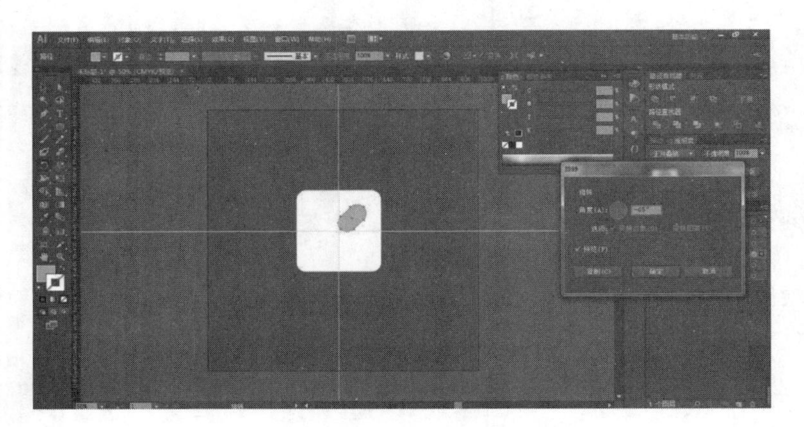

图 15-74　旋转

接下来按〈Ctrl+D〉进行复制旋转（图 15-75）。

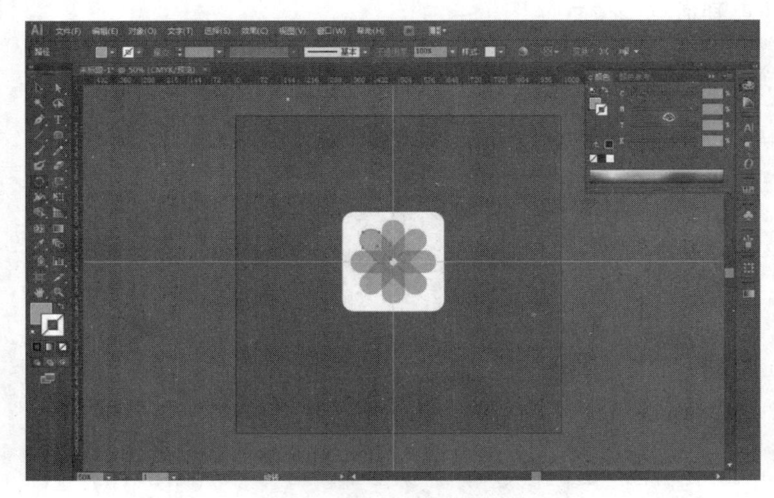

图 15-75　旋转复制

然后，调整每一个花瓣的颜色，即可完成制作（图 15-76）。

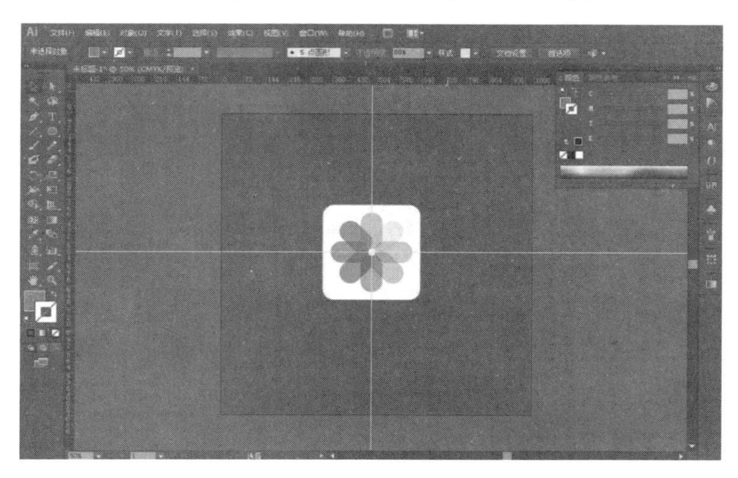

图 15-76　绘制完成

第 16 章

AI 的高级应用

16.1　扭曲、变换的使用

16.2　变形的使用

16.3　风格化的使用

Illustrator 中的效果用来对图形图像外观进行改变，通过效果的添加可以给被选择的对象加入投影、扭曲对象、羽化边缘、添加线条形状等。在 Illustrator 的“效果”菜单中包含两类效果（图 16-1）。一类是针对 Illustrator 的矢量效果，包含 3D、SVG 滤镜、变形、扭曲和变换、栅格化、裁剪标记、路径、路径查找器、转换为形状、风格化十种效果。其中，3D、SVG 滤镜、变形可同时应用于矢量图和位图，其他效果则只能应用于矢量图。另一类则是针对 PS 的效果，它与 PS 中滤镜的效果相同，可以应用于矢量图与位图。

选中要进行效果添加的对象后，选择菜单栏中的“效果”选项卡，可以进行效果的相应设置；或是单击右侧栏中的“外观”命令，单击“Fx”按钮，同样可以显示出图 16-1 中的菜单，从而选择相应的效果。选择一个效果，如变形中的旗形（图 16-2），绘制的图形就会呈现旗形的效果（图 16-3）。

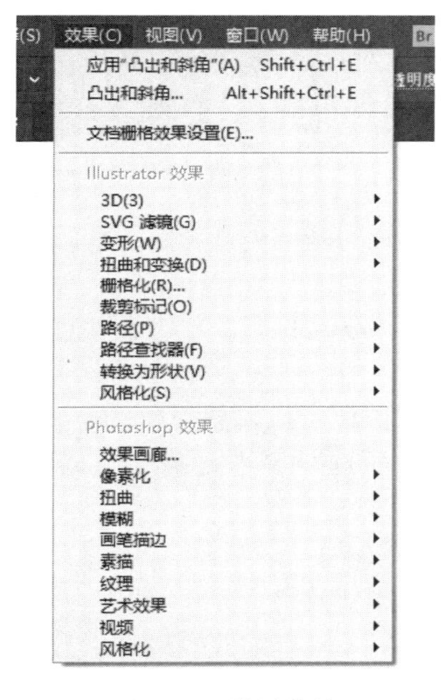

图 16-1　效果菜单

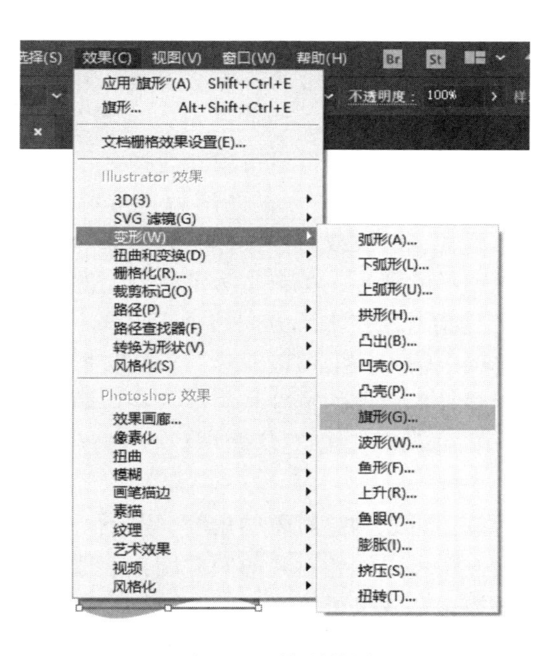

图 16-2　旗形效果

当应用某种效果后，效果选项卡会进行记忆保存（图 16-4）。

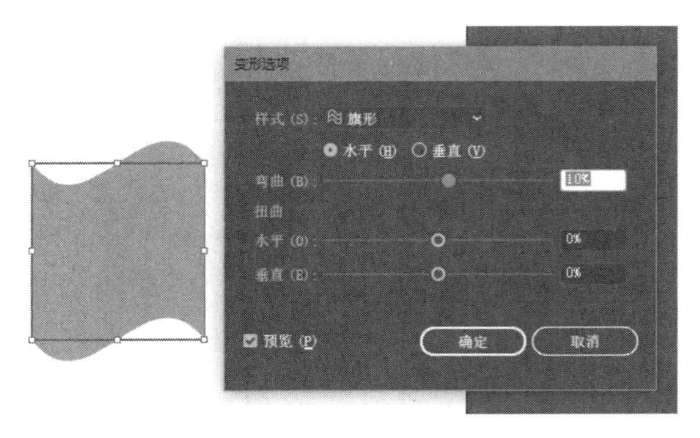

图 16-3　最终效果

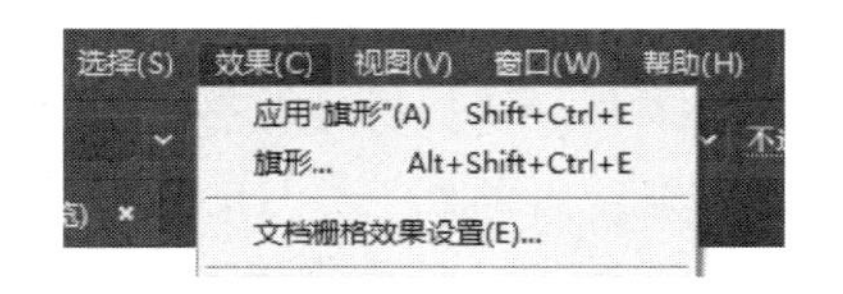

图 16-4　选项卡记忆保存

如果需要再次使用以上效果，可以再次选择执行旗形效果。

当对一个对象应用效果后，“外观”面板就会列出这种效果，可以通过这个外观面板编辑效果，或是还原对象。

下面对所有的效果进行一一讲解。

16.1 扭曲、变换的使用

扭曲与变换效果包含“变换”“扭拧”“扭转”“收缩和膨胀”“波纹效果”“粗糙化”“自由扭曲”等效果，它们可以对图形的形状、方向及位置进行改变，并创建扭曲、收缩、膨胀、粗糙和锯齿等效果。变换面板可以对编辑的对象进行变换操作。选中要变换的对象后，在属性栏中打开变换面板，在面板中输入数值即可对变换对象进行变换处理。我们还可以选择菜单中的命令，在下拉列表中对图案描边等进行单独变换（图 16-5）。

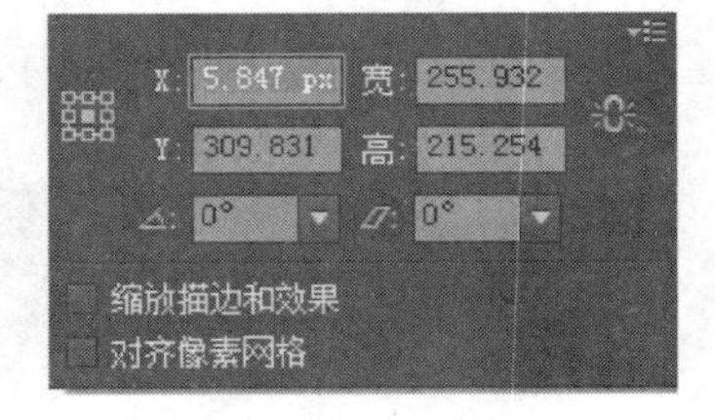

图 16-5　变换面板

图 16-5 中九宫格样子的图形为“参考点定位器”，在进行移动、旋转、缩放或对称操作时，变换的对象都以参考点为基准进行变换。默认状态时参考点为该图形的圆心，单击参考定位器上的点可以改变参考点。

X/Y 是指对象在水平方向和垂直方向上的位置，X 代表横向位置，Y 代表纵向位置。在这两个选项中输入数值可以调整对象在文档中的位置。

宽和高是指对象的宽度和高度，在这两个选项中输入数值可以调整对象的宽度和高度。如果按下右边套索样的工具即可以锁定宽度和高度，对所选对象进行高度与宽度的等比缩放。

旋转按钮可以调整对象的角度，赋予所选对象的旋转效果。

倾斜按钮可以调整对象的倾斜度，使选择的对象具有倾斜效果。

缩放描边和效果可以对描边和效果进行变换调整，使对象具有缩放效果。

对齐像素网格可以将对象对齐到像素网格上。

16.2 变形的使用

AI 中有很强大的变形功能（图 16-6），可以通过变形功能来实现各种效果，在指定对象上单击或者单击并拖动即可以变换对象。在变形功能中，包含八个不同的工具组，每个工具的作用和使用方法都是不一样的，下面我们一一解释这些工具。

图 16-6　变形功能

宽度工具：可以改变所选对象描边的宽度，这个工具可以将描边加宽或者缩回（图 16-7）。

变形工具：可以对所选对象进行随意扭曲（图 16-8）。

图 16-7　宽度工具

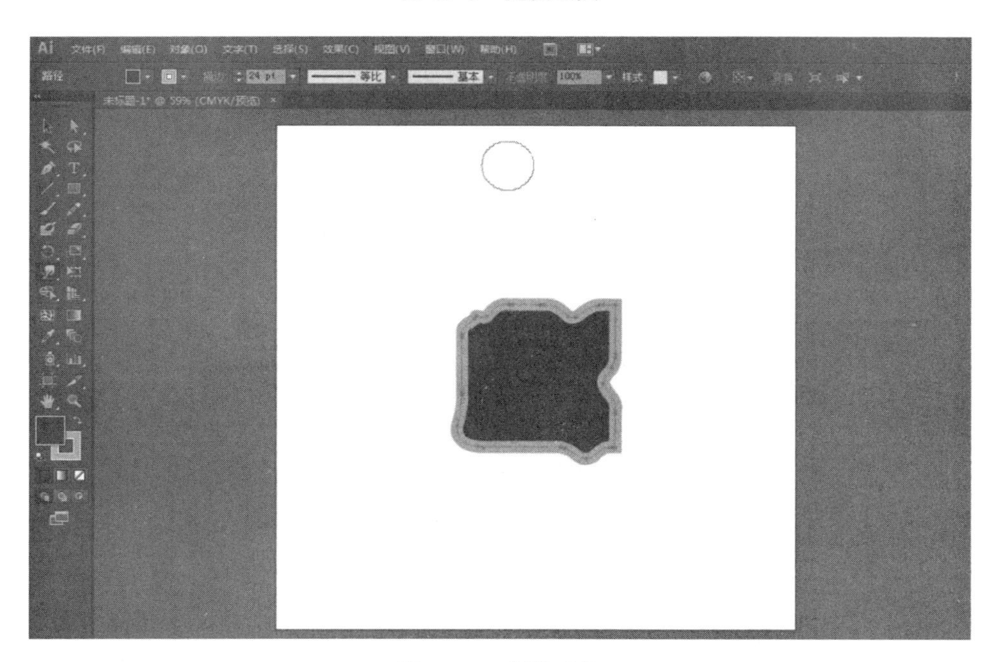

图 16-8　变形工具

旋转扭曲工具：可以使对象像旋涡一样旋转扭曲，呈现出旋涡效果。使用这个工具时，只需要按住鼠标左键，按键的时间与旋涡数量成正比，按键时间越长，产生的旋涡数量也就越多，通过对鼠标的拖动，还可以在拉伸对象的同时生成旋涡（图 16-9）。

缩拢工具：可以使对象产生向内缩拢的效果（图 16-10）。

膨胀工具：与缩拢工具的作用相反，可以使对象向外膨胀（图 16-11）。

图 16-9　旋转扭曲工具

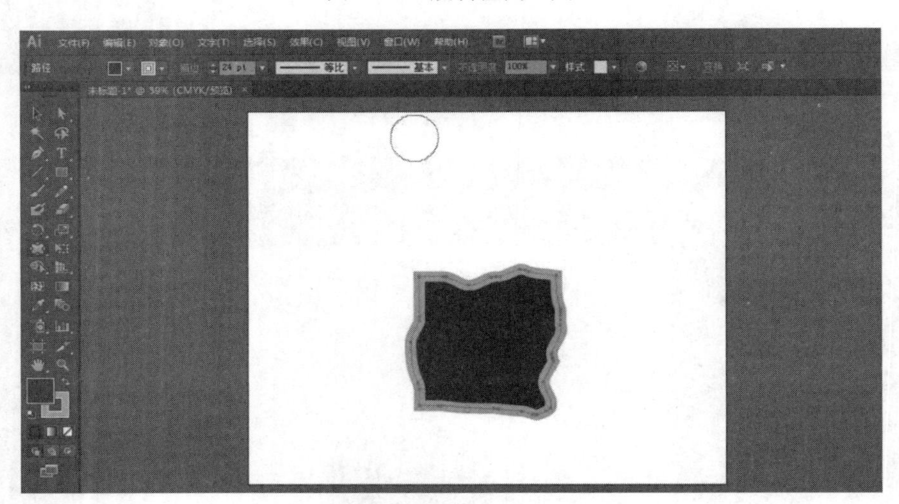

图 16-10　缩拢工具

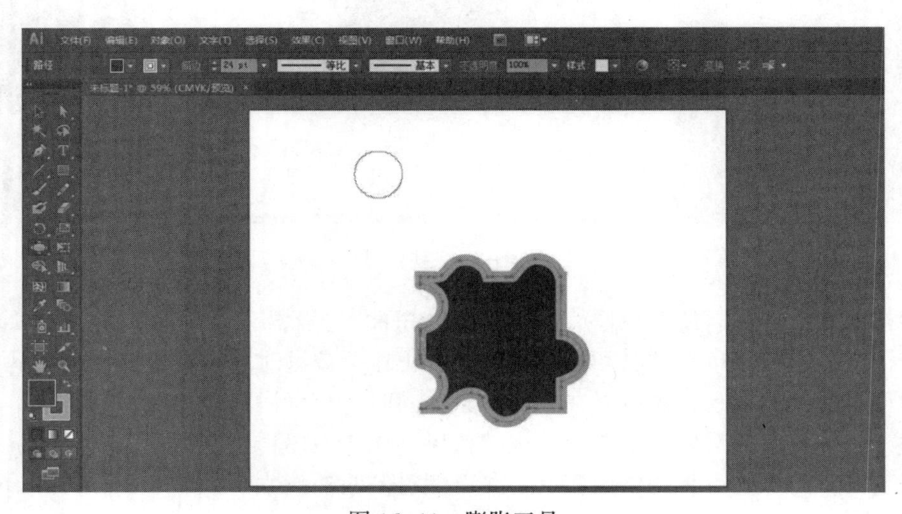

图 16-11　膨胀工具

扇贝工具：可以使对象产生像贝壳纹理一样的效果，使用扇贝工具时，需要长按鼠标。它与旋转扭曲工具类似，即按键时间与其呈现的效果成正比，按键时间越长，变形效果就越强烈（图 16-12）。

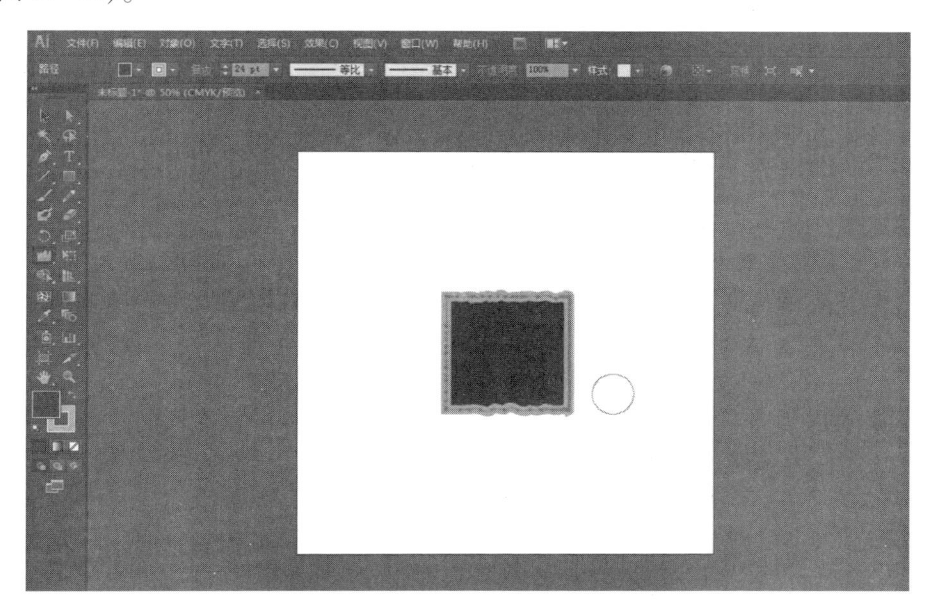

图 16-12 扇贝工具

晶格化工具：它的作用与扇贝工具相反，由图 16-12 可以看出，扇贝工具产生的弯曲是向内的，而晶格化工具则可以使对象产生向外的尖锐锥化效果（图 16-13）。

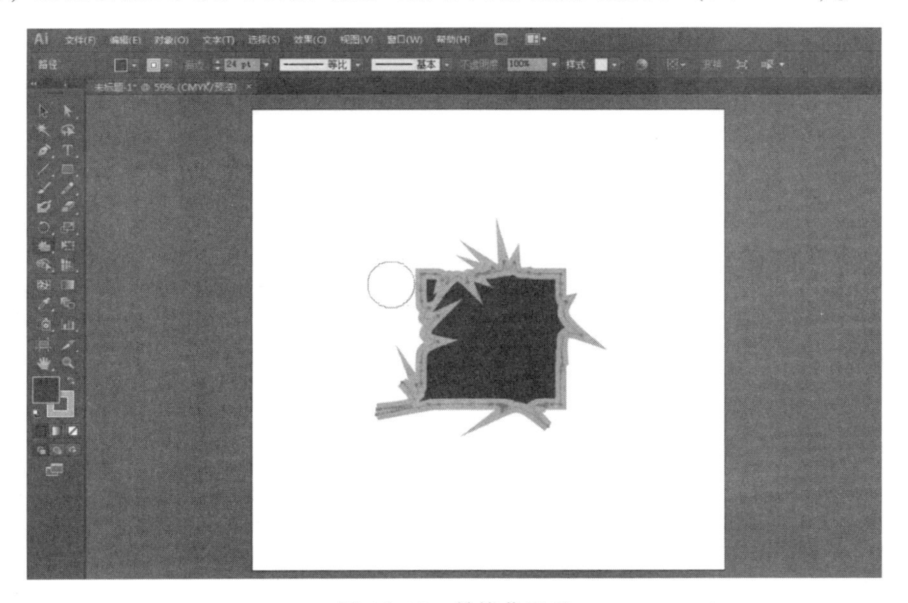

图 16-13 晶格化工具

皱褶工具：可以使对象的轮廓产生不规则的起伏褶皱效果。在使用该工具时，其按键时间与起伏效果成正比，即按键时间越长，起伏的效果就越大、越明显（图 16-14）。

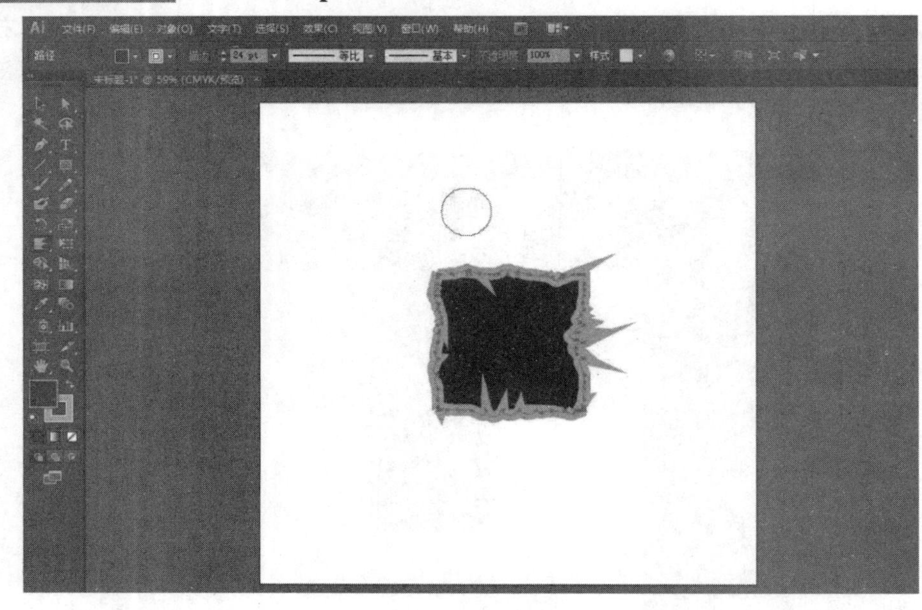

图 16-14　皱褶工具

16.3　风格化的使用

在 AI 菜单栏中，单击“效果”>“风格化”会出现六种效果（图 16-15），包含内发光、圆角、外发光、投影、涂抹、羽化。可以通过使用这些效果来为对象添加更精彩的特效，下面我们一一讲解这些效果。

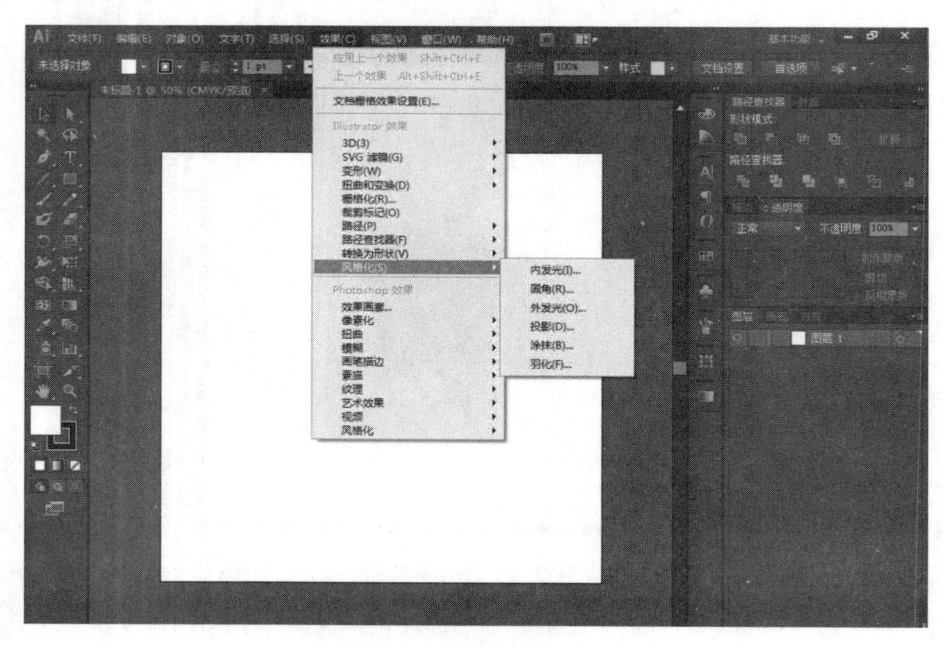

图 16-15　效果—风格化

内发光：为对象添加内部发光效果（图 16-16）。
外发光：为对象添加向外发光效果（图 16-17）。

图 16-16　内发光

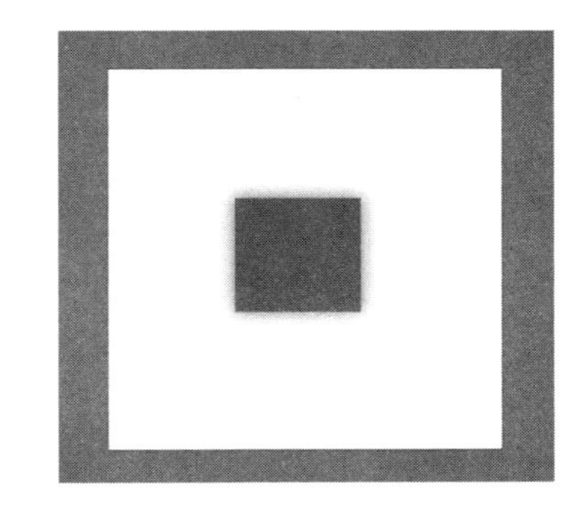

图 16-17　外发光

圆角：将对象的尖角改变为圆滑的圆角（图 16-18）。

a)

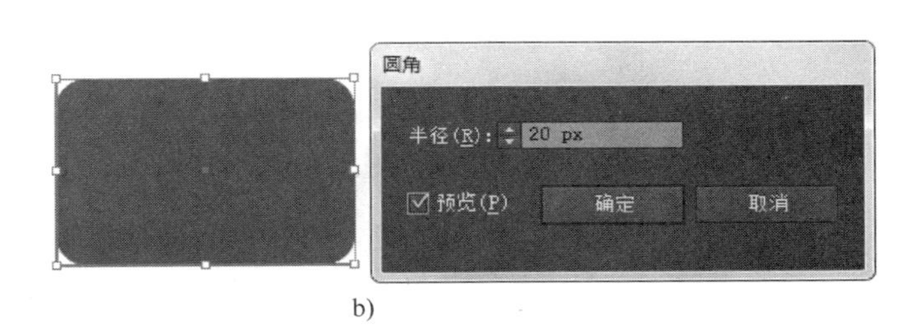

b)

图 16-18
a）尖角　b）圆角

投影：为所选对象添加投影效果（图 16-19）。

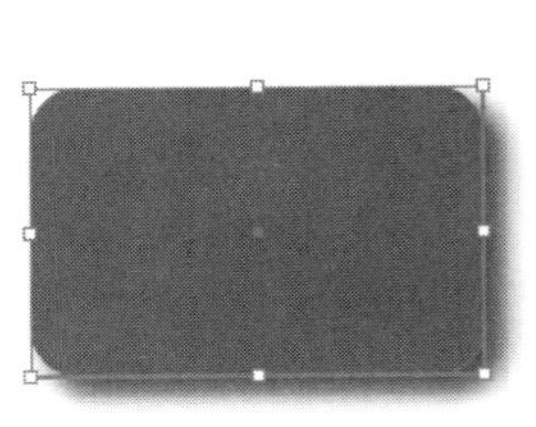

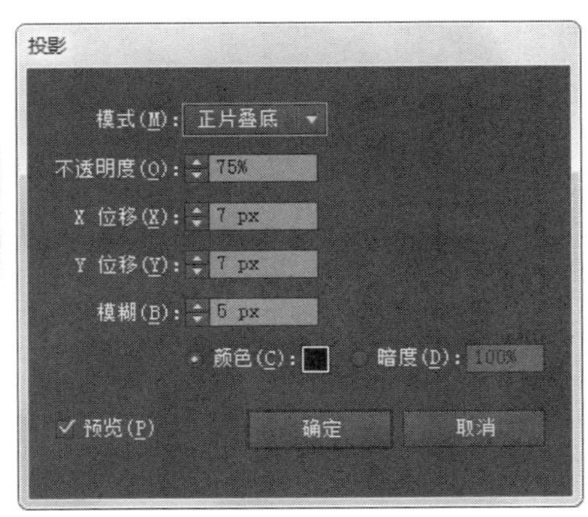

图 16-19　投影

涂抹：对所选对象添加涂抹效果（图 16-20）。
羽化：为所选对象进行羽化（图 16-21）。

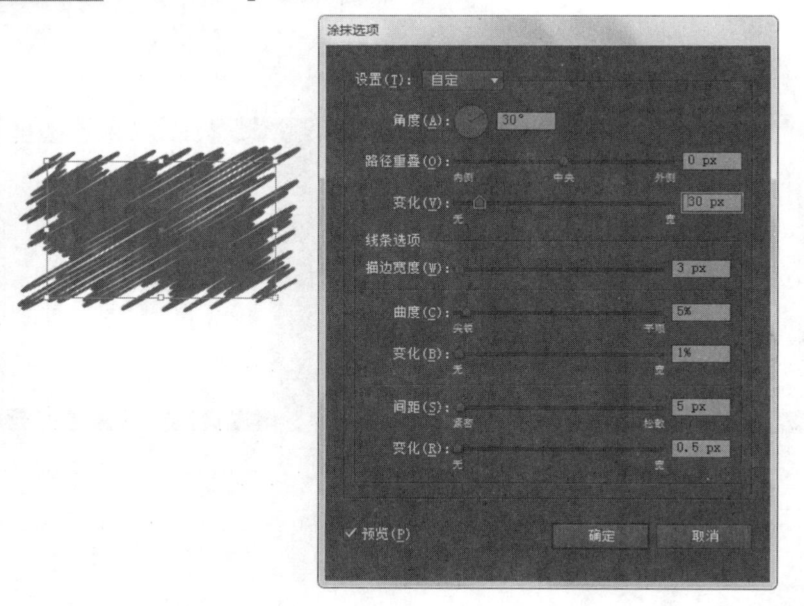

图 16-20　涂抹

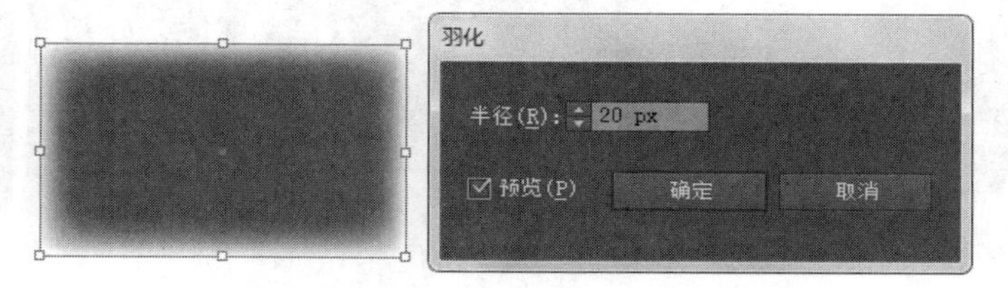

图 16-21　羽化

第 17 章

UI 界面设计之 Sketch 进阶（一）

17.1 了解 Sketch

2010 年 Bohemian Coding 公司推出了轻量级设计软件 Sketch，到今天为止，其版本也进行了几次更新，每次的更新软件都会修复一定的 Bug，让软件更加好用、易用。如今，Sketch 已经到了第 44 个版本。起初 Sketch 是一款小型的矢量图画图软件，随着时间的推移，UI 行业的兴起，Sketch 慢慢地成了界面设计软件。Sketch 软件的使用过程非常简单，对于初学者或者是有一定软件基础的人来说，学习难度不大。Sketch 可以涉足的领域有网页设计、图标设计、App 界面设计。它除了具有矢量编辑的功能之外，同时也添加了部分基本位图的处理功能，如可以用魔棒工具抠图，可以对位图填充颜色，可以对图片进行裁切，可以对照片进行调色或者对图片进行模糊处理，等等。对于现在流行的扁平化设计，Sketch 软件绝对可以成为网页设计和 App 界面设计的利器。虽然能实现各种阴影、模糊，但是并不适合制作逼真拟物图标效果，也不是用来编辑位图的工具。如果您需要像 PS 一样去修改一张照片，用画笔做一些游戏 UI 或者是特效 3D 写实图标等，那么这款软件并不适合。

Sketch 出现以后，设计界中流传一句话，“Sketch 比 PS 强大”，其实这个说法有一些夸张。Sketch 的定位只是更加专注于做 UI 设计而已，PS 的功能更加强大一些。我们不对这两个软件做对比，也不需要对它们做对比。PS 从功能作用领域范围上说肯定是略胜一筹，PS 甚至可以说是有些臃肿，因为它涉足的领域除了前期图像处理、摄影后期，还有手绘插画、平面设计等。Sketch 的优点是功能更加单一，能够让我们的设计更加专注、更加便捷，操作起来会非常简单高效。

17.1.1 界面认识

Sketch 的界面操作非常便捷，其中位于最顶部的是工具栏，在工具栏中默认的是一个系统工具属性栏。如果需要对其他工具进行操作，则需要在工具栏上点击鼠标右键，在出现的下拉列表框中单击自定义工具栏，将所需要的工具拖到工具上就可以。如果不需要哪个工具，则在自定义工具栏打开的情况下，将工具向下拖拽即可删除。整个界面的左侧是图层面板，图层可以建立多个 Page 页面，每一个页面可以建立多个画板，图层面板的底部提供了搜索功能，对于图层面板的操作将非常便捷。右侧是固定检查器，右侧检查器只能固定在界面的右侧，不能拖动和更改其位置，但是可以显示和隐藏；中间部分是视图的界面操作设计部分，所有的设计部分将在中间视图区域部分展示（图 17-1）。

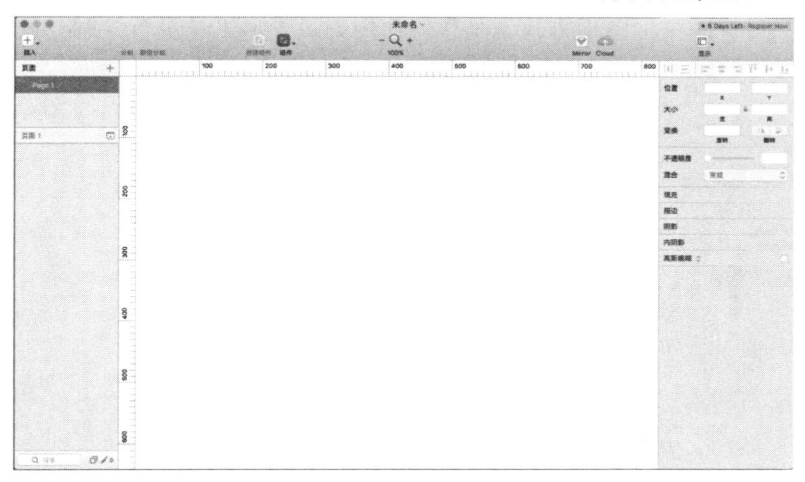

图 17-1　Sketch 界面

17.1.2　Sketch 图层

左侧图层列表里展示了当前文件中所有的图层，包括每一个对象编辑的状态、切片状态。每个图层的后方会有一个眼睛，默认是隐藏的；如若需要隐藏当前图层，在图层后边单击即可，隐藏后的图层右侧的眼睛是高亮状态；再次单击眼睛即可显示此图层。如若对图层进行锁定，可以在画板区域选中对象，单击鼠标右键出现下拉列表，选择锁定图层即可，锁定的图层后边会有小锁高亮显示，单击就可以解锁。同时图层可以进行变组、移动顺序、重新命名等一系列操作（图 17-2）。

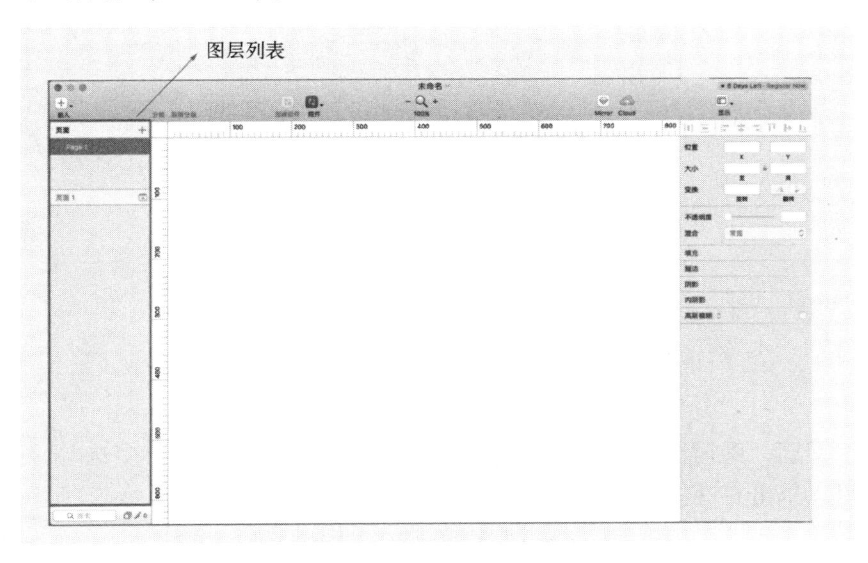

图 17-2　图层列表

Sketch 支持多页面操作，可以在图层列表上的按钮里面添加/删除或者转换到其他页面。图层列表只会始终显示当前页面的图层。

添加图层：最快的添加图层方式就是直接使用矢量图形工具进行绘制（图 17-3）。

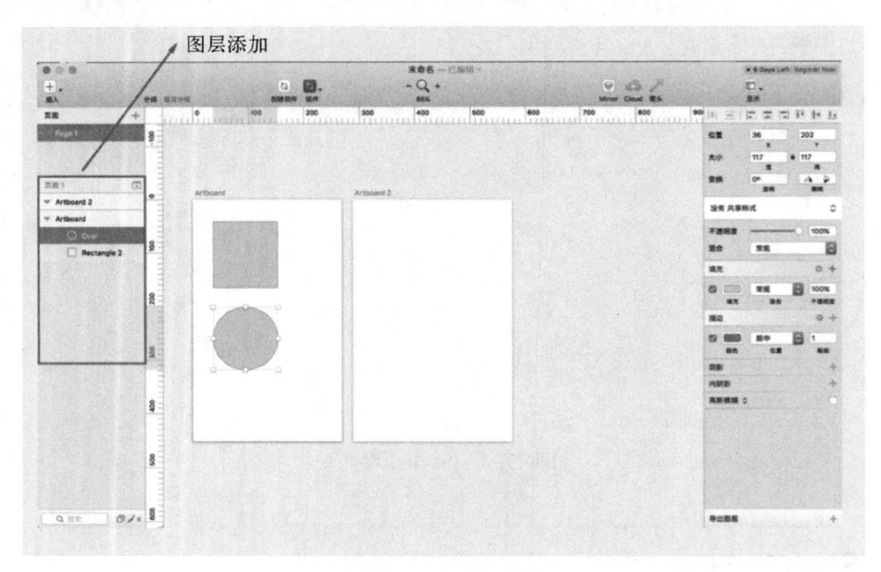

图 17-3 添加图层

选中图层：怎样查看选中图层呢？鼠标移入图形时，图层就会显示边框，相对应的鼠标移入图层，画板上就会显示所在图形（图 17-4）。

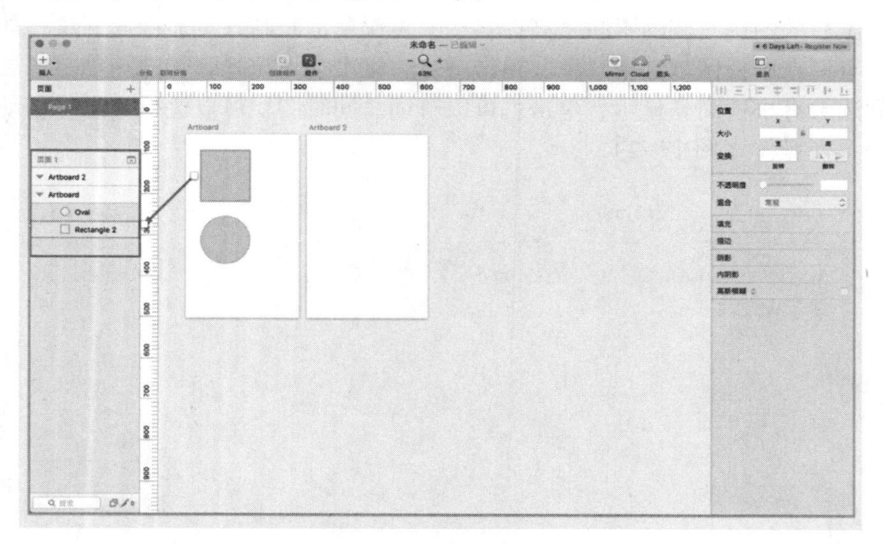

图 17-4 选中图层

选中多个图层，则需要按住〈Shift〉键或者〈Command〉键进行多选与减选图层；选中重叠图层可以单击右键进行。

17.2 Sketch 图形

在使用 UI 设计制作界面时，常用到的就是图形了，Sketch 提供了不同的基本图形：圆形、矩形、圆角矩形、星形等。这几个图形会有一些其他额外的属性参数，如星形可以用来调整焦点数及衰减半径，圆角矩形可以调整圆角的半径大小。每一个图形都可以通过编辑检查器来进行微妙变化（图 17-5）。

图 17-5　基本图形

17.2.1　图形概述

工具箱中有很多图形，如矩形、圆角矩形或三角形等图形元素，可以将工具栏中的图形拖拽到当前画布中，松手后在右侧固定检查器上可以看到形状的位置和大小，检查器同时会有形状的其他额外参数。在此处可以对其进行数据修改，在工具栏中，有一个图形，长按鼠标左键可以打开该组的下拉列表，也可以在下拉列表中选择需要的图形。如果该图形的后方跟有一个英文字母，那么它就是这个图形的快捷键，可以通过快捷键在画布上进行图形的绘制。

17.2.2　矩形与圆角矩形

单击工具栏中的“添加（Insert）”>“图形（Shape）”，选择矩形工具（R），或者圆角矩形（U），拖拽时会提示当前图形的大小，在右侧检查器面板上可以对一些参数进行调整，如不透明度、填充及描边、阴影等（图 17-6 和图 17-7）。

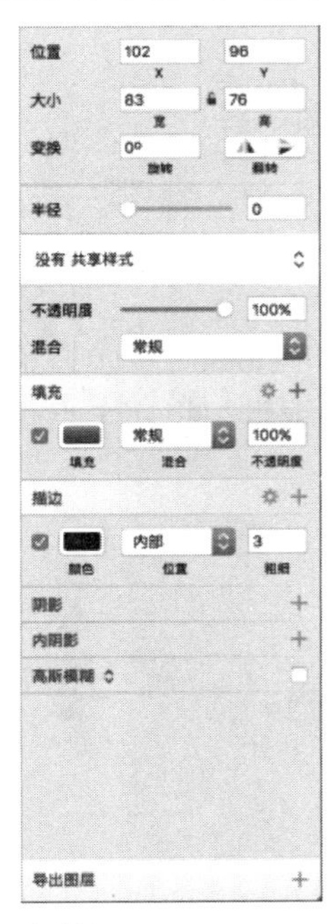

图 17-6　参数调整（一）

图 17-7　参数调整（二）

17.2.3 三角形

单击工具栏中的“添加（Insert）”>“图形（Shape）”，选择三角形工具，想要绘制角点圆滑的三角形时，可以使用〈Enter〉键，进入属性编辑，用鼠标框选住角点调整圆角（图 17-8）。

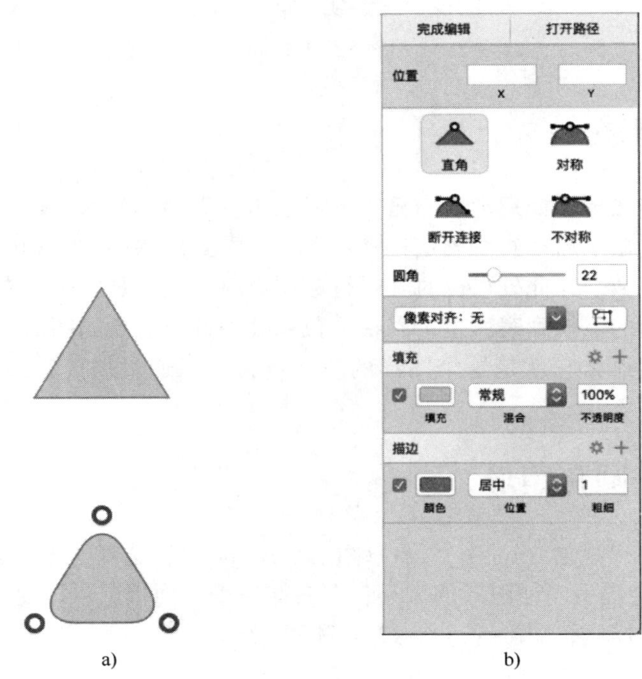

a) b)

图 17-8 三角形工具

a）绘制三角形 b）编辑面板

17.2.4 椭圆和直线

单击工具栏中的“添加（Insert）”>“图形（Shape）”，选择椭圆工具（O），使用〈Enter〉键时，进入属性编辑，可以看到针对锚点的编辑，将四个点框选上时，单击直角会将圆滑的曲面转为直边（图 17-9）。

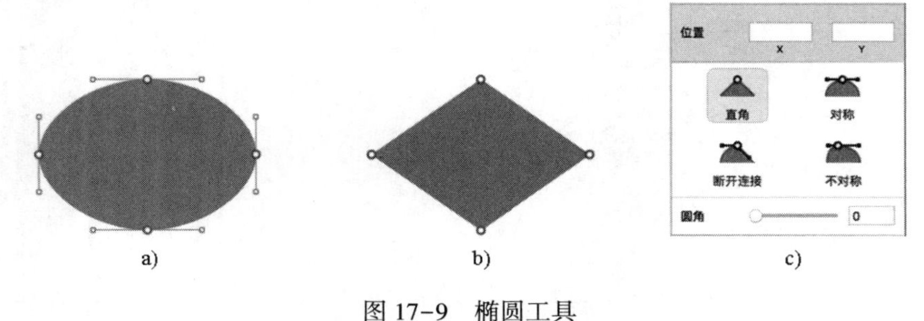

a) b) c)

图 17-9 椭圆工具

a）椭圆曲面 b）直边 c）属性面板

直线工具制作起来比较简单，Sketch 有自动对齐的识别，所以在绘制直线时不需要按住〈Shift〉键也可以绘制出来（图 17-10）。

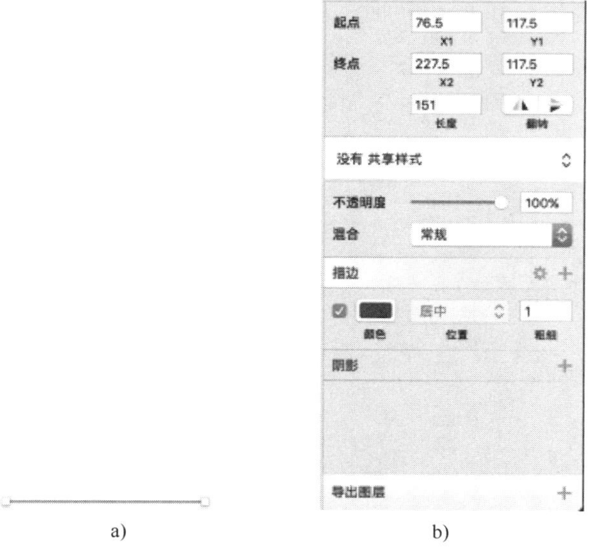

a)　　b)

图 17-10　直线工具

a）直线　b）直线工具面板

17.2.5　五角星和多边形

单击工具栏中的“添加（Insert）”>“图形（Shape）”，选择星形，在右侧检查器中可以调整顶点数使星形边数增多。按下〈Enter〉键，进入属性编辑，可以看到针对锚点的编辑，可以选中点并按住〈Shift〉加选锚点，框选时单击圆角使边角圆滑（图 17-11）。

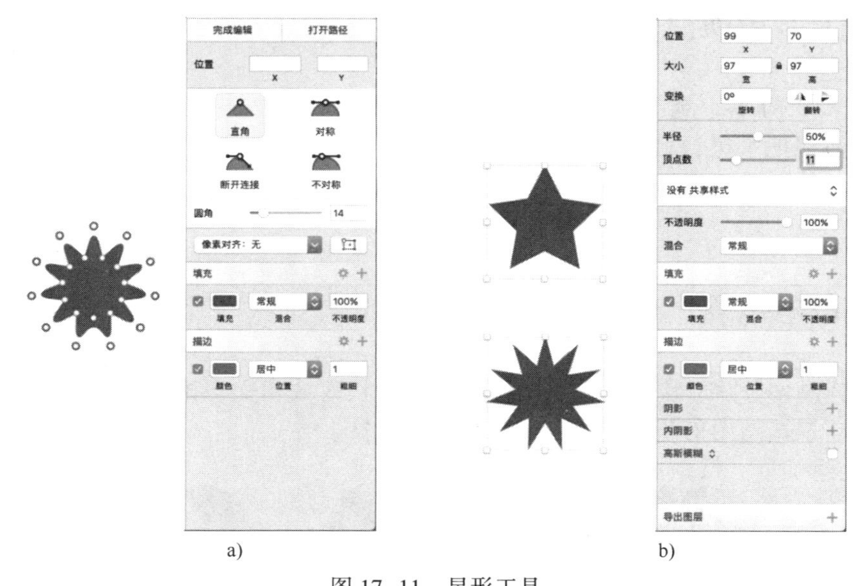

a)　　b)

图 17-11　星形工具

a）增加边数　b）边角变圆滑

单击工具栏中的“添加（Insert）”>“图形（Shape）”，选择多边形工具，在右侧检查器中调整边数，单击〈Enter〉键，进入属性编辑，可以看到针对锚点的编辑，可以移动锚点，也可以选中点并按住〈Shift〉键加选锚点，框选时单击圆角使边角圆滑（图 17-12）。

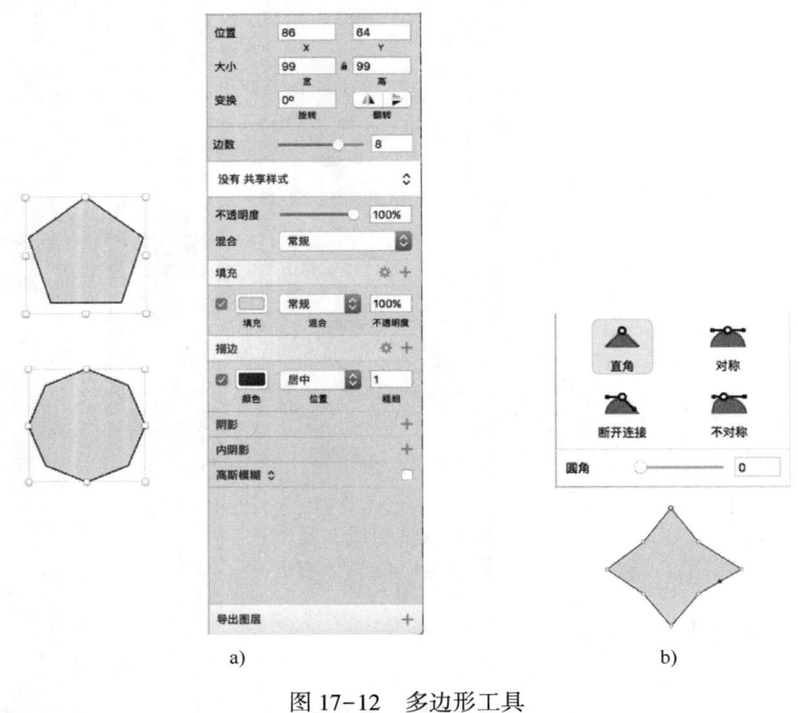

a)　　b)

图 17-12　多边形工具
a）调整边数　b）编辑锚点

17.2.6　图形转换点操作

如图 17-13 所示，选中图形按下〈Enter〉键，针对锚点可以拖拽把手进行调整，直角的快捷操作可以单击〈1〉，对称单击〈2〉，断开连接单击〈3〉，不对称单击〈4〉。

图 17-13　图形转换点面板

17.2.7　布尔运算

布尔运算包含合并形状、减去顶层形状、与形状区域相交、排除重叠形状这四种运算。如图 17-14 所示运用图形明确展示了这四种布尔运算。

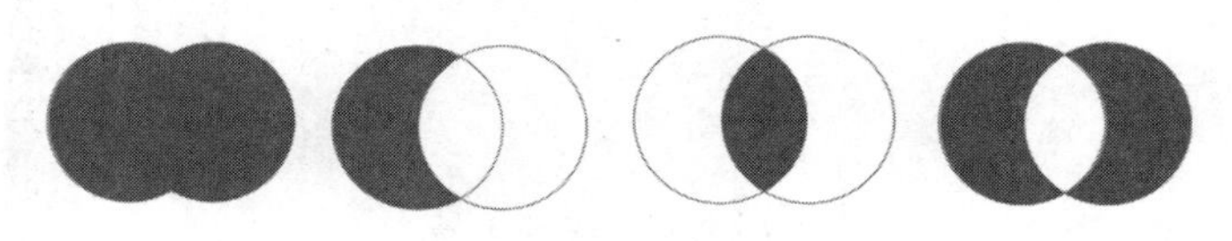
图 17-14　布尔运算

17.3 Text 文本

Sketch 中文本的编辑制作效果简单易操作，并且支持多种新建文本样式，在右侧检查器面板中有一个新建文本样式属性，它的功能类似于 Word 里的格式刷。新建一个项目如 App 界面或者网页设计，此时需要保证所有页面文字规范一致，如正文的规范相同，二级标题规范一致或者一级标题统一，页面中控件的填充类型或渐变模式一致，都可以采用新建文本样式去定义，这样会使整个文字的编辑操作简单、快捷、高效。

17.3.1 文本概述

1. 添加文本

首先，从顶部的工具栏中找到文本工具或者使用快捷键〈T〉，光标闪烁时在画板空白处单击，就可以添加文本图层，开始编辑文本。

与 PS 一样，也可以单击拖拽出一个固定的文本框，也就是段落文本，当文本超出文本框范围时会自行转到下一行。

2. 改变文本大小

直接拖拽文本框并不会调整文字大小，可以调整右侧检查器中的一些字体和字重的参数。

17.3.2 文本检查器

编辑好一段文字后选中文本，检查器面板会跳转到对应的文字编辑器（图 17-15），可以调整字体、字重，打开选项按钮可以加入一些装饰效果，如下划线等，还可以调整间距和颜色等。

图 17-15　文字编辑器

17.3.3 文本渲染

Sketch 使用操作系统原生的字体渲染，所以绘制出来的文本看起来效果很棒。使用原生字体渲染的好处就是进行 UI 设计时，可以肯定作品中的文本都是精准的。

Mac OS 系统使用了一种叫子像素抗锯齿效果（Subpixel Antialiasing）的技术来提升文本渲染效果，Sketch 里采用的也是这一种（图 17-16），如果想要打开像素效果，可以单击“显示”>“画布”>“显示像素”，也可以使用快捷键〈Ctrl+P〉，同样关闭像素效果也是同样的操作。

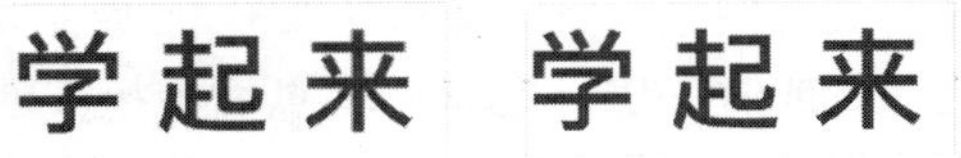

学起来 学起来

a) b)

图 17-16 文本渲染
a）关闭像素 b）显示像素

做的界面设计如果是针对 iPhone 或 iPad 的，那么只需要了解一点，在画布中写完这些字体时，文字会自动进行子像素抗锯齿渲染。

17.3.4 文本样式

在页面中新建文本样式，首先在页面中输入一段文本，按照需求调整该文本的文字属性，如文字样式、文字的字重、字间距、行间距、字体颜色等。将文本编辑好以后选中该文本，找到右侧检查器面板中的新建文本样式，默认的文本样式为无，单击右侧的下拉箭头，在里面可以看到一个新建文本样式，单击即可，可以将该文本样式保存在文本样式中。再次新建文本样式的方法和上面所说的方法一致。在文本样式的第二个选项中有管理文本样式，可以对定义的文本样式进行删除操作。默认的文字图层是浅灰色，定义为文本样式之后的文字图层为紫色，如果说要调用这个文本样式，则将已经输入好的文字选中后，单击右侧检查器面板中定义好的样式就可以，定义为文本样式以后的文字在检查器的右侧会出现一个紫色的刷新符号，单击刷新符号就会自动地更改所有调用该文本样式的文字（图 17-17）。

你好

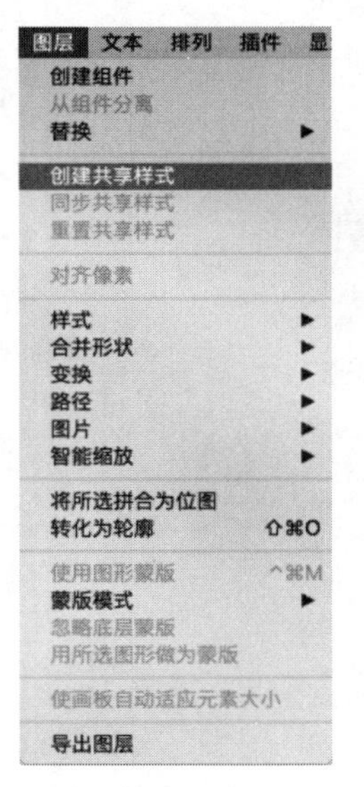

没有 文本样式
Create new 文本样式
管理 文本样式

图 17-17 文本样式

17.4 Image 图片

17.4.1 图片概述

Sketch 作为 UI 设计的最便捷工具之一，它的优势就是对图形的编辑操作。它不是一个位图编辑器，所以在处理图像上不会像 PS 那么强大，但是可以将图层转化为扁平的位图，进入“图层” > “将选区变成位图”，也就是像素的预览模式（图 17-18）。

图 17-18　将图层转化为位图

17.4.2 位图编辑

选中位图图层，双击或者按下〈Enter〉键进入位图编辑模式，在检查器中进行编辑。利用选区或者魔棒进行编辑后可以利用下面三个工具编辑（图 17-19），要想结束编辑，可以直接在空白处单击或者按下〈Return〉键或〈Escape〉键退出编辑模式。

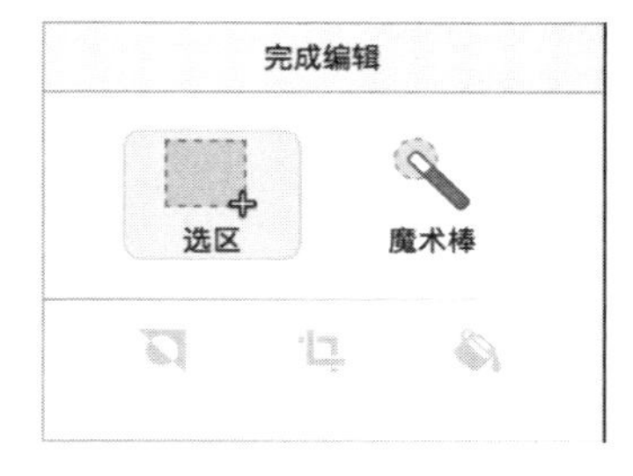

图 17-19　位图编辑面板

17.4.3 色彩矫正

即使不像 PS 软件能够在图片上进行非常细腻的处理，但是如果想要微调一张现有图片的色调还是可以达到的。在右侧检查器面板中有针对于位图进行调色的面板属性，可以更改图片的饱和度、色相和明度，同时不会对图片本身的颜色造成破坏，可以进行多次编辑和还原（图 17-20）。

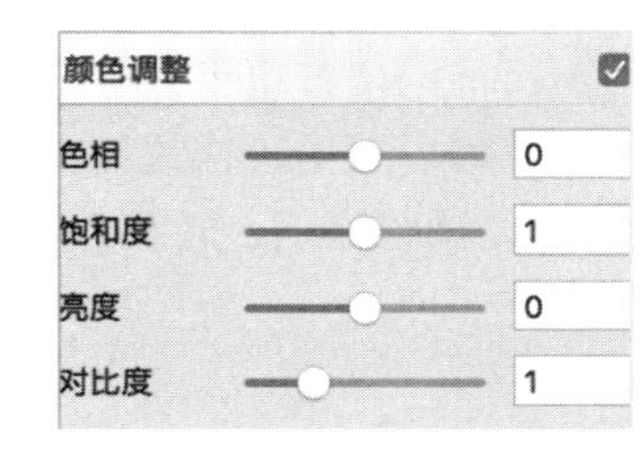

图 17-20　颜色调整面板

17.5 Styling 样式

Styling 样式可为图形增加效果，使每个图形都不再单调。

17.5.1 样式概述

检查器中会显示出所选图层的一切样式选项，包括填充、边框、阴影、模糊、渐变等。

17.5.2　填充

填充的样式分为纯色、渐变、图案及杂色的填充（图 17-21），可以运用吸管及快捷操作（〈Ctrl+C〉）进行吸色。

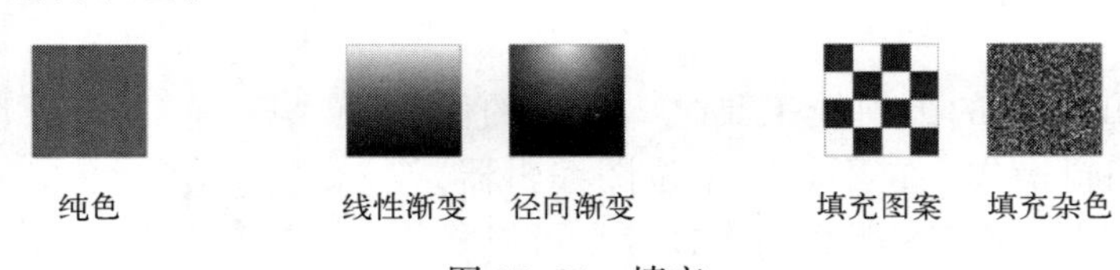

图 17-21　填充

17.5.3　边框

Sketch 里除了文本之外，所有的图层都可以添加多个描边，并且设置描边的粗细、颜色及混合模式（图 17-22）。

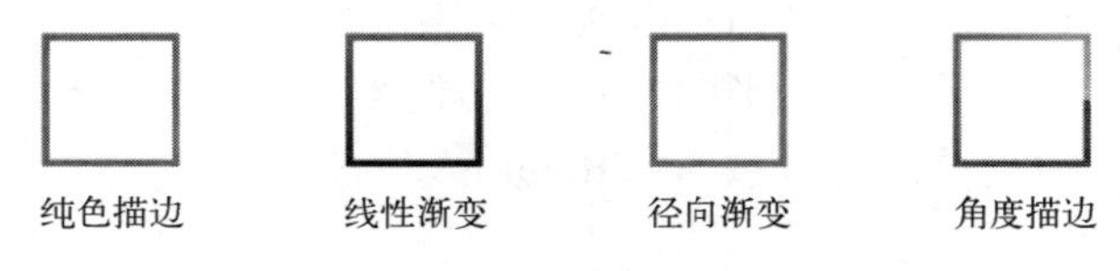

图 17-22　边框填充

1）边框的位置也可以进行调整，描边在图形的内部、居中及外部（图 17-23）。

2）也可以对描边样式进行设置，如虚线（图 17-24），只需要调整描边栏中的设置按钮，就可以调整端点、转折点、虚线及间隙的参数。

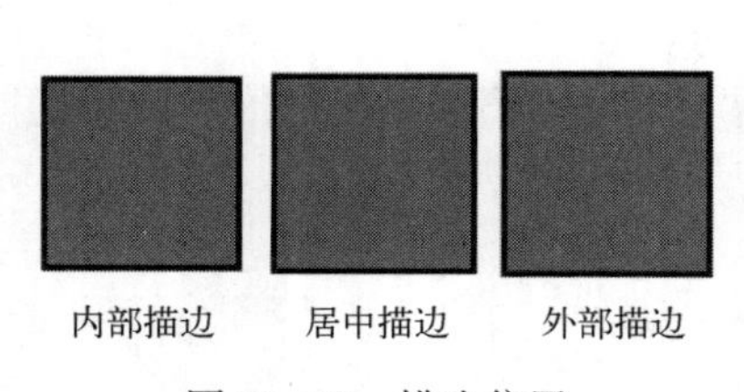

图 17-23　描边位置

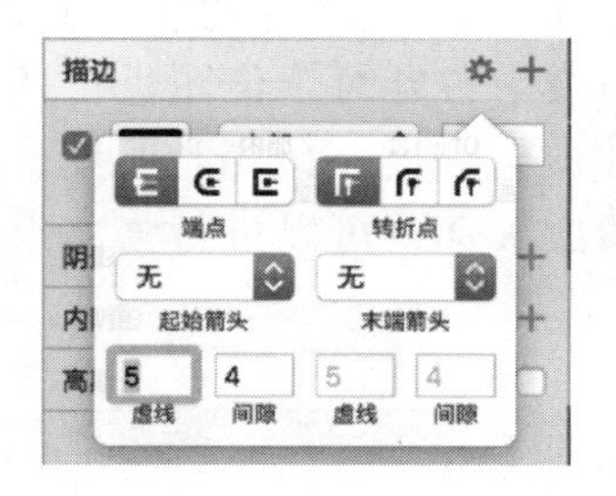

图 17-24　描边样式

17.5.4　阴影

阴影与内阴影的参数相同，但是效果略有不同。阴影指的是影子，在图形的外部加上阴影可以使图形立体；而内阴影则在图形上，阴影与内阴影都可以调整混合模式（图 17-25）。

图 17-25　阴影

17.5.5　模糊

Sketch 中有四种不同的模糊样式，即高斯模糊、动感模糊、放大模糊、背景模糊（图 17-26）。添加模糊效果是非常消耗资源的一种渲染效果，所以模糊越大，占用图层空间越大，所以尽量避免使用模糊效果，建议使用背景模糊和普通模糊会好一些。

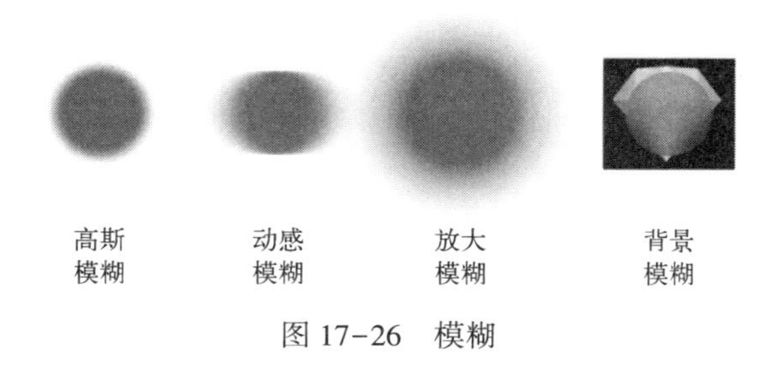

图 17-26　模糊

17.5.6　渐变

在前面提到了渐变的样式，分为线性渐变及径向渐变。

线性渐变：会显示由两个点组成的渐变线，先选中它，就可以调整单个色块的色彩，当然也可以使用快捷键〈Ctrl+C〉进行吸色，可以移动色块进行渐变样式操作。在渐变条上可以增加色块，也可以选中色块进行删除（按下〈Delete〉键或者〈Backspace〉键，图 17-27）。

径向渐变：渐变线上显示两个点，并显示在一个圆形的外圈上，拖拽外圈上的点调整径向渐变的范围及渐变的大小，当然鼠标在渐变线上可以直接增加色块（图 17-28）。

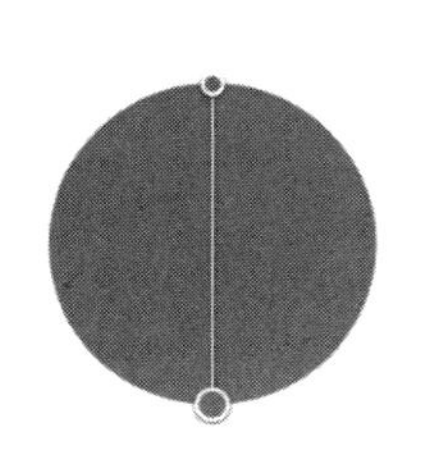

图 17-27　线性渐变

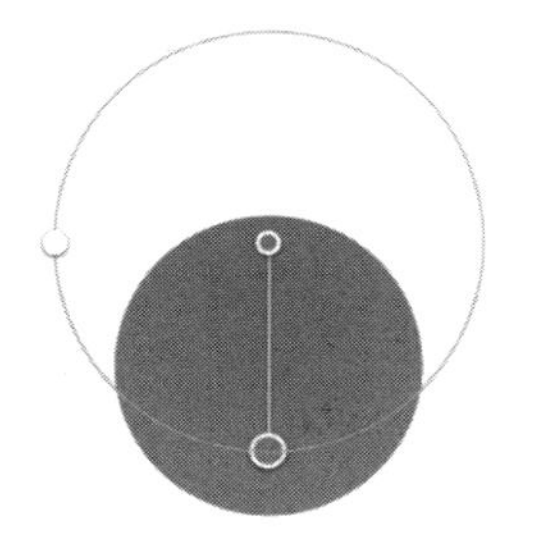

图 17-28　径向渐变

第 18 章

UI 界面设计之 Sketch 进阶（二）

在 Sketch 中我们可以通过创建组件来定义一些图形或文字，在制作 UI 界面设计时，运用这样的快速定义能够提高工作效率。

18.1　Symbols 符号定义

创建符号与创建组件意义是一样的，一些移动界面中会有很多相似的 Icon 或者相似的文本排列。那么，将一个符号定义好之后，会大大提高工作效率，如制作一个添加按钮时，很多个按钮都与其相似，那么就可以将这个按钮进行定义，后期只要碰到和它相似的图标，就可以快速运用定义好的符号进行设计。

首先我们将这样一个按钮运用工具箱的工具绘制出来（图 18-1），全部选中通过创建组件进行创建，可以对组件进行命名，确定创建好之后，可以在组件中找到，需要使用时直接单击组件运用。

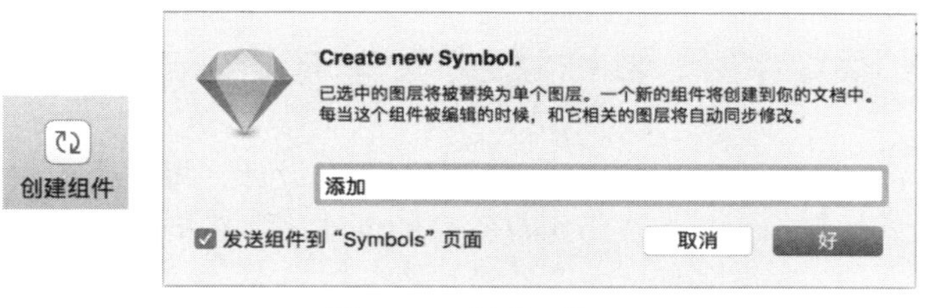

图 18-1　创建组件

1）对于符号的删除：选择 Symbols 页面进行删除。

2）对于符号的修改：需要在右侧的检查器中选择从组件中分离，这样就可以对其中的单个图形进行修改，而不会影响到其他符号。

18.2　Styling 样式

样式的管理尤其是在针对相同的字符页面中运用比较便捷，创建的样式就像使用格式刷一样。编辑一段文本时（图 18-2），后期需要全部修改时也将变得很简单。

标题
正文

图 18-2　编辑文本

将“标题”在检查器中进行 Create new 文本样式设置，并命名，之后则可以进行格式刷的运用。如图 18-3 所示对中间正文进行颜色修改，这时被更改的文本样式后面会出现循环按钮，单击即可对所有的文本样式进行更改。

标题
正文正文正文正文正文正文正文正
文正文正文正文正文正文正文正文
正文正文正文正文正文正文正文正
文正文正文正文正文正文正文正文
正文正文正文正文正文

标题
正文正文正文正文正文正文正文正
文正文正文正文正文正文正文正文
正文正文正文正文正文正文正文正
文正文正文正文正文正文正文正文
正文正文正文正文正文

标题
正文正文正文正文正文正文正文正
文正文正文正文正文正文正文正文
正文正文正文正文正文正文正文正
文正文正文正文正文正文正文正文
正文正文正文正文正文

2-正文

标题
正文正文正文正文正文正文正文正
文正文正文正文正文正文正文正文
正文正文正文正文正文正文正文正
文正文正文正文正文正文正文正文
正文正文正文正文正文

标题
正文正文正文正文正文正文正文正
文正文正文正文正文正文正文正文
正文正文正文正文正文正文正文正
文正文正文正文正文正文正文正文
正文正文正文正文正文

标题
正文正文正文正文正文正文正文正
文正文正文正文正文正文正文正文
正文正文正文正文正文正文正文正
文正文正文正文正文正文正文正文
正文正文正文正文正文

图 18-3　格式刷应用

18.3　UI 界面中符号和样式的重要应用

图 18-4 所示是一款针对美食 App 图文列表的界面设计，每一个板块骨架都是一样的，所以我们可以将做好的第一个板块进行组件符号的创建，那么接下来就可以选择定义好的组件直接编辑。

a)

b)

图 18-4　界面设计

a）美食 App　b）创建组件

18.4 前端开发导出

导出图层意味着画布上其他的元素都不会被一起导出，如果它表面有一个图层或者有一个背景图层，则都不会进入导出的文件中。

导出一个图层，可以直接在检查器中实现。先选中图层或组，然后单击检查器底端的 Make Exportable。你会发现检查器会立即显示出你将要导出一张原尺寸的图片，没有前缀，并且默认为 PNG 格式。

18.5 导出倍率关系适配

单击右下角的“+”，添加新的导出尺寸，默认是有 @ 2x 前缀的 2 倍大小的图片，但这些都是可以随意修改的。如果你本来就在创作一个 @ px 的作品了，也可以为它添加一个 @ 2x 的前缀，然后再添加一个 1 倍大小的导出方式（图 18-5）。

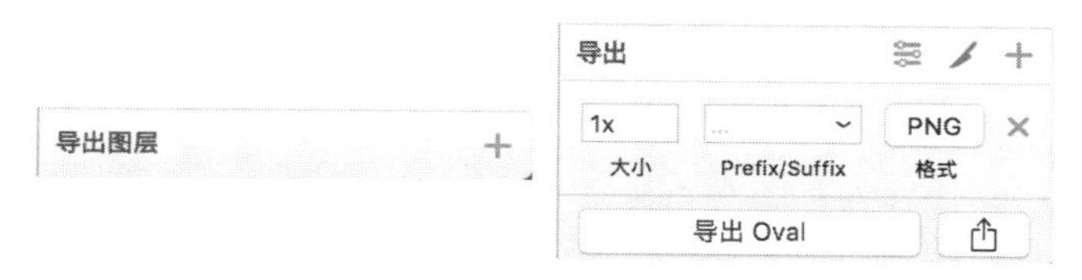

图 18-5　导出倍率关系适配

18.6 让设计更加直观、便捷

Sketch 软件中有一款工具，Mirror 工具的使用真的让 UI 设计变得更加灵活、便捷。

18.7 iOS Mirror 概述

Mirror 是一款移动 App，它是移动端的 Sketch，其出现为 UI 设计提供了实时预览、修改的功能，对所制作的 UI 界面，尤其是移动端的界面，可以进行快速查看。

18.8 iOS Mirror 设置及使用

首先，打开工具栏中的 Mirror，这时会提示已连接的链接与设备，单击可以进行查看（图 18-6）。

图 18-6　Mirror 菜单

那么同时需要在 iPhone 上进入 App Store 下载，在与 Mac 通用一个无线设备的前提下，可以进行实时预览，在 Mac 上进行的更改，直接就可以映射在 Mirror 的界面上，更像是一种测试，快速查看及修改界面的美观，使得 UI 界面设计变得更加便捷。

第 19 章

三大利器结合应用

在从事设计工作的过程中，许多设计软件都是相通的，之前讲到的 PS、AI 及 Sketch 这三款软件之间都是可以互相导入进行编辑，这款软件处理不了的效果可以交给那款软件去处理，这种软件之间的沟通使得设计更加便捷、丰富，从而可以大大提高工作效率，也可以通过各个软件的灵活配合与使用，制作出更加丰富多彩、效果震撼的产品。

19.1　AI 与 PS 紧密衔接

在当前的设计过程中，最常用的设计软件是 PS 与 AI。相对于这两款软件来说，PS 更多用作修饰，是一款强大的位图处理软件，也是一款强大的图片处理及图片合成软件。AI 更多用于作图，是一款强大的矢量图形处理软件，通过 AI 可以做出非常精致的矢量图形，方便而又快捷。在制作图像时，完全可以在 AI 中对图形进行绘制，将初始图形的整体样式制作出来，之后将其拷贝在 PS 中，添加一些丰富的效果，进行效果修饰。这样做出来的图形会更加漂亮，我们制作起来也会更加方便和轻松，快速得到想要的效果。灵活使用软件可以极大地提高工作效率。我们用每一款软件突出的部分去进行设计，那么设计出来的产品会更加精致而有效果。接下来，我们通过一些案例来讲解软件之间的衔接关系。

19.1.1　字体设计（一）

接下来我们学习制作海报字体，首先打开 AI 软件，在 AI 中先进行字体图形样式的基本绘制。在这里使用矩形造字绘制该字体，运用垂直与水平的矩形进行拼凑及设计，从而组合出想要的字体。这里制作一个字体“跟”（图 19-1），在 AI 中字体“跟”完成绘制之后将其进行复制，快捷键为〈Ctrl+C〉。接下来打开 PS 软件，将“跟”字进行粘贴，快捷键为〈Ctrl+V〉，这时候会弹出一个选项框，选择形状图层之后，就可以对图形进行修饰，将图层面版分为两个，一个为描边，另一个为填充，想要绘制出深度感，复制 10 个描边图层，并进行位置的微调，完成之后将这 10 个图层进行编组并调整图层的样式效果、渐变效果（图 19-2）。对于图形中暗部的处理，我们可以将这个组进行栅格化处理，运用多边形套索工具及加深工具进行局部细节调整，从而达到想要的最终效果（图 19-3）。

图 19-1　AI 绘制字体

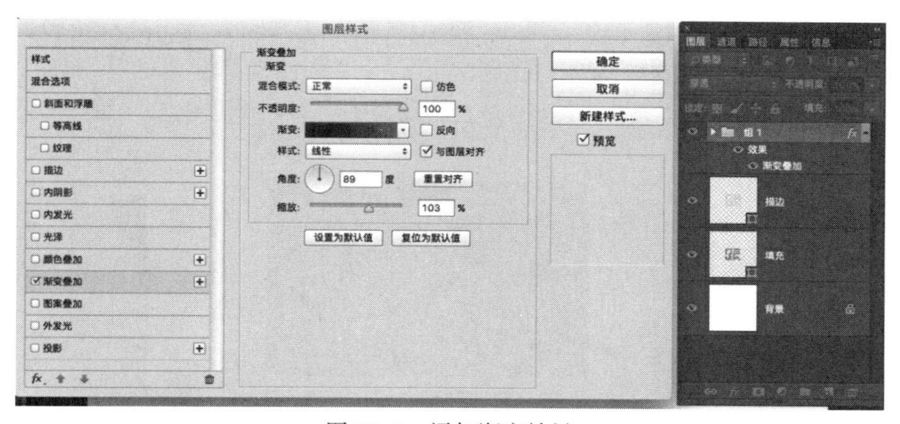

图 19-2　添加渐变效果

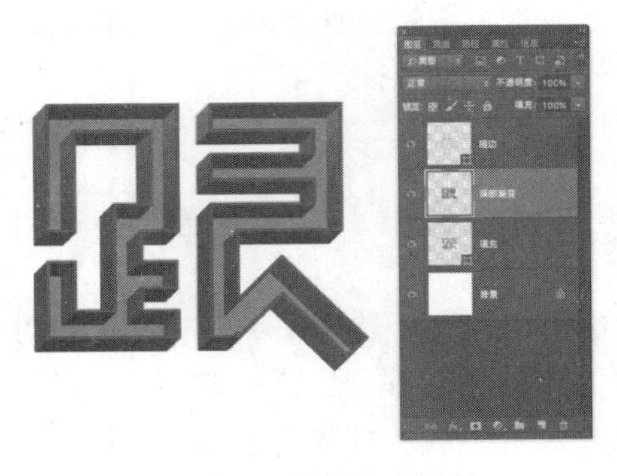

图 19-3　局部细节调整

19.1.2　字体设计（二）

接下来通过 AI 矢量图处理软件，运用矢量工具及混合工具绘制一个“斑马字体”（图 19-4）。

图 19-4　斑马字体

1）首先打开 AI 软件，运用直线工具绘制一条直线，然后将该直线旋转，快捷键为〈R〉，然后进行复制旋转，重复这一操作，快捷键为〈Ctrl+D〉，得到像花一样具有分散的效果的线条（图 19-5）。

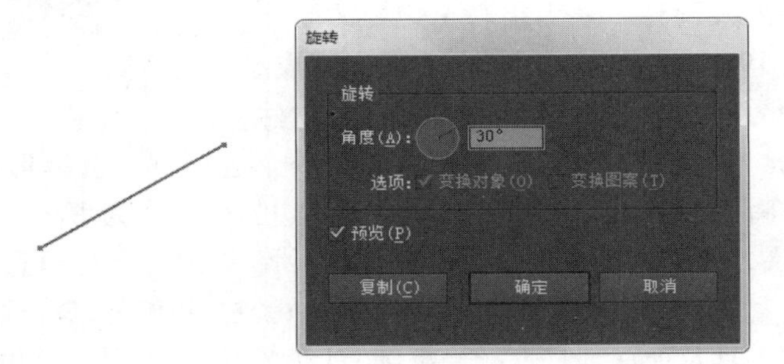

图 19-5　绘制分散效果的线条

2）接下来使用椭圆工具，按住〈Shift〉键绘制一个正圆，并且与这些旋转的线条保持居中对齐的关系。全部选中这些线条和正圆之后，运用路径查找器中的“分割”工具得到转盘一样的形状。接下来对转盘进行上色，上色过程中将每一个黑色块与每一个白色块分割开进行（图 19-6）。

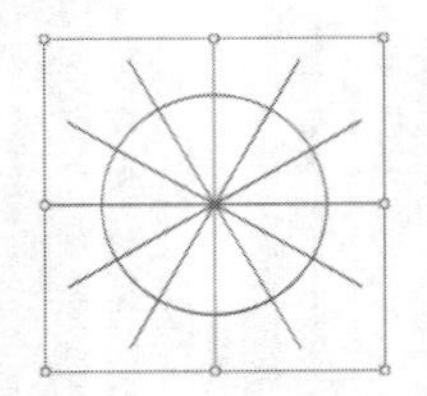

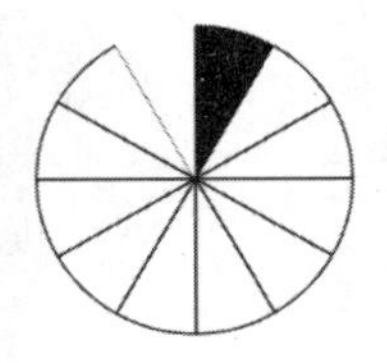

图 19-6　进行分割

3）填充好颜色之后，需要将其编组然后进行复制。这时候使用钢笔工具绘制出一个“S”形的路径，将该路径与两个小转盘首尾相连。这时选中其中一个小转盘，双击打开混合工具，将属性选择设定距离为 0.1 mm。确定后用单击另外一个小转盘，即可得到一个黑白相间的圆柱形（图 19-7）。

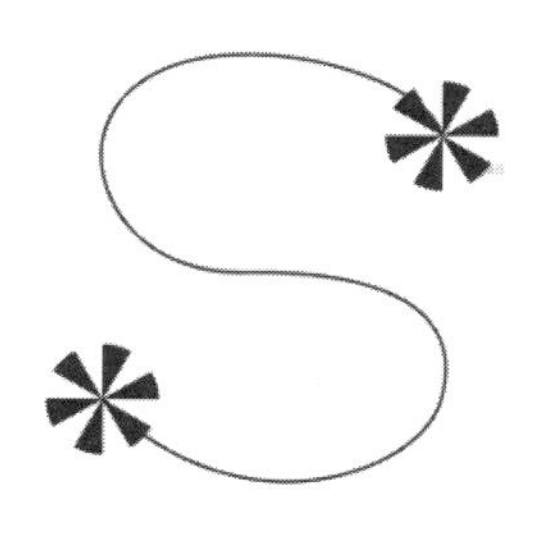
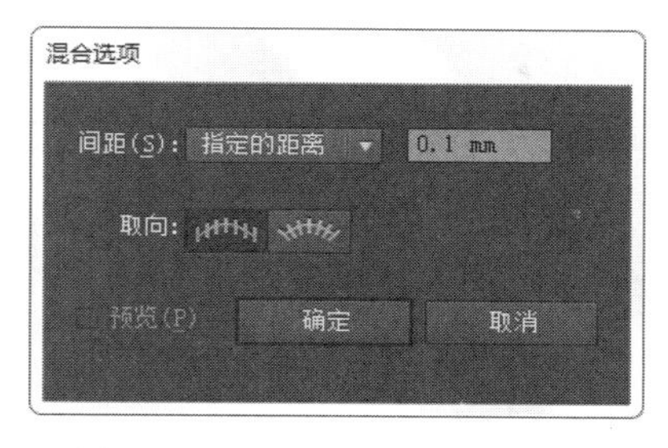

图 19-7　黑白相间的圆柱形状

4）接下来，将之前用钢笔工具绘制出来的“S”形路径与之前用混合工具延展出来的效果路径，也就是黑白圆柱全部选中，在菜单栏中选择“对象”>“混合”>“替换混合轴”就可以得到图 19-8 所示的效果，“斑马字体”的字母“S”就绘制完成了。

图 19-8　斑马字体效果

19.1.3　AI 中快速实现 Low Poly 制作

Low Poly 风格是当前在设计圈非常火爆的一种设计风格，它是继拟物化、扁平化、长投影之后掀起的设计风潮。Low Poly 的中文意思为“低多边形”，是一种被称为复古未来派的设计风格，它的设计原理其实就是把颜色较多的元素，用三角形进行分割，而其中每个三角形的颜色都是从原元素相对应的位置吸取的。这种设计风格的特点是细节较少，但是面多而且小，就像现实生活中的工艺品一样，精致而复古。所以我们决定选择一个色彩感比较丰富，颜色比较鲜艳的图片，进行 Low Poly 风格处理。首先将该图片拖拽至 AI 中，单击图片并使用快捷操作（〈Ctrl+2〉）将其锁住。之后在图片上运用钢笔工具（快捷键为〈P〉），将填充关闭，描边打开，沿着图像本身的形状勾勒出许许多多的三角形（图 19-9）。勾勒完成后使用选择工具（快捷键为〈V〉）进行选择，结合吸管工具（快捷键为〈I〉）吸取原来图像的颜色。然后填充纯色（图 19-10）。之后对于没有对齐的锚点使用直接选择工具（快捷键为〈A〉）进行微调，最终效果如图 19-11 所示。我们通过 AI 将这个橘子图片变成了当前在设计圈受到许多设计师喜爱的 Low Poly 设计风格，这种风格设计出来的视觉效果是非常美观而又精致的。

图 19-9　勾勒三角形

图 19-10　填充纯色

图 19-11　最终效果

19.1.4　移动界面中 Low Poly 界面设计应用

图 19-12 是一款音乐类 App 首页界面的高保真设计图。由于这是一款音乐类 App，因此配色应该以鲜艳亮丽、吸引人注意力的颜色为主；音乐是律动的，所以我们决定在使用亮丽颜色的基础上再添加渐变的效果。通过竞品分析，为了与当前市场上的音乐类 App 有较高的区别，保证自己特有的视觉辨识度，决定使用蓝紫色的渐变作为这款 App 的主体色。蓝色清新平和、紫色绚丽出彩，将这两者结合起来也是这款 App 想要表现的主要风格。为了保证视觉效果的统一性，我们从状态栏到导航栏，再到分段选择器的底部，都运用了同一种蓝紫色渐变的效果（图 19-12），这样可以避免界面过花哨、繁杂而导致不必要的用户流失。在顶部渐变的基础上，加入 Low Poly 的设计效果后（图 19-13），界面顶部又会呈现别具一格的视觉效果。在具有过渡的渐变基础上，添加 Low Poly 这种非常时尚的设计手法，会在第一时间吸引用户眼球，从而提高用户的使用兴趣。这也是 Low Poly 设计风格与当前 App 界面设计的一个大胆的创新性的结合，展现其特有的视觉效果。

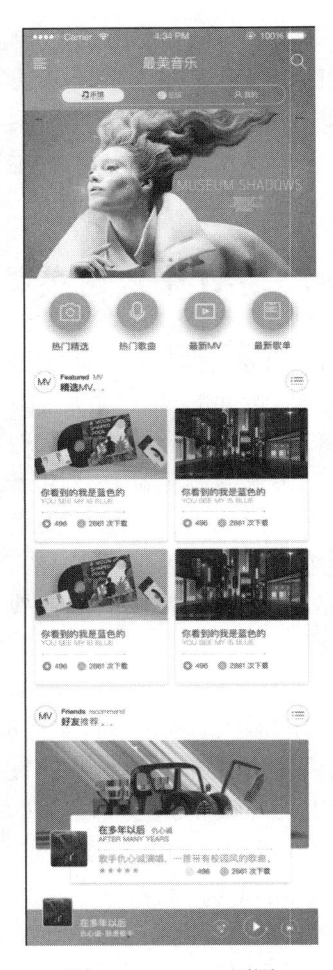

图 19-12　App 原图

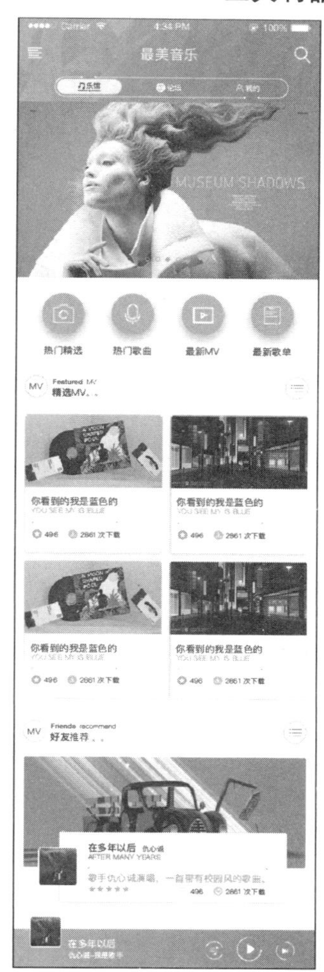

图 19-13　Low Poly 设计效果

19.2　AI 与 PS 的跨软件合作之麦克风

接下来我们结合 AI 和 PS 制作一个麦克风。首先，在 AI 中绘制出麦克风的语音框架，也就是小出声孔。

1）选择椭圆工具（快捷键为〈L〉）单击输入数值 2.5×2.5 像素，这时出现椭圆，按住〈Shift〉键绘制一个正圆。

2）接下来将这个椭圆进行水平方向的复制，一共复制 28 份，单击菜单栏“效果” > “扭曲和变换”进入变换的属性面板中，调整移动的水平数值为 8 像素，并在下面的副本中输入数值 28，第一步效果操作完成，如图 19-14 所示，这时出现一排的水平小圆形。

3）接下来用同样的操作，单击菜单栏“效果” > “扭曲和变换”，进入变换的属性面板中，这次调整移动的水平数值为 4 像素，垂直数值为 2 像素，并在下面的副本中输入数值 1，如图 19-15 所示，这时为两排小圆形，并且互相有间隔。

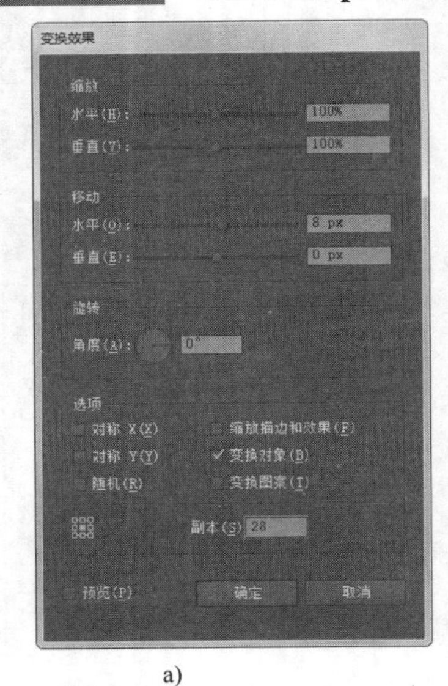

a)

b)

图 19-14　变换面板

a）画出正圆，设置属性面板　b）一排水平的圆点

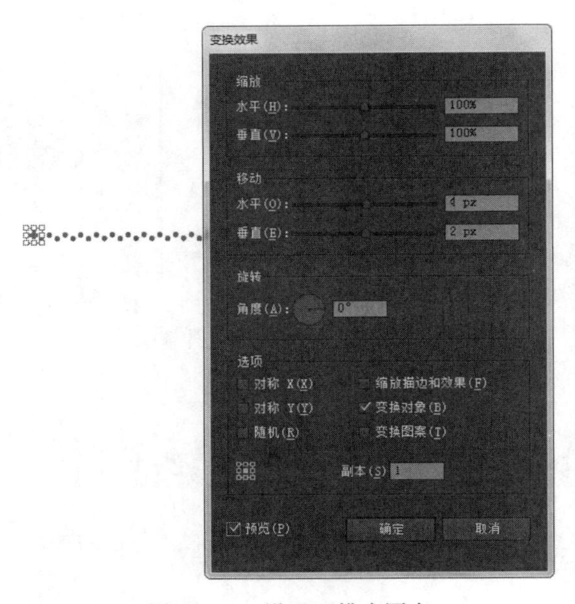

图 19-15　设置两排小圆点

4）单击菜单栏“效果”>“扭曲和变换”进入变换的属性面板中，调整移动的垂直数值为 4 像素，并在下面的副本中输入数值 60，如图 19-16 所示，这时出现方形的整齐的密密麻麻的小圆形。

5）如何让这些小圆形呈现凸出的视觉效果呢？将这些小圆形全部选中，单击菜单栏“对象”>“扩展外观”，全部选中后，再次单击菜单栏“效果”>“变形”，完成两步操作。第一步选择“鱼眼”属性，将“弯曲”调整到 100% 后单击“确定”按钮；第二步选择

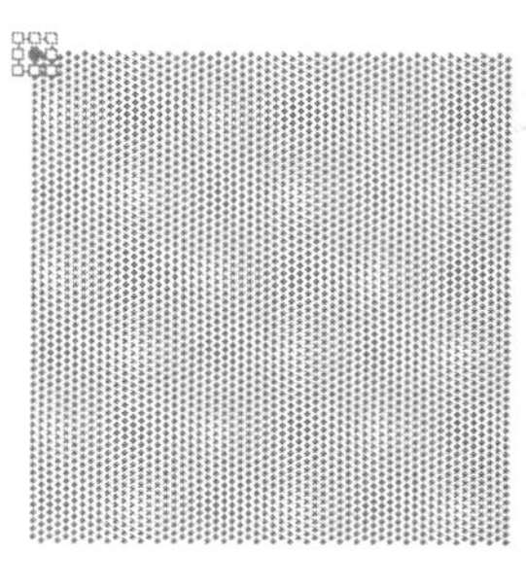

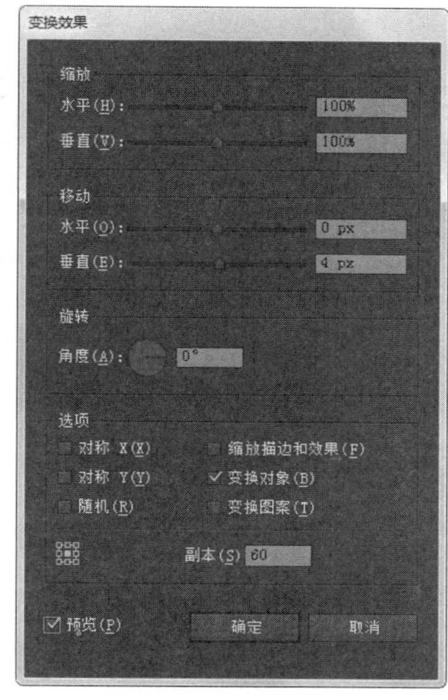

图 19-16 方形圆点

“凸出”属性，将“弯曲”调整到100%后单击“确定”按钮，这时麦克风的小出声孔就有了初步的效果了（图 19-17）。

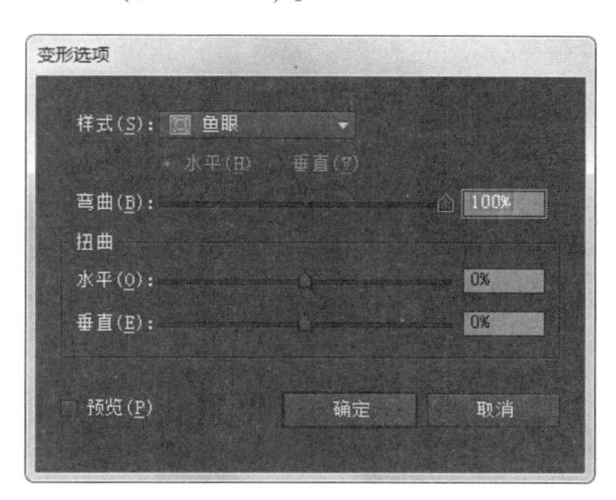

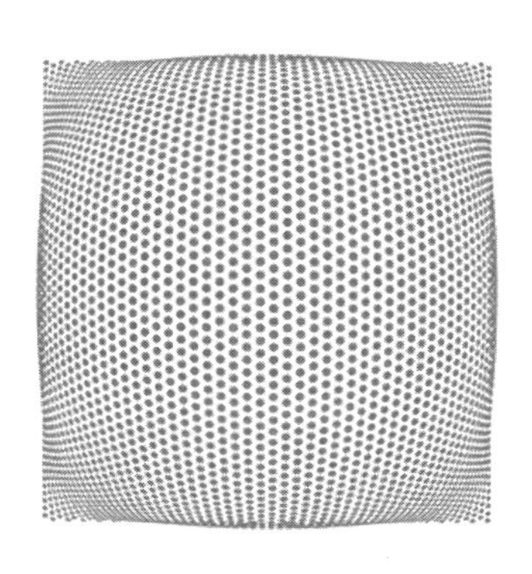

图 19-17 麦克风的出声孔制作

接下来将在 AI 中完成的小出声孔拖拽至 PS 中（图 19-18），进行麦克风金属效果及材质的制作。

6）首先给这些小出声孔添加一个背景层，用圆角矩形工具绘制一个等大的形状，将圆角半径设置为最大。打开图层样式进行渐变叠加，选择对称渐变，渐变颜色主要为黑白灰三种颜色，中间最亮，两边的颜色越来越深，如图 19-19 所示。

7）接下来对小出声孔进行换色及材质效果的添加操作。双击图层面板打开图层样式，进行颜色叠加。叠加为深色，然后填充内阴影，在进行内阴影的“距离”属性设置过程中，不要将距离数值设置得太大；同样在添加投影时，能看到效果即可，不要将数值调得过大，如图 19-20 所示。

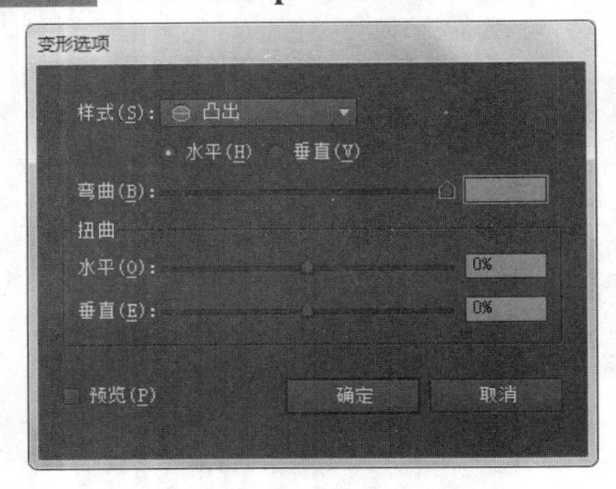

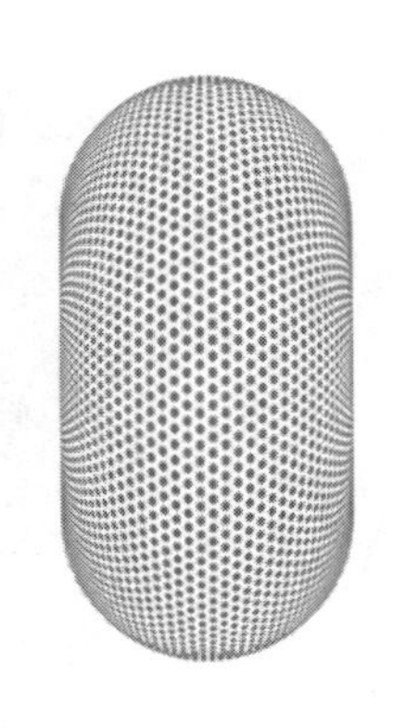

图 19-18　AI 中制作的最终效果

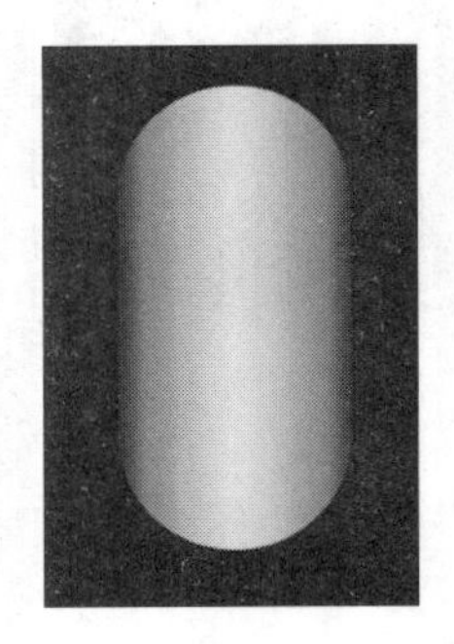

图 19-19　绘制圆角矩形

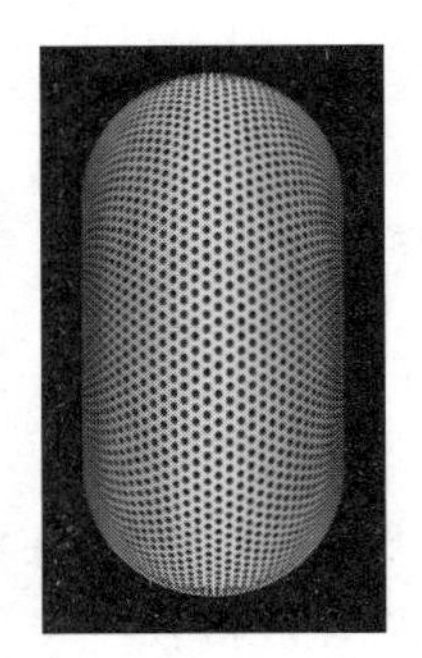

图 19-20　添加图层样式

8）对麦克风小出声孔的周围制作内发光效果。复制背景，然后在图层样式中添加内发光效果，将填充的颜色关闭，如图 19-21 所示。

9）绘制一个深色的矩形条放置在小出声孔上，通过调整属性面板中羽化的数值及添加图层蒙版，用画笔工具（黑色为清除，白色为还原）清除多余部分，然后将其进行对称处理，再复制，如图 19-22 所示。圆角矩形下半部分也可运用同样的方式完成。

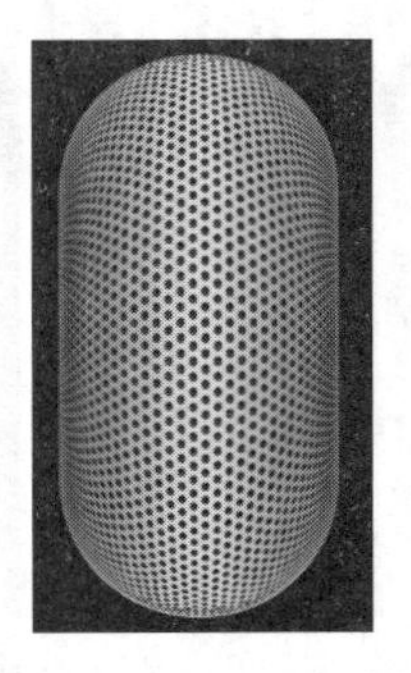

图 19-21　制作内发光效果

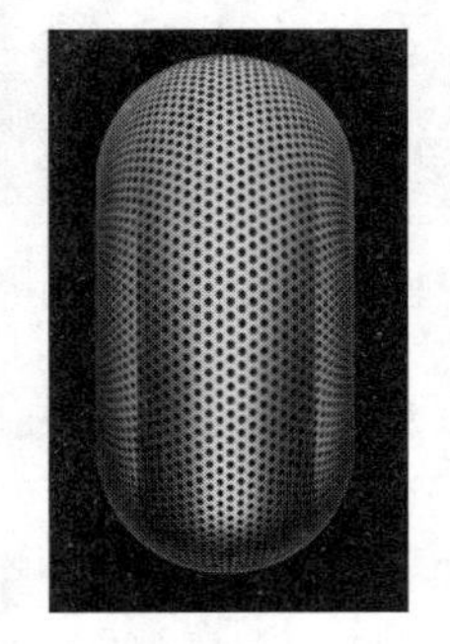

图 19-22　制作明暗面效果

10）绘制麦克风的金属片部分。运用矩形工具绘制一个矩形，然后通过钢笔工具添加锚点，并使用直接选择工具移动锚点将矩形中间部分弯曲，从而绘制出麦克风的形状，然后打开图层样式进入斜面和浮雕效果，为金属质感增加一些厚度，当然也不要太厚，适当即可，如图 19-23 所示。

11）绘制螺钉。运用矩形工具绘制一个矩形，然后使用钢笔工具在矩形的中间部分添加锚点，使用直接选择工具移动锚点使矩形弯曲。通过图层样式中渐变叠加，添加多种渐变且颜色都为黑白灰颜色，从而绘出螺钉的纹理效果。然后添加投影进行调整，这样螺钉的头部就可以绘制出来了。绘制一个水平矩形，添加线性渐变，绘制出螺钉的身体部分，然后将两者拼合即可得到整个螺钉。复制一个螺钉进行水平翻转即可得到麦克风另一边的螺钉（图 19-24）。

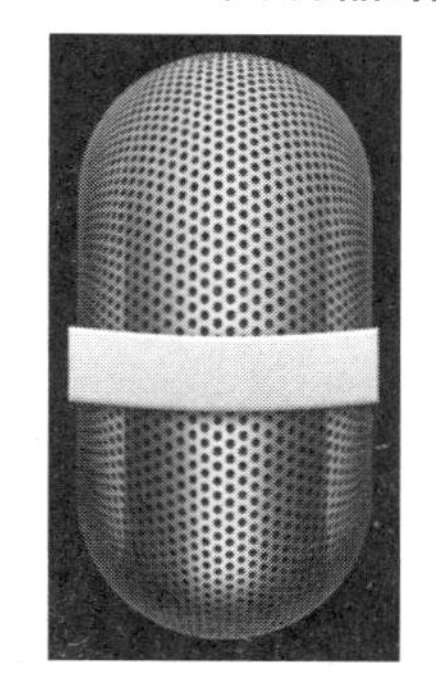

图 19-23　添加斜面和浮雕效果

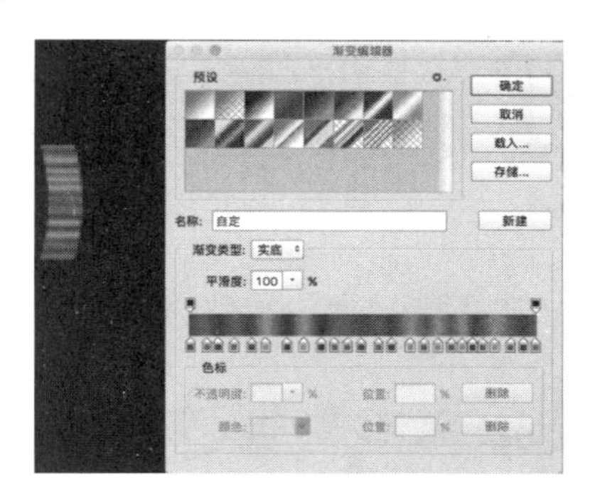

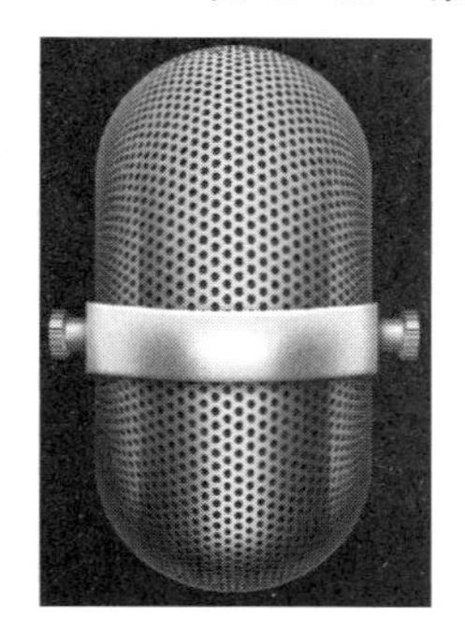

图 19-24　螺钉的绘制

12）绘制麦克风的支架部分。用圆角矩形工具，只使用描边，关闭填充，然后用矩形通过布尔运算将圆角矩形减去一半得到形状，进行图层样式中渐变叠加，使用线性渐变，然后填充内阴影，如图 19-25 所示。

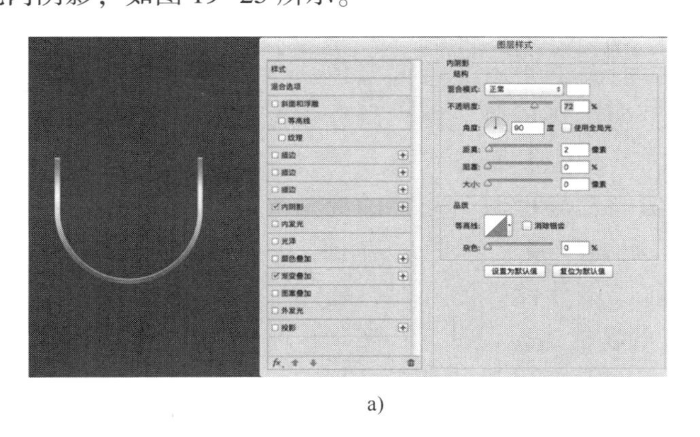

a）

b）

图 19-25　麦克风支架

a）麦克风支架绘制　b）麦克风支架效果

13）绘制底座。首先运用椭圆工具绘制一个椭圆，然后调整渐变叠加结合图层蒙版，用画笔进行细节调整（黑色代表清除，白色代表复原），然后再添加底座的投影，即可完成底座的制作。用矩形工具绘制一个矩形，与椭圆垂直放置，添加线性渐变，然后使用图层蒙版用画笔工具进行调整，将垂直矩形与底座结合，最后加入背景。运用画笔，将画笔硬度调低，得到底座如图 19-26a 所示。一个麦克风整体效果如图 19-26b 所示。最后再加入象征性的标志，让其呈现嵌入式效果。首先画一个圆，调整其图层样式中的斜面浮雕、投影、描边效果，再绘制字母 U，进行图层样式中内阴影、颜色及投影的调整，如图 19-26c 所示。

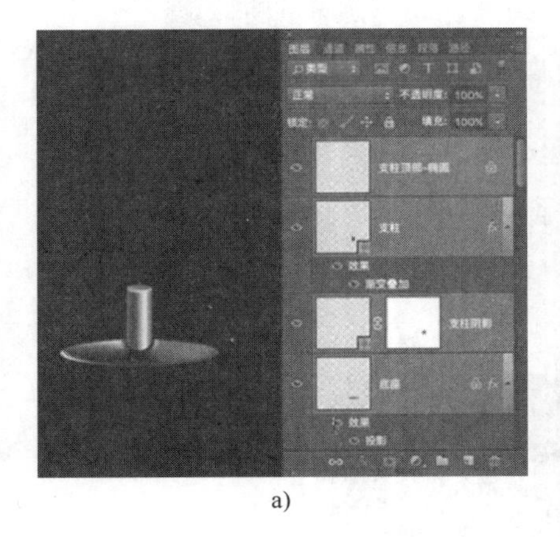
a)

b)

c)

图 19-26　麦克风底座及整体
a）麦克风底座添加效果　b）麦克风整体效果　c）麦克风最终效果

19.3　Sketch 实现电商类 App 界面设计

接下来运用 Sketch 软件实现一款电商类 App 的界面设计。这款 App 的定位是一款美食类 App。美食类 App 应该使用什么样的颜色作为主色调呢？通过竞品分析及市场调研，我们发现大部分美食类 App 都以红色系为主，这样的颜色亮丽而且又容易增加食欲，所以我们决定使用红色偏橙色作为这款 App 的主色调。经过一系列市场调研、用户研究及竞品分析，确定了产品框架、产品功能及服务人群。因此我们的低保真也对这款 App 的功能及流程做了完整的处理，同时做了大量人性化的交互流程。完成这些后进行 App 界面的高保真设计，参考之前低保真设计的同时，还需要对界面的视觉及一些细节部分的功能进行设计。在实现过程中，应重点考虑用户需求和功能的体现及整体视觉效果的处理（图 19-27）。

图 19-27　美食类 App

制作界面的宽度为 750 像素，高度根据实际设计尺寸需要进行调整，内容区域左右两侧各留白 24 像素。接下来是状态栏的制作，状态栏在 iOS 系统上高度和宽度尺寸一般为 40 像素×750 像素。在状态栏上有信号、无线、时间、电量的设置，在制作这些控件时，可以采用矢量工具圆、文字、矩形工具等（图 19-28），当然也可以在控件库中直接调取使用。

图 19-28　状态栏设计

移入 Banner 图。在 Banner 图上我们将推送一些当天或者热门的产品。设计 App 最黄金的位置时，需要图文结合，通过美观大气的排版来完成 Banner 区域的制作。选取 Banner 图时，需要选择与 App 风格相似的图，如家居类 App 就使用家居设计类的图片，美食类 App 就使用美食图片，当然图片整体配色也要与整体界面配色有所联系，不能表现过大的差异。地点定位按钮的设计运用圆角矩形工具（快捷键〈U〉）绘制，在右侧的检查器中调整圆角的大小，如图 19-29 所示运用圆（快捷键〈O〉），双击进入检查器编辑面板选中最下面的锚点进行直角的调整；下拉选项的制作，运用直线工具（快捷键〈L〉），在线段中间双击添加一个锚点将其下拉，在右侧检查器的描边选项中设置按钮，选择端点与转折点的属性为圆角。

制作 Banner 图中信息的提示按钮（图 19-30），选择将颜色反白作为按钮的主要风格，提示符号则选用同类色进行搭配，选择圆（快捷键〈O〉），双击进入编辑面板，在下面的锚点旁边添加两个锚点，并拖拽出一个锚点，设置为直角。

图 19-29　位置按钮设计

图 19-30　信息提示按钮设计

运用圆形（快捷键〈O〉）做背景，颜色为白色制作搜索按钮。选择圆形（快捷键〈O〉）只留下描边，并进行复制，运用剪刀工具“图层”>“路径”>“剪刀”裁掉不需要的路径，然后将描边的端点设置为圆头的效果。制作放大镜把手。运用圆角矩形工具（快捷键为〈U〉）调整好角度之后，运用剪刀工具“图层”>“路径”>“剪刀”裁剪删除不需要的路径（图 19-31）。

图 19-31　搜索按钮设计

导航的设计制作。首先选择 8 个板块的色彩，主色调是#FC6955。在板块的色彩选择上选择主色调的同类色、一部分近似色及少量对比色进行色彩的跳跃和对比。这样可以保证在整体风格统一的同时，不至于颜色太单调，通过对比色可以增加视觉上的冲击感。板块上的 Icon 可以选择 PNG 格式的控件进行拖拽，等比例缩放即可（图 19-32）；选择字体为 PingFang，字重为 Regular，字号为 24，颜色为黑色；底部圆角矩形加入阴影效果（图 19-33）。

图 19-32　导航的设计制作

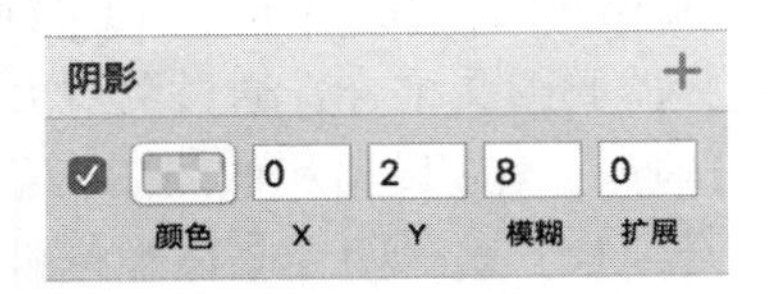

图 19-33　设置阴影面板

下一个板块标题的设计。在进行标题设计的过程中，最好能够有三种以上的对比关系，如字体对比、中英文对比、粗细对比、颜色对比、字号大小对比等。因此我们在这里对英文字体进行了粗细变换，对其添加了主页面的主题色及近似色进行点缀，标题进行字体与图形组合，加入直线与点（图 19-34），同时采用居中对齐的方式，保证良好的视觉体验。

猜你喜欢
GUESSYOULIKE

图 19-34　标题设计

这一板块的设计首先是图片的穿插，图片在我们进行高保真设计的过程中起到特别重要的作用，要选择与 App 功能一致，配色也要恰当，要与界面整体配色有所联系。同时图片质量要高清，不能出现水印等，这是选图过程中需要注意的。在 App 中，首选美食类图片，图片颜色尽量干净明快，这样会给用户舒适干净的感觉。先绘制出三个圆角矩形，分别加入阴影效果，将选择好的图片剪切进入第一个圆角矩形中，字体选择 Helvetica 及 PingFang，调整字重及颜色变化，注意保证整体风格一致的同时增加一些对比，主色调及近似色与对比色，为了提高界面的美观效果，给用户更加良好的视觉体验（图 19-35）。

图 19-35　美食展示区域设计

下面的板块与上面的骨架一致，只需更改图片、内容，所以我们可以将其作为组件创建，直接从组件中拖拽出来即可使用（图 19-36）。

图 19-36 复制使用

最后设计制作 Tab 标签。选择矩形工具（快捷键为〈R〉），高度与宽度为 98×750 像素。四个功能按钮的位置设定在 702 像素的范围内，平均分布着四个按钮的位置。选择 PNG 格式的 Icon 拖拽进入即可，在这里我们决定使用线性图标，默认状态为灰黑色，单击后图标颜色变为页面的主体色，并且会出现一些特效，文字的大小为 24（图 19-37）。

图 19-37 Tab 标签的设计

19.4 通过 AI 进行 logo 设计

接下来我们使用 AI 工具制作一个 logo。logo 设计是我们作为一名设计师必须掌握的技能之一，AI 是一款很好的矢量图形处理工具，我们会经常用 AI 设计 logo，通过 AI 制作的 logo 形状精确、颜色亮丽，许多设计师都会选择 AI 进行 logo 设计。我们现在来学习使用 AI 制作一个漂亮的 logo。

打开 AI 创建一个空白画板，在画板上使用椭圆工具绘制一个椭圆。在绘制过程中，按住〈Shift〉键即可绘制一个正圆，我们这里将填充关闭，描边打开，并且设置一个深色的细的描边（图 19-38）。

接下来复制一个一模一样的圆，使用快捷键〈Ctrl+C〉进行复制，然后使用快捷键〈Ctrl+B〉进行原位粘贴，然后使用移动工具向上拖动复制好的圆（图 19-39）。

全选中两个圆，使用工具栏中的形状生成器工具，按住〈Alt〉键将下面多余的部分删除，呈现出月牙效果（图 19-40）。

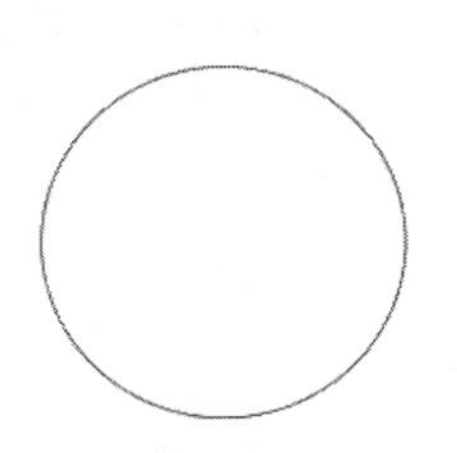

图 19-38　制作椭圆

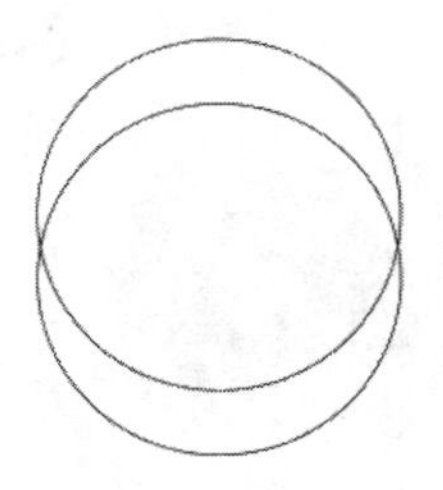

图 19-39　复制椭圆

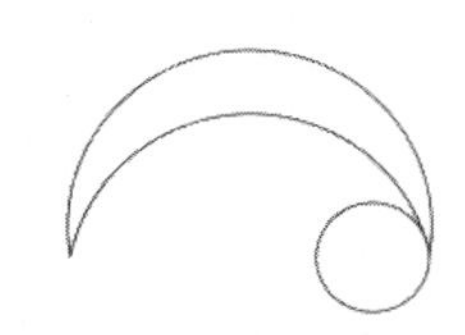

图 19-40　制作月牙效果

复制旋转月牙。首先画一个正圆放在月牙的右边顶点处，作为之后旋转月牙的一个参照物。接下来使用快捷键〈Ctrl+C〉复制月牙，使用快捷键〈Ctrl+B〉进行原位粘贴。然后选择旋转工具，按住〈Alt〉键将月牙的旋转中心点移动到月牙的右顶点处，这时会弹出一个旋转窗口，设置旋转的度数为 25°，单击确定完成月牙的旋转。然后使用〈Ctrl+C〉继续复制一个月牙，按〈Ctrl+B〉粘贴，然后直接按〈Ctrl+D〉，即可出现第三个月牙。用同样的方式复制旋转七个月牙，复制旋转完成后，即可将开始绘制的参考圆选中后按〈Delete〉键删除（图 19-41）。

将形状绘制完成后，接下来就要对月牙进行颜色的填充了。首先将描边关闭，然后将填充设置为纯色填充，然后选择合适的颜色进行填充，填充好一个以后，后面的月牙用同样的方式进行颜色填充。此时使用的是彩虹的 7 种颜色，红橙黄绿青蓝紫来进行填充（图 19-42）。

接下来是全部月牙填充颜色后的一个整体效果（图 19-43）。

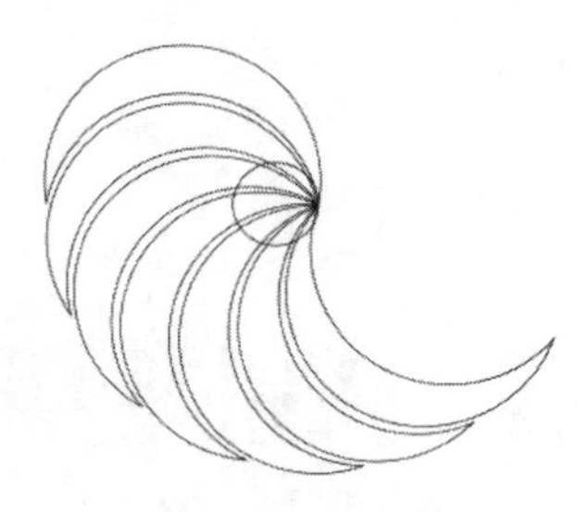

图 19-41　复制旋转月牙

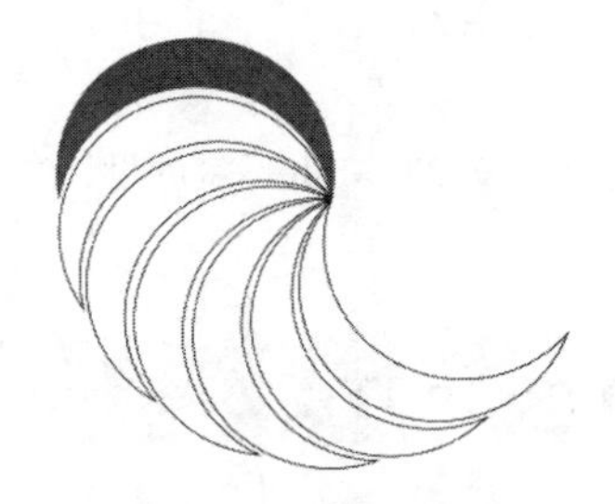

图 19-42　填充月牙

图 19-43　月牙填充后的效果

绘制完成图形后，在图形上添加文字。在这里选择圆滑一点的文字，这样的效果会更加漂亮，整体风格也比较统一。这里采用英文字体“COLORFUL LIFE”，中文翻译为“七彩生活”。调整文字的大小为 72 点，调整到合适的大小后，我们将文字移动到图形的左边，然后细微调整文字的位置即可（图 19-44）。

调整好文字大小、文字样式和文字位置后，会发现一个深色的文字放在彩色的图形旁边不是特别相符，那么我们可以选择文字中的几个部分进行颜色的添加，从而让文字颜色变得丰富起来。在左边位置为文字添加颜色时，给“COLOR”添加颜色，这样会与左边图形很贴近，并且文字长度相对较长，整体给人一种头重脚轻的感觉，所以在左边给文字添加颜色是不合适的。同样右边文字“LIFE”填色后会使中间的文字感觉有点空，所以我们这里选择中间的文字“FUL”来进行颜色的填充，那么我们同样选择较为清亮的颜色来进行颜色的填充（图 19-45），这时 logo 就设计完成了。

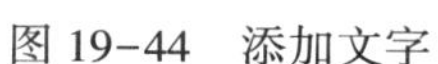
图 19-44　添加文字

图 19-45　logo 的最终效果

后　记

经过团队长时间的总结与努力之后，我们最终完成了本书的编辑和撰写工作。本书主要从 Photoshop、Illustrator、Sketch 这三款移动产品界面设计及交互流程常用到的基础软件出发，站在移动互联及 UI 设计的角度，结合当前伪扁平化的设计趋势进行讲解与总结。在讲解的过程中，本书也结合了团队在实践工作中所提炼的大量实操案例，供大家练习，以便从实践的角度深度掌握设计软件的使用方法。

投身互联网设计的相关工作，我们会发现，只有更加专注才能静下心思考问题。“千里之行，始于足下”，对于设计软件的掌握更是如此，软件就像是设计过程中的舞台，只有搭建好这个平台，才能让设计与思维展现得淋漓尽致。我们说设计是无形的，其实设计也是有形的，在这个过程中，只有经过反复的尝试与思考之后才能发现变化的真谛。

移动互联是当下最热门的话题，随着传统互联网的普及，到移动互联的出现，再到未来的发展，人与人的交流很有可能会突破以往时空的障碍及屏幕的束缚，达到物与物之间不断拉近的物联网时代。在那个时候，将更加突显出作为高等智慧生物的不同。人类将越来越高效地谱写与刷新自己的文明。熟练掌握多种设计软件是身处互联网前沿的设计者必备的技能。

作为一名互联网的从业者，不管是身处什么职位、什么角色，不进步就意味死亡。对于设计师来讲，同样如此。我们需要让自己在技能的广度和深度上同时发掘，成为一名全栈的“T”型人才。扎实的软件基础能够使你的设计锦上添花，使你的设计思维得以实现，我们最终会发现事物由抽象逐渐演变为具象的过程多么奇妙。所以，一定不要放松对于现有技能的深度挖掘，同时也要对于新技术保持高度的敏锐，这也是本书最终想要传达的意图。

在这里，首先感谢参与编撰本书的优逸客产品设计部软件组的全体小伙伴们，感谢你们的辛勤付出及努力，这是整个团队从业多年的汗水和结晶。同时，也希望能够通过本书更好地帮助初入设计行业的设计师及设计爱好者，更为熟练地掌握视觉设计的基本软件。同时，也为推动整个移动互联设计行业贡献自己的微薄之力。

最后，希望每一位加入到互联网设计行业的从业者都能够和移动互联共同成长。

千里之行，始于足下。